DIE LETZTEN REGENWÄLDER

Herausgegeben von Mark Collins

Mit einem Vorwort von David Attenborough

RV Verlag

Vorwort

»Selbst das Wort Entzücken ist nur ein schwacher Ausdruck für das Gefühl eines Naturforschers, der erstmals allein den brasilianischen Urwald durchwandert.« Charles Darwin schrieb diese Worte im Februar 1832. Seitdem sind mehr als neunzig Prozent des herrlichen Küstenwaldes, den er erforschte, verschwunden. Laut jüngsten Schätzungen gehen zudem jährlich fast zwei Prozent der noch verbliebenen Regenwälder der Erde verloren.

Der Internationalen Union für die Erhaltung der Natur und der natürlichen Hilfsquellen (IUCN) sind die Dringlichkeit der Erschließung und die Notwendigkeit der Nutzung der erneuerungsfähigen natürlichen Rohstoffquellen bewußt. Doch eine solche Entwicklung muß langfristig orientiert sein: Es gilt, die Erträge der Natur zu verwerten, ohne ihr Kapital – Boden, Wasser und Fruchtbarkeit – aufzuzehren.

Für viele Länder der Tropen sind die Wälder ein wesentlicher Beitrag zum nationalen Wohlstand. Sie erhalten die Fruchtbarkeit der Böden, regulieren und klären Fließgewässer und werfen wertvolles Holz und andere Produkte ab. Schonend genutzt, stellen sie heute und morgen ein ökonomisch wie ökologisch wertvolles Gut dar. Destruktiv für schnelle Profite ausgebeutet, werden sie mit tödlicher Sicherheit durch Erosion, karges Land und verarmte Menschen verdrängt.

Der Entwicklung muß ein Verständnis der Ökosysteme zugrunde liegen. Dieser Band legt unser Wissen über die Wälder dar. Er erklärt auch die komplexen Probleme, die es zu erörtern gilt, wenn über die Erschließung von Regenwaldgebieten entschieden wird: Weder dieses Buch noch die IUCN behaupten, daß der Wald überall sakrosankt sein sollte – in manchen Gegenden ist die Umwandlung in intensiv genutzte Land- oder Forstwirtschaftszonen vielleicht das probateste Mittel. Doch in weiten Teilen einer Waldregion ist es wahrscheinlich das Beste, Umweltschutz und schonende Nutzung geschickt miteinander zu verbinden.

Soll hier ein Gleichgewicht erzielt werden, müssen die Industrieländer, die Tropenwaldprodukte kaufen, die Erzeugerstaaten unterstützen und zum Nutzen aller Beteiligten mit ihnen kooperieren. Sie müssen einsehen, daß die Tropenländer durch ihre internationale Schuldenlast gezwungen sind, ihre Wälder zur Sicherung unmittelbarer Einkünfte abzuholzen. Sie müssen den tropischen Entwicklungsländern helfen, eine langfristig ausgerichtete Verwaltung und geeignete Preissysteme aufzubauen, damit die Regenwälder auch für künftige Generationen eine Bereicherung des Lebens sein können. Und wer die Zukunft plant, muß sensibel sein gegenüber möglichen globalen Auswirkungen.

Die Aufmerksamkeit, die den Regenwäldern durch die Medien zuteil wird, ist ein Signal dafür, daß sich die Menschheit insgesamt mehr Gedanken über den Umweltschutz macht. Jedoch haben es einige Aktionen versäumt, die Probleme aus der Sicht derjenigen zu beleuchten, die in den tropischen Entwicklungsländern leben. Die Rettung der Regenwälder erfordert ein umfassendes Verständnis ihrer komplexen Ökologie. Noch wichtiger ist es allerdings, Lösungen für die sozialen Schwierigkeiten der Menschen zu finden – Linderung der Armut und der erdrückenden Schuldenlast –, und vor allem müssen Bedingungen geschaffen werden, unter denen sich das Bevölkerungswachstum verlangsamt und die Menschen eine dauerhafte Harmonie mit der Natur erreichen.

Martin W. Holdgate,
Generaldirektor der IUCN

Deutsche Verlagsausgabe mit Genehmigung des Bertelsmann Clubs GmbH/Gütersloh

Titel der englischen Originalausgabe: The Last Rain Forests

Bearbeitung der deutschen Ausgabe, Redaktion und Koordination: Prisma Verlag GmbH/München
Übersetzung aus dem Englischen: Christoph Arndt/Deizisau
Fachredaktion: Dieter Löbbert/München
Schutzumschlag/Bildquellen: Siehe Bildnachweis (Seite 200)
Einbandgestaltung Deutsche Verlagsausgabe: Prisma Verlag GmbH/München
Produktion und Satz: Micropress GmbH/Taufkirchen bei München
Druck und Verarbeitung: Mohndruck Graphische Betriebe/Gütersloh
Printed in Germany

ISBN 3-575-11027-1

Verantwortlicher Herausgeber: Dr. Mark Collins
Beratender Herausgeber: Jeffrey Sayer
Kartographische Beratung: Mike Adams
Forschungsassistentin: Clare Billington

Autoren: Deni Brown, Robert Burton, Dr. Mark Collins, Dr. Roger Cox, Dr. Linda Gamlin, Dr. Caroline Harcourt, Dr. Nick Middleton, Dr. Alison Rosser, Andi Spicer, Charles Tyler, Dr. Timothy Whitmore

Konzept und Realisation von Mitchell Beazley International Limited, Artists House, 14-15 Manette Street, London W1V 5LB

Karten: Lovell Johns Limited/Oxford
Index: Annette Musker

Die Brasilianer sprechen inzwischen von drei Jahreszeiten: Für sie gibt es die Regenzeit, die Trockenzeit und die *Queimadas* oder Brandrodungen.

Inhalt

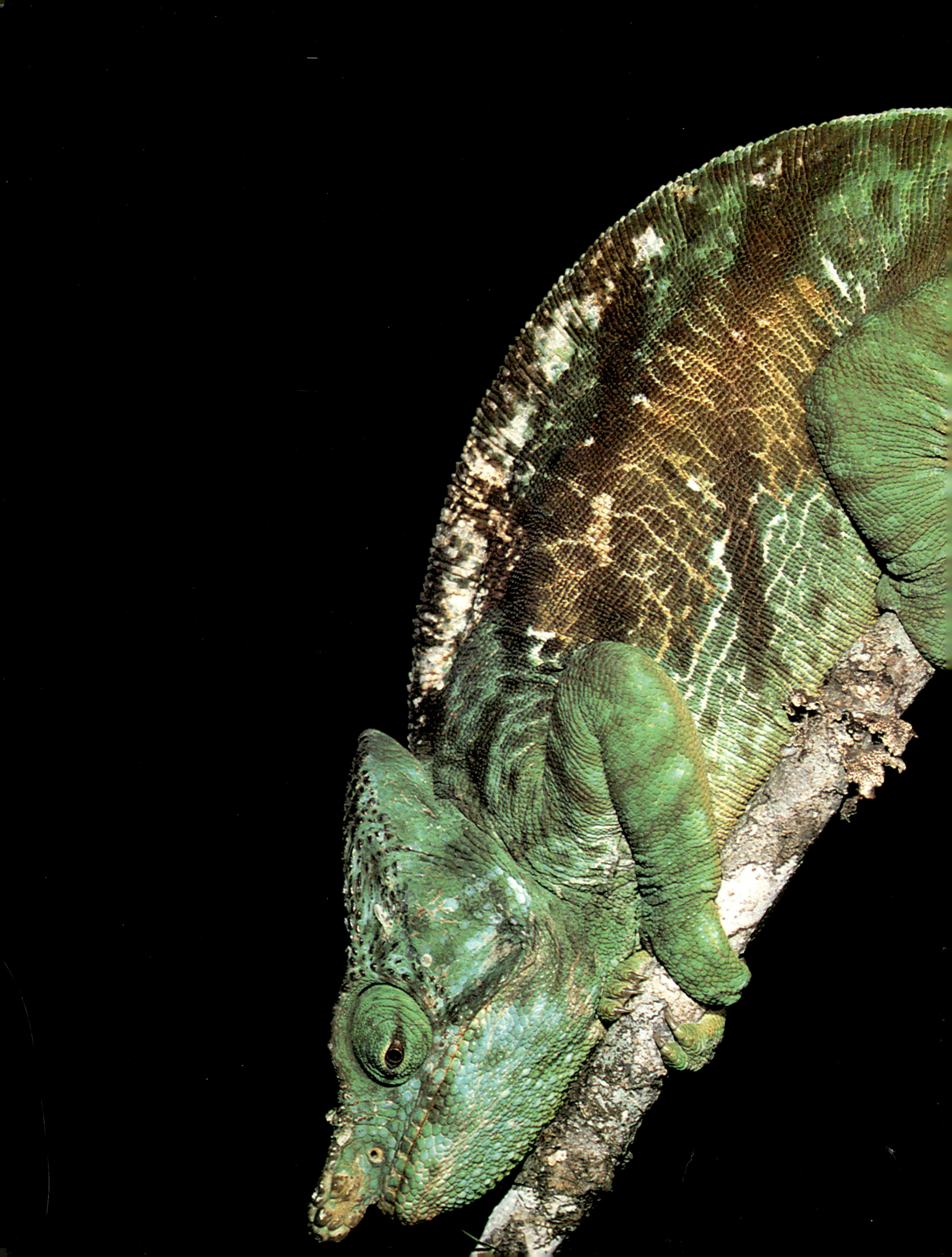

Parsons Chamäleon (*Chamaeleo parsonii*), Madagaskar.

Zu diesem Buch

Die tropischen Regenwälder sind feuchte, wild wuchernde Dschungel, in denen mehr Tier- und Pflanzenarten leben als in jedem anderen Lebensraum dieser Erde. Sie sind aber auch eine unerschöpfliche Quelle voller Wunder – und genau deswegen üben sie auf mich seit fünfunddreißig Jahren immer wieder eine magische Anziehungskraft aus.

Ihre Überraschungen offenbaren sich dem Besucher jedoch nicht unbedingt auf den ersten Blick, denn da scheint jeder Regenwald angesichts dessen, was man über ihren Reichtum gehört hat, merkwürdig tierarm zu sein: Der Boden wirkt wie ausgestorben. Vielleicht rufen hoch oben in den Baumkronen Vögel, zuweilen ist die Luft erfüllt von einem Gemisch aus pfeifendem und zwitscherndem Gesang, Kreischen und einem Schwirren, das von Insekten oder Fröschen stammen könnte – doch von den Sängern ist nicht viel zu sehen. Erst, wenn sich Ihre Augen besser der Umgebung angepaßt haben, werden Sie wohl einen Vogel ausmachen, etwa einen Trogon, wie er bewegungslos auf einem Ast sitzt und von seiner hohen Warte aus jede Ihrer Bewegungen würdevoll beobachtet; und erst, wenn Sie fast auf sie treten, werden Sie vermutlich die Viper entdecken, die zusammengerollt und getarnt zwischen den welken Blättern am Boden liegt.

Was die Bäume betrifft, so erweist sich ihre Klassifizierung als erschreckend schwierig. Runde, glatte Stämme recken sich um Sie herum wie Schiffsmasten empor, deren Lianentakelage von den Kronen herabbaumelt. Bald erkennen Sie, daß das Bestimmen von Waldpflanzen kaum einmal, wie Sie vielleicht angenommen haben, im Identifizieren üppiger und farbenprächtiger Blumen besteht. Vielmehr untersucht man meist so feine Strukturen wie die Details einer Rinde.

Doch allmählich gewöhnen Sie sich an die vermeintliche Waldeintönigkeit; Sie entwickeln einen Blick fürs Unscheinbare und fangen an, das Ungewöhnliche zu registrieren. Und spätestens hier nun setzt das Erstaunen ein. Das breite, schwer herabhängende Blatt einer Bananenwildform im Wald von Costa Rica ist bisweilen von einer Linie winziger Löcher zu beiden Seiten des Hauptnervs markiert. Wenn Sie es anheben, finden Sie darunter eine Reihe schneeweißer Haarbüschel von der Größe und Gestalt eines Golfballs. Es sind nomadische Fledermäuse, die sich hier einen vorübergehenden Unterschlupf angelegt haben, indem sie die Nebenadern des Blattes durchbeißen, so daß die beiden Hälften herunterklappen und ein hübsches Zelt formen, das sie vor dem Regen schützt. In Neuguinea lockt Sie in der Morgendämmerung schrilles Geschrei zu einem großen Baum, und dort, im oberen Gezweig, sehen Sie ein Dutzend kleiner Paradiesvögel beim Balztanz, bei dem jedes der Tiere eine zitternde Fontäne aus goldenen Schwanzfedern in ekstatischer Verzükkung hoch über dem Rücken emporhebt. Und der westafrikanische Wald vermittelt Ihnen vielleicht eine Begegnung, die nicht mehr allzu vielen zuteil wird. Eine Spur umgeknickter Stämme und zermalmter Blätter führt Sie durch ein Dickicht aus wildem Sellerie und zwei Meter hohen Riesenbrennesseln möglicherweise zu Mitgliedern unserer engsten Verwandten: einer Gorillafamilie, deren Angehörige sich am Boden rekeln, während sie sich genüßlich an einer Handvoll Blätter gütlich tun, die naseweisen Jungen ausgelassen und zu allerlei Streichen aufgelegt, die Mutter langmütig und freundlich, und über der ganzen Gruppe wacht ein erhabenes, am Rücken ergrautes Männchen.

Einige dieser Wunder kann man vielleicht allein entdecken, doch werden Sie weit mehr zu sehen bekommen, wenn Sie die Bewohner der Wälder als Führer gewinnen können. Sie laufen dann allerdings Gefahr, daß Ihre vermeintliche Sachkenntnis einen kräftigen Dämpfer erhält und Ihre bis dato gemachten Erfahrungen gründlich über den Haufen gewor-

Regenwälder sind eine unerschöpfliche Quelle voller Wunder, und genau deswegen üben sie auf mich seit fünfunddreißig Jahren eine magische Anziehungskraft aus.

fen werden. Denn diese Menschen bewegen sich im Wald erheblich geschickter als man selbst. Sie gleiten nie aus, bemerken Dinge lange vor Ihnen, und man muß sie überreden, auf Tiere hinzuweisen, die ihrer Meinung nach gar nicht zu übersehen sind, da man sie selbst nicht wahrnehmen würde. Das Bemerkenswerteste aber ist, daß sie sich niemals zu verirren scheinen in dieser Umgebung.

Ihre Kenntnisse über den Wald und seine Bewohner sind vielschichtig und profund. Ihre Klassifizierung von Pflanzen beruht sicherlich auf völlig anderen Kriterien als unsere in Europa gebräuchliche Taxonomie; ihr Verständnis aber, für welchen Zweck sich welche Pflanzen des Waldes eignen, ist der gesammelte Erfahrungsschatz zahlloser Generationen. Sie sind dabei den Forschungen ausländischer Wissenschaftler weit voraus.

Es wäre übertrieben romantisch, ja sogar schlichtweg falsch, zu behaupten, daß alle Waldvölker ungeachtet ihrer anderen Tugenden archetypische Naturschützer seien, die in vollkommener Harmonie mit der Natur leben. Denn auch sie nehmen sich das vom Wald, was ihnen gerade in den Sinn kommt. Sie fällen schon mal einen ganzen Baum für eine einzige Früchtemahlzeit oder töten einen Vogel des flüchtigen Vergnügens wegen. sich seine Federn ins Haar zu stecken. Wenn der Wald durch solche Aktionen nicht zugrunde geht, so liegt dies einfach daran, daß ihre Zahl so gering ist und die Gebiete, in denen sie umherstreifen, so riesige Ausmaße haben.

Fremde, die sich in den Regenwald wagen, finden ihn unwirtlich, ja sogar grausam. Regelmäßige heftige Regenfälle lösen bei Waldbewohnern, die kaum Kleidung tragen und wenig Besitz mit sich herumtragen, kaum Besorgnis aus; ein zarthäutiger Weißer dagegen blickt nach solch einem Guß recht deprimiert drein und muß mit so frustrierenden Vorkommnissen wie Schimmel auf Kameraobjektiven oder Insekten, die sich an Buchseiten laben, zurechtkommen. Mangels überliefertem Wissen stellt ihn die Nahrungssuche vor große Probleme. Saftig aussehende Blätter sind mit Dornen bewehrt oder entpuppen sich als giftig. Früchte hängen weit außer Reichweite in luftiger Höhe. Die Tiere sind so wachsam und scheu, daß es äußerst schwierig ist, sie zu jagen. Bäuerliche Siedler, die sich in diese fremdartige Welt wagen, müssen resigniert feststellen, daß ihr Grund und Boden nach mühsamer Rodung entgegen aller Erwartung nicht eben ein Quell der Fruchtbarkeit ist. Im Gegenteil: Er ist so karg, daß er nur eine bis zwei Ernten hervorbringt, bevor er wieder in einen fast sterilen Zustand zurückfällt.

Es überrascht daher nicht, daß die Reaktion Fremder auf den Regenwald über viele Jahrhunderte derart war, daß sie ihn entweder mieden oder zerstörten. Einige Baumriesen ließen sich gewinnbringend verkaufen, aber die übrige Vegetation mit ihren mannigfaltigen Bewohnern konnte ohne jeden Skrupel vernichtet werden, wenn nur jemandem ein nützlicher Verwendungszweck für das Land einfiel.

Bis in die jüngere Vergangenheit hatte diese Einstellung nur marginale Auswirkungen auf die Regenwälder, denn das Fällen der Bäume war mit unsäglichen Anstrengungen verbunden, und der Landbedarf selbst spielte noch keine Rolle. Doch in den letzten fünfzig Jahren gab es zwei einschneidende Veränderungen: auf der einen Seite die explosionsartige Vermehrung der menschlichen Bevölkerung und zum anderen die Entwicklung superstarker Maschinen, mit denen man das Land mühelos roden und planieren und einen hundert Jahre alten Baum in zehn Minuten umlegen konnte. Was zur Folge hatte, daß die Zerstörung immer schneller um sich griff. Bis vor etwa einem Jahrzehnt die Erkenntnis dämmerte, daß die Wälder in naher Zukunft ganz verschwinden würden, wenn der Raubbau im gleichen Tempo weiterginge. Erst in dieser späten Phase wurde uns bewußt, welche Schätze diese Wälder bergen und wie wichtig sie für die ökologische Gesundheit des gesamten Planeten Erde sind.

Der Alarm angesichts dieser drohenden Katastrophe wurde besonders laut von jenen ausgelöst, die sehr weit von den Wäldern

entfernt leben. Die Kleinbauern, deren Lebensbereiche an die Wälder grenzen und deren Existenz von der Landgewinnung abhängig ist, die Politiker der Regenwaldländer, die mit drängenden wirtschaftlichen Problemen zu kämpfen haben, welche sie durch den schnellen Verkauf von Tropenhölzern abzubauen hofften – sie alle fühlten eine ordentliche Wut in sich aufsteigen angesichts der Moralpredigten und Plädoyers von Leuten, die Tausende von Kilometern entfernt wohnen und deren Vorfahren vor langer Zeit die Bestände ihrer eigenen Wälder radikal gelichtet und mit den Einnahmen hieraus zum Teil die Entwicklung ihrer Industrien finanziert hatten. Daher werden die Bewohner Brasiliens und Malaysias, Westafrikas und Papua-Neuguineas zweifellos genau beobachten, wie die wohlhabenderen Nationen mit den letzten wenigen Regenwäldern umgehen, die noch auf ihrem Staatsgebiet verblieben sind.

Die mittlerweile weltumspannende Besorgnis hat neben den nur zu realen Tatsachen auch etliche Falschmeldungen in Umlauf gebracht. Es stimmt nicht, daß irgendeine Form der Ausbeutung irreparable Schäden im Regenwald anrichtet, oder daß sich jede Art der Holzgewinnung unweigerlich verheerend auswirken muß. Zwar kommt allen Wäldern eine Schlüsselfunktion zu, indem sie Kohlendioxid binden und Sauerstoff freisetzen, doch sind die Regenwälder nicht allein die Lungen der Erde, und es ist sehr fraglich, ob es größere negative Auswirkungen auf den äußerst wichtigen Sauerstoffzyklus hätte, wenn man sie durch landwirtschaftliche Nutzflächen und Plantagen ersetzte. Auch haben wir keine Beweise, daß durch den Menschen Hunderte, ja Tausende Tier- und Pflanzenarten des Regenwaldes ausgerottet worden seien – noch nicht. Jedoch die Wirklichkeit ist schon alarmierend genug.

Die Regenwälder sind tatsächlich in großer Gefahr, doch ihr Verlust ist nicht unausweichlich. Pläne zu ihrer Rettung müssen auf sorgfältig ermittelten Fakten basieren. Unser gesamtes Wissen aus den Bereichen Handel und Ökologie, Soziologie und Geographie ist gefordert, damit wir Programme entwickeln können, welche die Bedürfnisse der Menschen, die in den Wäldern leben und unmittelbarste Besitzansprüche geltend machen, mit denen der Industriellen und Politiker in Einklang bringen, deren Länder von diesem natürlichen Reichtum begünstigt sind, sowie der Menschen der ganzen Welt, die aufgrund einer distanzierteren und weitsichtigeren Betrachtungsweise erkannt haben, daß die Regenwälder einige der größten Schätze der Erde bergen und ein integraler Bestandteil sowohl deren Gesundheit als auch Schönheit sind.

Dieser Band, der zum erstenmal genaue Karten von der früheren und heutigen Ausdehnung der Wälder der Erde zeigt, ist ein entscheidender Schritt in diese Richtung.

Großes Bild: Brandrodung in Amazonien. Oben: Abgeholzter Regenwald.

Was sind Regenwälder?

Die erste Begegnung mit einem Regenwald erfolgt für viele Menschen von einem Boot aus, das sich langsam, den zahllosen Windungen eines Flusses folgend, in den scheinbar undurchdringlichen Dschungel vorschiebt. Joseph Conrad fing das Gefühl von Vorsehung und Mysterium dieser offenbar urweltlichen Wildnis in seiner Novelle »Herz der Finsternis« ein, die am Kongo im heutigen Zaïre spielt: »Diesen Fluß hinaufzufahren war wie eine Rückkehr zum Anbeginn der Zeit, als eine urwüchsige Vegetation die Erde beherrschte ... und die Bäume Könige waren.«

Der Begriff »Regenwald«, der gegen Ende des letzten Jahrhunderts von einem deutschen Naturforscher geprägt worden sein soll, umschreibt sehr treffend die Wälder der permanent feuchten Klimazonen. Sie können überall dort gedeihen, wo pro Jahr, gleichmäßig über diesen Zeitraum verteilt, mehr als 2000 Millimeter Regen fallen. Regenwälder kommen sowohl in gemäßigten als auch in tropischen Breiten vor, doch die bekanntesten, von denen auch dieses Buch handelt, bilden einen Gürtel um den Äquator. Sie weisen einen geschlossenen Kronenbaldachin mit nur wenigen großen Lücken zwischen den Bäumen auf – ein Merkmal, das sie mit den Wäldern der tropischen Feuchtsavannen gemein haben, die nördlich und südlich des Regenwaldgürtels zu finden sind. Die Wälder dieser zweiten Kategorie sind von der Fläche her kleiner als die echten Regenwälder, doch da sie mit jenen in vielen Merkmalen übereinstimmen, faßt man sie beide oft als »Feuchtwälder« zusammen.

Regenwälder lassen sich entsprechend ihrer Höhenlage in zwei Hauptkategorien – Tiefland- und Bergregenwald – unterteilen. Die Tieflandwälder sind die flächenmäßig weitaus größten, doch da sie bequem zugänglich sind, hat man ihnen auch den meisten Schaden zugefügt. Darüber hinaus sind sie die fruchtbarsten aller pflanzlichen Lebensgemeinschaften der Erde. Das Dach der Baumwipfel kann eine Höhe von über 45 Metern erreichen und wird von vielen verschiedenen, auf engem Raum beisammenstehenden Arten gebildet. Einige Baumriesen überragen selbst die Kronenschicht; kerzengerade, bis in 40 bis 50 Meter Höhe astfreie Stämme mit Höhen von 60 Metern sind keine Seltenheit.

Bergregenwälder sind viel kleinwüchsiger, denn ihr Wachstum wird gleich von mehreren Faktoren – niedrige Temperaturen, unregelmäßige Niederschläge und Nährstoffmangel in größeren Höhen – begrenzt. Diese verkümmerten Wälder spielen eine wesentliche Rolle beim Umweltschutz: Ohne sie wären Bodenerosion in den Hochlagen und Überschwemmungen im Tiefland die unangenehmen Folgen.

Mangroven oder Gezeitenwald nennt man den Waldtyp, der sich an schlickreichen, salzigen Küstengewässern ausbreitet. Die größten Mangroven der Welt sind die Sundarbans im Gangesdelta. Eine andere Form des Schwemmlandwaldes findet man entlang der Ufer von Regenwaldflüssen, an denen große Tieflandwaldgebiete von Süßwasser überflutet werden. Hierzu zählen *Igapó-* und *Várzea-*Wald im Amazonasbecken, die auf den Karten dem Tieflandwald zugerechnet wurden.

Die Tieflandregenwälder sind die fruchtbarsten aller pflanzlichen Lebensgemeinschaften der Erde

Lockmittel für Vögel – Viele Pflanzen des Regenwalds locken mittels farbenprächtiger Blüten Vögel an, um von ihnen bestäubt zu werden, eine oft sehr artgebundene Beziehung.

Bunte Nahrung – Die unverwechselbare Frucht des im Regenwald von Kamerun heimischen Zebrabaums (*Connarus sp.*) macht durch ihre leuchtende Färbung Samenverbreiter auf sich aufmerksam.

Bodendecker – In der dunklen Feuchtigkeit, die am Boden des Regenwalds herrscht, gedeiht eine artenreiche Krautschicht mit einer Vielzahl unterschiedlicher Blattformen.

Tieflandregenwälder

Erwähnen Sie das Wort »Dschungel«, denken die meisten Menschen spontan an eine dunkle, drückend heiße, feuchte Welt, in der alles tierische Leben in einem Gewirr von Lianen und Kletterpflanzen verborgen ist. Dabei wachsen gerade Tieflandregenwälder auf recht trockenen Böden; das dichte Blätterdach konserviert die Feuchtigkeit und verhindert, daß das intensive Sonnenlicht bis zum Waldboden hinabdringt. An Flußufern oder auf Lichtungen verwehrt undurchsichtiges Unterholz den Zutritt zum Wald, doch wie hinter der Kulisse eines Hollywood-Westerns nimmt die Dichte abrupt ab. Tieflandregenwälder sind der am weitesten verbreitete Regenwaldtypus; sie erstrecken sich vorwiegend in tiefergelegenen Regionen in der Regel bis in 900 Meter, im Westen Amazoniens jedoch bis in Höhen von 1800 Metern.

Die riesigen Becken von Amazonas und Kongo sind die beiden größten noch intakten Tieflandregenwaldgebiete der Erde; in Südostasien, Mittelamerika und Westafrika ist der Tieflandwald mittlerweile fast völlig zergliedert und auf die eine oder andere Weise verändert. Jetzt aber fallen riesige Teile des Amazonasbeckens einer extensiven Rodung zum Opfer, und auch die Wälder Afrikas bleiben nicht verschont.

Die Botaniker haben nicht weniger als vierzig verschiedene Typen des Tieflandregenwalds klassifiziert, die sich überwiegend durch ihre individuelle Konstellation aus Niederschlägen, Bodenfruchtbarkeit und Entwässerungsverhalten unterscheiden. Zwar stimmt das physikalische Erscheinungsbild der Regenwälder der verschiedenen Kontinente weitgehend überein, doch variiert ihre individuelle Artenvielfalt beträchtlich.

Wälder auf trockenem Boden

In Gegenden, auf die mehr oder weniger gleichmäßig übers Jahr verteilt hohe Regenmengen niedergehen, ist der Tieflandwald immergrün. Die meisten Bäume werfen ihr Laub gar nicht oder nicht zur gleichen Zeit ab. In diesem Waldtyp finden wir eine unvergleichliche Fülle und Mannigfaltigkeit von Baumarten, und gerade hier wachsen auch viele schöne Laubbäume. Obwohl weder von der Höhe noch vom Umfang her so mächtig wie etwa die kalifornischen Redwoods oder die Rieseneukalypten Australiens, stehen die Laubbäume der Tieflandregenwälder bei Holzauktionären hoch im Kurs. Von den Baumriesen hängen in Massen Kletterpflanzen und Lianen, die sich zudem oft noch in verschiedener Höhe miteinander vertäuen, und die Baumkronen bieten zahllosen Epiphyten – Pflanzen, die auf anderen Pflanzen leben, sich aber nicht von jenen ernähren – einen Lebensraum.

Ein paar Breitengrade vom Äquator entfernt werden schon leichte jahreszeitliche Klimaschwankungen spürbar; während einem oder zwei Monaten fällt weniger Regen, und der Wald nimmt einen halbimmergrünen Charakter an. Ein solcher Wald kann bis zu einem Drittel aus Laubbäumen bestehen, deren Arten ihre Blätter zu individuellen Zeiten abwerfen. Infolgedessen ist also ein jahreszeitlicher Rhythmus wie etwa in mitteleuropäischen Breiten ausgeschlossen. Unter natürlichen Bedingungen geht der halbimmergrüne Regenwald fast unmerklich in den immergrünen über; eine Trennungslinie hat auch noch niemand genau kartographisch festgelegt.

Spezialisierte Wälder

In einigen relativ kleinen Zonen hat das Vorhandensein eines besonderen Bodentyps oder einer darunterliegenden Gesteinsart verschiedene Formen von spezialisierten Tieflandregenwäldern hervorgebracht. So gedeihen beispielsweise auf sandigen Sickerböden Heidewälder, die auf Borneo als *Kerangas* und in Südamerika als *Caatinga* bezeichnet werden. Die Pflanzen müssen mit einer geringen Nährstoffzufuhr auskommen und verfügen oft nicht über genügend Wasser für ein normales Wachstum. Das Hauptmerkmal der Kerangas ist eine geschlossene Kronendecke über einem Wald aus vielen recht dünnen Stämmen. In Heidewäldern finden sich massenhaft Pflanzen, die raffinierte Methoden entwickelt haben, sich zusätzliche Nährstoffe zu verschaffen. Ein Beispiel hierfür ist die Gattung der Kannenpflanzen (*Nepenthes*), die ihren Nährstoffbedarf decken, indem sie Insekten fangen; Pflanzen der Gattung *Hydnophytum* werden dagegen zusätzlich von Ameisen versorgt, denen sie ihrerseits Nistmöglichkeiten in ihren Wurzelknollen bieten.

Tieflandregenwälder mit Kalkstein als Wuchsbasis sind noch nicht eingehend wissenschaftlich untersucht worden, doch man weiß schon heute, daß sie viele einmalige Arten beheimaten. Solche »Kalksteinwälder« sind

Oben: **Drunten am Fluß** – Ein Fluß öffnet im Blätterdach des Waldes eine Lücke. Schon bald darauf ist sie von vielen jungen Pflanzen umkämpft, die am Ufer zum Licht drängen und so einen Wall aus Pflanzen schaffen.

Links: **Stützgefüge** – Wo die Bodendecke dünn ist oder hin und wieder überschwemmt wird, bieten Brettwurzeln, die bis zu fünf Meter hoch am Stamm emporwachsen können, den Bäumen zusätzlichen Halt. Wenn die Bäume relativ frei stehen, kann Licht bis zum Waldboden herabdringen, was die Entwicklung von üppigem Unterholz begünstigt.

Oben: **Ein Geschenk des Waldes** – Wenn die Früchte der Wilden Muskatnuß reif sind, platzen sie auf, und man sieht die auffallend rote Umhüllung, die den Samen, beziehungsweise die Muskatnuß umgibt. Die am Boden wachsende Muskatnuß war schon bei den Römern als Duftstoff bekannt und etnwickelte sich etwa ab dem Jahr 1600 zu einem wichtigen Handelsgewürz, das von Indonesien per Schiff nach Europa gelangte.

besonders häufig in Südostasien anzutreffen, und allein die Kalksteinflora der malaysischen Halbinsel hat über 1200 Arten vorzuweisen, von denen 130 sonst nirgends vorkommen. Kalksteinregenwälder enthalten zwar wenig wirtschaftlich nutzbares Holz – dafür sind die Wachstumsbedingungen zu dürftig –, dennoch sind sie der ständigen Bedrohung durch Feuer ausgesetzt, wodurch etwa in Indochina bereits schwere Schäden bis hin zu totalen Verwüstungen entstanden sind. Selbst im deutlich feuchteren Klima Sarawaks sind Kalksteinwälder durch Blitzeinschläge gefährdet.

Weitere Typen des Tieflandregenwalds sind der auf stark basischem Gestein gedeihende Wald sowie die Küsten-, Lianen- und Bambuswälder, die allesamt ihre eigenen spezifischen Merkmale und Arten besitzen.

Schwemmlandwälder
Überall in den Tropen kann der Pegel der Flüsse dramatisch steigen und fallen, und wenn sie über die Ufer treten, werden große Tieflandgebiete überschwemmt. Da die Wurzelsysteme ständig mit Wasser vollgesogen sind, kommen in diesen Sumpfwäldern normalerweise weniger Baumarten vor als in Wäldern mit einer lockeren Drainage. Trotzdem sind kaum Verallgemeinerungen möglich, denn es bestehen hinsichtlich der Zeit, während der sie unter Wasser stehen, beträchtliche Unterschiede.

Süßwassersumpfwälder waren einst weit verbreitet in Südostasien, besonders an den Ufern einiger der größten Flüsse der Region, etwa Mekong und Irrawaddy in Birma; gute Beispiele sind der Fly und der Sepik in Neuguinea. Die Süßwassersümpfe von Kalimantan sind die natürliche Heimat eines wichtigen Grundnahrungsmittellieferanten, der Sagopalme (*Eugeissona utilis*).

Im Amazonasbecken hängt es vom Wasser ab, welchen Typ Süßwassersumpfwald man am Ufer vorfindet. Die *Várzeas* breiten sich in den Schwemmebenen der »Weißwasserflüsse« aus, die in den Anden entspringen und den Wäldern in enormen Mengen nährstoffreichen Schlamm zuführen. Der Boden der Várzeas entsteht aus diesem Sediment, das sich zwischen den mächtigen Brettwurzeln der Bäume ablagert, wodurch die Ebenen allmählich in die Höhe wachsen. Dieser Sumpfwaldtyp, der nur sporadisch überflutet wird, kommt an »weißen« Flüssen wie Rio Madeira oder Amazonas vor. Stromabwärts, hinter Manaus, bilden die Várzeas oft einen schmalen Ufergürtel.

Der *Igapó* wächst auf den sandigen Schwemmebenen von »Schwarzwasserflüssen«, beispielsweise Rio Negro oder Tapajós. Trotz der dunkelbraunen Färbung ist ihr Wasser klar, denn das zu Boden gesunkene, verrottete Pflanzenmaterial enthält nur wenig Schwebstoffe. Bedingt durch den sandigen Boden und das klare Wasser kann sich der Untergrund nicht wie in den Várzeas aufbauen. Während der Trockenzeit sind sandige Uferböschungen, aus denen Bäume sprießen, keine Seltenheit. Der Igapó steht in der Regel vier bis sieben Monate im Jahr unter Wasser, und zwar bis zu einer Höhe von zwölf Metern! Die Bäume sterben dadurch nicht ab, das Leben geht über dem Wasserspiegel weiter.

Palmen dominieren oft die Szenerie in den Süßwassersümpfen Amazoniens, doch bilden erst Bäume wie der Kapokbaum (*Ceïba pentandra*) mit seinen riesigen Brettwurzeln vielerorts das eigentliche Kronendach. Die meisten Pflanzen der Schwemmlandwälder blühen in der Trockenzeit, bei Niedrigwasser. Der Kapokbaum allerdings blüht während der Hochwasserperiode; seine Samen werden vom Wind durch die Luft gewirbelt, um sich schließlich vom Wasser forttragen zu lassen.

Kleine Pflanzen, speziell im Igapó, müssen es bis zu elf Monate im Jahr unter Wasser aushalten; während der kurzen Zeitspanne, in der sie über den Wasserspiegel hinausragen, entfalten sie ihre Blüten, tragen Früchte und sammeln soviel Sonnenlicht wie möglich, bevor sie wieder überflutet werden. Jungpflanzen und Keimlinge können die ersten zwanzig Lebensjahre unter Wasser zubringen, wobei sie nur hin und wieder etwas vom Tageslicht über dem Wasserspiegel abbekommen.

Im Unterschied zum Süßwassersumpfwald, der regelmäßig oder in Abständen überflutet wird, wächst der Torfsumpfwald, wenn er ausgewachsen ist, über die Hochwassermarke empor. Torfsümpfe kommen in einigen Teilen des Amazonasbeckens und auf mehreren Inseln der Karibik vor. In Afrika eher eine Seltenheit, sind sie in Südostasien, vor allem auf Borneo, Sumatra und Irian Jaya, ein alltägliches Bild.

Überschwemmter Tieflandregenwald, Amazonien

In Torfsümpfen liegt die feste, faserige Kruste, auf der man wie auf einem Schwamm läuft, über einem halb flüssigen Untergrund; das Sickerwasser ist tiefbraun. Das pflanzliche Wachstum auf dem Torf erfolgt oft in konzentrischen Zonen, wobei in der Kernzone stark verkümmerte Pflanzen mit dünnen Stämmchen wachsen, in den äußeren Bereichen jedoch größere Bäume dominieren, die mitunter eine Höhe von fünfzig Metern erreichen. In Sarawak auf der Insel Borneo sind in einigen der Torfsümpfe schon bis zu sechs solcher Zonen entdeckt worden.

Variationen rund um die Welt

Auf der ganzen Welt besitzen Regenwälder eine Reihe gemeinsamer Merkmale – wie etwa Brettwurzeln und einen Reichtum an Lianen und Epiphyten –, doch was die Blumen betrifft, so sind zwischen den einzelnen Kontinenten enorme Unterschiede feststellbar. *Symphonia globulifera* ist eine der wenigen Regenwaldarten, deren Baumexemplare sowohl in Afrika als auch in Südamerika beheimatet sind; dagegen ist von den Bromelien, einer wichtigen Familie der Epiphyten und anderer Pflanzen aus Südamerika, in Afrika nur ein einziger Vertreter bekannt. Trotz der Tatsache, daß diese beiden Kontinente nur wenige Arten gemein haben, bestehen größere Übereinstimmungen auf der Familienebene. Beide haben viele Arten der wichtigen Baumfamilien *Meliaceae* (Zedrachbäume und Mahagonigewächse), *Sapotaceae* (Seifenbaumgewächse), *Euphorbiaceae* (Wolfsmilchgewächse) und *Leguminosae* (Hülsenfrüchtler) vorzuweisen. Im Gegensatz hierzu sind in den Regenwäldern Südostasiens die riesenhaften Vertreter der Familie *Dipterocarpaceae* vorherrschend, die in Afrika und Südamerika fast völlig fehlen. Diese Bäume blühen sehr unregelmäßig und werden hierzu in Abständen von fünf bis neun Jahren vermutlich durch Dürreperioden angeregt.

Die größte Artenvielfalt ist wohl in den Regenwäldern Südamerikas vorhanden, wo mindestens 30 000 höhere Pflanzenarten bekannt sind; mit rund 17 000 Arten bildet Afrika (einschließlich Madagaskar) das Schlußlicht. In den Wäldern Südostasiens hat man etwa 25 000 Blütenpflanzenarten registriert, doch weiter nach Osten in Richtung Pazifik schrumpft diese Zahl auf ganze 4000 zusammen.

Oft ist auch die lokale Artendichte beeindruckend, und die im Regenwald arbeitenden Ökologen brechen regelmäßig gegenseitig ihre Rekorde. Die höchste bislang verzeichnete Dichte betrug 233 Arten auf nur hundert Quadratmetern und wurde in Costa Rica registriert.

Vom Äquator weg

In tropischen Gebieten, wo der Regen eher zu bestimmten Zeiten im Jahr fällt und pro Jahr Trockenperioden von drei oder mehr Monaten vorkommen, verlieren die Wälder während dieser Zeit ihre Blätter. In Asien heißen sie »Monsunwälder«, denn sie treiben, wenn der jährliche feuchtwarme Monsun einsetzt. Am häufigsten sind sie noch in einigen Regionen Indonesiens anzutreffen. In Afrika wie auch in Südostasien ist dagegen kaum noch etwas von ihnen übrig; der größte Teil wurde in der Vergangenheit von Menschen gerodet und verbrannt. In weiten Landstrichen Afrikas ist so aus dem laubabwerfenden Wald ein Savannenwald mit grasbewachsenem Boden geworden, der sich direkt in unmittelbarer Nähe des Regenwalds erstreckt. In Südamerika behalten die Bäume in den Subtropen ihr Laub meist etwas länger; manche sind sogar immergrün, was sie weniger anfällig für Schäden durch Waldbrände macht.

Einer der Hauptfaktoren, der den Monsunwald vom echten Regenwald unterscheidet, ist das Fehlen der sich von Baum zu Baum rankenden Kletterpflanzen. Diese können im trockeneren Klima nicht überleben, und durch ihr Nichtvorhandensein wird die Luftfeuchtigkeit im Waldesinneren noch weiter reduziert. Während der Trockenheit werfen die Bäume ihr Laub ab; entsprechend mehr Licht dringt bis zum Waldboden herab und ermöglicht neuen Pflanzengenerationen ihre Entfaltung. Zahlreiche Bäume blühen auch während der Trockenzeit und unterstreichen mit ihren Farben noch die Kahlheit der Umgebung.

Der Mensch und seine Auswirkungen auf die Wälder

Menschliche Aktivität im Tieflandwald bedeutet nicht unbedingt, daß hier dauernd gerodet und Land urbar gemacht wird. Nach seiner Abholzung oder landwirtschaftlichen Nutzung läßt man den Wald manchmal zu dem nachwachsen, was oft als »gestörter« oder »Sekundärwald« bezeichnet wird. Diese Waldform ist eindeutig noch wandlungsfähiger als die natürlichen Wälder, aus denen sie hervorgegangen ist. Viele Autoren verwenden den Begriff »gestört« (man liest mitunter auch »verarmt« oder »überausgebeutet«), um Waldgebiete zu beschreiben, in denen Holz geschlagen wurde, wogegen das Wort »sekundär« jenen Wäldern vorbehalten ist, die nach vollständiger Rodung (meist durch Wanderbauern) ganz neu gewachsen sind. Ein gestörter oder überausgebeuteter Wald ist nach ein paar Jahrzehnten des Neuwachstums selbst für einen Fachmann manchmal nur äußerst schwer zu identifizieren. Natürlich spielt hier das ursprüngliche Ausmaß der Abholzung eine Rolle. In Zentralafrika, wo pro Hektar nur ein Baum gefällt werden darf, ist der angerichtete Schaden sehr gering; in Sabah oder auf den Philippinen werden indes vollkommen unkontrolliert Bäume geschlagen oder zusätzlich bei den Fällarbeiten irreparabel geschädigt.

Sekundärer Tieflandwald ist voller schnellwüchsiger »Pionierarten«, die von dem aufgegebenen Ackerland Besitz ergriffen haben, und unterscheidet sich in blütenbiologischer Hinsicht total von seinen urtümlichen Vorläufern. Dieses Neuwachstum ist aufgrund der unzähligen Kräuter, Sträucher, Lianen und jungen Bäume in der Tat mehr »dschungelähnlich« als im eigentlichen Urwald. Ein Durchkommen im dichten Unterholz ist hier fast nicht möglich, wohingegen es relativ einfach ist, einen primären Tieflandwald zu durchwandern, weil es in dessen Innerem so dunkel ist, daß auf dem Boden nur wenige Pflanzen gedeihen.

Oben: **Wurzeln** – Brettwurzeln, die in Regenwäldern kreuz und quer wachsen, verleihen dem Boden eine erhöhte Stabilität.

Links: **Beliebtes Stimulans** – Die Samen der Guarana *(Paullinia cupana)* enthalten dreimal mehr Koffein als Kaffee. Aus ihnen gewinnt man ein Tonikum, das in ganz Südamerika verkauft wird.

Rechts: **Dipterocarper Wald** – Aus der Luft erkennt man, daß die großen Bäume des Taman-Negara-Nationalparks in Malaysia alles andere überragen; so treten ihre charakteristischen Kugelkronen deutlich hervor.

Mangroven

An tropischen Uferregionen begegnet man häufig dem Mangrovenwald, einer artenarmen Sonderform des Regenwalds. Mangroven sind der normale Pflanzenbewuchs an geschützten tropischen Ufern, ihr Verbreitungsgebiet erstreckt sich aber bis 32 Grad nördlicher Breite und reicht jenseits des Äquators auf der Südhalbkugel noch weiter. Die größten und schönsten Mangroven sind in den Feuchttropen zu finden, speziell an den Küsten von Bangladesch, Malaysia, Sumatra, Borneo, Neuguinea und den vielen anderen verstreuten Inseln Südostasiens.

Mangroven sind immergrüne Bäume und Sträucher, die, obwohl sie zu verschiedenen, nichtverwandten Familien gehören, an gleichartigen Standorten aufwachsen, nämlich auf schlickreichen Böden in salzigen Küstengewässern. Diese Pflanzen zeigen eine Reihe von Anpassungsmechanismen an ihre salzige Umgebung wie etwa Pneumatophoren, also Atemwurzeln, die aus dem mit Wasser vollgesogenen Schlamm in die Luft ragen, in der sie den vom Wurzelsystem benötigten Sauerstoff aufnehmen können. Solche Wurzeln finden sich auch bei Pflanzen anderer überfluteter Wälder, insbesondere des Süßwassersumpfwalds. Dank der Atemfunktion der Pneumatophoren kann der Baum auf nahezu sauerstofffreiem Boden gedeihen, doch dienen sie noch einem anderen Zweck: In den Mangroven wächst der Boden stetig in die Höhe, so ermöglichen ihm die Pneumatophoren, entsprechend immer neue Würzelchen zu treiben. Der absorbierende Teil des Wurzelsystems befindet sich stets in Bodennähe, während die tieferen Wurzeln den Baum verankern.

Mangroven können bis zu dreißig Meter Höhe erreichen oder auch nur als ärmliches Gestrüpp von wenigen Metern Höhe dahinkümmern. An den Rändern eines Mangrovenwalds, wo die Bäume entweder im Meer oder auf Schlammflächen stehen, die nur bei Ebbe austrocknen, geben die Brett- und Stelzwurzeln für zahllose Vögel, Krabben und Weichtiere einen guten Tarnhintergrund ab. Begibt man sich weiter ins Innere, wird der Wald höher und immer undurchdringlicher.

Mangroven rings um den Globus

Mangroven lassen sich allgemein ausgedrückt in zwei geographische Hälften einteilen: in eine östliche Gruppe an den Küsten Indiens und des Westpazifiks und eine westliche, deren Verbreitungsgebiet die Küsten Amerikas, der Karibik und Westafrikas sind. Sie weisen viele Ähnlichkeiten auf, doch kennzeichnet die östlichen Wälder eine größere Artenvielfalt. Sämtliche Pflanzengattungen der westlichen Gruppe kommen auch im Osten vor, nur die Arten sind identisch. Einzig auf den Fidschi- und den Tongainseln sind sowohl eine östliche (*Rhizophora mucronata*) als auch eine westliche Art (*Rhizophora mangle*) heimisch.

Die größten Mangrovenwälder der Erde liegen in der amphibischen Küstenlandschaft der Sundarbans im Gangesdelta, im Grenzgebiet zwischen Indien und Bangladesch. Im restlichen Asien hat man die Mangroven weitflächig abgeholzt und dafür Anzuchtbecken für Fische und Garnelen angelegt, beispielsweise auf den Philippinen, wo die Mangroven einst charakteristisch für viele Inseln waren. Weniger dauerhafte Verarmung resultiert aus der Nutzung der Mangroven: Aus der Rinde gewinnt man Gerbstoff, die Stämme dienen als Baumaterial und die Äste als Feuerholz. Besorgniserregend ist da schon eher die Totalrodung asiatischer Mangroven zum Zweck der Papierproduktion in Japan.

Die Mangrovenwälder Amazoniens bilden einen schmalen Küstenstreifen; im Kartenteil dieses Bandes sind daher nur die größeren Gebiete angegeben. Auch ist hier die Artenvielfalt gering; die vorherrschenden Arten sind *Rhizophora mangle, Avicennia nitida, Laguncularia racemosa* und *Conocarpus erectus.* Während das Vorkommen der echten Mangrovengewächse auf den Einflußbereich des Meerwassers beschränkt ist, dringen die weißen Mangroven oder *Avicenniae* tief ins Landesinnere bis in Süßwasserregionen vor. *Rhizophora typica* ist weit verbreitet in den Mangroven zwischen Aracaju und Recife an der brasilianischen Atlantikküste, wo sie bis zwanzig Kilometer landeinwärts die Flüsse säumt. *Rhizophora racemosa* ist dagegen mehr im Gebiet der Halbinsel Marajó im Mündungsdelta des Amazonas und von da bis Guyana anzutreffen.

Mangrovenwälder findet man auch an der Nordküste Brasiliens zwischen der Insel Maracá und dem Rio Oyapock an der Grenze zu Französisch-Guyana, einem schlammigen Küstenstrich mit wenigen Sandstränden, weil sich die Sedimente aufgrund der starken Meeresströmung erst weiter westlich ablagern.

Oben: **Geschaffen zum Verankern** – Die Samen einiger Mangroven sind lang und spitz. So bleiben sie, wenn sie von der Mutterpflanze fallen, im Boden stecken und können dann nicht mehr so leicht fortgespült werden.

Links: **Mangrovenwurzeln** – Im Wurzeldickicht, das die Mangrove im Schlick verankert, wachsen kleine, fingerartige Atemwurzeln, Pneumatophoren aus dem Schlamm, und junge Ableger sprießen nahe der Mutterpflanze.

Rechts: **Die Mangrovenlinie** – An der Küste von Queensland, Australien, kann man zwei Regenwaldtypen nebeneinander sehen. Verdreht wachsende Wurzeln kennzeichnen den Mangrovenwald am Meeresufer; von der Küste landeinwärts erstreckt sich der Tieflandregenwald.

Bergregenwälder

In größerer Höhe weicht das feuchtschwüle Klima des Tieflandregenwaldes einer kühleren Feuchtigkeit; der Bergregenwald ist erreicht. Mit dem Klimawechsel verändert sich auch die Tier- und Pflanzenwelt; oberhalb 900 Metern begegnet man oft schon ganz anderen Arten als im Tiefland. Bei diesen Bergregenwäldern erfolgt in der Regel noch eine weitere Differenzierung: So unterscheidet man zwischen dem unteren Bergwald, der meist in Höhen zwischen 900 und 2000 Metern vorkommt, dem oberen Bergwald im Bereich zwischen 2100 und 3200 Metern und schließlich dem subalpinen Wald, der mancherorts bis in luftige 3800 Meter hinaufreicht. Oft ziehen Nebelschwaden durch die Baumkronen, was eine unheimliche Atmosphäre verbreitet und den beziehungsreichen Namen »Nebelwald« erklärt.

Mit zunehmender Höhe kommt dem Besucher das Dach des Waldes rasch entgegen. Während in den tieferen Bergregionen 15 bis 33 Meter normal sind, fällt im oberen Bergwald das aufrechte Stehen schon merklich schwerer. Brettwurzeln und an den Baumstämmen wachsende Früchte – charakteristische Merkmale der Tieflandwälder – fehlen hier. Flechten hängen wie Rauschebärte von den obersten Zweigen herab, und die Bäume wie auch der Waldboden sind von hellgrünem, vor Wasser triefendem Moos überzogen. Hauchzarte Farne und andere Epiphyten, darunter Orchideen und Bromelien, bestimmen jetzt die Szenerie. Die Bäume wachsen nicht mehr kerzengerade und glatt in die Höhe wie im Tieflandwald, sondern werden knorrig, verdreht und oft vielstämmig. Die Baumwipfel sind gleichmäßig und abgeflacht.

In den Tropen sinkt die Temperatur alle hundert Höhenmeter um 0,4 bis 0,7° Celsius ab. Hohe Niederschläge und geringere Verdunstung, bedingt durch die niedrigen Temperaturen, beeinträchtigen zusammen mit kräftigen Winden den Pflanzenwuchs. Fäulnißprozesse und Wachstum laufen verlangsamt ab. In den Talsenken sammelt sich in mächtigen Schichten nasser Torf an. Termiten können hier nicht überleben, dafür wird der Boden von großen Regenwürmern und Käferlarven bewohnt. Da Nährstoffe nur langsam freigesetzt werden, trifft man hier beispielsweise auf fleischfressende Kannenpflanzen.

Die meisten Tieflandarten gedeihen in diesen Höhen nicht, und so bestimmen zunehmend Bäume, die man eher mit gemäßigten Breiten in Verbindung bringt – beispielsweise Eichen, Buchen und Lorbeerbäume –, das Landschaftsbild. Insgesamt ist die Artenvielfalt weit geringer als im Tiefland, doch haben sich etliche an die Kälte angepaßte Gruppen entwickelt. Riesenerika und Rhododendren aus der Familie der *Ericaceae* (Heidekrautgewächse) kommen auf den Berggipfeln Asiens vor, Koniferen, die in der Regel nur auf nährstoffarmen Böden im Tiefland zu finden sind, begegnet man in größerer Höhe immer häufiger, insbesondere in Asien, wo *Dacrydium*- und *Podocarpus*-Arten vorherrschend sind. *Podocarpus*-Wälder gibt es auch – allerdings in besorgniserregend gelichteten Beständen – in Kolumbien, Peru und Venezuela. Araukarien sind weit verbreitet in den Hochlagen der südbrasilianischen Anden, doch als wichtige Nutzholzbäume in ihrem natürlichen Bestand bedroht.

In Afrika sind Bergwälder über den ganzen Kontinent verstreut zu finden, namentlich in Äthiopien, den Hochlanden im Dreiländereck von Ruanda, Burundi und Zaïre, in Kenia, Nordtansania und Kamerun. Bambus wächst reichlich in Höhen zwischen 2500 und 3000 Metern; noch weiter oben stößt man dann auf tragende Wacholder- (Gattung *Juniperus*) und *Podocarpus*-Wälder. Viele der abgelegenen Bergwälder besitzen eine einzigartig zusammengesetzte Tier- und Pflanzenwelt.

Eine Studie über die Blütenpflanzen Malaysias ergab, daß fast jede Pflanzenfamilie auf eine spezielle Höhenzone beschränkt ist. Allerdings haben ähnliche Untersuchungen in Neuguinea gezeigt, daß zahlreiche Arten auch mitunter in allen Höhenzonen vorkommen können, wenngleich die Pflanzen mit zunehmender Höhe immer kleiner, zum Teil vielstämmig werden und ihre Blätter sich verkleinern. Auch die Verbreitung der Tiere ist höhenabhängig und steht im Zusammenhang mit unterschiedlichen Freßgewohnheiten und Lebensweisen. Im allgemeinen verringert sich die Zahl der Allesfresser nicht mit der geographischen Höhe, jedoch ist bei Fruchtfressern, Beutejägern und Aasfressern ein Rückgang zu beobachten. Die Zahl der Insekten-, Vogel- und Reptilienarten nimmt ebenfalls in größerer Höhe ab. Ein bemerkenswerter Aspekt des Bergwalds liegt darin, daß auf hohen wie niedrigen Bergen die gleiche Anzahl Tier- und Pflanzenkolonien existieren, nur liegen diese im zweiten Fall dichter beisammen.

Droben in den Wolken – Im kühlen Feuchtklima der Bergregenwälder gedeihen Moos und Flechten. Sie überziehen sowohl die Stämme der Bäume (rechts oben) als auch das Gewirr aus Kletterpflanzen und Lianen (großes Bild). Hier wachsen auch viele Pilze (links oben), darunter Ständer-, Blätter- und Schimmelpilze.

Warum wir Regenwälder brauchen

Seit ewigen Zeiten schon haben Menschen Bäume gefällt und Wälder in Land umgewandelt, das sie für Ackerbau und andere »produktive« Zwekke nutzten. So war etwa Europa vor tausend Jahren noch großenteils dicht bewaldet. Der Abbau seiner Wälder zum Zweck neuer Nutzungsmöglichkeiten brachte eine einschneidende soziale, wirtschaftliche und technologische Entwicklung in Gang, die zu diesem Zeitpunkt ihren Anfang hatte. Heute entwickeln sich die Tropenländer in rasantem Tempo. Wenn sie dem Beispiel der nördlichen Industrienationen folgen wollen, warum sollten sie dann nicht ihre Wälder abholzen, das Land roden und einer landwirtschaftlichen oder industriellen Nutzung zuführen?

Eine solche Argumentation stößt derzeit nicht nur auf Unverständnis und Widerstand, sie ist auch falsch. Die »aufblühende« Konsumgesellschaft macht sich inzwischen für die Erhaltung der Regenwälder stark und stellt sich hinter die Umweltschützer, zudem steckt hinter dieser Bewegung eine fundierte wissenschaftliche Basis. Doch was ist an den Regenwäldern so besonders, daß sie solch starke Sympathien auslösen?

Man muß unbedingt berücksichtigen, daß tropische Wälder sich *qualitativ* von den Wäldern der gemäßigten Breiten unterscheiden. Wir konnten in unseren Breiten offenbar ohne negative Folgen riesige Waldflächen abholzen und den Boden landwirtschaftlich nutzen. In gewissem Sinn war dieser Kahlschlag sogar noch ein Wegbereiter für unseren Fortschritt. Dagegen könnte die Abholzung der tropischen Regenwälder geradewegs in einer Katastrophe enden.

Der Punkt ist der, daß die Menschen – und zwar alle auf der Erde – tropische Regenwälder brauchen. Zuallererst bieten die Regenwälder den vielen Millionen Angehörigen von Naturvölkern, die sich an ein Leben in diesem einzigartigen Habitat angepaßt haben, eine Heimat (siehe Seite 90 bis 95). Und sie haben gewiß ein Recht darauf, wie bisher auf ihrem angestammten Grund und Boden zu leben. Ihre gesamte Lebensgrundlage hängt von den Wäldern ab.

Aber viele andere Menschen, die eigentlich nicht dort zu Hause sind, sind ebenso von ihnen abhängig wie die Eingeborenen. Regenwälder erscheinen uns robust und undurchdringlich, doch in Wirklichkeit wachsen sie auf ökologisch sehr sensiblem Untergrund. Die Böden sind meist nahezu unfruchtbar, arm an Nährstoffen und anfällig für Erosion. Ist erst der schützende Wald verschwunden und mit ihm das kompliziert verästelte Wurzelgeflecht, das die Wälder zusammenhält, ist auch die geringe Restfruchtbarkeit gefährdet, können sogar die Neurodungen verlorengehen. Die Niederschläge in den Tropen sind von anderem Kaliber als die überwiegend zarten Nieselregen der gemäßigten Breiten: Sie stürzen in kurzen, heftigen Güssen, welche die Nährstoffe aus dem Boden schwemmen und die schutzlose oberste Bodenschicht kurzerhand fortspülen, vom Himmel herab. Intakte tropische Wälder dämmen die Gewalt dieser unvermittelt einsetzenden Sturzbäche. So wird nicht nur der Boden geschützt, sondern auch der Wasserhaushalt intakt gehalten. Die Wälder spielen eine entscheidende Rolle bei der Regulierung örtlicher Niederschlagsmengen.

Tatsache ist, daß auf den meisten tropischen Böden nur langsam wachsende Bäume gedeihen; lediglich relativ kleine Zonen sind hinreichend fruchtbar und stabil, daß eine landwirtschaftliche Nutzung in Frage kommt – eine völlig andere Situation als in den eher gemäßigten Breiten. Die realen negativen Auswirkungen auf das Weltklima lassen sich, wenn die letzten großen Reserven organischen Kohlenstoffs verbrannt werden, nur erahnen.

Und als ob dies nicht schon genug wäre, zieht die Abholzung der Regenwälder eventuell noch weitere, ebenso schwerwiegende Folgen nach sich. Von den Vorkommen der gemäßigten Zonen unterscheiden sich die Regenwälder durch ihre unvergleichliche Fülle von Leben, das unter ihrem Blätterdach gedeiht. Man weiß inzwischen, daß sie, obwohl sie nur etwa sechs Prozent der Landfläche der Erde bedecken, über die Hälfte aller auf unserem Planeten vorkommenden Arten beherbergen. Diese biologische Vielfalt muß um jeden Preis erhalten werden. Die in den Wäldern schlummernden genetischen Reserven sind das gemeinsame Erbe der Menschheit, und es ist durchaus denkbar, daß sie sich eines Tages als lebensnotwendig erweisen für das künftige Wohl der menschlichen Rasse. Wir laufen allerdings Gefahr, daß wir gerade jetzt, wo wir den Deckel von Mutter Naturs Medizinkiste zu öffnen beginnen, feststellen müssen, daß wir den Inhalt schon verloren haben. Aussterben ist endgültig.

Die Sache ist die, daß die Menschen – alle Menschen auf der Erde – auf die tropischen Regenwälder angewiesen sind.

Waldbewohner – Den Menschen, die wie beispielsweise die Kayapó-Indianer im Regenwald leben, bietet der Wald alles, was sie für ihr Leben und ihren Alltag brauchen – sogar das Material für eine Hängematte.

Landlose Siedler – Wer der Armut in den Großstadtslums entkommen will, dem kann der Wald einen neuen Start im Leben ermöglichen. Doch aus Unkenntnis über die andersartige Umgebung ist der Mißerfolg oft schon vorprogrammiert.

Großes Bild: **Stadtbewohner** – Sowohl in den Industrieländern als auch in der Dritten Welt ist die Bevölkerung großer urbaner Zentren auf die Regenwälder angewiesen – nicht nur wegen solcher Produkte wie Holz und Arzneien, sondern auch wegen eines stabilen Klimas.

Der Faktor Mensch

Die Regenwälder sind schon seit Jahrtausenden ein Zuhause für Menschen. Spuren menschlicher Besiedlung lassen sich im Amazonasbecken 12 000 Jahre weit zurückverfolgen, und im Dschungel von Borneo haben Wissenschaftler in Höhlen sogar 39 000 Jahre alte Kunstgegenstände ausgegraben. Derzeit leben in den Tropenwäldern der Erde schätzungsweise fünfzig Millionen Ureinwohner, für die der Wald Heimat, geistiges Zentrum sowie die Quelle für Nahrung und Kleidung ist.

Im allgemeinen leben sie als Jäger und Sammler (siehe Seite 92/93) beziehungsweise als Jäger und Pflanzer oder Wanderbauern (siehe Seite 94/95) in kleinen Gemeinschaften, oft mit hochentwickelten sozialen und kulturellen Gesellschaftsformen. Was aber am wichtigsten ist: Diese Menschen wissen und verstehen, welche Bedeutung dem Wald als Quelle ihrer gesamten Lebensgrundlage zukommt. Sie haben bemerkenswerte Methoden einer naturgemäßen Nutzung entwickelt.

Obwohl natürlich die Eingeborenen am ehesten die Regenwälder brauchen, sind sie nicht die einzigen, denen diese Wälder eine Lebensgrundlage bieten. Den *Seringurios*, den brasilianischen Kautschukzapfern (siehe Seite 124), bieten sie den Lebensunterhalt. Der Mord an Chico Mendes, einem früheren Präsidenten der Seringurio-Gewerkschaft, im November 1988 hat viel dazu beigetragen, ihr Dilemma publik zu machen – und er hat tragischerweise wieder einmal aufgezeigt, daß der Wald als eine wertvolle Rohstoffquelle unbedingt intakt erhalten bleiben muß.

Wie wichtig dieser Aspekt ist, erkennen nur sehr wenige ländliche Siedler. Auch begreifen sie nicht, wie sie die Wälder schonend nutzen könnten. In allen Entwicklungsländern der Erde zwingen ungleiche Landbesitzverhältnisse die Menschen, sich entweder in die Städte aufzumachen oder sich in den Wäldern durchzuschlagen, wobei sie die Straßen benutzen, die Holz- und Bergbaufirmen angelegt haben.

Holz als Bau- und Brennmaterial

Die Tropenwälder sind auch für über zwei Drittel der Menschen in den Entwicklungsländern – vorwiegend für die arme Landbevölkerung – wichtig, die Holz als Energieträger für ihren Haushalt benötigen. In mehreren Weltgegenden mit sehr hohem Bevölkerungsdruck droht durch das radikale Abholzen der Wälder eine Brennholzverknappung. Besonders betroffen sind davon Afrika südlich der Sahara, Teile von China und der indische Subkontinent.

Dies ist ein Thema, das eher die trockeneren, laubabwerfenden Wälder berührt als die feuchten Regenwälder – hauptsächlich, weil in oder um die vorhandenen Regenwälder herum der Bevölkerungsdruck doch nicht so groß ist. Doch es unterstreicht die Bedeutung aller Wälder als Holzlieferant und macht die Vergeudung von Holz – sei es durch Verbrennen oder bloßes Liegenlassen ganzer Bäume – um so frustrierender.

Für die Menschen, die mit Holz ihr Geld verdienen, sind die Regenwälder eine wichtige Quelle schöner tropischer Laubbaumhölzer. Der internationale Handel mit Tropenholz – heute ein Multi-Millionen-Dollar-Geschäft – hat schnell erkannt, daß, wenn die Wälder sterben, mit ihnen auch der Holzhandel zugrunde geht. Und das wollen weder Erzeugerländer, Kaufleute noch Kunden. Nur wenn kommerziell genutzte Wälder auch als solche erhalten bleiben, besteht überhaupt eine Hoffnung, die Versorgung mit den bei Möbelschreinern, Bootsbauern und Innenarchitekten so begehrten Hölzern langfristig zu sichern.

Schließlich sind Regenwälder wichtig, weil die Menschen sie brauchen. Diejenigen, die sich in ihrer Lebensweise dem Wald angepaßt haben, brauchen sie für ihre alltäglichen Bedürfnisse. Verantwortungsbewußte Holzfirmen brauchen zwar das Holz, sind sich aber darüber im klaren, daß die Walddecke intakt bleiben muß, sollen weiterhin Aussichten auf regelmäßige Holzernten bestehen bleiben.

Die Bedrohung der Wälder manifestiert sich nach wie vor in den konträren Bedürfnissen der immer zahlreicher werdenden landwirtschaftlichen Siedler und der Gier skrupelloser Holzspekulanten, die auf schnelle Gewinne aus sind. Die Misere der Siedler erweckt etwas Mitgefühl; ihr Schicksal kann sich nur durch ein Umdenken in der Regierungspolitik und neue Grundstücksgesetze verbessern, doch planlose Abholzung im großen Stil ist angesichts der Profite, die die Abholzungsunternehmen einstreichen, nicht zu entschuldigen. Es bleibt abzuwarten, ob sich die konträren Bedürfnisse der Eingeborenen, der armen Landbevölkerung und der industriellen Holzverwerter unter einen Hut bringen lassen.

Oben: **Holz fürs Feuer** – Auf der Suche nach Feuerholz zum Kochen legen die Yanomani-Indianer mitunter beträchtliche Strecken zurück. Obwohl sie sich vorwiegend von rohem Gemüse ernähren, verschmähen sie keinesfalls Frischfleisch (von Fischen, Affen und Wildschweinen), das gebraten werden muß.

Rechts: **Kautschuk** – Zur Gewinnung von Latex, der Rohbasis für die Gummiherstellung, wird eine Reihe schräger Kerben in den Stamm des Parakautschukbaums (*Hevea brasiliensis*) geschnitten. Aus diesen Ausschnitten quillt ein wäßriger Saft und tropft in kleine, an den Stämmen befestigte Schalen.

Ursprungsland Regenwald

Eine jüngst von einem Team unter der Leitung von Doktor Charles Peters vom Institute of Economic Botany in New York durchgeführte Studie besagt, daß Früchte und Kautschuk zusammen über neunzig Prozent des gesamten Marktwerts des von ihnen untersuchten Waldstücks in Amazonien ausmachen: »Die Ergebnisse unserer Studien zeigen klar die Bedeutung von Walderzeugnissen, die nicht aus Holz sind. Diese Hilfsquellen werfen nicht nur höhere Nettoeinkünfte pro Hektar als Holz ab, sondern können auch mit wesentlich geringeren Schäden für den Wald geerntet werden.«

Waldprodukte wie Nüsse, Früchte, Kautschuk und Rattan wachsen alle von allein und werden lokal geerntet, doch haben sie die Wirtschaftswissenschaftler bis jetzt nie ernsthaft als einen Teil des gesamten Handelswerts eines Regenwalds angesehen.

Nach Peters' Meinung rührt dies daher, daß Holz ein hochangesehener Exportartikel für den internationalen Markt ist. Nichtholz-Produkte werden von einer Vielzahl Einheimischer gesammelt und auf örtlichen Märkten verkauft; ihr Wert ist schwer zu überwachen und leicht zu ignorieren. Vom Standpunkt der Regierung eines Entwicklungslands läßt sich Holz leichter für harte Devisen verkaufen, die man zur Tilgung von Auslandsschulden einsetzen kann.

Die Idee, daß Regenwälder mehr als nur Holz abwerfen können, ist für die Tropen nicht neu, sie ist vielmehr schon seit Jahrtausenden die Grundlage lokaler wirtschaftlicher Aktivität in den Wäldern. Die Einstellung, das Holz der Regenwälder sei die einzig wertvolle Handelsware, ist vielleicht auf den Umstand der Nachfrage aus der westlichen Welt nach Edelhölzern zurückzuführen. Es bestehen qualitative Unterschiede zwischen tropischen und gemäßigten Wäldern, die von Europa, Nordamerika und Japan noch immer nicht richtig eingeschätzt werden: In den Wäldern dieser Länder gibt es außer dem Holz kaum kommerzielle Werte, wogegen in den Tropenwäldern noch viele weitere vermarktbare Produkte genutzt werden können. Die Ignoranz gegenüber den Nichtholz-Produkten ist vielleicht ein Beispiel für westliches Denken und den unsachgemäßen Umgang mit den Regenwäldern.

Neue Werte

Die Entwicklung geht dahin, die tropischen Regenwälder als »Reservate mit zusätzlicher Gewinnung von Naturprodukten« zu betrachten, in denen man etliche Erzeugnisse, darunter auch etwas Holz, auf dauerhafter Basis ernten kann. Doch dies läßt sich nur dann erreichen, wenn in den Industrieländern ein Markt für solche Waren geschaffen wird – was allmählich auch in die Tat umgesetzt wird.

Manche Nüsse und andere Regenwaldprodukte kennen wir schon, andere wiederum sind für uns ganz neu. So essen die Peruaner gern Eis, dessen Farbe und Geschmack von der purpurnen Frucht der Mauitiapalme herrührt. Eine amerikanische Firma vertreibt jetzt ein »Rain Forest Crunch« – ein Eis mit wild geernteten Nüssen und Cashewkernen aus rekultivierten Anbaugebieten.

In Großbritannien plant eine »grüne« Firma den Vertrieb eines ganzen Sortiments von Waldprodukten, das von aromatischen Badeölen und Hautcremes bis hin zu neuen Dufttöpfen so ziemlich alles enthält. Harze, Kautschuk und Zusatzstoffe für die kosmetische Industrie werden derzeit erprobt. Doch damit nicht genug – mindestens 1650 bekannte tropische Waldgewächse haben einen potentiellen Wert als pflanzliche Nahrungsmittel, und der Saft des in Amazonien heimischen Baumes *Copaifera langsdorfia* ist unserem Dieseltreibstoff so ähnlich, daß er für Lastwagenmotoren verwendet werden kann.

Rattan, eine baumlebende Kriechpflanze, ist ein Nichtholz-Produkt, das bereits weite Verbreitung in der Möbelfabrikation gefunden hat. Derzeit bringt Rattan weit mehr Geld pro Tonne ein als Holz. Es läßt sich langfristig im Wald ernten – vorausgesetzt, dieser bleibt intakt. Der Rattanhandel erreicht weltweit ein Volumen von rund zwei Milliarden US-Dollar pro Jahr, jedoch ist er in Südostasien gefährdet, weil dort schon viel Wald verlorengegangen ist.

Falls man die Waldprodukte, die nicht aus Holz sind, als profitable, hochwertige Exportwaren und nicht bloß als Artikel für lokale Märkte propagiert, werden die Regierungen der tropischen Entwicklungsländer ein viel größeres Interesse daran haben, die zukünftige Versorgung mit ihnen zu gewährleisten. Ihre Erhaltung setzt allerdings schonende Behandlung der Wälder voraus.

Oben: **Palmflechten** – Die Kanela-Indianer aus dem Nordosten Brasiliens flechten aus den dort wachsenden Palmen Körbe und Matten, die sie im Alltag gebrauchen. Diese handwerklichen Erzeugnisse dienen aber auch als Tauschobjekte im Handel mit Nachbardörfern.

Unten: **Erntezeit** – Im brasilianischen Bundesstaat Rondônia sammeln die Urea-Wau-Wau-Indianer viele verschiedene Früchte des Regenwaldes, darunter die der Pupunhapalme. Gekocht ist das Fleisch der orangefarbenen Frucht genießbar und sehr nahrhaft. Diese und viele weitere nichthölzerne Waldprodukte sind für die Indianer lebenswichtig.

Apurist bei der Arbeit – Zum Wissensschatz der Einheimischen zählt ihre Methode, mit der sie Honig sammeln: Hierbei verwenden sie ein bestimmtes Moos, das sehr langsam verbrennt und kräftig raucht, was die Bienen irritiert. Nach dem Ernten des Mooses muß es sehr vorsichtig in Brand gesteckt werden.

Links: **Weitergabe von Wissen** – Der Häuptling des im Hochland von Kilum beheimateten Oku-Stammes verwaltet die Pflanzen und pflanzlichen Produkte des lokalen Regenwalds. Er ist dafür verantwortlich, daß das Stammeswissen über die Waldvegetation auch dem Kilum-Projekt zugänglich gemacht wird.

Oben: **Regionales Symbol** – Der Bannerman-Taurako (*Tauraco bannermani*), der das Emblem des Kilum-Projekts ziert, lebt nur in den Bergwäldern dieses Teils von Kamerun. Die örtlichen Stammeshäuptlinge tragen seine Kopffedern als Zeichen ihrer Autorität, und »Fens«, wie der Vogel in der Landessprache heißt, ist auch der Name der Rundschreiben des Projekts.

Kilum: Wälder werden rentabel

Es gibt wenige Beispiele für Wälder, die schonend ausgebeutet werden. Im abgelegenen Bamenda-Hochland von Kamerun jedoch tritt ein Entwicklungsprojekt den Beweis an, daß dies möglich ist. Das Kilum-Projekt – 1987 *vom Internationalen Rat für Vogelschutz* ins Leben gerufen – ist vorrangig eine Naturschutzaktion. Seine 120 Quadratkilometer Restwaldfläche enthalten den schönsten *Podocarpus*-Bambuswald außerhalb Ostafrikas und bieten einer Reihe seltener und bedrohter Arten Schutz. Allerdings haben John und Heather Parrott, die Projektleiter, erkannt, daß der Wald unmöglich zu retten ist, ohne daß den Einheimischen, die mit ihm leben und für die er seit jeher Nahrung, Medizin, Wohlstand und Kulturerbe bedeutet, ein gewisser Nutzen garantiert wird.

Kilum ist traditionell bekannt für seine vielen Heilpflanzenarten, aber auch für den geschickten Umgang der Einheimischen mit ihnen. Das Projekt befürwortet daher die kontrollierte Nutzung im Reservat.

In ähnlicher Weise wird auch das Fällen von Bäumen für das Schnitzen volkstümlicher Kunstgegenstände für kulturelle oder religiöse Zwecke durch strenge Regelungen kontrolliert und macht regelmäßige Neupflanzungen im und um den Wald herum zur Bedingung. Zudem bekommen verschiedene Industriezweige, die vom Wald abhängig sind, nach einer Prüfung ebenso strenge Vorschriften auferlegt – etwa für die Herstellung von hochwertigem, handgeschöpftem Papier aus der inneren Rinde von *Lasiosiphon glaucus*, der am Waldrand weit verbreitet wächst. Auf der anderen Seite sind Bienenkörbe im Wald der einzige Besitz vieler Familien, doch auch das Honigsammeln ist eine einträgliche Beschäftigung. In Würdigung des wirtschaftlichen Potentials beider Tätigkeiten haben die Koordinatoren die Gründung von Honig- und Handwerksgenossenschaften angeregt. Die Honigproduktion beträgt bald 500 Tonnen pro Jahr und läßt sich noch in Jaunde und Douala verkaufen.

Nach John Parrotts Ansicht kommt es bei der Gewinnung jeglicher Waldprodukte vor allem darauf an, die Kontrolle über das Ausmaß der Ausbeutung zu behalten, um dauerhafte Erträge zu sichern. Richtig verwaltet, so glaubt er, ist das Potential für eine langfristige Nutzung des Waldes immens. Doch die Basis jeder langfristigen Tropenwaldindustrie liegt bei den Einheimischen, die über solch ein komplexes Wissen vom Wald verfügen.

Die Genbank der Welt

Die Vielfalt des Lebens in einem Regenwald ist wahrhaft verblüffend. In Yanomono bei Iquitos im peruanischen Regenwald registrierte Alwyn Gentry, ein Botaniker am Missouri Botanical Garden, dreihundert Baumarten mit einem Stammdurchmesser von zehn Zentimetern oder mehr. Man vergleiche diese Zahl mit einem Wald der gemäßigten Breiten, in dem gewöhnlich etwa ein Dutzend Arten pro Hektar vorkommen! Im Regenwald sprüht es auch nur so vor tierischem Leben. Neuesten Forschungsergebnissen zufolge könnte es hier allein dreißig Millionen verschiedene Insektenarten geben.

Hinsichtlich der reinen biologischen Diversität ist wahrscheinlich Lateinamerika die Nummer eins in der Welt, gefolgt von Südostasien. So besitzt zum Beispiel Kolumbien schätzungsweise 25 000 einheimische Pflanzenarten. Die Vereinigten Staaten haben im Vergleich dazu rund 17 000 Pflanzenarten vorzuweisen.

Nicht nur zwischen den einzelnen Kontinenten, sondern auch auf lokaler Ebene bestehen enorme Diversitätsschwankungen. Waldtyp, geographische Höhe, Niederschlagsmenge, Luftfeuchtigkeit und Temperatur – all das wirkt sich darauf aus, wie viele und welche Arten vorkommen. Die artenreichsten Gegenden sind jene, die die letzte Eiszeit überlebt haben. Während dieser Periode versteppten weite Teile des Amazonasbeckens zur Savanne. Ganze sechzehn Waldfleckchen sind Relikte aus früheren Zeiten. Heute weisen diese und ähnliche Gebiete in Afrika eine außergewöhnlich große Artenvielfalt auf (siehe Seite 50). Sie sollten als Erbe der Welt erhalten werden.

Der Regenwald ist eine brodelnde Interaktion unzähliger Arten, die gemeinsam das Ökosystem bilden. Jedoch ist ein so kompliziertes System ganz leicht aus dem Tritt zu bringen. Es bedarf hierzu nur einer relativ harmlosen Veränderung – etwa ein kleiner Klimawechsel –, um eine ganze biologische Kette zu zerstören und Hunderte von Arten aussterben zu lassen.

Die Nutzung der Gene

Infolgedessen bedeutet auch jeder menschliche Eingriff individuell den Verlust von einzigartigem Genmaterial. Die tropischen Regenwälder sind die Schatzkammer von mehr als fünfzig Prozent des genetischen Materials der Erde, und die Bedeutung, die der Erhaltung dieses Materials zukommt, kann gar nicht genug betont werden.

In der Landwirtschaft hat sich die Auswahl der Feldfrüchte, die weltweit angebaut werden, in den letzten Jahrzehnten dramatisch verringert, genau wie die Ernteerträge zwischen 1930 und 1975 um mindestens 100 Prozent gestiegen sind. Rund die Hälfte dieser Zunahme geht auf das Konto von genetischen Verbesserungen und Kreuzungszüchtungen. Mittlerweile werden 75 Prozent des Nahrungsbedarfs der gesamten Welt von ganzen acht Anbaupflanzen abgedeckt. Diese fehlende Vielfalt macht uns extrem anfällig für Schädlingsbefall, Krankheiten und Klimaveränderungen. In Zukunft werden sich Wildarten bei der Anpassung bestehender Züchtungen an veränderte Umweltbedingungen möglicherweise als lebenswichtig erweisen.

Botanische Gärten und Genbanken in der ganzen Welt sind für viele Pflanzen ein sicherer Hort. 1985 haben *World Wide Fund for Nature* und die IUCN ein »Schutzsekretariat Botanischer Gärten« ins Leben gerufen mit dem Ziel, die Funktion der botanischen Gärten auf die Erhaltung bedrohter Pflanzenarten auszudehnen. Heute gehören dem Sekretariat über 200 Mitglieder an, darunter auch Gärten in Lateinamerika, Afrika und Südostasien. »In fünf bis zehn Jahren, so hoffen wir, werden Proben von 50 Prozent aller bedrohten Arten im sicheren Schutz der botanischen Gärten leben«, sagte der Leiter des Sekretariats, Professor Vernon Heywood. Doch können natürlich nicht alle Pflanzen in diesen »Pflanzenzoos« gesammelt und erhalten werden, denn täglich werden neue Arten entdeckt.

Bis heute hat man noch nicht einmal ein Prozent der tropischen Regenwaldpflanzen chemisch nach nützlichen medizinischen Qualitäten analysiert. Jedoch vermutet man bei über 1400 Arten krebshemmende Eigenschaften, und viele Regenwaldprodukte sind inzwischen für die moderne Pharmaindustrie unerläßlich. Im Schnitt enthält jeder vierte Artikel, der in Apotheken und Drogerien über den Ladentisch wandert, Stoffe, die aus Regenwaldpflanzen gewonnen wurden. Doch die Wissenschaftler vermuten, daß dies erst die Spitze des Eisbergs ist.

Vom Wald ins Labor – In der untersten Vegetationsschicht auf dem Boden des Regenwalds und dicht darüber wachsen die meisten Pflanzen, die von Nutzen sein könnten (großes Bild). Die Samen dieser Pflanzen werden für künftige Forschungen in gekühlten Samenbanken gelagert (kleines Bild).

Thema Umweltschutz

Die Folgen, die sich für die Umwelt durch die Vernichtung riesiger Regenwaldgebiete ergeben, werden oft diskutiert, jedoch nicht immer ganz verstanden. Alle Wälder der Erde sind ein fester Bestandteil deren lebenserhaltender Systeme und spielen eine wichtige Rolle bei der Regulierung des Klima- und Wasserkreislaufs wie auch bei der Erhaltung der Böden. Doch die ökologischen Folgen der Abholzung von Regenwäldern sind, bedingt durch deren einzigartige Natur, viel gravierender als die bei Waldrodungen in gemäßigten Breiten festgestellten Auswirkungen.

Mit der Zerstörung ihrer Wälder sägen die tropischen Regenwaldländer buchstäblich den Ast ab, auf dem sie sitzen. Von den kahlen Bergflanken können die heftigen Tropenregen nun fortspülen, was noch an dünner, empfindlicher Bodendecke vorhanden ist. Eine Untersuchung an der Elfenbeinküste ermittelte den jährlichen Bodenverlust an einem bewaldeten Hang mit 30 Kilogramm pro Hektar – im Gegensatz zu 138 Tonnen pro Jahr an einem ähnlichen, abgeholzten Hang.

Die Abholzung ist auch für Überschwemmungen und Dürre in vielen tropischen Waldländern verantwortlich. Regenwälder regulieren mit ihrem dichten Laub und ihren komplexen Wurzelsystemen den Wasserhaushalt. In einem gut bewaldeten Wassereinzugsgebiet versickern normalerweise 95 Prozent der jährlichen Niederschläge in den schwammartigen Wurzelnetzen im Boden. Ein großer Teil dieses Wassers wird durch Verdunstung und Transpiration wieder in die Atmosphäre entlassen, wodurch insgesamt weniger fließendes Wasser den Wald verläßt. Der Rest aber wird gleichmäßig übers Jahr verteilt abgegeben und bewirkt so, daß Flüsse selbst in Trockenzeiten Wasser führen.

Weltweit sind über eine Milliarde Menschen zum Trinken und zur Landbewässerung auf Wasser aus Tropenwäldern angewiesen. Ohne die regulative Funktion der Regenwälder lösen die heftigen Regenfälle Überschwemmungen und Erdrutsche aus, wogegen die Flüsse bei geringen Niederschlagsmengen austrocknen. Die Flutkatastrophe in Thailand vom Dezember 1988 kostete 450 Menschen das Leben und verursachte Schäden in Milliardenhöhe. Die thailändische Regierung erließ sofort ein totales Abholzungsverbot, nachdem bekannt wurde, daß die Katastrophe fast sicher auf unkontrollierte Rodungen zurückzuführen war.

Regenwälder beeinflussen auch das lokale Klima. Sie haben eine elementare Bedeutung für die Erhaltung der Niederschlagsverteilung, indem sie gigantische Mengen Wasser wieder in die Atmosphäre abgeben. Eine von England und Brasilien durchgeführte Studie auf diesem Gebiet ergab, daß von gerodeten Flächen zehn bis zwanzig Prozent weniger Wasser verdunsten als von bewaldeten. Das Fällen von Bäumen senkt also die Luftfeuchtigkeit und reduziert somit auch die Regenmenge.

Die Einflüsse der Regenwälder auf das Klima sind enorm und außerhalb der Tropen noch Tausende Kilometer weit zu spüren. Indem sie gewaltige Mengen Wasser in die Atmosphäre abgeben, haben sie in den tropischen Regionen eine kühlende, gleichzeitig aber in äquatorferneren Breiten eine wärmende Wirkung. Zwei Effekte sind hier am Werk: Zum einen schirmen die Wolken, die sich über den Wäldern bilden, das Sonnenlicht von den Tropen ab, zum anderen kühlt die Verdunstung die Blätter der Bäume, und wenn der Wasserdampf in den Wolken über dem Wald kondensiert, entsteht erneut Wärme. Da die Zirkulation der großen Luftmassen vom Äquator aus nach Norden und Süden erfolgt, gelangt ein Teil dieser Wärme auch in die kühleren Breiten.

Die Tiere und Pflanzen des Regenwalds benötigen genau wie alle übrigen Organismen Kohlenstoff zum Leben (siehe Seite 57). Da die Regenwälder so viel konzentriertes Leben bergen, enthalten sie auch riesige Mengen Kohlenstoff. Bei ihrer Verbrennung wird dieser in Form von Kohlendioxid (CO_2) an die Luft abgegeben. Kohlendioxid wiederum ist eins der für den Treibhauseffekt verantwortlichen Gase, welche in natürlicher Form in der Atmosphäre vorhanden sind und die Temperaturen auf der Erdoberfläche regulieren helfen. In den letzten hundert Jahren hat der CO_2-Gehalt in der Atmosphäre ständig zugenommen, was nicht zuletzt größtenteils auf die Verbrennung fossiler Energieträger – Kohle, Gas und Öl – zurückzuführen ist. Diese Brennstoffe bestehen im wesentlichen aus Kohlenstoffverbindungen, die vor Jahrmillionen aus toten Pflanzen und Tieren entstanden sind. Derzeit blasen Schornsteine und Auspuffrohre jährlich rund fünf Milliarden Tonnen Kohlenstoff in Form von CO_2 in die Luft. Der durch brennende Wälder verursachte Anteil ist viel schwieriger zu berechnen, er dürfte allerdings bei etwa einer weiteren Milliarde Tonnen liegen.

Die einzige kurzfristige Möglichkeit zur Senkung des CO_2-Gehalts der Luft besteht darin, mehr Bäume zu pflanzen. Solange ein Baum wächst, absorbiert er CO_2 und lagert den Kohlenstoff in seinen Zellen ein. Im ausgewachsenen Stadium befindet er sich in einem Gleichgewicht mit der Atmosphäre, denn er gibt durch Atmung etwa die gleiche Menge Kohlendioxid an die Luft ab, wie er durch Photosynthese aufnimmt.

Großangelegte Abholzaktionen in den Tropen beschwören somit Veränderungen der globalen Klimasysteme herauf, da sie auf die Mechanismen einwirken, durch die Wärme in die gemäßigten Breiten gelangt. Niemand kann mit Sicherheit vorhersagen, welche Auswirkungen dies auf das Weltklima hätte, wenn es so weit kommen sollte. Falls die Waldzerstörung im jetzigen Tempo fortschreitet und noch mehr Wälder in Flammen aufgehen, wird der Treibhauseffekt wiederum verstärkt.

Regen-Recycling

Ein Forschungsteam am Brasilianischen Raumfahrtinstitut unter der Leitung von Aneas Salati hat berechnet, daß fast fünfzig Prozent der über dem Amazonasbecken niedergegangenen Regenmenge vom Wald wieder in die Atmosphäre abgegeben werden. Dadurch kommt der Wasserrückgewinnung von Osten nach Westen eine wichtige Funktion zu, denn sie hält diese Region ständig feucht. Die westlichen Gegenden sind viele tausend Kilometer vom Atlantik entfernt und daher auf Wasser angewiesen, das durch den Wald-Atmosphäre-Kreislauf zu ihnen gelangt. Wenn im Osten große Waldgebiete zerstört werden, könnte dieser Recycling-Kreislauf zusammenbrechen, was unweigerlich den Tod der westlichen Wälder bedeuten würde.

Oben: **Der kahle Rand** – Aus der Luft sind die Auswirkungen der Abholzung im Amazonasbecken nur zu deutlich erkennbar. Schutzlos den Elementen ausgeliefert, wird der unersetzliche Boden von den heftigen tropischen Regenschauern fortgespült. Rasch bilden sich tiefe Einschnitte, die die Erosionswirkung des Regens noch verstärken.

Der Druck auf die Regenwälder

Die Regenwälder bieten eine Vielzahl von Ressourcen in gerade jenen Gebieten der Welt, die oft von Armut und explodierenden Bevölkerungszahlen erdrückt werden. Nach Ansicht von Demographen werden zum Ende des nächsten Jahrhunderts acht von zehn Menschen in einem Tropenwaldland leben. Trotz eines gewissen bereits gegebenen Wohlstandsspektrums in diesen Ländern streben alle nach einem höheren Lebensstandard. Einige von ihnen – Malaysia, Brasilien und Indonesien – stehen derzeit auf verschiedenen Stufen der Industrialisation, während andere, vor allem die tropischen Länder Afrikas, noch immer nicht den Anschluß an die Entwicklung gefunden haben. Im 21. Jahrhundert wird der Druck auf die Wälder, bedingt durch die Bedürfnisse der Menschen dieser Länder, noch stärker. Wie bei uns wird ein Bedarf bestehen nach Häusern, Straßen, Nahrung, Bildungs- und Freizeiteinrichtungen, Elektrizität und Konsumgütern. Auf vielfältige Weise sind die natürlichen Ressourcen der Wälder die Rohstoffe für diese Entwicklung.

Mit am dringendsten dürften landwirtschaftliche Nutzflächen benötigt werden, doch die Kapazitäten der Wälder reichen noch viel weiter: So bietet sich an, Flüsse zur Stromerzeugung aufzustauen oder Mineralienvorkommen unter dem Wald für die Industrie abzubauen. Aber auch die Forstgebiete selbst können neben dem Holz noch eine bunte Palette verschiedener Waldprodukte abwerfen (siehe Seite 30/31) und sind darüber hinaus eine genetische Schatzkammer (siehe Seite 32/33).

Die Waldrodungsaktionen in den letzten Jahrzehnten waren großenteils willkürlich und spontan – ohne jegliche Kontrolle oder Planung. Landlose Siedler rodeten Abertausende Quadratkilometer unberührter Wälder und brannten abgeholzte Flächen nieder. Die bis dahin unzugänglichen Gebiete erreichten sie über Straßen, die von der Regierung oder von Holz- beziehungsweise Bergbaufirmen gebaut wurden. Die Folge waren schwere ökologische Schäden. Nur zu oft erweist sich die von ihnen praktizierte Form des Wanderfeldbaus als untragbar. Das Ökosystem ist für alle Zeiten zerstört, und das gerodete Land muß bereits nach wenigen Jahren wieder aufgegeben werden. Den Siedlern bleibt nichts übrig, als anderswo den Vernichtungsprozeß zu wiederholen.

Angesichts des stetig wachsenden Bevölkerungsdrucks in den Tropenwaldländern bleibt es unvermeidbar, daß diese Form der Waldvernichtung weitergeht. Jedoch sind diese Menschen genausowenig der Grund für die Zerstörung, wie Soldaten allein Kriege auslösen. Armut, Bevölkerungswachstum und ungleicher Grundbesitz sind die fundamentalen Ursachen dieser speziellen Landumwandlung und -zerstörung, die mit allen zur Verfügung stehenden Mitteln gebremst werden sollte. Das Ressourcenpotential der Tropenwälder ist immer noch sehr groß, insbesondere in Südamerika und Teilen Zentralafrikas. Doch sind erst die Bäume gefällt und die Böden über weite Strecken ausgewaschen, bestehen nur geringe Chancen, daß sich der Wald je wieder richtig erholt.

Allerdings sind es nicht nur die Armen, die Forderungen an den Wald stellen. Gerade die reichen Industrieländer melden einen permanent steigenden Bedarf an, der den Handel mit Tropenhölzern in Gang hält wie auch den Nachschub mit dem Fleisch von Rindern, die auf den Weiden grasen, auf denen einst Regenwald wuchs. Zudem zwingt ein stetig anwachsender Schuldenberg die Tropenländer der Dritten Welt, ihre Wälder bis zur totalen Vernichtung auszubeuten.

Es ist einleuchtend, daß wir nicht sämtliche Wunder der Natur für alle Zeiten in ihrem Urzustand konservieren können – das ist der Preis, den wir für unseren Fortschritt zahlen. Jene Gebiete aber mit immer noch einer außergewöhnlichen Artenfülle müssen wir in Form geschützter Nationalparks erhalten, und den einheimischen Völkern muß die Möglichkeit gegeben werden, ihr Land auch weiterhin ohne Einmischung von außen zu bewirtschaften. Der Rest könnte in der Weise dauerhaft genutzt werden, die für das Land am geeignetsten ist.

Überfluteter Regenwald in Amazonien.

Natürlich können wir nicht sämtliche Wunder der Natur für ewig in ihrem Urzustand erhalten – das ist der Preis, den wir für unseren Fortschritt zahlen.

Die Folgen des Holzeinschlags

Die Elfenbeinküste, ein wichtiges Holzexportland in Westafrika, steht kurz vor der totalen Entwaldung und wird vermutlich in den nächsten zwei bis drei Jahren Holz einführen müssen. Auf den Philippinen ist die Holzproduktion infolge Überausbeutung rückläufig, desgleichen mittlerweile auch in einigen Gebieten Malaysias. Das Amazonasbecken ist bislang immerhin noch relativ unberührt.

Der kommerzielle Holzeinschlag wird häufig als Hauptursache für die Entforstung der Regenwälder genannt, doch in Wirklichkeit ist er eigentlich nie direkt für Waldverluste verantwortlich. Indirekt zieht er jedoch üble Folgen nach sich: Oft ziehen Siedler auf den von den Holzfirmen angelegten Straßen in den Wald und vollenden illegal das, was die Konzerne vom Wald noch übriggelassen haben.

Für die Tropenländer ist Holz ein wichtiger Devisenbringer. Das Volumen des weltweiten Handels mit Tropenhölzern übersteigt mittlerweile acht Milliarden US-Dollar pro Jahr. Hierunter fallen etwa 25 Millionen Kubikmeter rohe Stämme, acht Millionen Kubikmeter Bretter und sieben Millionen Kubikmeter Sperrholz und Furniere. Japan ist mit 35 Prozent Anteil am Gesamtmarkt derzeit der weltweit führende Verbraucher; dagegen nehmen sich die übrigen fernöstlichen Länder mit rund 25 Prozent und Europa mit weiteren 13 Prozent bescheiden aus. In der Vergangenheit kam fast alles Tropenholz für Japan aus Südostasien, doch blickt Japan nun auch nach Afrika und Brasilien als künftige Holzquellen.

Die kommerzielle Holzwirtschaft basiert meist auf einem selektiven System, was bedeutet, daß nur ein kleiner Teil der Bäume gefällt und dem Wald entzogen wird. Von den Tausenden tropischer Baumarten erzielen nur relativ wenige – darunter Mahagoni (*Swietenia macrophylla*) aus Brasilien, Teak (*Tectona grandis*) aus Südostasien und Okoumé (*Aucoumea klaineana*) aus Zentralafrika – einen guten Preis. Trotz mancher Versuche, eine größere Auswahl Hölzer zu vermarkten, dürften nur fünfzig Arten in großem Umfang ausgebeutet werden.

Selbst wenn selektive Abholzungsmethoden angewandt werden, kann der Schaden am Wald immer noch beträchtliche Ausmaße erreichen, weil viele der umstehenden Bäume mit den gefällten zu Boden gerissen werden. Schwere Maschinen verursachen weitere Zerstörungen an Bäumen wie dem Untergrund.

Wer ist schuld an der Misere?
In der letzten Zeit hat sich das Meinungsbild gegenüber der Holzindustrie auf einen negativen Nenner polarisiert. Nach Ansicht einiger westlicher, nicht regierungsgebundener Organisationen (etwa Friends of the Earth und World Rainforest Movement) sind die Waldarbeiter für die großflächige Zerstörung der Wälder verantwortlich, sowohl direkt durch ihre Arbeit als auch indirekt, indem sie grundbesitzlosen Bauern Zugang zum Wald verschaffen. Deshalb wird mittlerweile ein internationales Moratorium über die tropischen Laubwälder gefordert.

Andere Gruppen wie die IUCN und der World Wide Fund for Nature (WWF) halten den Holzhandel selbst, ungeachtet seiner vielen Nachteile, für den Schlüssel zur Rettung der Wälder. Ausschlaggebend ist hierfür, daß, wenn die Wälder sterben, mit ihnen auch der Handel mit Tropenhölzern zugrunde geht, was nicht im Interesse der Holzfirmen ist.

In der Vergangenheit zogen viele Holzfäller in den Wald und holzten die ihnen zugeteilten Flächen ab, wobei sie sich ohne große Gedanken an die Zukunft nahmen, was immer sie wollten. Das lag zum Teil daran, daß die Fällgenehmigungen nur für kurze Zeit, in einigen Ländern nur für fünf bis zehn Jahre, erteilt wurden. Tropische Laubbäume wachsen langsam. Somit besteht wenig Anreiz, sich mit einem langfristig orientierten System herumzuplagen. Wenn aber andererseits diese Gesellschaften längere Konzessionen erteilt bekommen (sechzig Jahre hält man für das Minimum), so liegt es in deren Interesse, den Wald zu schützen. Wenn nur die Bäume gefällt werden dürfen, deren Stammumfang ein gewisses Maß überschritten hat, sollte es möglich sein, einen dauerhaften Bestand zu sichern.

Gegner dieses Gedankens führen an, daß eine wirklich langfristig aufgebaute Forstwirtschaft derzeit nur in vernachlässigbar kleinem Umfang besteht. Doch obwohl dies zutreffen mag, heißt das nicht, daß eine naturgemäße Verwaltung der Tropenwälder nicht möglich ist. Ja, wir sollten alle hoffen, daß sie durchführbar ist, denn die einzige »Alternative« – soll der Handel mit Tropenhölzern eine Zukunft haben – besteht im Kahlschlag von Wäldern und dem Anlegen von Baumplantagen. Vom ökologischen Standpunkt aus ist das die schlimmste Lösung, da auf diese Weise die Vielfalt des Lebens auf nahezu Null reduziert wird.

Links: **Holz in Bewegung** – An Land sind die Stämme sperrig und ohne starke Maschinen und Traktoren nur äußerst schwierig zu manövrieren. Trotzdem lassen sich bestimmte Holzarten zur Weiterverarbeitung nur außerhalb des Wassers korrekt beurteilen.

Oben: **Und wieder fällt ein Baum** – Obwohl das Entfernen der gefällten Bäume aus dem Wald und der Transport zu den Sägewerken größtenteils maschinell vonstatten geht, wird die eigentliche Arbeit des Fällens meist von Männern mit Motorsägen erledigt. Die im Wald zurückgelassenen Holzabfälle können wie 1983 auf Borneo das Risiko eines Waldbrands erhöhen (siehe Seite 168).

Links: **Schwimmende Holzanlände** – Die bei dieser Anlände auf der Philippineninsel Mindanao auf dem Fluß antreibenden Baumstämme werden vor der Weiterverarbeitung (in der Fabrik im Hintergrund) auf dem Wasser vorsortiert. Der würzige Geruch des vollgesogenen Holzes erfüllt kilometerweit die Luft.

Wanderfeldbau und umgesiedelte Bauern

Niederhauen und verbrennen – ein emotional gefärbter Satz, der in uns immer öfter Bilder von Zerstörung wachruft, von riesigen Flächen schwelender Baumstümpfe, die von Bauern zur Gewinnung von Ackerland in Brand gesteckt wurden. Doch diese Technik wird von den Eingeborenenvölkern aller tropischen Regenwaldländer schon seit Generationen als Teil eines lebenspendenden, langfristigen Wald- und Landwirtschaftssystems praktiziert. Bekannt unter der Bezeichnung Wanderfeldbau (siehe Seite 95), ist sie oft die einzige Möglichkeit, auf den nährstoffarmen Böden überhaupt etwas anzupflanzen.

Heute besteht das Problem darin, daß man unter dem zunehmenden Bevölkerungsdruck die natürlichen Grenzen des Wanderfeldbaus mißachtet. Da das Land immer intensiver genutzt wird, verkürzen sich die Brachphasen – was ausgelaugte, zunehmend unfruchtbare Böden und rückläufige Ernteerträge zur Folge hat. Hinzu kommt, daß die Siedler, die nicht mit dem Wald vertraut sind, in der Regel nicht wie die traditionellen Wanderfeldbauern eine Vielzahl von Nutzpflanzen anbauen, wodurch das verloren geht, was im Grunde die Basis einer geregelten Schädlingsbekämpfung ausmacht, denn durch das Anlegen von Monokulturen erweisen sich die Felder als weitaus anfälliger für Schädlingsbefall. Außerdem roden die Neusiedler oft viel größere Flächen als die Eingeborenen, weshalb die Regeneration des Waldes während der Brachphase hier beträchtlich länger dauert.

Ohne ausreichenden Schutz vor den Elementen wird der Boden nach kurzer Zeit von der sengenden Sonne ausgedörrt. Schwere Tropengewitter schwemmen schon bald die durch das erste Abbrennen freigesetzten Nährstoffe fort, und auf den Anbauflächen machen sich Unkraut und Schädlinge breit. Nach ein paar Jahren merken viele Siedler, daß sie hier kein Auskommen mehr haben; sie lassen ihre Felder im Stich oder verkaufen an Rinderzüchter (siehe Seite 42/43) und ziehen vondannen.

Gemeinsam haben der wachsende Bevölkerungsdruck und die Mißachtung geeigneter Anbauverfahren schwere Bodenschäden in den gesamten Tropen verursacht. Riesige Gestrüppflächen und unproduktives Grasland – 30 000 bis 40 000 Quadratkilometer allein in Papua-Neuguinea – zeugen von den gescheiterten Versuchen. In Laos fallen nach aktuellen Schätzungen dem Heer von Wanderbauern pro Jahr 2000 bis 3000 Quadratkilometer Wald zum Opfer. Falls diese Entwicklung ungehindert anhält, werden bis zum Jahr 2030 alle 110 000 Quadratkilometer des laotischen Regenwalds verschwunden sein.

Man hat allgemein erkannt, daß diese Form des unkontrollierten und unproduktiven Wanderfeldbaus die größte Bedrohung für die Zukunft der Regenwälder darstellt. In zahlreichen Ländern werden in Gegenden mit hoher Bevölkerungsdichte landlose Bauern von den Regierungen ermutigt, in weniger erschlossene Waldgebiete zu übersiedeln. Diese Menschen sind somit »umgesiedelte« Bauern.

Projekte wie Sri Lankas regionales Erschließungsprogramm Mahaweli, Brasiliens Transamazônica-Straßenprogramm und Indonesiens Übersiedlerprogramm (siehe Kasten) sind alles Versuche gewesen, Menschen als Antwort auf den Bevölkerungsdruck mit Unterstützung der Regierung umzusiedeln. Ihr Erfolg war extrem mager.

Rondônia, ein brasilianischer Bundesstaat von der Größe Großbritanniens an der Grenze zu Bolivien, ist ein Beispiel für eine Region, die durch die Besiedlungspolitik der Regierung unter dem Motto »Land ohne Menschen für Menschen ohne Land« schwer in Mitleidenschaft gezogen worden ist. 1960 lebten in Rodônia rund 10 000 Eingeborene, die den traditionellen Wanderfeldbau betrieben. Nachdem die Sraße BR364 asphaltiert war, vermehrte sich die Bevölkerung schlagartig auf über 1,5 Millionen im Jahr 1985; zwischen 1983 und 1985 wurden elf Prozent des gesamten Waldbestands gefällt. Sollte die Zerstörung wie bisher weitergehen, wird Rodônia noch in diesem Jahrzehnt nahezu entwaldet sein. Im Nachbarbundesstaat Acre wurden als Lockmittel Motorsägen gratis verteilt.

Die Mehrzahl der umgesiedelten Bauern bezieht sich jedoch auf keines der von Regierungsseite geförderten Projekte, vielmehr benutzen sie die Straßen, die von den Regierungen, Holzfabriken oder Bergbaugesellschaften gebaut wurden, spontan, um in die Waldregionen einzudringen. Diese Leute gehen oft illegal vor und entziehen sich der Kontrolle durch die Regierung. Damit ist einer anhaltenden, unüberschaubaren Zerstörung mangels Beaufsichtigung durch die Behörden Tür und Tor geöffnet.

Entlang der Straßen (großes Bild) dringen die Bauern vor (kleines Bild).

Übersiedlerkolonie bei Sorong, Irian Jaya.

Umsiedlung im großen Stil

Das »Indonesian Transmigration Programme« ist das weltweit größte Projekt für eine freiwillige, durch Regierungsmittel geförderte Umsiedlung. Seit 1905 sind mindestens zweieinhalb Millionen Menschen von den übervölkerten Inseln Java, Madura und Bali in weniger dicht bewohnte Regionen Kalimantans, Irian Jayas, Sumatras und der Molukken umgesiedelt worden. Man schätzt, daß vielleicht noch weitere fünf Millionen zwar ohne Hilfe der Regierung, jedoch direkt oder indirekt aufgrund der Sogwirkung des Programms hinzugekommen sind.

Der größte Schub startete mit Beginn der achtziger Jahre, als pro Jahr über 60 000 Familien mit einem Kostenaufwand von schätzungsweise 10 000 US-Dollar pro Familie umgesiedelt wurden. Bis 1987 sank dann die Zahl auf 10 000 Familien pro Jahr ab, denn dem Programm ging das Geld aus, und die indonesische Regierung wurde sensibler angesichts der Probleme, denen sich die Übersiedler gegenübersahen, wenn ihnen, was vielfach geschah, Land zugeteilt wurde, das sie nicht ernähren konnte.

Zwar hat die Umsiedlung sicherlich das Los einiger Familien verbessert, doch stehen ihnen viele gegenüber, die Tausende von Kilometern weit zogen und dennoch in den Elendsvierteln gelandet sind, die – besonders in Irian Jaya – in den Außenbezirken der Städte entstanden. Die Regierung Indonesiens hat Fehler eingeräumt und hofft dennoch, das Projekt in kleinerem Rahmen und mit sorgfältigerer Planung fortzusetzen.

Als Ventil für den Bevölkerungsdruck auf Java war das Programm unwirksam. Trotz Maßnahmen zur Familienplanung werden noch immer mehr Menschen geboren, als die Insel verlassen. Gegner des Programms behaupten, es fördere lediglich eine »Javanisierung« des gesamten Archipels – was bei den eingeborenen Irianesen in Irian Jaya gar nicht gut ankam.

Die Umsiedlungsprojekte wurden offiziell als Zentren des Wachstums und des Fortschritts betrachtet, mit der Konsequenz, daß Gebiete, in denen das Experiment halbwegs geglückt schien, sich einem massiven Ansturm von mittellosen Einwanderern gegenübersahen. Diese waren durch vielversprechende Berichte von Freunden und Familien geködert worden, welche ihrerseits jedoch von der Regierung unterstützt wurden. Die ökologischen Auswirkungen, die diese erneute Zuwanderungswelle verursachte, waren oft verheerend. In Lampung, der südlichsten Provinz Sumatras (die Java am nächsten liegt), haben die Neuankömmlinge Berghänge und Waldland in solchem Umfang geschädigt, daß man sie in die Nachbarprovinz Bengkulu umsiedeln mußte. Sogar die Unversehrtheit des zwischen Lampung und Bengkulu gelegenen Barisan-Selatan-Nationalparks ist nun durch fortgesetzte illegale Rodungen, Folge einer äußerst schlampigen und korrupten Lokalpolitik, bedroht.

Viehzucht

In den letzten dreißig Jahren ist die in Lateinamerika immer weiter um sich greifende Rinderzucht zu einer ernsten Bedrohung für die Regenwälder geworden. Der Kahlschlag riesiger Waldgebiete wurde von den Regierungen Mittelamerikas und Brasiliens mit besonderen Steuervorteilen belohnt, und auch die Weltbank subventionierte kräftig mit, damit dort Rindfleisch für den einheimischen Bedarf und für den Export an die Fast-food-Ketten Nordamerikas und Westeuropas produziert werden konnte. Der gesamte Viehbestand von Nicaragua, Honduras, Guatemala und Costa Rica verdoppelte sich zwischen 1960 und 1980 auf 9,5 Millionen Rinder, während der gleichen Zeit fielen in diesen Ländern 25 Prozent der gesamten Waldfläche Rodungen zum Opfer.

Viehzucht ist – nach den landlosen Wanderbauern mit ihren erfolglosen Landkultivierungsversuchen und der kommerziellen Abholzung – im allgemeinen die dritte und letzte Phase im Abstiegskampf des Waldes. Doch selbst die Rinderzucht ist meist nicht länger als ein Jahrzent durchzuhalten, und so ziehen die Rancher zu neuen Weiden weiter, wenn die alten nichts mehr hergeben.

Der niedrige Anfangsbedarf von nur einem Hektar für ein Rind gleich nach der Rodung steigt schnell an, sobald die Fruchtbarkeit des Bodens nachläßt. Nach fünf bis zehn Jahren benötigt man für jedes Tier schon über fünf Hektar. Angesichts solch niedriger Auslastung überrascht es nicht, daß der Fleischertrag nicht einmal ein Zehntel dessen beträgt, was europäische Farmen erzielen. Einige der reicheren Viehzüchter düngen ihre Weiden, doch es läuft stets aufs gleiche hinaus: Die Fruchtbarkeit des Bodens schwindet, und auf den Weiden macht sich Unkraut breit. Der Boden wird festgetreten und durch Erosion abgetragen – so schätzt man, daß etwa in Costa Rica jedes Kilo exportiertes Rindfleisch den Verlust von zweieinhalb Tonnen Erdreich zur Folge hat.

Ein ähnlich zerstörerischer Vorgang ist auch in einigen Teilen der Amazonaswälder Brasiliens zu verzeichnen. Obwohl sie auch hier nur das endgültige Aus für den Wald bedeutet, ist die Rinderzucht oft der Motor gewesen, der den ganzen tödlichen Kreislauf in Schwung hält. Viele landlose Bauern roden den Wald gezielt mit der Absicht, ihn ein paar Jahre lang selbst zu nutzen und dann an einen Viehzüchter zu verkaufen. Mitunter organisieren die Rancher die Rodung: Sie verkaufen das noch stehende Holz, erlauben aber den Bauern die Nutzung des Landes für zwei Jahre, sofern diese zuerst die Bäume fällen.

Viele Farmer sind indes nur Spekulanten, mit einem guten Gespür für die steigenden Grundstückspreise nach der Erschließung Amazoniens. Steuervorteile und Züchtersubventionen erleichtern den Start, doch kaum jemand baut auf einen langfristigen Farmbetrieb, denn das wahre Interesse gilt dem jeweiligen Bodenwert. Vom Gesetz her stellt die Rinderzucht eine Maßnahme zur »Landverbesserung« dar, und deswegen kann der Viehzüchter seinen Anspruch auf Land anmelden. Von wohlhabenden und einflußreichen Grundstücksspekulanten ist bekannt, daß sie mit Betrug und Gewalt kleinere Konkurrenten wie Bauern, Kautschukzapfer (siehe Seite 124) und Eingeborene vertrieben haben.

Schließlich wurde die steuerliche Begünstigung, welche die Umwandlung des amazonischen Regenwalds in Weideland fördern sollte, aufgehoben. Dadurch sollte der Ausdehnung der Rinderfarmen, die ohne solche Anreize natürlich unökonomisch sind, ein Riegel vorgeschoben werden. Gesäte Weideflächen in vielen Teilen des Amazonasbeckens verloren nach nur fünf Jahren Viehzucht ihre Fruchtbarkeit, weil die Phosphorkonzentration im Boden mit der Bodenerosion rasch abnahm.

In der staatlichen brasilianischen Agrarversuchsanstalt in Belém beschäftigen sich Agronomen mit neuen Grasvarietäten in der Hoffnung, aus den Rinderfarmen profitable Unternehmen zu machen. Bis jetzt läßt der große Erfolg noch auf sich warten. Jedoch haben Kolumbiens agrartechnische Einrichtungen in Zusammenarbeit mit dem Internationalen Institut für tropische Landwirtschaft in Nigeria mit einer Kombination von Gräsern und Hülsenfrüchten experimentiert: Haben die Hülsenfrüchte erst einmal auf einem Feld Fuß gefaßt, beginnen sie Nitrate zu produzieren, welche die Gräser zum Wachsen benötigen. Nitrate, organisches Material von abgestorbenen oder verfaulenden Pflanzen, und Tierkot stimulieren die mikrobiologische Aktivität des Bodens. Auf diese Weise lassen sich ehemals kahle Böden wiederbeleben: ein schwacher Hoffnungsschimmer, ausgelaugtes Land wieder in blühende Weiden zu verwandeln, um eine Zerstörung weiterer Wälder zu verhindern.

Die Rinderzucht führt in Amazonien nur zu bald zur Erosion des Bodens.

PREMIX

Industrie im Wald

Für etliche Länder der Tropen stellen ihre Wälder mehr als nur Landbesitz und Holzreichtum dar: Im Boden unter den Bäumen liegen mitunter beträchtliche Mineralvorkommen verborgen, und das Potential der Flüsse, die man als eine nicht versiegende Quelle hydroelektrischer Energie aufstauen könnte, ist oft enorm. Als direkte Bedrohung der Regenwälder hat der Bergbau einen relativ unbedeutenden Anteil an der Entwaldung; allerdings locken die Zubringerstraßen und der allgemein höhere Lebensstandard im Umfeld der Minen oft landlose Siedler an.

Das größte und ehrgeizigste Bergbauprojekt, das derzeit in einem Regenwald durchgeführt wird, ist wohl Grande Cárajás in Brasilien. Die Kosten hierfür belaufen sich auf schätzungsweise siebzig Milliarden US-Dollar, und es erstreckt sich im Osten Amazoniens über ein Gebiet der Größe Frankreichs. Kern des Programms sind die gewaltigen Eisenerzlagerstätten unter dem Urwald. Mindestens achtzehn Schmelzanlagen für Roheisen entstehen gegenwärtig; die erste bei Marabá im Staat Pará nahm im März 1988 die Produktion auf. Diese Hochöfen werden mit Holzkohle aus Urwaldholz befeuert. Wenn erst alle achtzehn Öfen in Betrieb sind, wird man für die benötigte Holzkohle pro Jahr sage und schreibe 2300 Quadratkilometer unberührten Regenwald vernichten. Andere kommerzielle Bergbauprojekte in Amazonien legen da eine verantwortungsvollere Einstellung an den Tag. So wird etwa das für die Mineraçao-Rio-Norte-Mine benötigte Land nach Beendigung der Erzförderung wiederaufgeforstet (siehe Seite 121).

Weiterem industriellen Druck sind die Regenwälder der Erde durch die Heerscharen landloser Bauern ausgesetzt, die illegal nach Gold schürfen. Der Goldrausch im Süden der Philippineninsel Mindanao sowie in verschiedenen Teilen Amazoniens hat zu einer Verseuchung der Flüsse und zu Konflikten mit den Eingeborenenstämmen geführt.

Die Flutung der Wälder

Ein Merkmal der Regenwälder ist, wie ihr Name schon besagt, die extrem hohe jährliche Niederschlagsmenge, die einige der größten Flüsse der Welt speist, darunter den Amazonas, den Zaïre (vormals Kongo) und den Orinoco. Dieses Wasserpotential lädt förmlich zu einer energiellen Nutzung ein; infolgedessen müssen Dämme gebaut und große Waldgebiete überflutet werden. Obwohl viele spezielle Formen der tropischen Regenwälder gelegentlichen Überschwemmungen angepaßt sind (siehe Seite 16 bis 19), bedeutet der Bau eines Stausees in der Regel doch eine großflächige, radikale und dauerhafte Veränderung.

Der Amazonas übertrifft in bezug auf hydroelektrische Kapazität alle Wasserläufe dieser Welt. An jedem Tag führt er in seinem weitverzweigten Flußsystem ein Fünftel des gesamten flüssigen Süßwasservorkommens der Erde mit. Nach einer bescheidenen Schätzung beläuft sich die elektrische Energie, die man aus dem Amazonas und seinen unzähligen Nebenflüssen gewinnen könnte, auf 100 000 Megawatt. Der Tucuruí-Damm war Brasiliens erstes Wasserkraftprojekt in Amazonien; damals versanken rund 1750 Quadratkilometer Regenwald im Wasser. Weitere 136 Wasserkraftwerke sind in Brasilien noch vorgesehen, doch die Weltbank stellte nach Protesten der Kayapó-Indianer bei Altamira (siehe Seite 112) alle Zahlungen für Dämme in Amazonien ein.

Neben dem eigentlichen Waldverlust sind Dämme häufig die Ursache schwerwiegender ökologischer Folgen. Verschlammung ist bei vielen ein großes Problem, das durch Abholzung des Umlands meist noch verschlimmert wird. So mußte man etwa beim Ambuklao-Damm auf den Philippinen die erwartete Nutzungsdauer von 60 auf 32 Jahre reduzieren, weil sich der Stausee durch Sedimentablagerung zusehends verringert. Hinzu kommt, daß sich in einem solchen See ab einer bestimmten Nährstoffkonzentration Algen rapide vermehren. Dies bringt das ökologische Gleichgewicht aus dem Lot und kann ein Fischsterben zur Folge haben. Die stehenden Gewässer der Stauseen bieten darüber hinaus vorzügliche Brutstätten für Schnecken sowie Moskitos und andere Insekten. Eine Zunahme der Malaria und der Bilharziose wird mit den Dämmen in Verbindung gebracht. Der Tucuruí-Damm ist ein solcher Fall. Die Ökologie des Flusses unterhalb des Damms ist schwer angeschlagen; Fische und wirbellose Tiere, die an die jahreszeitlichen Überschwemmungen des Rio Tocantins angepaßt waren, können keine Jungen mehr großziehen, und auch die Farmer sind betroffen, denn ihre kleinen Ländereien waren auf die regelmäßige Überflutung mit dem fruchtbaren Flußschlamm angewiesen.

Oben: **Mineralvorkommen** – Aus der Luft bekommt man einen Eindruck von der Größe der Grande-Cárajás-Mine im brasilianischen Bundesstaat Pará. Hier befinden sich nicht nur die größten Eisenerzlagerstätten der Welt, in unmittelbarer Nähe liegen auch Kupfer-, Gold-, Bauxit- und Manganvorkommen. Mit dem Abbau der Bodenschätze wurde Mitte der siebziger Jahre begonnen. Die Minen sind mittlerweile über eine Bahnlinie mit dem Hafen São Luis an der Atlantikküste verbunden.

Waldarbeiter auf Tauchfahrt

Beim Bau des Tucuruí-Damms bewiesen die Planer mangelnden Weitblick, indem sie die Bäume im Tal (an sich eine wertvolle Rohstoffquelle von geschätzten 2,5 Millionen Kubikmetern bestem Holz) nicht schon fällen ließen, bevor der See aufgestaut wurde. Als Folge davon ragen viele der versunkenen Riesen aus dem zwanzig Meter tiefen Stausee heraus, was eine Gefahr für Boote und Fischer darstellt.

Nun aber erregt ein neuer und unorthodoxer Beruf die Aufmerksamkeit von Bauern und Goldsuchern in der Umgebung: Unterwasserholzfäller! Juárez Gómez, ein ehemaliger Goldsucher, hat vor kurzem eine pneumatische Unterwasser-Motorsäge entwickelt, die bis in Tiefen von fünfzig Metern einwandfrei funktioniert.

Die Bergungskosten für das Holz betragen angeblich nur ein Viertel dessen, was bei normaler Abholzung anfallen würde. Das liegt hauptsächlich daran, daß man die Stämme recht einfach an die Oberfläche bekommt. Hochwertiges Holz wie etwa Mahagoni ist so für ganze 5,50 US-Dollar pro Kubikmeter zu »ernten«. Auf dem internationalen Markt erzielt das gleiche Material fast das Zwanzigfache: nämlich Preise bis zu 900 US-Dollar pro Kubikmeter.

Links oben: **Goldrausch** – Zu Beginn der achtziger Jahre schufteten täglich bis zu 50 000 Minenarbeiter und Aufseher in der Serra-Pelada-Mine in Brasilien. Bis 1986 hatte man mehr als 33 000 Tonnen Gold gefördert ... und aus den einst sanft geschwungenen Hügeln war ein tiefes Loch voll Wasser geworden. Heute wird überall in den Goldregionen des Amazonasbeckens auf Hunderten winziger Claims weitergeschürft. Es gibt sogar mechanische Förderboote, die auf den Nebenflüssen des Amazonas auf Jagd nach dem Edelmetall sind.

Oben: **Holzkohleproduktion** – Um Eisen herauszuschmelzen, sind extrem hohe Temperaturen erforderlich. Am einfachsten erzeugt man diese durch das Verbrennen von Holzkohle, die man wiederum aus dem Holz von Regenwaldbäumen gewinnt. Diese Arbeiten werden sowohl auf kommerzieller Ebene als auch mit kleinen Lehmöfen von *carvoeiros*, den »Kohlemenschen«, verrichtet. Das notwendige Geschick zur Handhabung der Öfen wird von Generation zu Generation weitervererbt.

Wie Regenwälder funktionieren

Die bunte Pracht der Regenwälder beeindruckt unweigerlich zutiefst jeden Naturforscher, der sie besucht. So beschrieb die berühmte Botanikerin Margaret Mee 1967 eine Reise entlang des Rio Negro: »Jarapalmen säumten an feuchten Stellen die Uferböschungen, die vom Hochwasser zuweilen fast völlig überspült wurden. Ihre faserigen Stämme gaben für Dutzende Epiphyten einen wunderbaren Lebensraum ab ... Als die untergehende Sonne die Baumkronen streifte, fingen ihre letzten Strahlen das rot-blaue Gefieder von Aras ein, die paarweise, gelegentlich auch in Dreierformation, den Fluß überquerten, während Tukane mit seltsamen Schnäbeln, Reiher, lärmende Eisvögel und Papageien, die jetzt alle auf der Suche nach einem Schlafplatz herumflogen, meine Aufmerksamkeit gefangenhielten ...«

Mehr als ein Jahrhundert zuvor waren andere Besucher Brasiliens ebenso beeindruckt. Charles Darwin und seine beiden herausragenden Zeitgenossen, Alfred Russel Wallace und Henry Bates, waren mit die ersten europäischen Naturwissenschaftler, die sich anschickten, die tropischen Regenwälder zu erforschen, und was sie dort beobachteten, half die Evolutionstheorie untermauern, auf die Darwin und Wallace unabhängig voneinander gestoßen waren.

Es ist bezeichnend, daß die Regenwälder für die Entwicklung der modernen Biologie eine solche Rolle spielten. Nirgendwo ist der Kampf ums Überleben dramatischer, die Evolution verschwenderischer, die Anpassung komplexer und vielschichtiger. Der Regenwald führt uns vor Augen, wie das Leben schneller wurde, sich steigerte und riesenhafte Formen und leuchtende Farben hervorbrachte. Sogar im dichten Herzen des Waldes, wo im düsteren Schatten der Baumkronen kaum andere Pflanzen gedeihen, wimmeln noch Termiten und Ameisen unermüdlich herum und knabbern hörbar den Wald an, und selbst hier streben die Bäume unbarmherzig dem Licht entgegen.

Darwin beschrieb, wie auf einen heftigen Regenguß »eine außergewöhnliche Verdunstung« folgte. »Oberhalb dreißig Meter Höhe waren die Hügel in dichten, weißen Dampf getaucht, der wie Rauchsäulen von den am dichtesten bewaldeten Teilen aufstieg ...« Erst vor kurzem hat die Wissenschaft die Bedeutung seiner Beobachtung zu verstehen begonnen: Drei Viertel des Regens, der über dem Wald niedergeht, werden über Verdunstung und Transpiration wieder in die Atmosphäre abgegeben (siehe Seite 34/35). Das Wasser, das als Dampf aufsteigt, fällt schließlich wieder als Regen, doch bis dahin hängt es über dem Wald in Form von feuchter Luft und Regenwolken, welche die Sonnenhitze mildern und einen Teil ihrer möglicherweise schädlichen Wärme reflektieren. Der Regenwald mag zwar verantwortlich sein für feuchte Luft und Wolken, doch man kann auch zu Recht sagen, daß sie den Regenwald gestalten, indem sie ihn vor der sengenden Hitze der Tropensonne abschirmen. Die Wissenschaft hat diese empfindliche wechselseitige Beziehung zwischen Klima und Vegetation just zu dem Zeitpunkt aufgedeckt, da die Menschheit bereit scheint, die Regenwälder auf kleine Schnipsel zu reduzieren. Die größte Befürchtung der Naturschützer liegt darin, daß die Regenwälder nicht überleben können, sobald erst ein gewisser Teil der Bäume zerstört ist, da dann die schützende Wolkendecke verlorengehen würde.

Die Zergliederung des Waldes in verstreute Fragmente birgt zudem noch andere Gefahren. Die Biologen betrachten diese Bruchstücke als Inseln, die von einem »Meer« aus Weideland oder Plantagen umgeben sind. Diese Analogie hat sich als nützlich erwiesen bei der Prognose, was mit solchen Inseln nach deren Isolierung vom übrigen Wald geschieht. Im Vergleich zum »Festland« sind Inseln zwangsläufig arm an Arten, wenngleich der genaue Grund hierfür noch immer Gegenstand von Diskussionen ist. Untersuchungen fragmentierter Waldvorkommen in der ganzen Welt und in letzter Zeit im Amazonasbecken (siehe Seite 120) haben bestätigt, daß der »Inseleffekt« auftreten wird. Mit jedem Jahr, das ins Land geht, werden mehr Arten aussterben, bis jeder Wald seine wahre – und ziemlich magere – Aufnahmekapazität erreicht hat.

Mit den Regenwäldern würden wir etwas unendlich Kostbares verlieren. Die Auswirkungen auf das Weltklima sind vielleicht katastrophal. Die Folgen für den biologischen Reichtum dieses Planeten wären verheerend: Je mehr wir über die Funktionsweise der Regenwälder wissen, desto eher erkennen wir, daß sie gerettet werden müssen.

Blühende Bäume im Amazonasregenwald.

Gesichtssignale – Die Rotfärbung des kahlköpfigen Scharlachgesichts *(Cacajao calvus)* hat möglicherweise eine Signalwirkung auf andere Artgenossen. Es gibt zwei Unterarten – eine mit weißem und eine mit goldbraunem Fell –, deren Verbreitungsgebiet auf die Schwemmlandwälder Amazoniens beschränkt ist.

Körperkunst – Die nomadischen Bauern vom Stamm der Kayapó sind für ihre traditionelle Körperbemalung berühmt. Wie die meisten Eingeborenen Amazoniens sehen auch sie sich durch Goldsucher und die Zerstörung des Regenwaldes in ihrer Existenz bedroht.

Wasserabhängig – Baumfrösche zählen zu den typischsten Lebensformen im Regenwald. Hier ist die Luft von Feuchtigkeit gesättigt, was diesen dünnhäutigen Tieren ein Leben in den Baumkronen ermöglicht.

Die Evolution der Wälder

Vor fast zweihundert Millionen Jahren begann die Evolution der tropischen Regenwälder, zur Zeit der Dinosaurier, als nach einer langen Durreperiode endlich wieder ein feuchtwarmes Klima auf der Erde herrschte. Die Wälder gediehen und überzogen einen Großteil der Landfläche, welche damals noch ein Pangäa genannter Superkontinent war.
Jene Ur-Wälder unterschieden sich sehr stark von ihren heutigen Nachfahren, da sich die Blütenpflanzen, zu denen die meisten Bäume und Pflanzen unserer Regenwälder ja zählen, erst noch entwickeln mußten. Statt dessen formten riesige Nadelbäume die Kronenschicht, während Baumfarne, die palmen-/farnartigen Cycadophyten und Ginkgos (deren lebende Verwandte heute noch existieren) die unteren Stockwerke des Regenwalds bildeten.

Im Lauf der folgenden hundert Millionen Jahre vollzog sich die Evolution der Blütenpflanzen aus den Farnen, und sie entwickelten ihre sonderbare Beziehung zu Bestäuberinsekten (siehe Seite 72). Blumen waren dabei ihre auffälligste Entwicklung, doch waren sie auch weitaus anpassungsfähigere Pflanzen, was sie zu einem Leben als Nutznießer der Wälder befähigte. So wuchsen sie beispielsweise auf Lichtungen, die vom Sturm entwurzelte Baumriesen geschlagen hatten. Aus diesen bescheidenen Anfängen als Pionierarten entwickelten die Blütenpflanzen größere und robustere Formen, die sich schließlich auch der Kronenschicht bemächtigten.

An die goldene Ära der früheren Pflanzen erinnern heute noch einige Gewächse, etwa epiphytisch auf Ästen lebende Farne. Größere Urzeitrelikte sind zwar selten, doch zählen dazu die Baumfarne, die in den meisten tropischen Regenwäldern vorkommen, sowie die Araukarien unserer Vorstadtgärten, die noch heute in den Regenwäldern Neuguineas gedeihen. Ein weiteres seltsames Relikt sind die mit den Koniferen verwandten Gnetumgewächse, die einzigen überlebenden Vertreter dieser Gruppe, die als Kletterpflanzen wachsen.

Kontinentalverschiebung

Während sich die Blütenpflanzen entwickelten, brach Pangäa allmählich auseinander, und die nun entstandenen Kontinente drifteten zu ihren heutigen Positionen. Bisweilen hob sich das Meer und überschwemmte die Wälder; schließlich fiel der Meeresspiegel wieder, und der Wachstumskreislauf begann erneut. Irgendwann aber schnitt das Meer Südamerika von Afrika ab; seit Jahrmillionen sind nun diese beiden Kontinente Inseln. Diese Ereignisse spielten eine entscheidende Rolle in der Evolution des Waldes und helfen uns, die enormen Unterschiede besser zu verstehen, welche bei der Tier- und Pflanzenwelt der Regenwälder verschiedener Kontinente zu beobachten sind.

Während der Auflösung des Urkontinents Pangäa entwickelten sich die Vögel (beginnend vor etwa 150 Millionen Jahren), und die Dinosaurier starben aus (vor 65 Millionen Jahren). Nun war der Weg frei für die Säugetiere, die jetzt zahllose Arten hervorbringen und an Größe zunehmen konnten. Da diese bedeutsamen Vorgänge erst nach der Trennung der Kontinente erfolgten, nahm die Evolution jeweils ihren eigenen idiosynkratischen Verlauf. Am verblüffendsten sind die Unterschiede bei den Säugetieren, was vor allem die Primaten veranschaulichen. Die Affen der Neuen und Alten Welt entwickelten sich unabhängig aus einem gemeinsamen, jedoch entfernten Verwandten, und obwohl sie sich auf den ersten Blick gleichen (aufgrund ihrer Anpassung an eine ähnliche Lebensweise), so weisen sie doch fundamentale Unterschiede hinsichtlich ihrer Anatomie auf. Die Menschenaffen sind aus den Affen der Alten Welt hervorgegangen und in den Regenwäldern Mittel- und Südamerikas unbekannt. Dafür haben sich dort andere große Arten wie die Brüllaffen entwickelt und füllen eine ähnliche ökologische Nische. Madagaskar, das schon zuvor von Afrika isoliert war, besitzt mit den Lemuren, deren Gehirnvolumen geringer ist, lebende Vertreter einer früheren Phase der Primatenevolution. Auch wenn sie hervorragend für die Bedingungen dort geeignet wären, leben in den Regenwäldern Australiens und Neuguineas trotzdem keinerlei Affen; ihren Platz nehmen Beuteltiere wie etwa das Baumkänguruh ein. Die Beuteltiere, obwohl hochentwickelt, stammen von einer sehr frühen Stufe der Säugetierevolution ab. Sie überlebten nur im südlichen Kontinent Gondwana (aus dem später Australien, Afrika, Südamerika und die Antarktis wurden), weil die Plazentasäuger, die sich im nördlichen Teil von Pangäa entwickelten, Gondwana nach dessen Abspaltung nicht mehr erreichen konnten.

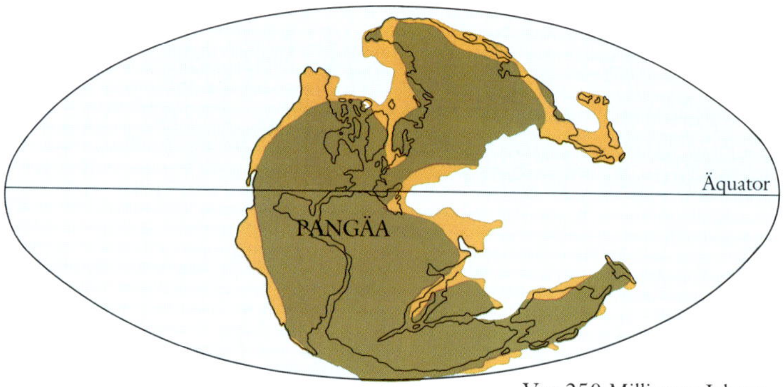

Vor 250 Millionen Jahren

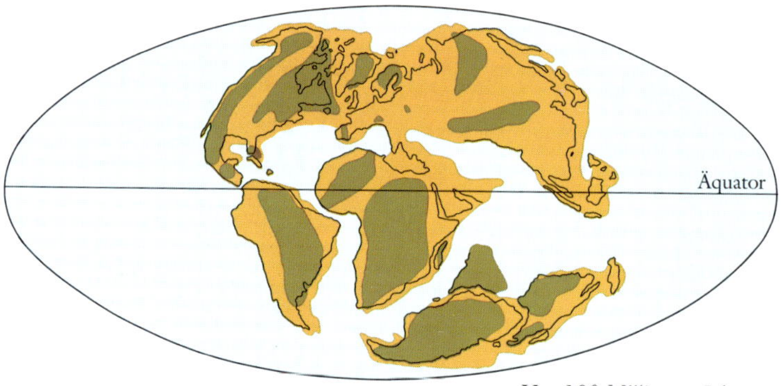

Vor 100 Millionen Jahren

Die Geburt der Wälder – Die Erdteile ruhen auf Platten der Erdkruste, die ständig in Bewegung sind, wodurch sie sich relativ zueinander verschieben. Vor etwa 250 Millionen Jahren lagen alle Kontinente noch dichtgedrängt beisammen und bildeten eine einzige Landmasse namens »Pangäa«. Dieser »Superkontinent« war die Geburtsstätte unserer heutigen Regenwälder. Davor waren weite Teile des Landes von riesigen Sumpfwäldern bedeckt, doch waren diese im Laufe einer langen Dürreperiode stetig geschrumpft und schließlich ganz verschwunden. Das Ende dieser Dürreperiode läutete die Geburt neuer Wälder ein, die vorwiegend aus Koniferen (Nadelbäumen) und Baumfarnen bestanden. Die heute vorherrschenden Blütenpflanzen traten erst vor rund 100 Millionen Jahren auf den Plan. Mit ihnen kam die große evolutionäre Expansion der Insekten. Zwar bevölkerten damals bereits erste Vögel den Himmel, doch hatten sie sich

Links: **Konvergente Evolution** – Obwohl sich der Tamandua (*Tamandua tetradactyla*), der in Mittel- und Südamerika vorkommt, und das in Afrika heimische Weißbauch-Schuppentier (*Manis tricuspis*) sehr ähnlich sehen – beide sind einem Leben auf Bäumen angepaßt und ernähren sich von Baumameisen und Termiten –, sind sie keine engen Verwandten, sondern haben sich unabhängig voneinander auf verschiedenen Kontinenten entwickelt. Dies wird deutlich durch die Art und Weise, wie sich jede Art vor Insektenbissen schützt: Der Ameisenbär trägt ein dichtes, haariges Fell, während die Haut des Schuppentiers mit Schuppen bedeckt ist, die gleichzeitig auch Freßfeinde abwehren.

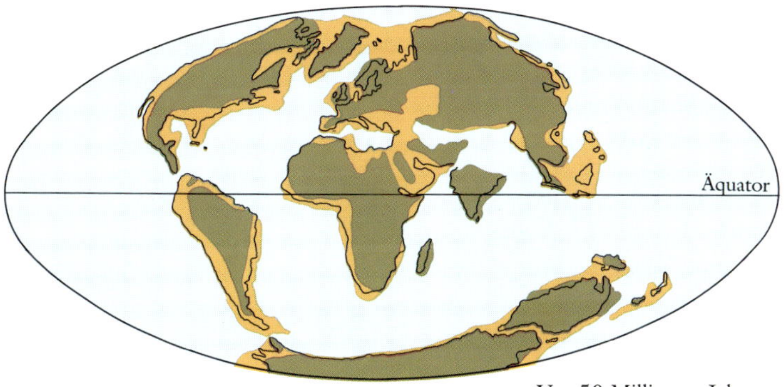

Vor 50 Millionen Jahren

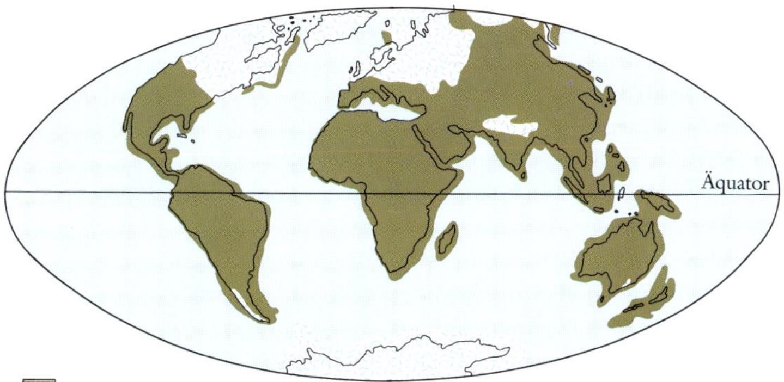

Vor 40 000 Jahren

Landmasse

Kontinentalschelf

Vergletscherung

Die Umrisse der heutigen Landmassen sind jeweils durch schwarze Linien gekennzeichnet.

noch nicht richtig etabliert, und Säugetiere fehlten noch völlig. In dieser Phase brach Pangäa auseinander, wodurch einzelne Regenwaldsektionen getrennt wurden und sich fortan mehr oder minder isoliert entwickelten. Während dieser ganzen Zeit gab es trotz Klimaschwankungen, zumindest in einigen Teilen der Tropen, immer eine geschlossene Walddecke. Dieses Kontinuum spielt eine entscheidende Rolle bei der Evolution der Regenwälder und der Komplexität ihrer Beziehungen, wie wir sie heute kennen.

Oben: **Formen aus der Urzeit** – Gewächse wie diese Riesenfarne (*Alsophilia armata*) kamen in den atlantischen Küstenwäldern Brasiliens im Regenwald früher viel häufiger vor. Das war, bevor die Blütenpflanzen aufkamen und die Vorherrschaft im Pflanzenreich übernahmen. Diese Farne sind nicht ausgesprochen schattenliebend und bevorzugen einen feuchten Standort.

Oben: **Baumfarne** – Der Malaysische Baumfarn (*Cyathea contaminans*) kann bis zu 15 Meter hoch werden und ist eine von rund 700 Baumfarnarten, die vielfach nur sehr begrenzt verbreitet sind.

Sowohl in Asien als auch in Mittel- und Südamerika hat die Kontinentalverschiebung Flora und Fauna der Regenwälder bereichert, da sich die Arten zweier unterschiedlicher Regionen vermischten. Australien und seine Nachbarinseln lösten sich schließlich von Gondwana und drifteten nordwärts, wo sie vor etwa fünfzehn Millionen Jahren mit der südostasiatischen Platte kollidierten. Erfolgreiche Arten aus beiden Kontinenten drängten in die neuen Gebiete hinein, die jetzt für sie erreichbar waren. Eukalypten, Kakadus und Kletterbeutler drangen von Australasien nach Nordwesten vor, während Rattanpalmen, Spechte, Mäuse und viele andere Arten sich von Asien in südöstlicher Richtung ausbreiteten.

Durch den fallenden Meeresspiegel wurde vor weniger als fünf Millionen Jahren Südamerika wieder mit Nordamerika vereint, wodurch sich auch hier Tierwanderungen ermöglichten. In der heutigen Fauna Amazoniens finden sich als Relikte der Inselvergangenheit des Kontinents Ameisenbär, Gürteltier, Faultier, Aguti und Capybara, unter die sich Pekari, Eichhörnchen, Jaguar und Tapir aus dem Norden mischten.

Die Eiszeiten

Während dieser Epochen traten häufig Klimaschwankungen auf; es wurde wärmer oder kühler, nasser oder trockener. Die dramatischsten Veränderungen ereigneten sich jedoch erst in jüngster Vergangenheit in Form der Eiszeiten, die im Zeitraum vor 2,5 Millionen bis 10 000 Jahren vor unserer Zeitrechnung auftraten. Stets dehnten sich die polaren Eiskappen in Richtung Äquator aus; die Tropenzonen wurden kühler und zugleich trockener, so daß manche Regenwaldgebiete sich vorübergehend mal in Wald, mal in Savanne wandelten.

Die Auswirkungen der Eiszeiten auf unsere heutigen Regenwälder sind derzeit Gegenstand von Diskussionen. In den letzten zwanzig Jahren hat die Theorie, daß der Regenwald Amazoniens auf einige kleine Inseln oder »Refugien« geschrumpft sei, allgemeine Zustimmung seitens der Wissenschaftler gefunden. Diese hypothetischen Rückzugsgebiete, die heute Lebensräumen mit einer ungewöhnlich großen Artenvielfalt entsprechen, sollen während der Eiszeiten als »Arche Noah« gedient haben. Ein weiteres Argument ist außerdem, daß die Aufteilung des Waldes in isolierte Refugien die Evolution eines neuen Artenreichtums begünstigt habe – demgegenüber steht die gleichermaßen plausible Aussage, die Eiszeiten hätten ein umfangreiches Tier- und Pflanzensterben bewirkt und so die Artenvielfalt verringert. Seit einiger Zeit stellen viele Leute die Beweise für diese Refugien in Frage. Da die einzelnen Tiergruppen unterschiedliche Lebensräume haben, nimmt man an, daß solche Gebiete ihren übermäßigen Reichtum an Lebensformen einem konkreten Umstand verdanken, etwa günstigen lokalen Klima- oder Bodenbedingungen.

Die Regenwälder heute

Selbst außerhalb solcher Zentren der Biodiversität herrscht in den heutigen Regenwäldern ein bemerkenswerter Artenreichtum. In den Wäldern Malaysias kann man auf einem Hektar bis zu 180 Baumarten antreffen, wogegen ein Wald in einer gemäßigten Zone wohl kaum mehr als zehn Arten aufweisen dürfte. Von diesen 180 Arten käme eine Handvoll recht häufig, die übrigen dagegen mit vielleicht nur einem bis zwei Exemplaren pro Hektar überaus selten vor. Die gleiche Artenvielfalt ist auch bei kleineren Planzen und Pflanzenfressern – speziell Insekten – zu beobachten; nur bei Raubfeinden liegt sie deutlich geringer. Diese Verallgemeinerungen gelten für alle Kontinente. Allerdings verfügen die Wälder Mittelamerikas über den größten Artenreichtum, und Afrika hat im Vergleich zu den Regenwäldern Südamerikas oder Südostasiens eine merklich geringere Vielfalt zu verzeichnen. Auf jedem Kontinent gibt es Waldtypen, die einheitlicher sind als andere, insbesondere die Mangroven, in denen nie mehr als 25 verschiedene Baumarten vorkommen.

Die Frage, warum nun für die tropischen Regenwälder ein solcher Artenreichtum charakteristisch ist, ist schwieriger zu beantworten, als man zunächst denken mag. Es scheint sicher, daß hier mehrere Faktoren einwirken, deren Gewichtung aber von Wald zu Wald differieren kann.

Ein gemeinsamer Faktor ist die hohe Energiezufuhr in Form von Sonnenlicht (siehe Seite 60), was ein üppiges Wachstum ermöglicht, aber auch mit einem Nährstoffmangel im Boden einhergeht. Die Verteilung der Nährstoffe ist meist sehr ungleichmäßig. Dies fördert die Evolution von unterschiedlichen Arten, die auf individuelle Weise mit den kargen Böden zurechtkommen oder auf verschiedenen Böden gedeihen können.

Chemische Kriegsführung – Die Farbe der Raupen des Feuerfalters (*Eumaes mynas*) warnt andere Tiere: Vorsicht, wir sind sehr giftig! Das Gift ist allerdings nicht hausgemacht. Zur Abschreckung von Laubfressern ist die Pflanzenart, von der sich die Raupen ernähren, giftig, aber dieses Gift kann von ihnen ohne schädliche Nebenwirkungen im Körper aufgenommen werden. Die Pflanze selbst ist nur hinsichtlich ihrer Abwehrstoffe nicht so schwach, wie es zunächst scheinen mag, weil sie nur ein Insekt als Freßfeind hat. Soche Beziehungen sind typisch für den Regenwald, wo ein erbitterter Konkurrenzkampf herrscht.

Anstelle von Affen – In den Regenwäldern Neuguineas und Australiens leben keine Primaten. Dafür findet man hier Beuteltiere wie das Rote Baumkänguruh (*Dendrolagus matschiei*). Diese Känguruhs sind nicht besonders gut an ein Leben auf Bäumen angepaßt. Statt bei Gefahr in die Baumkronen zu fliehen, springen sie meist zu Boden und hoppeln davon.

Regeneration des Regenwalds: Ein Experiment der Natur

Als 1883 die Vulkaninsel Krakatau explodierte, blieben von ihr nur vier kleine Inselchen übrig – ohne jedes Leben und von einer bis zu hundert Meter mächtigen Ascheschicht bedeckt. Naturforscher, die zu jener Zeit in Indonesien tätig waren, erkannten, welch wertvolles »natürliches Experiment« hier ablief, und die Chance, zu beobachten, wie sich ein tropischer Regenwald von neuem entwickelt. In den folgenden fünfzig Jahren verfaßte man Studien über die Inseln; und nach einer Unterbrechung 1979 wurde das Forschungsprogramm wiederaufgenommen.

Die erste Besiedlung der Vulkanasche Krakataus erfolgte durch einen schleimigen Film aus Cyanobakterien, dann kamen Gräser und Farne. Es folgten kleine Büsche, und bereits zehn Jahre nach dem Ausbruch hatten die ersten Bäumchen Wurzeln geschlagen. Gerade vierzig Jahre benötigten die Inseln für eine erneute flächendeckende Bewaldung, doch war diese nur scheinbar ein echter tropischer Regenwald. Genauere Untersuchungen ergaben einen Bestand von gerade 36 Baumarten, und noch 1979, als der Regenwald stellenweise schon Höhen von 30 Metern erreichte, zählte man im Landesinnern nur 60 Baumarten. Fast alle waren typische Vertreter eines »sekundären Waldes« – von Pionierarten, die dort sprießen, wo Licht bis zum Boden dringt. Einige der Baumarten, die kennzeichnend sind für den Regenwald, waren zwar vorhanden, jedoch nur in äußerst geringer Zahl. Diese mangelnde Pflanzenvielfalt spiegelte sich auch in der Fauna wider. So fand man beispielsweise in den Wäldern des Landesinnern ganze fünf Schmetterlingsarten.

Krakatau liegt nur vierzig Kilometer vor der Küste Javas und Sumatras, weshalb eine Besiedlung relativ leicht erfolgen konnte. Von den bis 1934 wieder vorkommenden Planzenarten waren 41 Prozent durch den Wind und 28 Prozent durch Tiere transportiert worden, die restlichen Samen wurden angeschwemmt. Weiter vom Festland entfernte Inseln sind allein von der Samenverbreitung durch Tiere abhängig. Jarak, 64 Kilometer vor der malaysischen Küste gelegen, erstickte vor 34 000 Jahren in einem sprichwörtlichen Regen aus Vulkanasche. Bei einer Untersuchung zählte man nur 93 Blütenpflanzenarten, von denen ganze zwei mit Hilfe des Windes dorthin gelangt waren – ein in allen Belangen trauriges Ergebnis.

Eine neuere Krakatau-Studie unterstreicht die Bedeutung der Samenverbreitung durch Tiere. So entdeckte man, daß eine Insel, wächst auf ihr erst einmal eine gewisse Anzahl fruchttragender Bäume, Samenverbreiter wie Vögel und Fledermäuse in weit größerer Zahl anzulocken beginnt. Diese bringen frische Samen vom Festland mit und bereichern die Artenvielfalt des Eilands, was zu einem größeren Angebot an Früchten über das Jahr verteilt führt. Dieser sich ständig erneuernde Kreislauf aus Früchten und Fruchtfressern müßte letztlich zu einem viel üppigeren Regenwald führen. Doch vollzieht sich ein solcher Prozeß leider nur extrem langsam, da die Kronenschicht nur ganz selten Lücken aufweist, und der Samenvorrat im Boden enthält, verglichen mit dem gewachsenen Wald, sehr geringe Mengen. Die Chancen, daß ein Samen einer großen Baumart im rechten Augenblick am rechten Ort zu liegen kommt, sind bis jetzt ungünstig. Nach Meinung der auf Krakatau arbeitenden Biologen wird es noch mehrere Jahrhunderte, möglicherweise Jahrtausende dauern, bis der Wald seine einstige Pracht wiedererlangt haben wird.

Kleines Bild: Nachdem die Insel Rakata in der Asche von Krakatau versunken war, ist sie heute wieder ein grünes Paradies.

Großes Bild: Rings um Anak Krakatau erkennt man neuen Waldwuchs, während der Vulkan im Zentrum der Insel noch immer raucht.

Gemeinsame Evolution
Enge und für beide Seiten nutzbringende Beziehungen zwischen zwei Arten – oft als Mutualismus oder Symbiose bezeichnet – sind auf der ganzen Welt bekannt. Die tropischen Regenwälder erweisen sich jedoch besonders reich an solchen Lebensgemeinschaften, von denen einige atemberaubend kompliziert sind: etwa der bizarre Bestäubungsmechanismus der Feigen oder die Verzögerungstaktik von *Amorphophallus variabilis* (siehe Seite 72/73).

Das Fehlen einer Winter- oder Trockenperiode ist vielleicht teilweise dafür mitverantwortlich, da bei vielen solcher Beziehungen Insekten eine Rolle spielen, und eine das ganze Jahr über reichlich vorhandene Insektenart ist ein weitaus zuverlässigerer Partner. Bei den Pflanzen macht die große räumliche Entfernung zwischen Exemplaren derselben Art effektive Bestäuber notwendig, während es im heißumkämpften Lebensraum des Regenwalds auf gute Samenverbreitung ankommt. So kam es also nicht von ungefähr, daß Pflanzen enge Beziehungen zu Tieren eingingen. Hinzu kommt, daß sich die Regenwälder allgemein einer relativ langen Phase klimatischer Stabilität erfreuen durften, in der die Koevolution ungehindert ablaufen konnte.

Ein faszinierendes Merkmal der Regenwälder sind die weitverzweigten Mehrfachbeziehungen, wie sie sich – bisweilen unter Beteiligung von einem Dutzend und mehr Arten – entwickelt haben. So unterhält beispielsweise eine wasserspeichernde Bromelie Beziehungen zu ihren Bestäubern, ihren Samenverteilern, dem Baum, auf dem sie wächst (siehe Seite 68), den vielen Tieren, die in ihrem Wasserreservoir leben und brüten und jenen, die im Humus um ihre Wurzeln herum gedeihen. Von diesen werden einige für beide, andere eher nur für eine Seite gewinnbringend sein. Oft ist eine davon die zentrale Beziehung, von der alle übrigen abhängen, wie etwa die der Ameisen zu den Ameisenpflanzen oder jene der Feigen zu den Feigenwespen. Solche Vergesellschaftungen bezeichnet man als »Basismutualismen«. Die große Sorge aller Umweltschützer liegt darin, daß bei einer fortschreitenden Schädigung und Zergliederung der Regenwälder solche empfindlichen Strukturen gegenseitiger Abhängigkeit zerbrechen, sobald eins der Schlüssellebewesen fehlt.

Links: **Ein nützlicher Parasit** – Der in Lateinamerika heimische Riesen-Kuhstärling (*Scaphidura oryzivora*) ist wie der Kuckuck ein »Brutparasit«, der seine Eier in die Hängenester von Kassiken und Stirnvögeln legt. Im Unterschied zum Kuckuck wirft das Riesen-Kuhstärlingsküken die Jungen des Wirtvogels nicht aus dem Nest; dennoch ist es ein Schmarotzer, denn es schnappt ihnen einen Großteil ihrer Nahrung weg. Allerdings tut das Riesen-Kuhstärlingsküken seinen Nestbrüdern auch etwas Gutes, in dem es ins Nest eindringende Insekten frißt und ihre Maden aus dem Fleisch der anderen Küken herauspickt, wodurch das Infektionsrisiko der Nestlinge sinkt. Wenn die Kassiken und Stirnvögel dicht bei Nestern aggressiver Bienen oder Wespen nisten, verjagen sie die Riesen-Kuhstärlinge, doch wenn sie alleine nisten, tolerieren sie sie; vermutlich, weil sich Vor- und Nachteile die Waage halten.

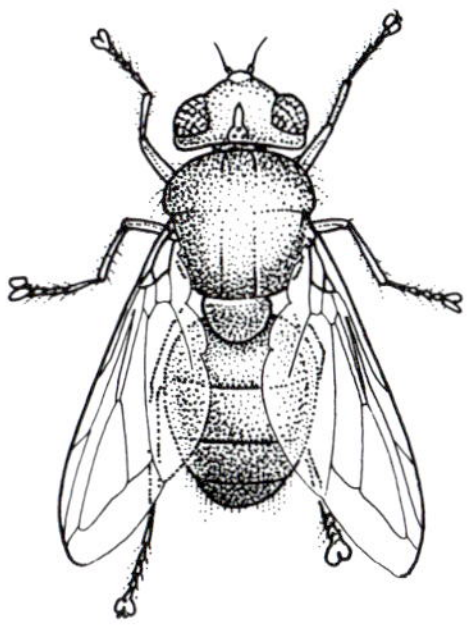

Links und oben: **Wespen als Wächter** – Kassiken und Stirnvögel sind ein gutes Beispiel für die komplexen wechselseitigen Beziehungen, die für den Regenwald typisch sind. Zum Schutz vor Feinden bauen sie Hängenester (links); trotzdem werden sie von parasitären Insekten (oben) geplagt. Diese legen ihre Eier auf den Nestlingen ab, und die Larven fressen sich ins Fleisch der Jungvögel. Als Abwehrmaßnahme versuchen die Vögel in einem Baum zu nisten, wo stechende Wespen oder beißende Bienen, die beide das Gebiet um ihr Nest herum äußerst aggressiv verteidigen. Diese reduzieren die Zahl der Insekten in der Umgebung, schrecken aber auch Eierdiebe und Nesträuber wie Opossums, Tukane und Schlangen ab. Die aggressiven Insekten greifen zunächst auch ihre Vogelnachbarn an, doch werden diese Attacken rasch seltener; bei der Gewöhnung der Insekten an die Anwesenheit der Vögel scheint deren charakteristischer Modergeruch eine Rolle zu spielen. Ein drittes Element in diesem Netzwerk von Symbiosen sind nicht aggressive Wespen und Bienen. Sie bauen ihre Nester in der Nähe und profitieren wie die Vögel von der wütenden Selbstverteidigung ihrer Insektennachbarn, obwohl sie keinerlei Gegenleistung erbringen.

Die Schwarze Palme und das Aguti

Die Koevolution ist eine komplizierte Angelegenheit. Oft sind noch viele weitere Arten beteiligt, und nur selten ergibt sich eine perfekte Beziehung. Kaum eine Verbindung zeigt dies anschaulicher als die unglaubliche Symbiose zwischen dem Aguti und der Schwarzen Palme (*Astrocaryum standleyanum*).

Die Schwarze Palme schützt ihre unreifen Früchte durch nadelspitze Dornen am Stamm und an den Blättern. Erst wenn sie reif und ihre Samen durch eine steinharte Schale geschützt sind, fallen die Früchte herab. Sogleich lockt ihr voller, fruchtiger Duft Pakas, Koatis und Opossums an, die sich über die Früchte hermachen und die Samen wegwerfen. Obwohl so die Samen im Gebiet verteilt werden, nützt dies kaum etwas. Pekaris finden sie und brechen die Schalen auf, um an deren Inhalt heranzukommen, während Taschenmäuse und Eichhörnchen sich zu ihnen durchnagen.

Das einzige Tier, das tatsächlich von der Schwarzen Palme profitiert, ist – paradoxerweise – ein ausgemachter Samenräuber: das Aguti. Einen Teil der Samen frißt es, den größten Teil jedoch vergräbt es als Futtervorrat. Zuvor aber streift es instinktiv das Fruchtfleisch von den Samen.

Versuche haben gezeigt, daß die Samen nur dann überleben, wenn sie in dieser Weise behandelt wurden. Ungeschält fallen sie neben Eichhörnchen und Taschenmäusen auch Käfern zum Opfer, die bereits ihre Eier auf den Früchten abgelegt haben und deren Larven sich nach dem Vergraben der Samen in diese hineinbohren.

Verwirrend an dieser Beziehung ist der Umstand, daß die Früchte, welche wohl ursprünglich zum Anlocken von Samenverbreitern gedient haben müssen, meist von den Agutis verschmäht werden. Es ist wahrscheinlich, daß diese spezielle Käferart und vielleicht auch die Nager weniger häufig waren, als die Palme zuerst ihre Verbreitungsstrategie entwikkelte. Daher hatten Samen, die vom Fruchtfleisch befreit auf dem Boden liegenblieben, gute Chancen zu keimen. Aufgrund des vermehrten Auftretens von Käferlarven und Kleinnagern ist das Aguti heute der Schlüssel für das Überleben der Schwarzen Palme.

Mineralkur für den Wald

Als die frühen europäischen Siedler die prächtige Vegetation der tropischen Regenwälder Südostasiens zum erstenmal erblickten, stellten sie sich sogleich lebhaft vor, wie üppig hier die Ernten auf Farmen und Plantagen sein könnten. Die Wälder wurden gerodet, und man pflanzte Getreide an, doch die Ergebnisse waren großenteils enttäuschend – nach ein paar Jahren gab der Boden kaum noch etwas her. In den Regenwäldern andernorts sah es nicht besser aus, und noch heute wiederholt sich die Tragödie, wenn Bauern ohne Grundbesitz in die Regenwälder Amazoniens und Indonesiens ziehen. Ist der Wald erst veschwunden, nimmt die Bodenqualität ab, weshalb das Land gewöhnlich schon nach ein paar Jahren wieder aufgegeben wird.

Die Standarderklärung hierfür ist, daß dem Boden die für das pflanzliche Wachstum erforderlichen Mineralstoffe – in erster Linie Stickstoff, Phosphor, Kalium, Kalzium und Magnesium – fehlen. Demnach speichern in diesem Ökosystem die Waldbäume selbst den größten Teil der Nährstoffe und sind in der Lage, diese dem Altlaub und anderen Waldabfällen zu entziehen. Sie werden rasch wieder den lebenden Bestandteilen des Ökokreislaufs zugeführt; nur wenige verbleiben im Boden, wo sie vom Regen fortgeschwemmt werden.

Auf einen Regenwaldtyp paßt diese Beschreibung besonders gut, und zwar auf den Tieflandregenwald des Amazonasbeckens; doch selbst hier gibt es eine enorme Schwankungsbreite. Die großen »*Terra firme*«-Wälder, die auf sauren Böden wachsen, leiden unter Kalziummangel. Die Heidewälder, die auf groben Sandböden wachsen und in der Landessprache *Caatinga* heißen, enthalten zwar in genügender Menge Kalzium; dafür fehlen hier wiederum Stickstoff und Phosphor, was das Wachstum der Bäume beeinträchtigt.

Das eigentliche Problem im Amazonasbecken liegt darin, daß die Deckschicht wie auch die tieferen Bodenschichten von Natur aus unfruchtbar sind. Zudem werden ja durch die seit Jahrmillionen unablässig niedergehenden Regenfälle die ohnehin knappen Nährstoffe ausgeschwemmt. In Wäldern der gemäßigten Zonen versickern die Nährstoffe, doch gleicht die Verwitterung des Untergrunds, durch den neuer Boden entsteht, den Verlust aus.

Noch schlimmer wird die ganze Sache dadurch, daß in den amazonischen Böden die Substanzen fehlen, welche Nährstoffe halten können. Das gilt speziell für die Sandböden unter der Caatinga, wo sämtliche Nährstoffe, die von der Laubstreu in den Boden gewaschen werden, schnell wegsickern. Die Bäume meistern diese Situation, weil sie mit einem schwammigen Geflecht aus unzähligen kleinen Wurzeln Nährstoffe schon auf dem Waldboden abfangen, bevor diese fortgespült werden. Von diesen Wurzelmatten wachsen Würzelchen senkrecht nach oben in die Laubstreu, wo sie sich gierig um Blätter oder Fallobst ranken. Die Wurzeln sind wiederum von Pilzen, sogenannten Mykorrhizen, überzogen. Diese heften sich an verrottenden Blättern an und führen Nährstoffe wie beispielsweise Phosphor direkt wieder den Wurzeln zu. Solche Beziehungen zwischen Pflanzenwurzeln und Pilzen existieren auch in anderen Teilen der Welt, doch im Regenwald sind sie sehr viel wichtiger.

Im Interesse ihrer Ernährung sind die Bäume auf diesen kargen Böden in der Lage, überall Wurzeln zu treiben. Hohle Bäume bilden zuweilen in ihrem Innern kleine Wurzeln, mit denen sie die Abfallschicht anzapfen, die tierische Untermieter oft hinterlassen. Aber auch der Humus, der sich um Epiphyten auf ihren Ästen herum ansammelt, wird so nach Mineralstoffen durchkämmt. Die Epiphyten selbst haben verschiedene Methoden entwickelt, sich zusätzliche Nährstoffe zu verschaffen (siehe Seite 66). Das Wasser von Tümpeln, über die sich die Bromelien versorgen, liefert den Pflanzen Mineralstoffe aus Laubabfällen und ernährt die darin lebenden Tiere.

Im Vergleich zu solch einem Hungerleben führen manche Regenwaldbäume, speziell auf Vulkanböden, ein erquickliches Dasein. Keiner der in Asien, Afrika oder Australien untersuchten Wälder weist so karge Böden auf, daß alle ihre Nährstoffe in der Vegetation stecken. Sogar im Amazonasbecken gibt es Gegenden mit fruchtbarerem Boden, besonders in den Überschwemmungsgebieten entlang des Amazonas und seiner Nebenflüsse. Global gesehen sind jedoch die Böden aller tropischen Regenwälder relativ unfruchtbar, weil die Nährstoffe wegen der ständigen Regenfälle zu rasch versickern. Zudem wäscht der Regen Nährstoffe wie etwa Kalium aus den Blättern der Bäume heraus, und die müssen dann über die Wurzeln neu aufgenommen werden.

Schwalbenschwänze: Attraktives Salz
Diese Falter haben sich bei der Nahrungssuche am Ufer eines Flusses in Sarawak, Südostasien, versammelt. Der Grund für den »Auflauf« ist eine Urinpfütze, die ein Säugetier hinterlassen hat. Urin enthält Salze, die den Schmetterlingen fehlen. In der Regel sind es nur Männchen, die zur Nahrungsaufnahme erscheinen. Bei der Paarung übertragen sie mit dem Sperma auch Salze, mit denen die Weibchen ihren durch die Eiproduktion erschöpften Salzhaushalt ergänzen. Es scheint wahrscheinlich, daß die Weibchen jene Männchen vorziehen, die sich mit Salzen versorgen können. Mit dem Urin nehmen die Falter eine große Menge Flüssigkeit auf, entziehen ihr die Salze und scheiden den Rest wieder aus. Schmetterlinge finden sich zur Nahrungsaufnahme auch an Gewässerrändern ein. Manche werden von Kot oder Tierkadavern angelockt, und diese sind auf der Suche nach Stickstoffverbindungen oder anderen Nährstoffen.

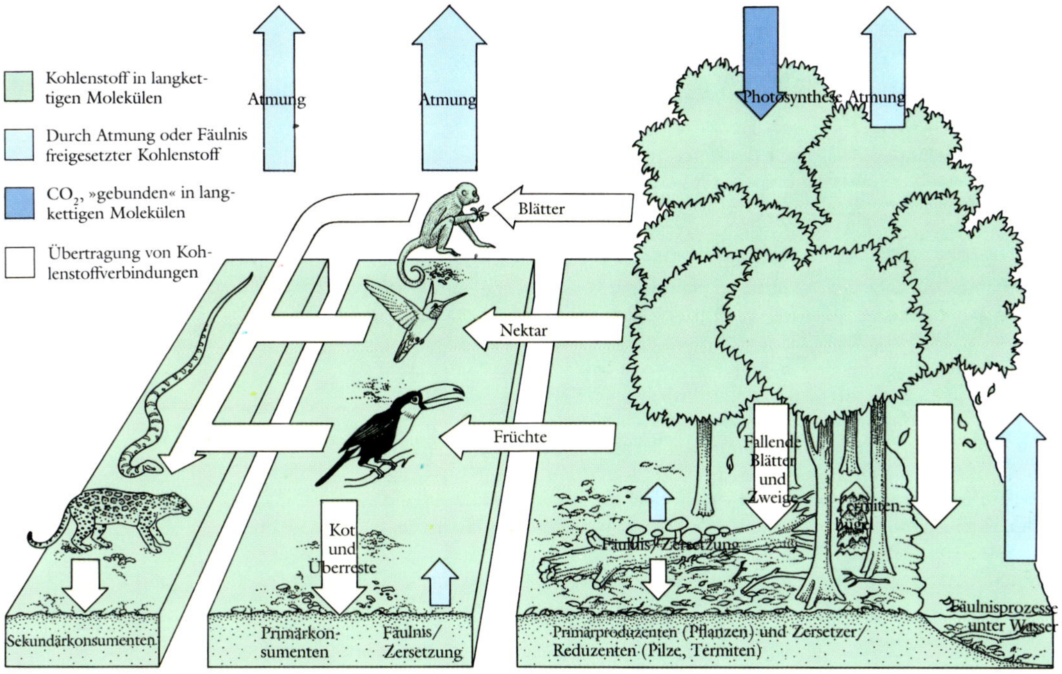

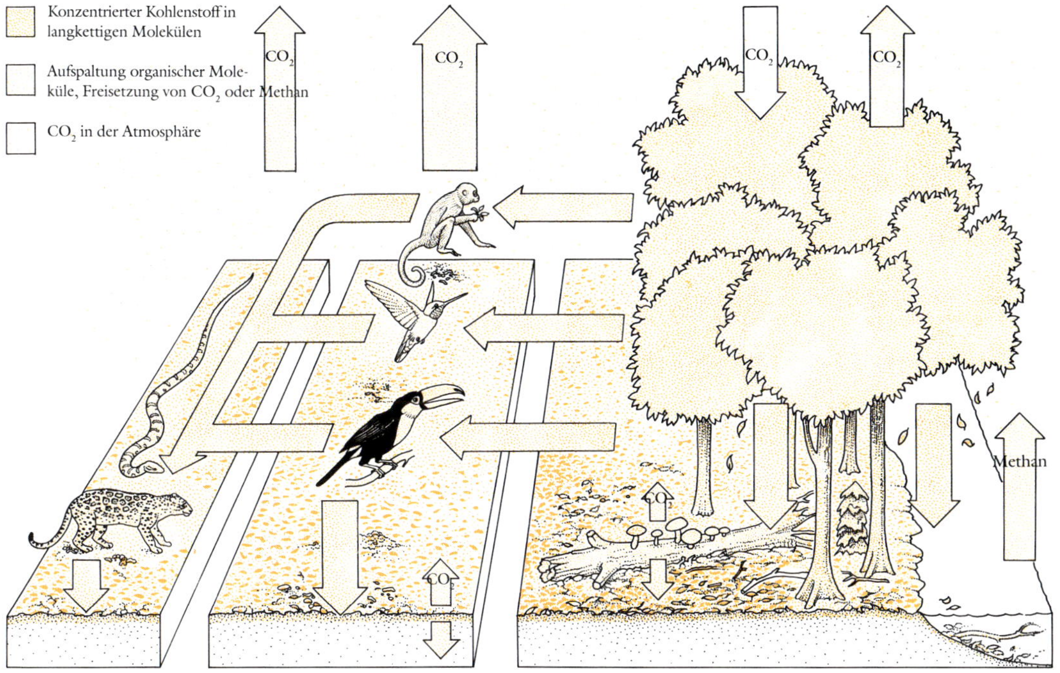

Oben: **Baumpilze** – Die Fruchtkörper dieses Baumpilzes wachsen aus totem Holz heraus. Nicht alle Pilze sind Reduzenten; manche ernähren sich von lebendem Holz.

Nutzung der Sonnenenergie – Alles Leben auf der Erde beruht auf der Kraft der Sonnenstrahlen. Dieselbe Energie, die beim Menschen Sonnenbrand auslösen kann, machen sich die Pflanzen zunutze und produzieren damit Zucker. In einer komplizierten chemischen Reaktion, der sogenannten Photosynthese, verbindet sich in der Pflanze das aus der Luft über die Blätter aufgenommene Kohlendioxid (CO_2) mit Wasser (H_2O), welches sie mit Hilfe der Wurzeln dem Boden entziehen. Traubenzukker (Glucose, $C_6H_{12}O_6$) und überschüssiger Sauerstoff werden dabei freigesetzt. Kohlenwasserstoffketten wie dieses Zuckermolekül sind die Grundlage aller chemischen Lebensvorgänge. Obwohl häufig unter Wolken versteckt, erhalten die tropischen Regenwälder, bedingt durch ihre äqatornahe Lage, Strahlung von der Sonne in vollauf genügendem Maß. In Kombination mit hohen Temperaturen und reichlich Wasser regt dies bei Bäumen und anderen Pflanzen ein üppiges Wachstum an. Die Produktivität eines Tropenwalds ist kolossal: Jährlich wachsen pro Hektar etwa 25 bis 30 Tonnen an neuem pflanzlichen Leben heran. Ein großer Regenwaldbaum kann an einem Tag bis zu 1,5 Kilogramm reinen Traubenzucker produzieren. Davon werden 60 Prozent durch die Atmung des Baums wieder aufgespalten, wodurch sich Energie freisetzt, die für die pflanzlichen Lebensprozesse benötigt wird. Die restlichen 40 Prozent werden umgewandelt in Substanzen wie Proteine oder Zellulose, aus der das Gewebe des Baums besteht. Tierische Pflanzenfresser nehmen diese Moleküle auf, modifizieren sie nach ihren Bedürfnissen und bauen daraus Körpermasse auf. Fleischfresser tun das gleiche mit den Tierkörpern, die ihre Nahrung bilden. In jeder Phase dieser Nahrungskette werden die komplexen, ursprünglich von den Pflanzen aufgebauten organischen Verbindungen weitergegeben. Etwa zehn Prozent werden chemisch rekombiniert, jedoch nicht aufgespalten. Der Rest wird mit der Atmung der Tiere oder Pflanzen verbrannt, wodurch die in ihnen enthaltene Energie freigesetzt wird. Jene komplexen organischen Verbindungen, die übrigbleiben, bieten Nahrung für Pilze, Bakterien und andere Zersetzerorganismen, die sie knakken. Mit diesem letzten Schritt hat sich die von der Sonne abgestrahlte Energie verflüchtigt, und die verbliebenen organischen Verbindungen sind in ihre Bestandteile zerlegt. Ein Großteil des Kohlenstoffs gelangt wieder in Form von Kohlendioxid in die Luft. Doch wo die Zersetzung unter Wasser erfolgt wie in Sumpfwäldern und den gelegentlich überschwemmten *Várzeas* und *Igapós* am Amazonas, läuft ein anderer Prozeß ab. Hier gibt es keinen Sauerstoff, aus dem CO_2 entstehen könnte; statt dessen wird Methan (CH_4) freigesetzt. Derselbe Aufspaltungsvorgang findet auch im Gedärm von Termiten statt, die zu den wichtigsten Zersetzern im Regenwald gehören – in einigen Wäldern Malaysias vertilgen sie bis zu 17 Prozent der Laubstreu. Methan ist ein wichtiges »Treibhausgas«, das zur globalen Erwärmung beiträgt. Eine intensivere Forschung ist notwendig, um herauszufinden, ob die Regenwälder Nettoproduzenten oder Nettoverbraucher dieses Gases sind.

Für einige Wälder Asiens ist die Vermutung naheliegend, daß nicht alle im Boden vorhandenen Nährstoffe über die Wurzeln erreichbar sind, da sich die Bäume ähnlich wie in Amazonien einer oberirdischen Nährstoffaufnahme angepaßt haben. Sowohl bei den Heidewäldern als auch bei den Wäldern der Kammlagen in Sarawak findet man Wurzelmatten vor, und manche asiatischen Regenwaldbäume halten sich Bakterienkolonien in ihren Blättern, die aus dem Stickstoff in der Luft verwertbare Stickstoffverbindungen produzieren. (Obwohl stickstoffbindende Bakterien in Pflanzenwurzeln überall auf der Welt vorkommen, leben sie nur bei diesen Regenwaldbäumen in den Blättern.)

Die Heidewälder bieten auch Lebensraum für etliche fleischfressende Pflanzen, die ihren Bedarf an zusätzlichen Mineralstoffen decken, indem sie Insekten fangen, sowie für Krappgewächse der Gattung *Myrmecodia*. In ihren von Hohlräumen durchsetzten Knollen leben Ameisen und andere winzige Tiere, die nährstoffreichen Humus heranschleppen, mit dem sich auch die Pflanzen versorgen. Die Böden der Heidewälder sind weder für die Bewirtschaftung geeignet, was schon das indonesische Übersiedlungsprojekt nach Zentralkalimantan gezeigt hat (siehe Seite 41), noch ist dort eine Wiederaufforstung möglich, wenn der Boden auch nur leicht geschädigt wurde. Anscheinend gehen ohne den schützenden Wald irreversible Veränderungen im Boden vor sich.

Reduzenten, die von Faulstoffen leben

Die Rückgewinnung von Nährstoffen durch Zersetzung toter Tiere und Pflanzen ist in jedem Ökosystem wichtig, besonders aber im Regenwald, wo die geringe Bodenfruchtbarkeit nur wenig entbehrlich macht. Die Organismen, die als Zersetzer fungieren, heißen Saprophagen, also Fäulnisfresser. Sie leben von totem Material: – herabgefallenen Blättern und Zweigen, Tierkot und -urin, Kadavern und dergleichen. Durch die Aufnahme der Substanzen werden diese von ihnen zersetzt.

Oft beginnen Insekten den Reduktionsvorgang: Sie knabbern die Überreste an und schließen sie so für Pilze und Bakterien auf. Diese können eine größere Zahl chemischer Verbindungen aufspalten und fördern dadurch den Fäulnisprozeß. Eine der chemisch gesehen schwierigsten Aufgaben ist die Aufspaltung von Zellulose, dem Hauptbestandteil von Blättern. Durch den Einsatz spezieller Enzyme sind Pilze und auch einige Bakterien hierzu in der Lage. Noch kniffliger als Zellulose ist Lignin aufzuspalten, das faserige Element im Holz und chemisches Äquivalent zu einem Panzerschrank. Einige Pilze schaffen aber auch dies und sind daher für jeden Wald äußerst wichtig. Das gilt ebenso für die Termiten, welche vom Gewicht her bis zu siebzig Prozent der wirbellosen Tiere in der Laubstreu ausmachen können. Einige Termitenarten spalten das Lignin mit Hilfe von Protozoen (einzelligen Tieren) auf, die in ihrem Verdauungssystem leben. Die Protozoen erledigen das mittels Bakterien in ihrer einen Zelle. Andere schließen den Protozoen-Mittelsmann aus und halten gleich Bakterien als Helfer im Darm. Eine Termitengruppe, die *Macrotermitinae*, ernährt sich von frisch gefallenem Laub – das für die meisten ihrer Art unverdaulich ist –, indem sie es in unterirdischen Pilzkulturen einlagert und die Pilze frißt statt der Blätter selbst.

Man muß sich stets vor Augen führen, daß Reduzenten von tierischen und pflanzlichen Überresten leben, weil sie hierzu geeignet sind – der »Abfalleimer« der Natur ist eine reiche und leicht zugängliche Nahrungsquelle. Durch das Wirken der Kleinstlebewesen werden zudem Spurenelemente wie Stickstoff, Phosphor und Eisen aus den toten Resten freigesetzt, was für andere Tiere und Pflanzen ein Segen ist. Ohne Zersetzer käme das Leben irgendwann wegen Nährstoffmangels zum Stillstand.

Dank der großen Feuchtigkeit und Wärme der Umgebung dauern Zersetzungsprozesse im Regenwald nicht lange – jedoch laufen sie auch nicht so extrem schnell ab, wie oft angenommen wird. Die Zersetzungsgeschwindigkeit der Laubstreu entspricht der in manchen gemäßigten Laubwäldern. Ja, in einem Regenwaldtyp erfolgt die Auflösung sogar sehr langsam: Im Bergwald ist der Boden mit Wasser vollgesogen, weil die Bäume fast ständig in Nebel eingehüllt sind, was wiederum eine extreme Luftfeuchtigkeit zur Folge hat. Wegen der Höhenlage ist es hier auch recht kühl, und zusammen bewirken diese Faktoren, daß die Fäulnisprozesse langsamer ablaufen, weil die Menge freien Sauerstoffs begrenzt ist. Am Boden bildet sich eine Schicht aus Torf, das heißt unverrottetem, saurem Material. Hierin sind die Nährstoffe eingeschlossen, was bei den Bäumen Krüppel- und Drehwuchs bewirkt.

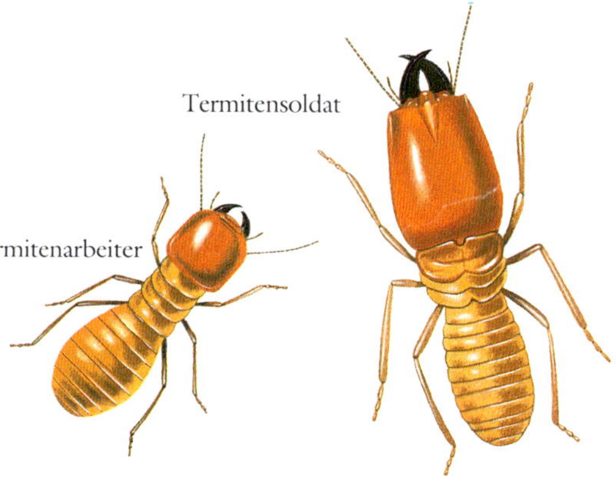

Oben: **Termiten** – Termitenhügel stellen eine Tiergemeinschaft dar. Manche Arten bauen ihr Nest vorwiegend aus ihrem Kot, der mit Salz zusammengeklebt als Mörtel dient und steinhart wird. Jene Termiten aber, die Pilzkulturen unterhalten, verwenden Erde als Baumaterial, weil ihr Kot die Pilze ernährt. Die Nester sind oft reich an Mineralsalzen und werden von Affen und anderen Tieren verspeist, die so entweder ihren Speisezettel bereichern oder Laubmahlzeiten besser verdauen.

Rechts: **Nichts darf verlorengehen** – Tritt man das Laub am Boden beiseite, kommt wie auf diesem Waldweg in Sarawak das Gewirr der Baumwurzeln mit den darüberliegenden Matten aus feinen Würzelchen zum Vorschein. Solche Wurzelmatten sind typisch für Regenwälder auf extrem unfruchtbarem Boden. Sie absorbieren Mineralstoffe, die der Regen aus dem verfaulenden Laub wäscht, und verhindern, daß sie fortgeschwemmt werden.

Der Stockwerksaufbau

Der dauerhafteste Eindruck von einem Regenwald ist der einer überwältigend schönen Höhle voll prächtigen Grüns, in der es kaum Anzeichen für anderes Leben gibt. Da das ganze Jahr über ein feuchtwarmes Klima herrscht, gedeihen Pflanzen im Regenwald wie sonst nirgends auf der Erde. Man stellte fest, daß nur 0,0002 Prozent der Biomasse (Trockengewicht lebender Organismen) einer Region im amazonischen Regenwald Tiere waren, davon allein 70 Prozent Zersetzer (siehe Seite 58f.).

Das Innere des Regenwalds ist nicht nur der wärmste und feuchteste Lebensraum für Pflanzen, sondern auch einer der dunkelsten. Von allen Klimazonen der Erde bekommen die Tropen das meiste Sonnenlicht, doch nur ein bis zwei Prozent dringen davon bis zum Boden durch. Folglich ist der Kampf ums Licht die treibende Kraft hinter der Struktur des Regenwalds. Pflanzen bilden in der Regel Laubschichten in unterschiedlicher Höhe über dem Boden, von denen jede ein bißchen mehr Licht ausfiltert. Stufenweise werden so einfallende Lichtmenge und Temperatur gesenkt; gleichzeitig steigt die Luftfeuchtigkeit im darunterliegenden Stockwerk. Jede »Etage« besitzt daher ein eigenes Mikroklima.

Beim Spaziergang in einem unserer heimischen Mischwälder wird man folgendem Aufbau begegnen: Die höchsten Bäume bilden das Blätterdach, darunter wächst ein Stockwerk aus kleineren oder jüngeren Bäumen; noch weiter unten beginnt eine Strauchschicht. Schließlich bemerkt man noch am Boden zwischen den Baum- und Strauchsämlingen eine Krautdecke. Was den Regenwald dagegen einzigartig macht, sind die vielen unterschiedlichen Ebenen, die Pflanzenvielfalt in jedem Stockwerk und die Helligkeitsunterschiede zwischen Oben und Unten.

Mehr als vierzig Regenwaldtypen sind von Botanikern beschrieben worden. Faktoren wie Bodenbeschaffenheit, Höhe über dem Meeresspiegel und geographische Breite (die unterschiedliche Temperaturen und Niederschlagsmengen bewirken), aber auch, ob und in welchem Maß ein Wald Überschwemmungen, Wirbelstürmen oder anderen Naturkatastrophen ausgesetzt ist, bestimmen Anzahl und Verteilung der Arten sowie seine Gesamtstruktur. Manche Tieflandregenwälder bestehen aus fünf, Bergwälder nur aus zwei oder drei Stockwerken, wogegen bestimmte Waldtypen zu Recht als einstöckig bezeichnet werden. Jedenfalls sind die Höhenabstufungen nicht deutlich erkennbar wegen der üppig wuchernden Vegetation, hervorgerufen vor allem durch die Kletter- und Schlingpflanzen (siehe Seite 68f.), die alle Ebenen miteinander verbinden. Auch wenn einige Pflanzen, beispielsweise Epiphyten (siehe Seite 66f.), ihr ganzes Leben in ein und derselben Ebene zubringen, so können andere doch vom schattigen Waldboden aus zum Licht emporwachsen.

Manche Baumriesen entstehen aus großen Samen, die ein schnelles Anfangswachstum ermöglichen; haben sich die jungen Bäume aber erst mal ein Plätzchen erkämpft, begnügen sie sich mitunter jahrelang mit einem Minimalwuchs und warten darauf, daß sich eine Lücke im nächsten Stockwerk auftut. Während sie anfangs Schatten gut vertragen, sind die meisten während des Reifewachstums, der Blüte und der Fruchtbildung auf volles Licht angewiesen.

In den meisten Urwäldern ist die Vegetation in zwanzig bis dreißig Metern Höhe am dichtesten, denn dort verästeln sich die mit Epiphyten und Kletterpflanzen beladenen Bäume in unzählige Blätterschirme. Diese Zone ist der vollen Sonnenglut ausgesetzt; oft steigen die Temperaturen auf über 32 Grad Celsius, die Luftfeuchtigkeit beträgt hingegen nur sechzig Prozent. Dies ist das Kraftwerk des Waldes, in dem der Großteil der photosynthetischen Prozesse (siehe Seite 57) abläuft. Ebenso finden sich hier die meisten Blüten und Früchte, was viele Insekten und größere Tiere anlockt, die sich daran gütlich tun.

Das andere Extrem ist der Waldboden: Hier ist kein Lufthauch zu spüren, die Luftfeuchtigkeit liegt bei etwa neunzig Prozent, und das Thermometer zeigt rund 28 Grad Celsius. Im ständigen Dämmerlicht, zwischen den Brett- und Stützwurzeln der Bäume, können nur schattenliebende Pflanzen überleben. In einigen immergrünen Regenwäldern ist es im »Parterre« so dunkel, daß der Waldboden ziemlich kahl und somit leicht zu begehen ist. In lichteren Wäldern herrscht dagegen oft ein »Dschungel« aus Krautpflanzen, jungen Bäumen, Sträuchern und Lianen vor. Ein eher üppiges Untergeschoß ist auch charakteristisch für die Monsunwälder Asiens, die in Indonesien und Indien an den Randzonen der echten Regenwälder zu finden sind. Diesen Waldtyp kennzeichnet eine ausgeprägte Trockenzeit, in der die meisten Bäume ihr Laub abwerfen und so den Bodenpflanzen ein üppiges Wachstum ermöglichen.

Oben: **Tropfspitzen** – Viele der Pflanzen am Waldboden haben schmal zulaufende, nach unten gerichtete Blattspitzen. Diese »Tropfspitzen« lassen den Regen schneller ablaufen, was für Gewächse an stark schattigen, feuchten Standorten sehr wichtig ist. Ohne diese Spitzen wären die Blätter fast ständig von einem Wasserfilm überzogen, der Licht reflektieren, Nährstoffe auswaschen und durch winzige Epiphyten die Wärmebildung verstärken würde.

Lichteinfangendes Mosaik – Das Blätterdach des Regenwalds wird von eng stehenden Bäumen mit flachen, ausladenden Kronen gestaltet. Einzelne Kronen können sehr wuchtig sein, wobei ihre einfach angeordneten Äste an die Speichen eines Schirms erinnern. Die Kronen benachbarter Bäume passen wie Puzzlesteine ineinander, bleiben aber etwa ein Meter auf Distanz: ein Phänomen, das man als »kronenscheu« bezeichnet. Dieses Abstandhalten ist noch nicht völlig geklärt; es könnte Sturmschäden oder der Verbreitung pflanzenfressender Insektenlarven vorbeugen. Wer einmal das durch solche »Scheu« entstandene Mosaik genauer betrachtet, der kann Mosaiken innerhalb der Mosaiken erkennen. Die Anordnung der Blätter an einem Stamm (und die Pflanze als Ganzes) ist so organisiert, daß es zu möglichst wenig Überlappungen kommt. Jedes Blatt ist so ausgerichtet, daß es all das Licht absorbieren kann, das es für eine effiziente Photosynthese benötigt.

Lebenszyklus der Bäume

Bäume sind der Überbau des Regenwalds; ihre Kronen bilden in luftiger Höhe Verbindungswege für Tiere und Dachgärten für Epiphyten; ihr Laub spendet den tieferen Stockwerken feuchtkühlen Schatten, in dem Sämlinge und andere zarte Pflänzchen gedeihen; ihre Wurzeln sammeln die knappen Nährstoffe, und ihre gewaltigen Stämme tragen das enorme Gewicht des Blätterdachs. Die Vielfalt tropischer Baumarten ist immens. Auf einem Hektar findet man fünfzig bis zweihundert verschiedene Arten, in einem gleich großen Gebiet unserer Breiten nur etwa zehn.

Trotz dieser Mannigfaltigkeit sehen viele Tropenbäume auf den ersten Blick gleich aus, weshalb ihre genaue Bestimmung selbst Botanikern schwerfällt. Daher kann man ihre Charakteristika verallgemeinern und einen »typischen« Baum beschreiben. Die große Mehrzahl der Regenwaldbäume ist etwa dreißig Meter hoch, wenngleich manche Riesen sechzig Meter und mehr erreichen können. Ihre Stämme sind schlank und astlos; die Rinde ist glatt und das Verzweigungssystem einfach (siehe Seite 60f.). Nur wenige messen über einen Meter im Umfang, allerdings wurden auch schon Riesenexemplare mit siebzehn Metern Durchmesser gefunden! Als Schutz gegen Termiten und andere holzbohrende Insekten ist ihr Holz extrem hart. Bei einigen Arten wie dem Eisenholzbaum (*Eusideroxylon zwageri*) erreicht es eine solche Härte, daß selbst das Einschlagen eines Nagels in den Stamm zur Schwerarbeit gerät. Das Wurzelsystem ist nur sehr flach; großenteils wird der Baum nur von Stelz- oder Stützwurzeln gehalten, die bis zu fünf Meter am Stamm hochwachsen. Viele Tropenbäume sind immergrün, das heißt, sie verlieren im Lauf des Jahres ständig ein paar Blätter.

Ein immergrüner Regenwaldbaum wächst das ganze Jahr hindurch und weist deshalb auch keine Jahresringe auf. Er kann 150, aber auch bis zu 1400 Jahre alt werden. In der Regel erreicht er nach 30 bis 60 Jahren das Reifestadium und beginnt zu blühen. Aber selbst dann trägt er nicht jährlich, sondern nur alle drei bis zehn Jahre Blüten und Früchte: Möglicherweise gibt es zwischen Arten mit gleichen Bestäuberinsekten und Samenverbreitern so eine Art Aufgabenteilung. Zudem kann Überproduktion auch den eigenen Untergang bedeuten, was verheerende Schädlingsplagen zur Folge hat.

Die Ausnahme in diesem »typischen« Schema bilden natürlich die Bäume, die nicht immergrün sind. Halbimmergrüne und saisonale Wälder (siehe Seite 16 bis 19) findet man häufig an den äußeren Grenzen des äquatorialen Regenwaldgürtels, in regenreichen, schattigen Gegenden sowie in den Nachbarregionen der Savannen. Während der Trockenperiode werfen Fallaubbäume nicht nur ihr Laub ab, sondern blühen auch, damit die Samen reif und keimfähig sind, wenn die Regenzeit beginnt.

Eine Chance auf Leben

Tropische Bäume, ob immergrün oder laubabwerfend, stellen ähnliche Ansprüche und stehen oft dicht zusammen, was den meisten im Hinblick auf ihre Langlebigkeit erheblich erschwert, einen Platz zum Wachsen zu ergattern. Sie sind keine Spezialisten, die sich jeweils eine eigene ökologische Nische geschaffen haben, sondern Konkurrenten über Raum und Zeit. Obwohl viele in aller Ruhe abwarten, bis ihnen größere Bäume irgendwann beim Umstürzen eine Lücke reißen, können andere nur dort wachsen, wo reichlich Licht vorhanden ist. Einige Arten sorgen für Platz, indem sie einen Konkurrenten verdrängen oder, so sonderbar dies auch klingen mag, ihren eigenen Platz aufgeben, damit andere Exemplare derselben Art leben können. Exemplare der Gattung *Ficus*, Würgfeigen zum Beispiel, sind Platzräuber par excellence; das andere Extrem finden wir bei jenen Arten, die nur einmal, oft in riesiger Zahl blühen und dann eingehen, wenn ihre Früchte reif sind. Die Talipotpalme (*Corypha elata*) beispielsweise bewahrt jahrzehntelang ihre Jugendform, bevor sie sich zum Sterben bereit macht: in Form eines zwei Meter langen Blütenstands mit sechzig Millionen kleiner Blütchen.

Nach dem Kampf um den Lebensraum ist das zweitdringendste Problem für Regenwaldbäume, sich auf den nährstoffarmen tropischen Böden durchzusetzen. Eine Reihe von Tricks wie etwa Luftwurzeln oder Symbiosen mit Wurzelpilzen findet sich bei vielen verschiedenen Bäumen (siehe Seite 56 bis 59). Auch ist es kein Zufall, daß viele Bäume zur Familie der *Leguminosae gehören*, von denen etliche Wurzelknöllchen haben, in denen Bakterien leben, die den atmosphärischen Stickstoff in eine für den Baum verwertbare Form umwandeln.

Links: **Brettwurzeln** – Da sie überwiegend auf sehr flachen Böden stehen, können viele Bäume mit einem unterirdischen Wurzelsystem nichts anfangen. Statt dessen werden sie von Wurzeln gestützt, die großenteils überirdisch wachsen. Bei manchen Arten bilden sie kräftige Streben, die bis zu fünf Meter am Stamm hochwachsen können. Sägt man diese Stützen weg, kann der Baum mühelos umgestürzt werden. Neben ihrer Stützfunktion sorgen die Brettwurzeln aber auch für die Ernährung des Baums. Im Unterschied zu Pfahlwurzeln treiben die Brettwurzeln auf einer großen Fläche viele Nährwürzelchen in den Boden.

Oben: **Stützwurzeln bei Mangroven** – Stütz- oder Stelzwurzeln erfüllen in etwa den gleichen Zweck wie Brettwurzeln (links): Sie bieten dort Halt, wo Bodenwurzeln ungeeignet sind. Dieser Wurzeltyp kommt besonders häufig in Schwemmland- und Mangrovenwäldern vor. Hierbei handelt es sich um kräftige Luftwurzeln, die bogenförmig vom Stamm weg in Richtung Boden wachsen. Sobald sie diesen erreicht haben, teilen sie sich in mehrere fingerartige Würzelchen. Im so entstehenden Wurzelgerüst lagern sich Sedimente an, wodurch die Pflanze der Wucht der Gezeiten besser trotzen kann.

Oben: **Keimlings-Strategien** – Einige langlebige Urwaldriesen produzieren große Samen. Der reichliche Nahrungsvorrat darin läßt den solitären Keimling in die Höhe schießen – mitunter ist er schon ein Meter hoch, bevor die ersten Blätter kommen. Andere produzieren geflügelte Samen, die in Unmengen zu Boden fallen. Diese Masseninvasion überschwemmt sowohl Freßfeinde als auch den verfügbaren Platz. So wird sichergestellt, daß eine große Zahl relativ kleiner Keimlinge anwächst. Eine dritte Strategie ist bei kurzlebigen Bäumen der Gattung *Cecropia* zu beobachten (siehe Seite 65).

Oben: **Junge Blätter** – Tropenbäume neigen dazu, ihr frisches Laub schubweise zu bekommen. Aus einiger Entfernung sieht der Baum dann aus, als ob er blühen würde. Die noch schlaffen jungen Blätter hängen in dichten Büscheln herab und sind oft ganz anders gefärbt als die älteren Blätter: nämlich rot, hellrosa, bräunlich oder weiß. Die Stoffe, welche diese Farben hervorbringen, schützen möglicherweise die zarten Blättchen vor starkem Sonnenlicht und schrecken Pflanzenfresser ab, bis die Blätter gewachsen und zum typisch ledrig-festen, reifen Laub gedunkelt sind. Außerdem wird mit einem solchen Schub neuer Blätter »der Markt überschwemmt«, wodurch garantiert ist, daß die meisten von ihnen reif werden, bevor sie Schäden durch Pflanzenfresser erleiden.

Würgfeigen: Platzräuber

Es gibt viele verschiedene Arten von Würgfeigen (Gattung *Ficus*) im Regenwald. Jede von ihnen hat ihren eigenen Wespenbestäuber und trägt Früchte im Übermaß (100 000 Früchte wurden schon auf einem einzigen Baum gezählt). Die kleinen Samen werden von den zahlreichen Vögeln und Affen verbreitet, die sich von den Früchten ernähren. Hin und wieder bleibt einer dieser unzähligen Samen in den Zweigen eines Baums liegen und keimt. Zuerst treibt der Keimling eine lange Luftwurzel. Sobald diese den Boden erreicht, beginnt die junge Feige zu wachsen, bildet weitere Wurzeln von ihrer erhöhten Warte in Richtung Boden und entwickelt Stiele und Blätter. Schließlich ist der Wirtsbaum ganz vom Laub der Feige überwuchert und sein Stamm von ihren Wurzeln umschlossen. Sie übernimmt den Platz eines Baums, der schon seine volle Höhe erreicht hat.

Der Kampf ums Licht

Gelegentlich stürzen ausgewachsene Bäume um und reißen eine Lücke in das Blätterdach, was jüngeren Pflanzen die Möglichkeit bietet, sich zu entwickeln. Sie fallen aus mehreren Gründen: Einige werden von Eingeborenen gefällt, andere werden vom Blitz getroffen oder von Stürmen umgeknickt, die meisten aber sind einfach nur alt. Hinzu kommt dann häufig noch Termitenbefall oder eine gewaltige Epiphytenlast. Die in den Wald gerissene Lücke ist gewöhnlich sehr groß, denn so ein einzelner, mit seinen Nachbarn durch unvorstellbar kräftige, dehnbare Lianen verstrickter Riese reißt im Fallen unweigerlich andere mit. Zu jeder Zeit ist der Regenwald ein Mosaik aus gewachsenem Wald und solchen Lichtungen, deren Regeneration unterschiedlich weit fortgeschritten ist. Störungen sind der Schlüssel zu Lebenskraft und Vielfalt in einem Habitat, das ansonsten äußerst stabil ist und in dem langlebige Arten vorherrschen.

Die Öffnung einer Lücke im Blätterdach erschüttert das Gleichgewicht des Waldes zutiefst. Die dichte Vegetationsdecke, die sich normalerweise schützend über das Waldesinnere breitet und es kühl, feucht, windstill und dämmrig hält, wird plötzlich weggerissen; grelles Licht und frische Luft strömen herein. In der Lücke ist die Temperatur höher und die Luftfeuchtigkeit geringer als im Wald ringsum, und der Verrottungsprozeß der beschädigten Vegetation setzt Nährstoffe frei. Hierdurch setzt bei den Sämlingen und Bäumchen, die vielleicht seit Jahren in einem Zustand inaktiver Ruhe auf ein solches Ereignis warten, das für ihren Lebenszyklus enorm wichtig ist, ein sofortiger Wachstumsschub ein.

Bald kommen die ersten Tiere, und schon wenig später drängen die Samen der umstehenden Bäume auf den Plan. Nun beginnt eine sehr dynamische Phase im Kampf ums Überleben. Der junge »Dschungel« wächst schnell und besitzt schon nach weniger als zehn Jahren die gleiche Laubdichte wie der restliche Wald; allerdings ist er noch nicht so hoch. Während der ersten fünfzehn Jahre ist eine rasche Zunahme der Artenvielfalt zu beobachten. Nach vierzig bis fünfzig Jahren hat sich die Lücke fast geschlossen, doch können dort dann ganz andere Arten leben als früher.

Viele Urwaldbäume haben sich dem nicht vorhersehbaren Auftreten solcher Lücken angepaßt, indem sie große Samen und schattenvertragende Sämlinge hervorbringen. Dank der Nährstoffreserven in den Samen gelingt es den Sämlingen, sich durchzusetzen, doch dann folgt eine Phase extrem langsamen Wachstums, bis sich eine Lücke auftut und sie ausreichend Licht und Wärme bekommen. Dann aber explodieren sie förmlich und wachsen in nie vermuteter Geschwindigkeit dem Licht entgegen. Ohne diesen Reiz können sie niemals ihre volle Größe erreichen oder sich fortpflanzen, denn die reifen Bäume sind von hellem Licht und dem Leben in den Baumkronen abhängig. Ein solcher Baumtyp ist im amazonischen Regenwald vorherrschend.

Naturkatastrophen, etwa Wirbelstürme, Erdbeben, Vulkanausbrüche oder Erdrutsche, verursachen im Regenwald weit größere Schäden als die Lücken, die umstürzende Bäume hinterlassen. Die Regeneration großer Freiflächen verläuft ganz andes als bei kleinen. Hier siedeln sich zuerst opportunistische, kurzlebige Baumarten an, in Südamerika etwa die zur Familie der Nesselgewächse (*Urticaceae*) gehörenden *Cecropia*- oder in der Alten Welt die *Macaranga*-Bäume. Diese spenden ihrerseits die schattige Feuchtigkeit, welche die Baumarten, die das neue Kronendach bilden werden, für ihr Wachstum benötigen.

Cecropia-Bäume erreichen keine große Höhe und auch kein besonderes Alter. Selten werden sie über achtzehn Meter hoch, ihre durchschnittliche Lebensdauer beträgt nur dreißig bis achtzig Jahre. Dennoch kommt ihnen bei der Regeneration großer Lücken eine tragende Funktion zu, denn sie bieten schon nach kurzer Zeit dem empfindlichen Wurzelsystem Schutz; sie ermutigen Tiere, das verwüstete Gebiet aufzusuchen und dort zu bleiben, und sie spenden den notwendigen Schatten, in dem sich ein Unterstockwerk aus »Kleinlückenbäumchen« entwickeln kann. Durch das Absterben der Cecropia-Pioniere entstehen wieder kleine Lücken, die die Entwicklung der langlebigeren Baumarten ermöglichen.

Störungen durch Naturereignisse – ganz gleich, ob dabei kleine oder große Lücken entstehen – haben völlig andere Auswirkungen auf den Wald als selektive oder umfangreiche Abholzaktionen (siehe Seite 182f.) oder das Abbrennen großer Flächen. Im Gegensatz zu Feuer und schweren Machinen lassen natürliche Störungen das Wurzelnetz unbeschädigt, was in vielen Fällen den einzigen Unterschied zwischen Wald und Wüste bedeutet.

Ganz links: **Lücke im Bergwalddach** – In diesem lichten Bergregenwald Venezuelas zeigt das Auftreten einer Lücke im Kronendach geringere Auswirkungen auf den Wald, als es in einem Tieflandwald mit dichtem Kronendach der Fall wäre. Schößlinge und Sträucher füllen die Lücke, welche der umgestürzte Baum gerissen hat, der aufgrund der geringeren Temperaturen in dieser Höhe nur langsam vermodert.

Links: **Alles drängt zum Licht** – Im Gewirr der Lianen, in dem viele der Bäume dieses südostasischen Regenwalds verschlungen sind, reißt ein fallender Baum meist noch andere mit sich. Sofort sprechen die in der Lücke stehenden Jungbäume auf die erhöhte Lichtzufuhr an und legen einen Wachstumsspurt ein, in dem Bemühen, bis zum Kronendach emporzuwachsen und die entstandene Lücke zu füllen.

Die Regeneration großer Lücken

Cecropia-Bäume tragen oft und reichlich Früchte. Ein einziger Baum produziert rund 900 000 kleine Samen, die nachts von fruchtfressenden Fledermäusen und tagsüber von Vögeln in weitem Umkreis verteilt werden. Die Samen bleiben zwei Jahre lang lebensfähig und sind überall im Waldboden in erstaunlichen Mengen vorhanden: Durchschnittlich 73 pro Quadratmeter hat man schon gezählt. Die Keimung erfolgt schnell, sobald eine große Lücke für ausreichend hohe Temperaturen und helles Licht sorgt. Die jungen Bäume stecken ihre ganze Energie ins Wachstum; nur wenig investieren sie in Abwehrmaßnahmen wie hartes Holz oder giftige Blätter. Die Stämme sind innen hohl, und das Holz ist so leicht, daß die Eingeborenen es oft zum Bau von Flößen verwenden. Das Cecropia-Laub ist schmackhaft und stellt für etliche Tiere einen Hauptbestandteil des Speisezettels dar.

Auf großen Lichtungen herrscht ein erbarmungsloser Konkurrenzkampf; insbesondere junge Kletterpflanzen drohen ständig, die kleinen Bäume zu erdrücken. Die Cecropia-Bäume blocken den Gegner ab, indem sie sich Gärtner in Form von nichtstechenden Azteken-Ameisen halten. Diese leben in den hohlen Ästen und ernähren sich von Nektartropfen, welche die Blätter über spezielle Honigdrüsen absondern, und von Nahrungskapseln, den sogenannten Müllerschen Körperchen, die sich an der Basis jedes Blattstiels befinden. Die Kapseln enthalten Eiweiß und Glykogen, eine tierische Stärke, die im Pflanzenreich bisher nur bei der Gattung *Cecropia* nachgewiesen wurde. Als Gegenleistung laufen die Ameisen wachsam den Baum auf und ab, kappen die Ranken vorwitziger Kletter- und Schlingpflanzen und werfen alle keimenden Epiphyten herunter. Derart befreit, wachsen die jungen Bäume jährlich um zweieinhalb Meter.

Oben rechts: Aztekenameisen; rechts: Cecropiabaum.

Epiphyten: Pflanzen auf Pflanzen

In fast allen Wäldern der gemäßigten Breiten sind Moose und Flechten auf der Rinde von Bäumen keine Seltenheit. Diese Epiphyten – Pflanzen, die auf anderen Pflanzen leben – überziehen oft in einer dünnen Schicht ihre Wirtspflanze. Was den Regenwald von unseren Wäldern unterscheidet, ist die enorme Anzahl und Vielfalt der Epiphytenarten. Neben den üblichen Moosen, Flechten und Farnen findet man Orchideen, Kakteen, die zur Familie der Ananasgewächse (*Bromeliaceae*) gehörenden Bromelien, Arazeen (Aronstabgewächse) und Vertreter vieler anderer Pflanzenfamilien. Oft leben so viele Epiphyten auf einem Baum, daß ihre Blattoberfläche die ihres Wirts zuweilen übertrifft. Epiphyten sind keine Schmarotzer in dem Sinn, daß ihre Wurzeln in die Gewebe der Wirtspflanze eindringen; trotzdem sind sie Licht- und Nahrungskonkurrenten, und die Wirtspflanze kann unter ihrer Last zugrunde gehen.

Ein Viertel aller Pflanzenarten im Tieflandregenwald sind Epiphyten. Bedingt durch die extrem hohe Luftfeuchtigkeit im Bergregenwald, die ihre starke Vermehrung begünstigt, ist ihr Anteil dort mitunter noch höher. Tatsächlich scheinen nahezu sämtliche Pflanzen des Bergregenwalds mit Ausnahme der Bäume epiphytisch zu sein, da alles mit einer dicken Moosschicht überzogen ist, in der dann andere Pflanzen Wurzeln schlagen. Allein in den Tropenwäldern Amerikas leben schätzungsweise 15 500 Epiphytenarten. Die afrikanischen Regenwälder können da nicht mithalten; möglicherweise starben viele Arten in den Trockenperioden der letzten Eiszeit, die in Afrika strenger war als anderswo, aus. Trotzdem wurden in Westafrika schon 47 verschiedene Orchideenarten auf einem einzigen Baum gezählt. Epiphyten neigen wie andere Regenwaldgewächse auch zur Bildung von Schichten. Die in den Kronen lebenden Exemplare sind Wind, Sonne und gelegentlichen Trockenperioden ausgesetzt. Als Folge davon weisen sie viele Anpassungsmerkmale von Wüstenpflanzen auf: dick-lederartige oder sehr schmale Blätter als Schutz gegen Wasserverlust und Ausdörren sowie äußerst wirkungsvolle Methoden, Wasser aufzunehmen und zu speichern. Im Gegensatz dazu müssen die Arten der unteren Stockwerke mit wenig Licht und ständigem Dunstklima zufrieden sein. Deshalb haben sie oft dünnere Blätter mit »Tropfspitzen« (siehe Seite 60), an denen überschüssiges Wasser abfließen kann, und gerippte oder samtartige Texturen, welche die Oberfläche und somit die Lichtaufnahmekapazität des Blatts vergrößern.

Die epiphytische Lebensweise birgt manche Gefahren. So kann der Wirtsbaum in Abständen seine Rinde abwerfen, um sich selbst von den Überpflanzen zu befreien, oder es brechen Äste unter der zuweilen tonnenschweren Last der nassen Vegetation ab. Schließlich stirbt der Baum und vermodert. Solche Ereignisse sind für die meisten Epiphyten der höheren Bereiche verhängnisvoll, da sie den Sturz oder das schattig-feuchte Klima am Boden kaum überleben dürften. Doch müssen diese Gefahren in Kauf genommen werden für das Privileg, in einem von hochwachsenden Pflanzen dominierten Umfeld ans Licht zu gelangen, ohne lange Stiele bilden zu müssen.

Überlebenstechniken

Der Reichtum an Epiphyten in den Tropen ist von einer Reihe Faktoren abhängig. Eine hohe Luftfeuchtigkeit bietet, mehr noch als hohe jährliche Niederschlagsmengen, den besten Schutz gegen Austrocknung. Die Pflanzen müssen sich zuverlässig anheften können. Oft bestehen sie aus zwei Wurzelsystemen: Eins rankt sich fest um die Wirtspflanze, das andere dringt in den Humus ein oder wächst frei in der Luft, wo es Feuchtigkeit aufnimmt. Epiphyten müssen erfindungsreich sein, um die unregelmäßigen Wasser- und Nährstoffrationen optimal zu nutzen. Viele sammeln Wasser mit Hilfe quellfähiger Stiele oder trichterförmig angeordneter Blätter. Sie müssen auch überaus fruchtbar und bei ihren Fortpflanzungsstrategien flexibel sein. Nur selten und in großen Zeitabständen sind günstige Bedingungen für eine Blüte vorhanden, weshalb sich viele Arten auch ungeschlechtlich vermehren.

Eine weitere Überlebenstechnik ist die Symbiose mit Wurzelpilzen (Mycorrhizen), die ihnen insbesondere im Keimstadium wichtige Nährstoffe liefern, oder mit Ameisen, die zum Bau ihres Nests Erde und Humus um die Wurzeln häufen (Bild rechts außen, unten). Zu den Epiphyten, die Ameisen beherbergen, gehören unter anderen Arazeen, Bromelien, Gesnerien und Blattkakteen. Die Pflanzen profitieren von dem Komposthaufen um ihre Wurzeln und produzieren dafür eine zuckrige Flüssigkeit, von der sich die Ameisen ernähren.

Rechts: **Feine Samen** – Die Samen von Orchideen wie *Stanhopea tigrina* sind so fein wie Puder. Sie werden zwar schon beim geringsten Windhauch weit verbreitet, doch geeignete Wuchsplätze sind rar, und die mikroskopisch kleinen Samen enthalten keine Nahrungsreserven. Eine erfolgreiche Keimung ist abhängig von Wurzelpilzen, die sie mit lebenswichtigen Nährstoffen versorgen. Orchideen wachsen langsam und sind erst nach Jahren blühreif. Doch selbst dann treten die Bedingungen für eine Blüte – wie etwa eine ausgeprägte Trockenheit – nicht unbedingt in jedem Jahr auf. Inzwischen investiert die Pflanze viel Energie in die Produktion neuer Triebe, die unabhängig existieren können, sollten sie von der Mutterpflanze getrennt werden. Solche neuen Ableger erhöhen die Chancen für eine Bestäubung, denn durch ihre auffällige Blütenerscheinung werden mehr Bestäuberinsekten angelockt.

Epiphyte als Abfalleimer – Eine Reihe von Epiphyten, darunter der Riesen-Aronstab (*Anthurium salviniae*), wachsen als blättrige Rosette, die Regen, Tau und Abfallstoffe ins Zentrum der Pflanze leitet. Obwohl sie auf den ersten Blick den Kelchen epiphytischer Bromelien ähnelt, ist die Rosette kein Wasserspeicher, sondern enthält einen Komposthaufen aus Baumabfällen. Zwei Formen von Wurzeln sind zu beobachten: klebrige Klammerwurzeln, mit denen sich die Pflanze fest an den Wirtsbaum anheftet, und kurze, aufwärtsstrebende Wurzeln, die den feuchten Faulmist durchdringen und belüften, Abfallstoffe festhalten und schließlich den Quell der Feuchtigkeit und Nährstoffe anzapfen.

Oben: **Gärten in luftiger Höhe** – Epiphyten leben nicht gänzlich auf Kosten ihres Wirtes. Ihre Blätter und Wurzelsysteme speichern Humus und Feuchtigkeit; auf den Ästen des Baums entstehen richtige »Epiphytenmatten«. Diese bieten zahllose Schlupfwinkel und Brutplätze für Kleintiere wie Insekten und Frösche, die zum Teil ihr ganzes Leben in diesen luftigen Gärten zubringen. Die Matten sind auch Nahrungsquelle und Feuchtigkeitsspender. Manche Bäume treiben sogar Luftwurzeln, um diese Quelle anzuzapfen. Nur ein Umstand reduziert deutlich die Anzahl der Epiphyten auf einem Baum: Tierwanderungen (siehe Seite 88/89). Die meisten Tiere benutzen auf ihrem Weg durch die Baumkronen stets die gleichen Routen, und die Oberseite vielbenutzter Äste ist nur von Moos überwachsen, während die Seiten dicht mit größeren Epiphyten besetzt sein können.

Rechts: **Ameisenfreundliche Epiphyte** – Die indonesische Epiphytenart *Myrmecodia echinata* klammert sich mit ihren Wurzeln an Bäumen fest und entwickelt knollenartig angeschwollene untere Teile. Diese enthalten Kammern, die von Ameisen bewohnt sind. Die Ameisen deponieren organische Stoffe in den Kammern, die sie mit Pilzsporen impfen. Bei der Zersetzung dieser Stoffe werden Nährstoffe freigesetzt, die sowohl den Ameisen wie auch der Pflanze als Nahrung dienen. Zudem verbreiten die Ameisen die Samen der Pflanze und verhindern, daß andere Epiphyten oder Tiere eindringen. Dafür bietet die Pflanze den Ameisen Nektar und einen Platz zum Leben.

Kletterpflanzen

Undurchdringliches Gestrüpp und baumelnde Lianen prägen unsere Vorstellung vom Dschungel. Es sind die Lianen, sowohl verholzende als auch nichtholzige Kletterpflanzen, die mit ihrem wilden Durcheinander in den Bäumen jenen geheimnisvollen Anflug vermitteln, den wir mit Regenwäldern assoziieren. Auch wenn es in den meisten Pflanzenfamilien Klettergewächse gibt, so kommen sie doch vorwiegend in den Tropen vor. Im Ringen um Licht haben sie in einem von großen Bäumen beherrschten Lebensraum sehr erfolgreiche Methoden entwickelt. Anders als die Epiphyten (siehe Seite 66f.) thronen sie nicht auf ihren Konkurrenten, sondern winden und ranken sich an diesen in die Höhe.

Hinauf zum Licht

Ungefähr acht Prozent der im Tieflandregenwald lebenden Pflanzenarten sind Kletterer, wobei der höchste Anteil in Sekundärwäldern zu beobachten ist. Sie gehen das Problem, zum Licht zu gelangen, auf verschiedene Weise an. Am einfachsten gelingt das Klettern mit roher Gewalt und einem dornenbewährten Stamm, mit dem man sich gut an anderen Pflanzen festhalten kann. Rattans (Kletterpalmen), deren holzige Sprosse über zweihundert Meter Länge erreichen können, bedienen sich dieser Technik. Die jungen Blätter laufen zudem in hakenartige, peitschenförmige Rankenspitzen aus, und die Blätter entfalten sich erst, wenn die »Peitsche« den nächsten festen Halt gefunden hat. Kannenpflanzen (Bild rechts außen, oben) klettern ebenfalls mit Hilfe solcher peitschenartigen Blattfortsätze, die sich zu kannenähnlichen Gebilden umformen.

Eine weitere Technik führen uns die Kletter-Arazeen vor, zu denen unter anderen *Philodendron, Monstera* (unser Fensterblatt), *Raphidophora* und *Scindapsis* gehören. Sie haben sowohl kurze, rechtwinklig vom Stamm abstehende Wurzeln, aus denen beim Kontakt mit der zu erklimmenden Pflanze Hafthaare sprießen, als auch lange Nährwurzeln, die anfangs frei herabhängen, sich jedoch stark verästeln, sobald sie den Boden berühren. Oft heften sich die Kletterwurzeln so fest an die Pflanze, daß man sie nur mit Mühe abreißen kann. Die Luftwurzeln sind äußerst biegsam und kräftig. Sind sie erst richtig verankert, dienen sie als Halteseile, die den Wirtsbaum vertäuen und dadurch eine wichtige Rolle in der Struktur des Waldes übernehmen (siehe Seite 64f.). Die Einheimischen fertigen aus den Wurzeln vieler Arten Seile, von der feinen Schnur bis zum dicken Schiffstau. Manche dieser Kletterer können fast epiphytisch werden. Obwohl sie auf dem Waldboden keimen und zu wachsen beginnen, leben sie später mitunter ganz in den Baumwipfeln.

Eine weitere Methode ist die Rankenbildung an Blättern oder Stielen. Dies ist häufig bei Lianen zu beobachten, beispielsweise bei den Gattungen *Leea, Cissus, Tetrastigma* (der Wirtspflanze der parasitären *Rafflesia*), *Bignonia* und *Passiflora*. Eine ausgestreckte Ranke wendet sich vom Sonnenlicht ab und sucht mit pendelnden Bewegungen nach einem Halt. Streift sie eine andere Pflanze, übt das eine Reizwirkung aus, und sie rollt sich zusammen. Dies geschieht sehr schnell: Bei einem Flaschenkürbis der amerikanischen Tropen beginnen sich die Ranken schon zwanzig Sekunden nach der Berührung einzurollen, und vier Minuten später ist die erste Spirale fertig. Gleichzeitig schwellen die Gewebe an und verstärken dadurch ihren Griff. Da sich die meisten Rankenkletterer nur mit ihren Extremitäten festhalten, hängen die schweren, wasserführenden Stiele oft durch und winden sich in bizarren Schlingen durch die Vegetation. Manche Arten haben hohle, wassergefüllte Stiele, die von den Eingeborenen gern angezapft werden.

Bei einer Reihe tropischer Kletterpflanzen sind unterschiedliche Jugend- und Erwachsenenformen bekannt. So kann beispielsweise das Laub in Form, Größe und Farbe der Blätter differieren. Solche Unterschiede lassen nur schwer Vorteile erkennen. Einer könnte allerdings sein, daß ein Insekt auf der Suche nach einer geeigneten Pflanze für die Eiablage die Jungpflanzen vielleicht nicht erkennt. So bleiben sie, bis sie reif und weniger verletzlich sind, verschont. Die Jugendformen mehrerer Arten von *Monstera, Cercestis, Ficus, Hoya* und *Marcgravia* kennt man unter der Bezeichnung Schindelpflanzen, weil sich ihre Blätter wie Dachbrettchen überlappen. Dieser Trick reduziert Wasserverluste auf ein Minimum. Die Blätter sind klein, wachsen dicht auf der Rinde des Wirtsbaums und haben nur auf der Unterseite Poren, so daß alle verlorengegangene Feuchtigkeit unter dem Blatt gefangen ist. Sobald die Schindelpflanzen das Licht erreichen, verändert sich das Laub und treibt lange Stiele und große Blätter – jetzt können Blüte- und Fruchtperiode beginnen.

Kannenpflanzen – Mit einer Wuchshöhe von fast neun Metern und bis zu dreißig Zentimeter langen Kannen (die gewöhnlich vollgestopft sind mit verdauten Insekten) gehört *Nepenthes rafflesiana* zu den gewaltigsten Kannenpflanzen. Obwohl Insekten ihre Hauptnahrung bilden, fallen ihr auch kleine Säugetiere und Reptilien beim Versuch, etwas von der Pflanze »abzustauben«, zum Opfer.

Links: **Lianen** – Stämme und Nährwurzeln von Lianen hängen von den Bäumen herab, an denen sie Halt finden. Sobald die Wurzeln den Boden erreicht haben, verankern sie sich fest im Erdreich. Aneinandergekettet durch verschlungene Stämme und kräftige, elastische Wurzeln, hat diese enge Umklammerung für die Bäume des Regenwalds sowohl Vor- als auch Nachteile. Zwar überstehen sie Stürme sicherer, doch werden sie auch leichter im chaotischen Lianengewirr mitgerissen, wenn ein benachbarter Baum entwurzelt oder gefällt wird.

Oben: **Die Umklammerung des Wirts** – Neben Luftnährwurzeln bringen Kletterpflanzen wie *Philodendron* auch Klammerwurzeln hervor, mit denen sich die Pflanze fest am Wirtsbaum anheftet. Diese geschmeidigen Wurzeln passen sich jeglichen Konturen der Rinde an. Manchmal verzweigen sie sich sogar und wachsen an den Berührungspunkten wieder zusammen; das so entstandene Gitterwerk kann den ganzen Baumstamm überwachsen.

Oben: **Schindelpflanzen** – Die Kletterpflanzen des Regenwalds beginnen am Boden zu keimen. Danach müssen sie sich nicht nur gegen die Pflanzen in ihrem Umkreis behaupten, sondern auch einen geeigneten Wirt finden, um wachsen zu können. Die einfallsreichste Lösung für dieses Problem demonstriert uns *Monstera dubia*. Sie produziert einen außergewöhnlich großen Samen, aus dem ein kordelartiger Ausläufer ohne Blätter und Wurzeln wächst. Mit zunehmender Größe wird der Ausläufer von dunklen Umrissen, etwa einem Wirtsbaum, angezogen. Auf der »Suche« nach diesem Wirt kann er bis zu zwei Meter lang werden, bevor seine Nahrungsreserven erschöpft sind. Ist nun die Wirtspflanze gefunden, erfolgt die Umwandlung in eine Schindelpflanze (rechts), und der Ausläufer strebt aufwärts. In diesem Stadium kann *Monstera dubia* nicht viel Wasser sammeln und bekommt auch kaum Regen mit. Ist ausreichend Helligkeit vorhanden, bringt sie große, langstielige, lederartige Blätter hervor.

Frucht- und Blütezeit

Zwei Drittel aller Blütenpflanzen der Erde kommen nur in den Tropen vor. Eine Erklärung für diese Vielfalt sind die mannigfaltigen Beziehungen, die sie mit Tieren eingegangen sind (siehe Seite 76 bis 79). Im Regenwald ist das Netz der Symbiosen zwischen Tieren und Blütenpflanzen so komplex, daß der Verlust einer Art das Aussterben vieler anderer nach sich ziehen kann. Eine weitere Ursache hierfür liegt in dem Umstand begründet, daß sich die klimatischen Bedingungen in einem Regenwald innerhalb des Jahres oder gar über Jahrhunderte hinweg nur wenig ändern. Dies hat die Evolution einer stabilen Gemeinschaft langlebiger, ausdauernder Pflanzen, in der die Generationen in großem Abstand aufeinanderfolgen, ermöglicht, und die Chancen für neue Individuen, sich zu etablieren, sind dünn gesät. Folglich herrscht ein reger Konkurrenzkampf unter den Jungpflanzen.

Es gibt drei Grundstrategien, die eine Pflanze in dieser Situation anwenden kann, um sich einen Vorteil gegenüber ihren Rivalen zu verschaffen. Erstens kann sie ihre Chancen erhöhen, indem sie sich geschlechtlich vermehrt, so daß ihre Nachkommen genetisch so verschieden wie möglich sind. Die meisten Blütenpflanzen des Regenwalds können sich nicht selbst befruchten: sie müssen zur Fortpflanzung fremdbestäubt werden. (Das andere Extrem sind Ökotope mit instabilen Lebensbedingungen, die einen hohen Anteil selbstfertiler einjähriger Pflanzen aufweisen.) Da im Wald kaum ein Luftzug weht, der die Pollen verbreiten könnte, ist die Fremdbestäubung großenteils von Insekten oder anderen Tieren abhängig. Ein paar Ausnahmen von dieser Regel gibt es allerdings: Erstens nutzt eine Reihe von Epiphyten, die in den Baumkronen leben, wie beispielsweise Orchideen, tatsächlich den Wind, um ihre pulverfeinen Samen zu verbreiten. Die zweite Ausnahme bilden die wuchtigen dipterocarpen Bäume, die das Bild einiger Regenwälder Südostasiens prägen, indem sie einfach mit ihren Kronen alles um sich herum überragen. Ihre geflugelten Samen fallen, wenn sie nicht gerade von einem Sturm durch die Lüfte gewirbelt werden, dicht neben dem Baum zu Boden – folglich breiten sich Bäume dieser Art nur extrem langsam im Wald aus.

Die zweite Strategie, der sich eine Pflanze bedienen kann, besteht darin, eine enorme Menge von Samen zu produzieren, damit ihre eigenen Gene möglichst viel Gelegenheit zur Verwirklichung haben. Blüte- und Fruchtperiode sind daher eine beträchtliche Energieinvestition und finden nur statt, wenn die Rahmenbedingungen hierfür günstig sind. Da viele Bäume erst nach dreißig oder vierzig Jahren geschlechtsreif sind und nur selten jährlich blühen, ist es oft ein spektakulärer Anblick, wenn es dann endlich doch einmal soweit ist.

Die dritte Taktik schließlich besteht darin, für eine weite Verbreitung der Samen zu sorgen, damit wenigstens ein paar von ihnen – sollten die Bedingungen an einem Ort ungünstig sein – die Chance haben, woanders erfolgreich zu keimen.

Tropische Regenwaldpflanzen sind nicht die einzigen, die komplizierte Blüte- und Fruchtzyklen vorzuweisen haben, doch kommen bestimmte Eigenschaften von ihnen in anderen Wuchsregionen kaum oder gar nicht vor. Einige Bäume der unteren Kronenschicht treiben Blüten – und später Früchte – direkt aus dem Stamm und den Ästen – ein Phänomen, das als Kauliflorie oder Stammblütigkeit bekannt ist. Bei vielen stammblütigen Arten übernehmen Fledermäuse die Bestäubung, da sie leichter die Blüten erreichen können, die sich deutlich vom Laub abheben. Der Kakaobaum (*Theobroma cacao*) wird von kleinen Mücken bestäubt. Jedoch fallen die reifen Früchte nicht zu Boden, sondern werden an Ort und Stelle von Eichhörnchen und Affen geöffnet, die sie über Stamm und Gezweig problemlos erreichen können. Die leeren, verottenden Schalen bieten Brutstätten für die Mücken, die so für weitere Bestäubungen gleich zur Hand sind.

Anlocken von Bestäubern

Viele Tropenpflanzen bringen sehr große Blüten hervor: Die des Balsabaums (*Ochroma lagopus*) sind zwölf Zentimeter lang und messen an der Kelchöffnung acht Zentimeter im Durchmesser. Stattliche, fleischige Blüten sind oft nötig, um die Besuche von großen Bestäubern wie Fleder-

Oben: **Orchideen** – In den Tropen gibt es über neuntausend epiphytische Orchideenarten, von denen die meisten nur regional verbreitet sind. Viele werden von einer bestimmten Insektenart oder nur von einem Geschlecht einer Art bestäubt, was sie zu besonders spezialisierten Blütenpflanzen macht und ein hohes Risiko des Aussterbens mit sich bringt. Orchideenblüten sind von der Struktur her sehr kompliziert und produzieren vom erlesenen Parfüm bis zum widerlichen Aasgestank die verschiedenartigsten Gerüche.

Links: **Lebendes Fossil** – Bevor die Blütenpflanzen zur dominanten Pflanzengruppe im Regenwald wurden, beherrschten Nadelbäume, Cycadophyten und Baumfarne das Bild. Heute noch lebende Pflanzen aus jener Zeit sind Arten der Gattung Gnetumgewächse. Ihre Blätter sehen zwar schon wie die von Blütenpflanzen aus, jedoch zählt ihre Fortpflanzungsmethode zu den ungewöhnlichsten – und ältesten – im Pflanzenreich.

»Heiße« Bestäubung

Um für eine erfolgreiche Bestäubung zu sorgen, hat *Philodendron bipinnatifidum* eine der raffiniertesten Bestäubungsstrategien des Regenwalds entwickelt. Zunächst lockt er mit Hilfe eines starken, weithin wahrnehmbaren Geruchs seine Bestäuberinsekten an. Dann »überredet« er die Insekten, lange genug zu verweilen, damit die Bestäubung erfolgreich ist, indem er ihnen optimale Paarungsbedingungen bietet. Die Blüteperiode erstreckt sich über mehrere Monate, doch öffnen sich pro Tag nur ein oder zwei Blütenstände, und zwar stets in den Abendstunden und nur 24 Stunden lang. Separate Zonen männlicher und weiblicher Blüten sind um die Basis eines Spadix gruppiert, der wie ein Schürhaken geformt und von einer kapuzenartigen Spatha umhüllt ist. Außerdem gibt es eine Zone mit sterilen männlichen Blüten, die den Spadix auf bis zu 17° C über seiner Umgebungstemperatur aufheizen. Dadurch verflüchtigen sich die stechend-aromatischen Düfte, von denen sich Skarabäuskäfer (auch Pillendreher) der Art *Erioscelis emarginata* angezogen fühlen. Der Energielieferant für diesen Temperaturanstieg sind Lipide: fettige oder wachsige Substanzen, die bei Tieren üblich, jedoch im Pflanzenreich unbekannt sind.

Um die benötigte Wärmemenge zu produzieren, verbraucht *Philodendron bipinnatifidum* täglich fast soviel Sauerstoff wie ein Kolibri, was selbst nach tierischen Maßstäben extrem ist.

In Innern der Spathakammer finden die Käfer Nahrung (in Form der sterilen Blüten) und einen warmen, duftenden Paarungsplatz vor. Derart beschäftigt, bleiben sie dort, bis die Bestäubung beendet ist. Wenn der nächste Abend heraufdämmert, hat sich der Spadix abgekühlt. Die Spatha schließt sich um die bestäubten Blüten, und die pollenbedeckten Käfer fliegen zu einer anderen, frisch geöffneten, warmen und duftenden Blüte, wo sie eine neue Orgie erwartet, davon.

mäuse (wie im Fall des Balsabaums) oder Vögel unbeschadet zu überstehen. Allerdings wird die größte Blüte der Welt von Fliegen bestäubt – *Rafflesia arnoldii*, eine auf Sumatra endemisch vorkommende parasitäre Pflanze, hat Blüten von bis zu über einem Meter Durchmesser.

Leuchtende Farben sind ebenfalls häufig im Regenwald, speziell bei Blüten, die von Vögeln bestäubt werden, die meist über ein hervorragendes Farbsehvermögen verfügen. Andere Bestäuber werden von Blüten angelockt, die einen starken Duft verströmen, der in der stillen, feuchten Luft schon aus einiger Entfernung wahrnehmbar ist. Sehr viele Regenwaldarten werden von Nachtfaltern bestäubt, denn die Nächte sind hier immer warm genug für Insekten, um aktiv zu sein. Die Nachtblüten solcher Arten verströmen intensive Düfte, die an parfümierte Seife erinnern; sie sind gewöhnlich weiß oder blaß gefärbt mit markanten Umrißlinien, die im Dunkeln gut erkennbar sind. Ein weithin bekanntes Beispiel ist die auf Madagaskar heimische Orchidee *Angraecum sesquipedale* (siehe Seite 147).

Manche Pflanzen haben ebenso kräftige, jedoch unangenehme Düfte, mit denen sie Aaskäfer oder Fliegen anlocken. Ihre Blüten sind oft dunkel-violettbraun und gesprenkelt, was an verrottendes Fleisch erinnert. *Aristolochia*-Kletterpflanzen bedienen sich raffinierter Fliegenfallen, die wie verfaulender Fisch riechen. Die Fliegen werden von der Blüte gleich auf mehrere Arten vereinnahmt. Sie legen nicht nur ihre Eier auf dem vermeintlichen Kadaver ab, sondern plumpsen auch in die Falle, in der sie so lange bleiben müssen, bis die weiblichen Blüten bestäubt sind und die männlichen sie mit Pollen eingestaubt haben.

Obwohl einige Pflanzen die Bestäubung durch Täuschung erreichen, belohnt die Mehrzahl von ihnen ihre Bestäuber – zum Teil mit Nektar oder Pollen, die sich für die spezifischen Bestäuber jeweils in ihrer Beschaffenheit oder chemischen Zusammensetzung unterscheiden. So fällt bei Blüten, deren Bestäubung durch Fledermäuse erfolgt, der Nektar meist eher klebrig als dünnflüssig aus und kann daher leichter aufgeleckt werden; der Pollen ist stark eiweißhaltig und reich an Substanzen, die für das Wachstum der Flügel- und Schwanzhäute außerordentlich wichtig sind. Viele Regenwaldgewächse produzieren solche spezifischen »Designer«-Substanzen. Wasserfeste Stoffe wie Wachse oder Harze sind gerade in den feuchten Tropen besonders wichtig. *Clusia uvitana*, ein in Mittelamerika heimischer Strauch, hüllt seine Blüten in Wachs, das von Trigona-Bienen zum Nestbau verwendet wird. Bei *Amorphophallus variabilis*, einer Bodenpflanze der Wälder Südostasiens, reifen in einem napfförmigen Blütenstand spezielle Futterkapseln, die mit Öl und Stärke gefüllt sind, heran. Die Bestäuberkäfer werden eingesperrt und müssen mehrere Tage lang fressen, während die weiblichen und männlichen Blüten ihre Zyklen vollenden.

Sensibles Abhängigkeitsverhältnis

Vielfach haben sich Pflanzen und ihre Bestäuber und Samenverbreiter so eng miteinander entwickelt, daß der Verlust einer Art für alle übrigen in der Kette fatale Folgen hat. So sind beispielsweise über zwanzig Vogelarten alljährlich mehrere Wochen lang auf die Frucht des in Costa Rica heimischen Baums *Casearia corymbosa* angewiesen, da es während dieser Zeit praktisch nichts anderes zu fressen gibt. Die Samen des Baums werden indes allein von einem kleinen Vogel namens *Tityra* verbreitet, der wegen seines auffällig silbrigen Gefieders und der schwarzen Gesichtsmaske leicht zur Beute von Greifvögeln werden kann. Seine Futtertaktik unterscheidet sich deshalb grundlegend von der der anderen Vögel. Anstatt im Baum oder in der näheren Umgebung zu verweilen, unternimmt er einen kurzen Vorstoß und fliegt schnell wieder weg, um die Frucht woanders zu verzehren, wodurch er für eine breite Streuung der Samen sorgt. *Casearia corymbosa* und *Tityra* sind voneinander abhängig, doch der Rückgang oder gar das Aussterben einer dieser beiden hätte auch schlimme Folgen für die anderen Vögel, die sich von dieser Frucht ernähren. Ihre Population würde abnehmen oder ganz von der Bildfläche verschwinden und mit ihr weitere Pflanzenarten, die auf diese Vögel als Samenverbreiter oder Bestäuber angewiesen sind. Aufgrund dieser Eigenschaft seines Ökosystems reagiert der Regenwald ausgesprochen empfindlich auf Störungen und erweist sich als ein besonders heikler Lebensraum.

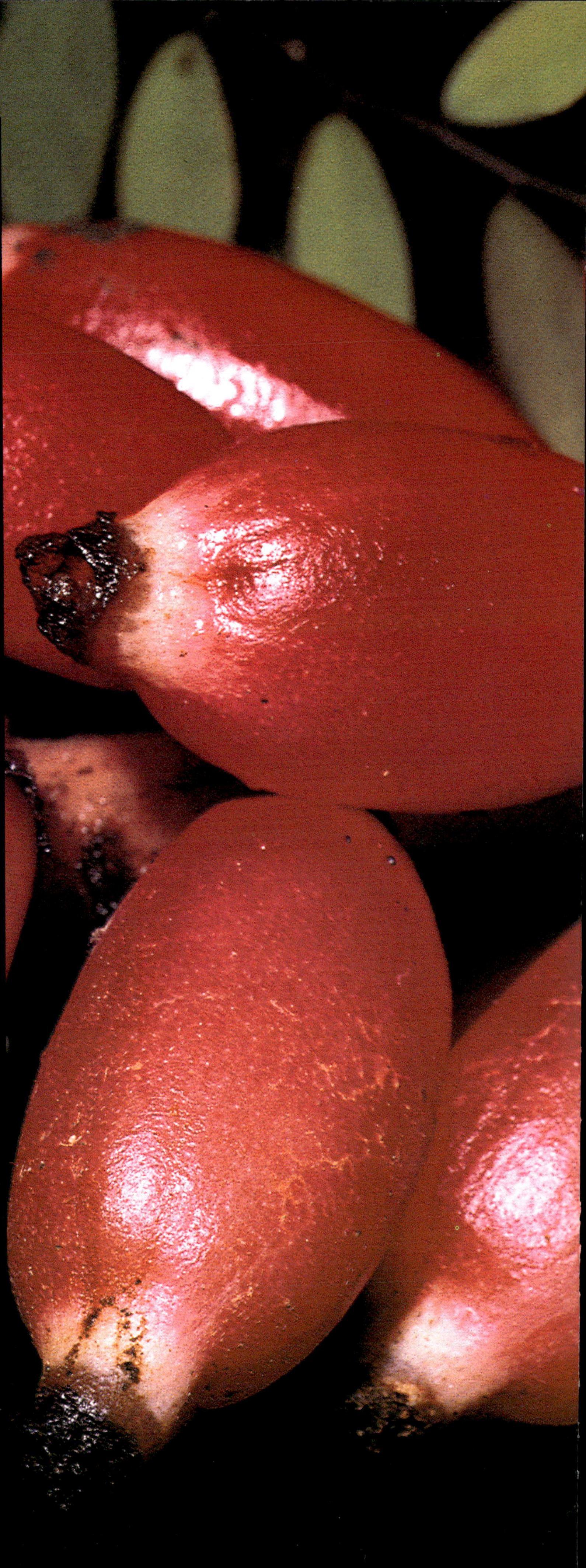

Großes Bild: Die reifen Früchte des Wilden Ingwers färben sich leuchtendrot, was Tiere zwecks Verbreitung der Samen anlocken soll.

Farbe für Vögel – Die Sarawak-Mistel ist eine von über tausend parasitären Mistelarten in den Tropen. Viele leben in einer engen Symbiose mit Mistelessern, kleinen Vögeln aus der Familie *Dicacidae*. Diese Mistelart sticht durch rote Blüten hervor, mit denen sie die Vögel anlockt, und Kronblätter ihrer Blüten, die bei Berührung aufspringen und den Nektar freigeben.

Geruch für Fledermäuse – Die Blüten des Kalebassenbaums (*Crescentia cujete*) öffnen sich bei Nacht und verströmen einen Duft von schwitzendem Käse, der auf Fledermäuse anziehend wirkt. Sowohl die Blüten der Mistel (links oben) wie auch die des Kalebassenbaums wachsen direkt aus dem Stamm, wodurch größere Flugtiere wie Fledermäuse oder Vögel besser herankommen.

Frucht- und Samenfresser

Im Regenwald hat ein Baum kaum die Möglichkeit, zu seiner vollen Höhe heranzuwachsen. Will er – wenigstens für einzelne Vertreter seiner Art – diese seltene Gelegenheit nutzen, muß er so viele Samen wie möglich produzieren und gut verteilen, damit einige davon zur rechten Zeit am rechten Ort sind. Die überwiegende Mehrheit der Regenwaldpflanzen ist bei der Verbreitung ihrer Samen von Tieren abhängig, da Wind im stillen Wald wenig Unterstützung bietet. Früchte sind ein verführerisches Lockmittel, das Pflanzen Tieren als Gegenleistung für die Vorzüge ihrer Mobilität bieten. Im einfachsten Fall frißt das Tier die Frucht und wirft den Samen in einiger Entfernung vom Baum weg, wo er nun keimen kann. Doch liegen die Dinge selten so einfach, denn der Pflanzensamen ist ebenfalls nahrhaft, oft sogar mehr als die Frucht. Die Pflanze muß also nicht nur mit Tieren fertigwerden, die Früchte verzehren, ohne Samen zu verbreiten, sondern auch mit den »Samendieben«, die es nur auf die Samen abgesehen haben, und schließlich mit Tieren, die zwar die Samen verteilen, jedoch ihre Keimfähigkeit unabsichtlich – meist innerhalb ihres Verdauungssytems – zerstören.

Eine Lösung für diese Probleme besteht darin, Hunderte von körnigen, kleinen Samen in einer saftigen, leichtverdaulichen Frucht zu verpacken, die auf alle Arten von Fruchtfressern attraktiv wirkt. Die Frucht muß praktisch nicht zerkaut oder ausgequetscht werden, somit wird der Großteil der Samen heil geschluckt und überlebt mit etwas Glück die Reise durch den Verdauungstrakt.

Bei den meisten Regenwaldbäumen kommt es auf einen großen, nahrhaften Samen an. Solche Bäume sind meist Spezialisten, die nur eine bestimmte Sorte Fruchtfresser anlocken – nämlich eine, die die Samen verbreitet und nicht zerstört. Indem sie alle Bemühungen auf einen speziellen Fruchtfresser richtet, kann die Pflanze ihre Samen gegen das Verdauungssystem dieses Tieres immun machen. Zum Schutz des Samens für die Zeit im Magen des Tieres ist eine harte Samenschale, aber auch eine Mischung giftiger Substanzen recht gut geeignet.

Die Frucht mit dem ausgewählten Verbreiter zusammenzubringen, macht eine Selektionsmethode erforderlich, bei der die favorisierten Tiere angelockt und belohnt, alle übrigen aber durch chemische oder mechanische Barrieren abgeschreckt werden. Solche Tricks haben sich im Lauf von Jahrmillionen in der Koevolution mit Tieren des Waldes entwickelt, doch es gibt einfach zu viele potentielle Feinde, als daß eine Pflanze ihre Verteidigung perfektionieren könnte. Selbst die stärksten Gifte verfehlen mitunter ihre Wirkung. So können Samenfresser wie die in Westafrika beheimatete Affenart *Colobus satanas* eine Menge Stoffe neutralisieren, die für andere Säugetiere giftig sind. Die Fruchtfresser unter den Fledermäusen gedeihen selbst noch bei Dosen von Strichnin, Arsen und Zyanid, die für einen Menschen tödlich wären.

Die nützlichsten Verbreiter sind jene, die fliegen können – Vögel und Fledermäuse –, weil sie die Samen im allgemeinen ein Stück weit transportieren. Eine typische Vogelfrucht ist in der Regel leuchtend gefärbt, oft rot, und platzt auf, wenn sie reif ist, damit die Vögel das süße Fruchtfleisch mit den daran klebenden Samen herauspicken können. Fledermäuse fühlen sich eher von Gerüchen als von Farben angelockt, da sie ja nachtaktiv sind. Mit ihrer dunklen Farbe, der dicken Schale und dem stechenden Duft der reifen Früchte sind Bananen typische Fledermausfrüchte. Auch Modergerüche sind für Fledermäuse attraktiv, und viele ihrer bevorzugten Früchte sind für den menschlichen Gaumen ausgesprochen ekelhaft.

Einige der größten Baumarten produzieren Samen, die für fruchtfressende Vögel oder Fledermäuse zu groß sind. Eine übliche Strategie ist es, diese Riesensamen einfach fallenzulassen, damit größere Tiere sie am Boden auflesen. So sorgen etwa in den Regenwäldern Afrikas Elefanten für die Verbreitung bestimmter Baumsamen, indem sie sich an den herabgefallenen Früchten gütlich tun. Manche amazonischen Bäume wie der Kanonenkugelbaum (*Couroupita guianensis*) lassen ihre Früchte in der gleichen Weie fallen. Doch aus irgendeinem Grund türmen sich sich Früchte am Boden und verfaulen. Vielleicht wurden sie früher von einer inzwischen ausgestorbenen großen Tierart verzehrt. Wo die ursprünglichen Verbreiter nicht mehr existieren, haben sich ersatzweise einige merkwürdige Beziehungen zwischen Bäumen und Samenverbreitern entwickelt (siehe Seite 55).

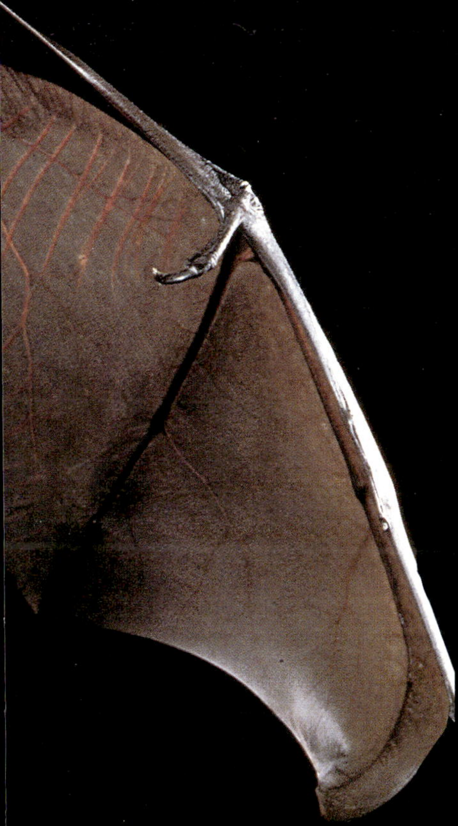

Bunter Fruchtfresser – Der prachtvolle Quetzal *(Pharomachrus mocino)*, der Wappenvogel Guatemalas, frißt viele Früchte, darunter die der Wilden Avocado. Der hartschalige Kern der Avocado passiert unbeschadet den Darm des Vogels und keimt in dessen Kot.

Doppelt nützlich – Der Schnabel der Tukanart *Ramphastos sulfuratus* ist ein nützliches Werkzeug zum Ergattern von Früchten, er spielt aber auch eine Rolle beim Imponieren. Die Tukane der Neuen Welt und die Nashornvögel der Alten Welt sind ein Beispiel für konvergente Evolution.

Großes Bild: **Im Anflug auf die Beute** – Wie andere fruchtfressende Fledertiere ergänzt auch der Indische Flughund *(Pteropus giganteus)* seinen Speisezettel durch Mineralsalze. Die Fruchtfresser unter den Fledertieren leben vorwiegend auf Inseln und in Küstenregionen.

In den Tieflandregenwäldern ist die Fruchternte so reich, daß ein Nashornvogel während einer Brutperiode 24 000 Früchte sammeln kann, mit denen er seinen Partner und die Jungen füttert. Spezialisten unter den Vögeln und Fledertieren, die fast nichts außer Früchten fressen, geht es in den Tropenwäldern so gut wie nirgends auf der Welt. Hierzu gehören die Tukane Süd- und Mittelamerikas, der Palmgeier (*Gypohierax angolensis*), der sich in den Süßwassersümpfen Westafrikas von Ölpalmen- und Raffiafrüchten ernährt, sowie die wunderschöne, in Südostasien beheimatete Zweifarben-Fruchttaube (*Ducula bicolor*), die dort auch Muskatnußtaube heißt, weil sie mit Vorliebe die Früchte der Muskatnuß frißt – und zwar am Stück, wobei der große Samen mit dem Kot wieder ausgeschieden wird. Manche Arten können dank hochelastischer Kiefergelenke sogar Früchte schlucken, die etwas größer sind als ihr Kopf. Die feste Außenhülle und den Samenmantel der Muskatnuß raspelt der spezielle, innen mit hornigen »Zähnen« besetzte Kaumagen der Tauben vom Samen herunter.

Die meisten Fruchtfresser benötigen keine solche Spezialisierung, denn Früchte sind im allgemeinen leicht verdaulich. Ein kurzer Verdauungstrakt ist die Regel, und manche Vögel sind wahre Weltmeister bei der Futterverwertung, denn sie scheiden die Überreste des Früchtemahls schon nach fünf Minuten wieder aus. Die riesigen fruchtfressenden Fledermäuse Südostasiens, die man auch als Flughunde bezeichnet, nehmen vorwiegend flüssige Nahrung zu sich. Sie zerdrücken die Früchte wie mit einem Sieb, wobei sie Mark, Schale und Samen zurückhalten und anschließend ausspucken.

Die Mühelosigkeit, mit der sich Früchte sammeln und verzehren lassen, verschafft viel Zeit und Energie für andere Dinge wie etwa die Balz. Die geschlechtliche Zuchtwahl begünstigt, insbesondere bei Vögeln, solche Imponiergebärden, doch steht demgegenüber in den meisten Lebensräumen der gemäßigten Breiten die Notwendigkeit der Futtersuche, welche die Zeit, die in die Balz investiert werden kann, begrenzt. Tropische Fruchtfresser wie beispielsweise Paradiesvögel, Manakins und Kotingas kennen keine solchen Beschränkungen und haben Balzgesten von unerreichter Farbenpracht und Hingabe entwickelt.

Überleben mit Hindernissen

Samenverbreiter sind der Schlüssel für das Überleben des Waldes. Wo der Regenwald wie in Amazonien Weideland Platz machen mußte, beginnen sich Flächen, auf denen noch ein paar Bäume stehen – selbst wenn sie schon abgestorben sind – schon bald nach dem Abzug der Menschen zu regenerieren. Die baumlosen jedoch bleiben Grasland, weil ohne einen Platz, auf dem sich Vögel oder Fledermäuse niederlassen könnten, keine Samen aus dem Wald herbeigeschafft werden. In anderen Gegenden bleibt der Wald erhalten, aber manche seiner Bäume sind vielleicht schon zum Aussterben verurteilt, weil ihre Samenverteiler alle fort sind. In einigen isolierten Regenwaldfleckchen Südostasiens ist beispielsweise durch Bejagung der gesamte Bestand an Nashornvögeln ausgerottet worden, und die hier noch stehenden Bäume dürften vermutlich die letzte Generation sein.

Obwohl der Regenwald Früchte im Überfluß bietet, stehen sie doch nicht das ganze Jahr hindurch in gleicher Menge zur Verfügung. Es gibt eine Phase der Fruchtschwemme wie auch eine relativ karge Periode. Und es sind bestimmte Pflanzen, die in der kargen Zeit jene Früchte tragen, die für das Überleben der spezialisierten Fruchtfresser lebenswichtig sind. In sehr vielen Wäldern übernehmen Feigen diese Rolle, da sie ganzjährig Früchte tragen. Besondere Bedeutung kommt hier den Würgfeigen zu, doch sind sie, speziell in Südostasien, durch das Wirken des Menschen stark gefährdet. Es ist ein unglücklicher Umstand, daß sie sich ausgerechnet an solchen (etwa dipterocarpen) Bäumen festheften, die für den Holzhandel besonders attraktiv sind.

Selbst durch die selektive Abholzung, wie sie im allgemeinen von Naturschützern befürwortet wird, können bis zu drei Viertel der Fruchtbäume und hierbei speziell die Würgfeigen vernichtet werden. Ohne sie müssen viele fruchtliebende Tierarten aussterben; wenn aber ein reifer Wald in der Nähe liegt und die ausgelichteten Zonen sich erholen dürfen, dann kehren sowohl die Fruchtbäume wie auch ihre Tiere zurück. So hat sich in Malaysia gezeigt, daß sich in einem abgeholzten Regenwald nach zehn Jahren ohne Störung durch den Menschen wieder acht Nashornvogelarten ansiedelten.

Großes Bild: **Modenschau** – Zu den auffälligsten Fruchtfressern gehören die Paradiesvögel. Das Zentrum ihres Verbreitungsgebietes sind die Regenwälder Neuguineas, doch auch in Australien leben vier Arten. Die Balz dieser atemberaubend schönen Vögel ist schwierig zu fotografieren, da sie meist im dunklen Dickicht des Waldes stattfindet. Allerdings zupfen manche Arten direkt oberhalb des Astes, auf dem der Balztanz erfolgen soll, Blätter ab, damit die Sonne die Szenerie etwas erhellt. Paradiesvögel waren einst recht häufig, aber die Gier europäischer Hutmacher nach ihren Federn hat ihre Zahl stark dezimiert. Gegen Ende des 19. Jahrhunderts wurden jährlich die Federn von 50 000 Vögeln exportiert. In den zwanziger Jahren erfolgte endlich das Ausfuhrverbot für Vogelfedern.

Nußknacker
Die Sämlinge der Bäume, die einmal bis zum Dach des Regenwaldes hinaufragen sollen, keimen im dunklen Unterholz, müssen danach aber eventuell lange warten, bis sich über ihnen eine Lücke auftut und sie weiterwachsen können. Zum Erreichen des Stadiums, in dem er genug Blätter hat, um im Dämmerlicht zu überleben, ist der Keimling auf einen großzügigen Nährstoffzuschuß seitens der Mutterpflanze angewiesen, und zwar in Form eines großen, ölhaltigen Samens. Bäume wie etwa die Paranuß (*Bertholletia excelsa*) statten ihre Ableger mit einem solchen Samen aus, haben aber dann Probleme mit der Abwehr hungriger Samendiebe. Ihre Antwort, mit der Plünderer abgeschreckt werden sollen, ist eine steinharte Samenschale. Jedoch wird im evolutionären Wettrüsten fast jede Verteidigungsmaßnahme irgendwann überwunden, und Tiere wie die Pekaris und Agutis haben Mittel entwickelt, um selbst die härtesten Samen zu knakken. Das Pekari zerquetscht sie zwischen seinen großen, flachen Backenzähnen, während sie das Aguti mit seinen langen Schneidezähnen aufnagen kann. Die enorme Kraft der Zähne rührt von den starken Kiefermuskeln her, die an speziellen Knochenkämmen am hinteren Schädel sowie vorne an der Schnauze angewachsen sind. Wäre dieser mächtige Kauapparat ganz aus massivem Knochen, würde der Kopf des Aguti schwer nach unten hängen. Aus diesem Grund sind einige Schädelteile zwecks Gewichtsverringerung wabenartig durchlöchert. Ironischerweise haben manche Bäume das Aguti so viele Tausende oder Millionen von Jahren abzuwehren versucht, daß sie jetzt von ihm abhängig sind, weil es die Samen von ihrem steinharten Schutz befreit. Die Paranuß ist eine solche Art, und eine weitere ist die Leguminosenart *Hymenaea*, deren robuste Schoten die Samen fest umschließen. Das Aguti nagt um ein Samenbündel herum die schützende Deckschicht durch, pickt sich einige der Samen heraus und vergräbt danach den Rest. Da es nie alle seine vergrabenen Schätze wiederfindet, gelangt ein beträchtlicher Teil der Samen zur Keimung. Die Bäume, die bei Ihrer Verbreitung auf Agutis angewiesen sind, produzieren ihre Samen meist alle auf einmal, was die Nager verleitet, viele zu vergraben.

Nektar- und Pollenfresser

Nektar ist Einfachstfutter – in Wasser gelöster Zucker, der keinerlei Verdauung erfordert. Im Regenwald sondern Bäume und Kletterpflanzen Nektar ab, um Tiere zur Bestäubung anzulocken (siehe Seite 70 bis 73), oder um Ameisen auf »extrafloralen Honigdrüsen« mit Futter zu versorgen (siehe Seite 67). Pollen sind ein Zusatzfutter für viele Nektarfresser, das ihnen wertvolle Proteine und Nährstoffe liefert. Pflanzen, deren Bestäuber die Pollen selbst fressen und noch dazu Nektar naschen, produzieren zum Ausgleich solcher Verluste besonders viele Pollen. Da die Bestäubung im Regenwald so kompliziert ist, werden Nektar und Pollen im Überfluß hervorgebracht; die Bestäuber überspannen diese evolutionäre Entwicklung vom Anbeginn bis zu jüngsten Erfindungen.

Die primitiven Anfänge der Beziehung Pflanze – Tier verkörpern Käfer, von denen man annimmt, daß sie die Bestäuber der ersten Blütenpflanzen waren. Plump und ungeschickt im Vergleich zu fortschrittlicheren Bestäubern, ernähren sie sich mehr von Pollen als von Nektar, besuchen geöffnete, schalenförmige Blüten und übertragen dabei einige Pollen. Käfer sind auch heute noch wichtige Bestäuber im tropischen Regenwald, wenngleich sie ansonsten höherentwickelten Insekten – Bienen, Wespen, Fliegen, Tag- und Nachtfaltern – Platz machen mußten. Diese neuzeitlicheren Bestäuberinsekten kommen auch im Regenwald in großer Zahl vor, und oft sind sie für erstaunlich komplizierte Blumen, etwa Orchideen, unverzichtbar. Einige von ihnen sind von einem ganz bestimmten Bestäuber abhängig und sehr darauf spezialisiert, diesen anzulocken und alle übrigen Nektarfreunde abzuhalten.

Die außergewöhnlichste dieser spezifischen Beziehungen ist die der Feigen und Feigenwespen: Die winzigen Tiere bringen ihr ganzes Leben in der reifenden Feige zu; die frisch geschlüpften Jungen fliegen gleich zu einer neuen Feige und übertragen so den Pollen.

Die entwicklungsgeschichtlich jüngsten Bestäuber sind solche Vögel und Fledermäuse, die nur in den Tropen existieren können, wo es das ganze Jahr über Blumen gibt. Im Lauf von vielen Millionen Jahren sind Pflanzen aus verschiedenen Familien von Insekten auf Wirbeltiere als Bestäuber umgestiegen. Zusätzlicher Nektar und größere Blüten sind der Preis, doch dafür bekommen sie einen Bestäuber, der auf der Suche nach einer weiteren Pflanze derselben Art viel weiter fliegen kann. Einige Regenwaldbäume werden sogar von Eidechsen bestäubt, und bei manchen australischen Eukalyptusarten übernimmt diese Aufgabe ein Beuteltier, der Kurzkopfflugbeutler *(Petaurus breviceps)*.

Vom Nährwert her gesehen hat Nektar nur den einen gravierenden Nachteil, daß er keine Proteine enthält. Vögel und Fledermäuse lösen das Problem, indem sie ihre »Tischgenossen« mitessen, denn es ist beispielsweise für einen Kolibri ein leichtes, während des Nektarsaugens die in der Blüte vorhandenen Insekten einzusammeln. Die Insekten wiederum fressen zur Deckung ihres Protein- und Mineralbedarfs entweder Pollen oder knabbern an Kadavern, Kot oder verrottenden Früchten.

Diebe, die sich am Nektar bedienen, ohne Pollen zu transportieren, sind ein ernstes Problem, mit dem Pflanzen fertig werden müssen. Wie bei den Samendieben (siehe Seite 76 bis 79) geht auch hier keine Pflanze je als klarer Sieger hervor, vielmehr werden allmählich Verteidigungsmaßnahmen entwickelt, die ihrerseits vielleicht wieder ganz oder teilweise umgangen werden. Erfolgreiche Nektardiebe sind beispielsweise einige Kolibriarten, die einfach die Basis der Blüte anstechen, um zum Nektar zu gelangen, und Affen wie Tamarins und Kapuzineraffen, die gleich die ganze Blüte fressen.

Andererseits gibt es einige deutliche Anzeichen für eine zeitweilige Überlegenheit gewisser Pflanzen. Hierzu zählen Blumen, die für Affen unerreichbar am Rand der Baumkronen wachsen, und solche, bei denen der Nektar am Ende einer langen oder gekrümmten Röhre verborgen ist und so nur für Bestäuber mit geeigneten Mundwerkzeugen zugänglich ist. Chemische Abwehr ist hier selten vonnöten, und doch gibt es einige Blumen, die ihrem Nektar einen Schuß Gift zufügen.

Die Pollen nur zu sammeln, ist nicht genug – für die Bestäubung müssen sie auch transportiert werden; also muß der Bestäuber von einer Blüte zur nächsten wandern. Anstatt den Nektar pausenlos fließen zu lassen, geben manche Regenwaldbäume wie die in Malaysia heimische Art *Oroxylum*, die von Fledermäusen bestäubt wird, ihren Nektar bei jedem Besuch nur in kleinen Rationen ab. So sind die Tiere gezwungen, immer neue Blüten anzusteuern.

Links: **Vollwertkost** – Ein Falter aus der Familie der Ithomiiden stärkt sich an einer der wenigen Pflanzen, die ihren Nektar mit Aminosäuren, den Grundbausteinen der Proteine, anreichern. In der Regel sind es die von Insekten bestäubten Blumen, die am ehesten eine ausgewogene Nahrung in ihrem Nektar zu bieten haben.

Großes Bild: **Paßt genau** – Während ein Kolibri den Nektar einer Passionsblume trinkt, streifen die Staubbeutel der Blüte Pollen auf die Kopfplatte des Vogels. Die exakte Anpassung von Kopf- und Blütenform ist das Resultat einer gemeinsamen Evolution. Manche Arten werden nicht viel größer als eine Hummel.

Paarungsschwärme

Die Prachtbienen veranschaulichen das komplizierte Gefüge der Pflanze-Tier-Beziehungen im tropischen Regenwald. Diese kleinen, juwelenartigen Insekten gehören zu den eifrigsten Bestäubern in den Wäldern Amazoniens. Zahlreichen Orchideenarten dienen sie als die einzigen Bestäuber, doch sind sie auch für etliche andere Pflanzen wichtig.

Bei etlichen Prachtbienenarten dient die bestäubte Pflanze als Mittelpunkt ihrer Brutaktivitäten. Indem sie aromatische Verbindungen von der Orchideenblüte aufnehmen, verströmen die Männchen eine Duftwolke, die andere Männchen »herbeiruft«, welche den Vorgang wiederholen und so den Duft noch verstärken. Schließlich ist der Geruch so intensiv, daß er die Weibchen anlockt, und nun erfolgt die Paarung.

Bei ihren Besuchen verschiedener Orchideenarten zwecks Parfümierung übertragen sich die männlichen Bienen die Pollen gegenseitig.

Weibliche Prachtbienen ernähren sich meist von Nektar ganz anderer Pflanzen; manche bestäuben beispielsweise die Paranuß (*Bertholletia excelsa*). Versuche, diesen Baum auf Plantagen zu züchten, sind fehlgeschlagen, weil dort die Orchideen und damit auch die Bienen fehlten.

Untersuchungen in Waldfragmenten Amazoniens haben ergeben, daß mehrere Prachtbienenarten keine gerodeten Flächen überfliegen, selbst wenn diese nur hundert Meter breit sind. Eine hundert Hektar große Waldinsel in einem gerodeten Gebiet wird mehrere, ein Minimum von nur einem Hektar sogar rund ein Drittel ihrer Bienenarten verlieren. Solche Verluste bedeuten, daß bestimmte Pflanzen nicht mehr bestäubt werden und irgendwann aussterben.

Laubfresser

Jeder Quadratmeter des Tieflandregenwalds trägt so viele Blätter, daß man 11 Quadratmeter mit ihnen bedecken könnte, und produziert jährlich etwa 0,8 Kilogramm neues Laub. Blätter enthalten eine gute Nährstoffkombination und sind eine weitaus bessere Proteinquelle als Nektar oder die meisten Früchte. Ausschlaggebend aber ist die Tatsache, daß Blätter das ganze Jahr über vorhanden sind. Trotz dieser Anreize werden nur etwa 25 Prozent der jungen Blätter eines Jahres von Laubfressern verspeist, denn die Regenwaldbäume haben einige wahrhaft raffinierte Abwehrmaßnahmen entwickelt.

Am abschreckendsten ist für Laubfresser die Tatsache, daß Blätter schwer verdaulich sind. Sie enthalten hauptsächlich Zellulose, aus denen die Zellwände der Pflanze aufgebaut sind. Manche Bakterien sowie einige holzbohrende Insekten und andere Wirbellose können Zellulose abbauen, die meisten Tiere hingegen nicht. Kleine Laubfresser, beispielsweise Raupen, lösen das Problem, indem sie die Blätter gründlich kauen. So beißen sie die Blattzellen auf, die daraufhin ihre nahrhaften Zellsäfte entleeren. Die Zellulose wird von den meisten Arten später unverdaut wieder ausgeschieden.

Größere Laubfresser benötigen mehr Energie aus ihrer Nahrung und können sie nicht so fein zerkauen, so daß jene, die sich ausschließlich von Blättern ernähren, ebenfalls die Zellwände knacken müssen. Bei reinen Laubfressern wie den Brüllaffen erledigen dies spezielle Darmbakterien.

Die Bakterien brauchen einige Zeit, um ihre wundersame Arbeit an den Blättern zu vollenden, und der Darm ist träge. Deshalb sind die Laubfresser recht schwergewichtig und nicht sehr behende. Zum Ausgleich haben sie dafür ihre Nahrung stets in Reichweite, und sie unternimmt keine Anstalten zu fliehen.

Überlistung der pflanzlichen Abwehr

Unverdaulichkeit ist nur eine Abwehrmaßnahme gegen Laubfresser; andere Verteidigungsmethoden sind gerade in den tropischen Regenwäldern mit Myriaden laubfressender Insekten (siehe Seite 84) mitunter äußerst grausam. Pflanzen verfügen über eine Vielzahl von Waffen, beispielsweise Stacheln, Dornen und vor allem Giftstoffe. Am energischsten erfolgt die Verteidigung bei den Heidebäumen, weil die Pflanzen dort wegen des unfruchtbaren Bodens ihre Blätter und somit ihre Nährstoffe bestmöglich schützen müssen.

Ein typischer Vertreter des Heidewalds ist der Brasilianische Gummibaum (*Hevea brasiliensis*), aus dessen Stamm, Zweigen und Blättern bei Verletzungen ein weißer, milchiger Saft quillt. An der Luft wird aus dieser Flüssigkeit eine klebrige, gummiartige Masse, die eine verheerende Wirkung auf die Mundwerkzeuge laubfressender Insekten ausübt. Außerdem enthält sie Giftstoffe – doch selbst diese doppelte Verteidigung kann überlistet werden: Mehrere Insektenarten entwaffnen den Baum, indem sie die Milchsaftzufuhr zu einem Blattstück abschneiden, bevor sie sich darüber hermachen. Hierzu stechen sie entweder eine Reihe kleiner Löcher in das Blatt oder durchtrennen die Hauptsaftader.

Einige Regenwaldbäume bedienen sich ebenfalls zu ihrer Verteidigung des Milchsafts; andere wiederum schützen ihre Blätter direkt mit Giftstoffen, von denen manche in der Medikamentenherstellung Verwendung finden. Doch wie wirksam die Abwehrinstrumente auch immer sein mögen – sie sind alle schon von irgendeinem Laubfresser überlistet worden. Die laubfressenden Insekten – wohl das Ziel fast aller chemischen Abwehrmethoden – haben als Gegenmittel eine ganze Reihe hochwirksamer spezifischer Enzyme entwickelt. Dadurch sind sie meist auf bestimmte Gruppen verwandter Pflanzen, die sich chemisch ähneln, beschränkt. Aus pflanzlicher Sicht wehrt die »chemische Keule« zwar nicht alle laubfressenden Insekten ab, doch begrenzt sie das Schadensausmaß. Primär zur Insektenabwehr errichtet, üben solche Barrieren auf andere Lebewesen keine Wirkung aus. Denn Affen und andere Tiere mit zelluloseverdauenden Darmbakterien werden von diesen Mikroorganismen bei der Entgiftung unterstützt.

Ist der Laubfresser erst einmal immunisiert, kann er die Blätter samt ihren Abwehrstoffen gefahrlos verzehren oder im Körper als Schutz gegen die eigenen Feinde speichern. Die Raupen der riesigen, in Neuguinea beheimateten Vogelfalter ernähren sich von giftigen Lianen der Gattung *Aristolochia*. Sie speichern die pflanzlichen Toxine und geben sie an die ausgewachsenen Falter weiter, deren auffällige Färbung mögliche Freßfeinde abschrecken soll.

Der Hoatzin – Einer der wenigen Waldvögel, die sich von Laub ernähren, ist der in Südamerika heimische Hoatzin (*Opisthocomus hoazin*). Bei der Verdauung helfen ihm Bakterien, die in seiner stark vergrößerten Speiseröhre und dem Kropf leben. Für einen Vogel ist das gleichbedeutend mit der Magengärung bei den Kühen. Das erklärt auch, warum der Hoatzin (der auch »Stinkvogel« heißt) nach Kuhmist riecht. Die Blätter bleiben etwa zwei Tage lang im Magen; folglich ist der übergewichtige Vogel ein sehr schlechter Flieger.

Links: **Pilzzüchter** – Das Problem, Nährstoffe aus Blättern zu extrahieren, lösen Blattschneiderameisen mit Hilfe eines Pilzes. Zuerst zerschneiden sie mit ihren scherenförmigen Mandibeln die Blätter in handliche Stücke und transportieren diese in ihren unterirdischen Bau. Dort werden sie zu einem Brei zerkaut und die Sporen eines bestimmten Pilzes hinzugefügt. Der Pilz wächst auf dem Brei, extrahiert die Nährstoffe und wird von den Ameisen gefressen.

Oben: **Schwer verdaulich** – Der Nasenaffe (*Nasalis larvatus*) lebt in den Schwemmlandwäldern, Mangroven und Heidewäldern Borneos. Seine Nahrung bilden widerstandsfähige Blätter und Samen. In seinem Magen leben gleich mehrere Bakterienarten, die dem Affen bei der Verdauung helfen, indem sie die Zellulose in den Blättern aufspalten und alle vorhandenen Pflanzengifte neutralisieren.

Saftkauer – Bäume produzieren Zucker in ihren Blättern (siehe Seite 61) und leiten ihn zum Stamm und zu den Wurzeln hinab, damit diese Teile wachsen und gedeihen. Der Zucker wandert in Form einer süßen Flüssigkeit – als Pflanzensaft – im Stamm nach unten. Verschiedene Tiere des Regenwalds zapfen diese Futterquelle an, insbesondere die in Südamerika beheimatete Zwergmarmosette (*Cebuella pygmaea*), die hier abgebildet ist, und die Buschbabys (*Euoticus elegantulus*), deren Heimat Afrika ist. Für diese beiden Arten ist sie der Hauptbestandteil ihrer Nahrung, während andere kleine Affen und Prosimii (beispielsweise Pottos und Lemuren) nur gelegentlich Pflanzensaft trinken. Zwergmarmosetten nagen in die Stämme von Bäumen Löcher, die sie dann in Abständen aufsuchen, um den Saft aufzulecken, der sich darin ansammelt. Eine Familiengruppe hat kein großes Heimrevier, weshalb alle geeigneten Bäume angezapft werden. Sind diese dann völlig abgeweidet, zieht die Gruppe etwa einmal im Jahr in ein neues Waldgebiet weiter. Die Bäume verteidigen ihre Stämme und Äste so vehement wie ihre Blätter, und viele produzieren einen transparenten, zähen Gummibrei, der die Mundwerkzeuge holzbohrender Insekten verkleben soll. Auf die saftspezialisierten Säugetiere wirkt dies jedoch alles andere als abschreckend; sie schlucken die Gummisäfte gleich mit. Diese sind schwerer verdaulich als Pflanzensaft, weshalb die Gummisaftfresser mitunter durch Darmbakterien unterstützt werden. Säugetiere, die sich sowohl von Pflanzen- als auch von Gummisaft ernähren, zeigen eine Reihe von Anpassungen. Scharfe, gebogene Krallen ermöglichen ein Festhalten und senkrechtes Klettern an Stämmen. Die Marmosetten haben große Schneidezähne, mit denen sie problemlos die Bäume annagen können. Der Zahnschmelz ist dünn auf der Zahninnenseite und nutzt sich rasch ab, wodurch zwei für diesen Zweck hervorragend geeignete meißelartige Zähne entstehen.

Raubfeinde

Im Vergleich zu den Pflanzenfressern des Regenwalds sind Beutegreifer weit seltener, zumindest was die Zahl der Arten betrifft. Trotzdem kommen sie hier immer noch häufiger und mannigfaltiger vor als in anderen Wäldern. Besonders von den Insektenfressern, die angesichts der Fülle wirbelloser Tiere aus dem vollen schöpfen können, gibt es zahllose Arten: Tatsächlich sind die Hauptfeinde der Wirbellosen die eigenen Artgenossen. Bei den Fleischfressern des Waldes ist in erster Linie ihre geringe Größe bemerkenswert, denn hier leben zu wenige größere Pflanzenfresser, als daß große Fleischfresser satt werden könnten. Ausnahmen bilden Großkatzen wie der südamerikanische Jaguar und der Waldtiger der Alten Welt. Auf den Waldboden und die unteren Äste beschränkt, erbeuten sie Rehe, Tapire, Pekaris und andere wildlebende Waldschweine.

Insektenfresser

Hat ein Tier auf Insekten Appetit, muß es zuerst ihre oft hervorragende Abwehr überwinden, weshalb die Insektenfresser des Regenwalds häufig auf eine ganz spezielle Beute ausgerichtet sind. Die Verteidigungsmaßnahmen von Insekten lassen sich in vier Hauptkategorien einteilen: Verstecke, Tarnung, blitzschnelle Flucht oder Gift beziehungsweise Gegenangriff mit Stacheln. Eine fünfte und listigere Strategie ist Mimikry, bei der eine eßbare Art fatal einem giftigen Genossen zum Verwechseln ähnlich sieht. Die Jagd nach Insekten, die sich durch Verstecken verteidigen, bietet für gewisse, in den Regenwäldern der Neuen Welt heimischen Vogelarten eine gute Lebensgrundlage. Sie verfügen alle über eine kräftige Kopfmuskulatur, die es ihnen ermöglicht, den Schnabel gegen Druck von außen zu öffnen. Mittels dieser Technik drücken sie die Blätter von Bromelien und anderen Epiphyten auseinander, um die darin verborgenen Insekten aufzustöbern. In den unteren Stockwerken derselben Wälder suchen Tamarins nach anderen Insekten, die sich in Baumhöhlen oder Rindenspalten verkrochen haben. Die Fähigkeit der Krallenaffen, sich an senkrechten Stämmen festzuhalten, macht solch ansonsten unzugängliche Futterquellen für sie erreichbar. In den Wäldern Asiens durchkämmen Spinnenfresser mit ihrem langen, gebogenen Schnabel (der bei manchen Arten halb so lang ist wie der ganze Vogel) Zweige, Blüten und andere Vegetation nach Insekten.

Doppelgelenkiger Greifvogel – Die Sperberweihe (*Geranospiza nigra*) ist ein Beutejäger der Sumpfwälder Lateinamerikas. Sie hat sich darauf spezialisiert, ihre Beute aus Baumlöchern und Felsspalten herauszuholen. Das Fußwurzel- oder »Knöchel«-Gelenk, das die meisten Vögel nur in einer Ebene drehen können, ist bei ihr weitaus beweglicher. Es ermöglicht das Umbiegen des unteren Teils des Beins sowohl nach hinten als auch nach vorn. So kann der Vogel gründlich im Innern von hohlen Baumstämmen herumstöbern, während er sich mit dem anderen Bein am Stamm festhält. Sie hat ungewöhnlich lange Beine, und ihr Kopf ist sehr schmal, damit auch die letzten Ecken und Winkel erreicht werden können. Ihre Beute bilden Baumfrösche, kleinere Vögel und deren Nestlinge, Eier, Eidechsen und größere Insekten. Eine sehr ähnliche Art, die Afrikanische Höhlenweihe (*Polyboroides typicus*), macht in den Wäldern Afrikas auf die gleichen Beutetiere Jagd. Es ist bisher nicht geklärt worden, ob die beiden Arten verwandt sind oder lediglich gemeinsame Merkmale aufgrund einer identischen Lebensweise entwickelten.

Versteckt lebende und gut getarnte Insekten sind in dem Augenblick gefährdet, wo sie sich bewegen. Viele der in den Regenwäldern heimischen Insektenfresser scheuchen sie daher auf, um sie zu fangen. Die großen gemischten Schwärme insektenfressender Vögel, die gemeinsam durch die Baumkronen streifen, jagen auf diese Art, wobei jeder die Insekten frißt, die der Nachbar aufgescheucht hat. Den gleichen Effekt machen sich am Boden die Treiber- und Heeresameisen (siehe Seite 86) zunutze, deren Schwärmen deshalb häufig Vögel folgen.

Jene Insekten, die durch schnelle Flucht ihren Feinden entkommen, werden mitunter auch von Vögeln erbeutet, die in großen Schwärmen in den Baumwipfeln nach Futter suchen. Ein großer Raubvogel, die in Mittel- und Südamerika heimische Gabelweihe (*Harpagus bidentatus*), ist auf solche Beute spezialisiert, die sie mit Hilfe streunender Affen aufschreckt. Andere Raubfeinde wie die waldbewohnenden Chamäleons lauern diesen Insekten auf. Für nachtschwärmende Insekten wie etwa Nachtfalter geht von den insektenfressenden Fledermäusen die größte Bedrohung aus.

Insekten, die sich mit Bissen, Stichen oder Gift verteidigen, sind da schon schwieriger zu fressen. Die Loris und Pottos der afrikanischen Regenwälder sind Spezialisten für diese Beutetiere und offensichtlich gegen deren chemische Abwehr immun. Manche Raupen mit dichter Behaarung verursachen beim Menschen bereits bei leichter Berührung einen stark juckenden Hautausschlag. Der Bärenmaki (*Arctocebus calabarensis*), auch Angwantibo genannt, ernährt sich von solchen Raupen, indem er sie zuerst zwischen den Pfoten zerreibt; nach dem Mahl wischt er sich Lippen und Nase noch an einem Zweig ab. Versuche haben gezeigt, daß den Pottos in Gefangenschaft die Giftstoffe ihrer Beute nicht völlig gleichgültig sind, denn sie suchen sich schmackhaftere Insekten aus, wenn man ihnen die Wahl läßt. Da sie sich Beutetieren angepaßt haben, die nicht flüchten, sind Pottos und Loris entsprechend träge.

Chemische Abwehrstoffe und schmerzhafte Bisse sind typisch für Ameisen und Termiten, deren aggressive Verteidigung ihrer Kolonien die meisten Beutejäger abschreckt. Die Hauptfeinde der Termiten sind Ameisen, doch in ihren Bauten lagert so viel Futter, daß auch andere, größere Nahrungsspezialisten angelockt werden. In den Regenwäldern

Oben: **Ab durch die Mitte** – Manche getarnten Insekten wie dieser Augenspinner (*Automeris rubrescens*) haben noch einen zweiten Trick auf Lager, um sich zu verteidigen: Mit den höchst realistischen »Augen« auf den Flügeln, die plötzlich aufblitzen, schreckt er Freßfeinde ab, die ihn aufgestöbert haben. Diese Taktik ist besonders wirkungsvoll bei Vögeln. Durch Imitation der Augen einer Schlange oder Zibetkatze kann der Falter kurzfristig seinen Angreifer verblüffen und verschafft sich so genug Zeit zur Flucht. Wenngleich Augenzeichnungen nicht ausschließlich im Regenwald vorkommen, so sind sie hier doch besonders perfekt.

Links: **Froschräuber** – Die Katzenaugennatter (*Leptodeira septentrionalis*) ist ein hochspezialisierter Beutejäger, dessen Lebensweise nur im Regenwald möglich ist. Den Großteil ihrer Nahrung bilden Baumfrösche und deren Eier, die viele Arten, beispielsweise Glasfrösche, auf den Blättern von Regenwaldbäumen ablegen. Obwohl sie ihre Eier mitunter durch Bewachen oder Umwickeln mit Blättern zu verteidigen suchen, sind die Frösche kein Gegner für diesen Räuber der Baumkronen.

Oben: **Blutsauger** – Bluttrinkende Tiere lassen sich als Beutejäger oder Parasiten beziehungsweise irgendwo dazwischen einstufen. Zu den größten zählen die Echten Vampire der Familie *Desmodontidae*, deren drei Arten ausschließlich in den amerikanischen Tropen verbreitet sind. Sie saugen kein Blut, sondern beißen ein kleines Stück Haut weg und lecken dann das aus der Wunde tretende Blut auf. Ein gerinnungshemmender Stoff im Speichel des Vampirs verhindert, daß das Blut verklumpt, solange er trinkt. Neuesten Erkenntnissen zufolge würgen Vampire manchmal bei der Rückkehr zu ihrem Schlafplatz gegen Ende der Nacht Blut aus für diejenigen, deren Futtersuche erfolglos war. Diese Form des Teilens ist ungewöhnlich bei Säugetieren.

der Neuen Welt plündern der Tamandua (*Tamandua mexicana*) und der Zwergameisenbär (*Cyclopes didactylus*) die Nester von Ameisen und Termiten hoch oben in den Bäumen; in den afrikanischen und asiatischen Wäldern machen sich Schuppentiere über die gleiche Futterquelle her. Dank eines dichten Pelzes beziehungsweise harter Knochenschuppen prallen an ihnen die wütenden Attacken ihrer Beute ab (siehe Seite 49).

Ameisen- und Termitennester locken auch andere, weniger spezialisierte Freßfeinde an, beispielsweise Kapuzineraffen, die sie mit ihren kräftigen Händen aufbrechen. Im Gegensatz zu den Ameisenbären verspeisen sie nicht die ausgewachsenen Insekten, sondern schlecken die Eier und Larven auf. Ihr dichtes Fell schützt sie offenbar vor den Angriffen der Wachsoldaten. In Südostasien werden Ameisen und Termiten in riesigen Mengen von Spechten erbeutet, die mit ihrem starken Schnabel die Nester aufhacken können.

Vom Nährwert her sind Insekten reich an Proteinen und Mineralstoffen, und viele Tiere ergänzen mit ihnen ihren aus Nektar und Früchten bestehenden Speisezettel, der diese Stoffe nicht enthält. Die Nektartrinker unter den Vögeln, beispielsweise die Kolibris und die Langschwanz-Nektarvögel, füttern ihre Nestlinge mit jungen Insekten, damit sie schnell wachsen. Für einige Allesfresser sind Insekten nicht das ganze Jahr hindurch eine Nahrungsquelle, sondern nur im Notfall, wenn es wenig Früchte gibt. Außerdem sind die Affen zu groß, um länger als ein paar Monate ausschließlich von Insekten leben zu können. Zum Überleben benötigen sie mehr Energie als ein kleiner Insektenfresser (etwa ein Tamarin). Das gilt ebenso für die größeren Primaten, das heißt für Affen und deren Verwandte. Ab einer bestimmten Körpergröße können ihnen Insekten nicht einmal als zusätzliche Proteinquelle dienen; statt dessen müssen sie auf Blattkost umsteigen.

Fleischfresser

Zu den erfolgreichsten Fleischfressern des Regenwalds gehören Falken und Adler, die ihre Beute im Flug oder auf einem Ast sitzend von sicherer Warte aus erspähen und dann blitzschnell durch die Baumwipfel herabstoßen, um ihre Beute mit den Fängen zu ergreifen.

Für die meisten übrigen Beutejäger des Regenwalds erweist sich die Pirsch als weit problematischer; Kletterfertigkeit steht bei ihnen besonders hoch im Kurs. Schlangen leben gern in den Baumkronen, aber auch kleine, flinke Katzenverwandte wie etwa die in Südamerika heimische Langschwanzkatze (*Felis weidi*).

Die Wälder Afrikas und Asiens sind die Heimat vieler Linsangs, Zibet- und Ginsterkatzen. Kennzeichnend für die Vertreter dieser Familie sind der langgestreckte, schlanke Körper, ein langer Schwanz und kurze Beine. Ein solcher Körperbau eignet sich ideal zum Herumklettern auf Bäumen, und viele sind nahezu reine Fleischfresser. Sie ernähren sich von Eidechsen, Nagern und Fröschen, verschmähen aber auch nicht Würmer und Ameisen. Aus dieser Gruppe hat sich auf Madagaskar, wo keine Großkatzen leben, eine große Raubtierart entwickelt, die eine Sonderstellung einnimmt: die Fossa (*Cryptoprocta ferox*). Sie hat etwa die Größe eines kräftigen Terriers, ein fuchsartiges Gesicht und einen sehr langen, glatten Schwanz; zu ihrer Beute zählen Lemuren, Vögel, Eidechsen und Schlangen.

Die konstante Wärme im tropischen Regenwald hat unter anderem zur Folge, daß bei Insekten und anderen Wirbellosen die Wachstumsgrenzen teilweise aufgehoben sind. So haben sich Arten entwickelt, die selbst in gemäßigtem Klima eine außergewöhnliche Größe erreichen können (siehe Seite 53). Einige dieser Riesen haben den Spieß umgedreht und ernähren sich jetzt ihrerseits auch von Wirbeltieren. Manche können bis zu zwanzig Zentimeter lang werden; zu ihren Beutetieren zählen baumbewohnende Eidechsen, Nestlinge, Frösche und sogar Kleinsäuger. Einige der in den Wäldern Südamerikas lebenden Riesenspinnen (oft als Vogelspinnen bezeichnet) sind Baumbewohner, die Finken und andere Kleinvögel beim Brüten überwältigen. Andere derselben Familie erbeuten Eidechsen, Frösche, mitunter sogar kleine Giftschlangen, indem sie sich von oben auf die Schlange herabfallen lassen und sie mit einem giftigen Biß in den Kopf lähmen. Spinnen können nur flüssige Nahrung verwerten; so große Beutetiere werden daher mit Hilfe der kräftigen Mundwerkzeuge aufgelöst und ausgesaugt, was eine Stunde oder länger dauern kann.

Wirksame Beutejäger – Nomadische Heeresameisen leben von der Massenwirkung ihrer Beutezüge. Auf ihrer Wanderung über den Waldboden bleibt ihnen kein Insekt in der Laubstreu verborgen, oder sie erklimmen und plündern die Nester anderer Ameisen, Termiten oder Wespen (rechts). Diese ungewöhnliche Lebensweise hat sich mindestens zweimal unabhängig voneinander entwickelt: in Afrika (wo einige Arten Treiberameisen heißen) und in den amerikanischen Tropen. So effektiv ist die Futterstrategie der Ameisen, daß das Unterholz mehrere Wochen lang wie tot ist – und genau dieser Umstand hat die Heeresameisen gezwungen, nomadisch zu werden. Ein weiterer Vorteil dieser gemeinschaftlichen Strategie liegt darin, daß die Ameisen auch ziemlich große Insekten überwältigen können, was sie einzeln nie schaffen würden. Selbst Skorpione, kleine Schlangen, Eidechsen und Nestlinge fallen mitunter der plündernden Horde zum Opfer. Viele Vögel profitieren ebenfalls, indem sie Insekten aufpicken, die vor den herannahenden Ameisen fliehen. Auch wurden schon andere Insektenfresser im Gefolge von Heeresameisen beobachtet. Bei Nacht bilden die Arbeiterameisen ein provisorisches »Nest«, indem sie die Königin und ihre Larven umringen

Oben: **Jäger der Baumwipfel** – Der Grüne Baumpython (*Chondropython viridis*) aus Neuguinea macht Jagd auf Baumfrösche und ist ein Beispiel für konvergente Evolution mit der in Südamerika heimischen Smaragdboa (*Boa canina*). Die Ähnlichkeit ist frappierend: Beide haben einen Greifschwanz und rollen sich zum Ausruhen um einen Ast. Und doch sind sie keineswegs eng verwandt. Nur der natürliche Selektionsdruck ihrer Umgebung und die gleiche Lebensweise hat bewirkt, daß sie sich so ähnlich geworden sind.

Links: **Riesenhafte Spinnen** – Die große Art *Cupiennius coccineus* erbeutet nicht nur andere Wirbellose, sondern auch Wirbeltiere wie etwa Baumfrösche. Dank der konstanten Wärme im Regenwald zeigen kaltblütige Wirbellose hier mitunter einen ungewöhnlichen Riesenwuchs. Die nur in den Tropen verbreiteten Vogelspinnen sind wie die Wolfsspinnen der gemäßigten Breiten aktive Jäger.

Oben: **Jaguar** – Auf dem Speisezettel des Jaguars (*Panthera onca*) stehen Affen, Capybaras, Rehe, Vögel und Eidechsen, seine bevorzugte Beute sind jedoch Pekaris, die Wildschweine der südamerikanischen Wälder. Der Jaguar jagt in Flüssen und Wäldern; er erbeutet Fische, Otter und Schildkröten und sucht bei einsetzender Ebbe auch schon mal gestrandete Fische und Alligatoren. In Surinam fällt er sogar Meeresschildkröten bei der Eiablage am Strand an. Im allgemeinen aber verläßt er den Wald nicht. Heute zählt er zu den gefährdetsten Tierarten der Welt.

Von Baum zu Baum

Ein Schulkind, das sich im Unterricht meldet, hebt in vielen Fällen seinen Arm seitlich flach gegen den Kopf. Diese Bewegung ist den meisten Säugetieren nicht möglich und erinnert uns daran, daß unsere menschlichen Vorfahren einst in tropischen Wäldern lebten: Die anatomische Anordnung, die diese Aktion ermöglicht, entwickelte sich ursprünglich, um sich mit den Armen von Ast zu Ast hangeln zu können. Die geschicktesten Vertreter dieser Fortbewegungsart sind heute die Gibbons und Siamangs, die sich in atemberaubendem Tempo durch die Kronen der asiatischen Regenwaldbäume schwingen.

Diese flinken Affen verkörpern eine Strategie der Fortbewegung im Wald. Sie ist sehr riskant, aber auch sehr gewinnbringend: Stürze kommen vor und können zu Knochenbrüchen führen, doch der Lohn sind Bäume voll reifer Früchte. Dank ihrer schnellen Streifzüge durchs Blätterdach können die futtersuchenden Gibbons verstreuteste Nahrungsquellen aufspüren. In der Neuen Welt wenden Spinnenaffen dieselbe Strategie an; sie huschen so schnell durch die Baumkronen, daß ein Beobachter am Boden Mühe hat, ihnen zu folgen. Da sie nicht so sehr auf eine schwingende Fortbewegung spezialisiert sind, hüpfen, hangeln oder springen sie in ständigem Wechsel horizontale Äste entlang. Falls nötig, wird auch der Schwanz zu Hilfe genommen, der dann, fest um Äste geschlungen, als »fünftes Glied« dient. Dieser Greifschwanz erweist sich als noch nützlicher beim Fressen, besonders auf dünnen, schwachen Ästen, denn mit ihm kann der Affe sein Gewicht breiter verteilen.

Das andere Extrem bilden die Faultiere, die an eine schneckengleiche, energiesparende Lebensweise angepaßt sind und deren Nahrung aus leicht erreichbaren, doch unverdaulichen Blättern besteht. Sie sind so perfekt auf das Hängen mit dem Kopf nach unten ausgerichtet, daß hierzu keine Anstrengung nötig ist, und selbst im Tod bleiben sie so an ihren langen, gebogenen Krallen in der Luft hängen und verwesen allmählich. Eine extreme Langsamkeit findet man auch bei den in Afrika und Asien lebenden Loris und Pottos. Wie das Faultier vertrauen diese Tiere als Schutz vor Feinden darauf, daß sie mit ihren vorsichtigen Bewegungen unbemerkt bleiben, und erstarren schon beim ersten fremden Geräusch.

Eine dritte Methode der Fortbewegung in den Bäumen besteht darin, sich am Stamm festzuklammern und dann vom einen Baum zum nächsten zu springen. Hierzu müssen die Hinterbeine eine beträchtliche Kraft entwickeln. Diese Fortbewegungsart findet man hauptsächlich bei kleineren Waldbewohnern wie den Koboldmakis Südostasiens oder den afrikanischen Buschbabys. Keine dieser beiden Gruppen kommt in Südamerika vor; ihren Platz nehmen die Marmosetten (siehe Seite 83) und Tamarins ein. Im Unterschied zu anderen Affen besitzen sie keine Nägel, sondern Krallen, mit denen sie an Baumstämmen sicheren Halt finden. Ihre Strategie schlägt fehl, wenn die Bäume zu weit voneinander entfernt stehen. Sie können zwar nicht in Wäldern mit größeren Bäumen leben, doch dafür bieten ihnen Sumpfwälder mit ihrem Dickicht aus kleinen Stämmen gute Bedingungen.

Fliegend durch den Wald

Ein springendes Tier kann seine Reichweite vergrößern, wenn es ihm irgendwie gelingt, die Schwerkraft zu überlisten und langsamer zu fallen (siehe rechte Seite). Eine Möglichkeit bieten Hautlappen, die wie Fallschirme wirken, indem sie die Körperoberfläche des Tieres vergrößern, so daß es langsam abwärts schwebt. Zu den Gleittieren zählen Flughörnchen, Flugechsen, Flugschlangen, Flugfrösche und der hierin unübertroffene Riesengleitflieger (*Cynocephalus variegatus*).

Keins dieser Tiere kann wirklich fliegen, auch wenn dies die Namen mitunter vermuten lassen. Dies ist den Vögeln, Fledermäusen und Insekten vorbehalten, die in großer Zahl die tropischen Regenwälder bevölkern und davon profitieren, schnell mal ein anderes Stockwerk besuchen zu können. Nur das dichte Laub der Baumkronen bereitet Probleme: Es erschwert die Orientierung im Flug, besonders für Fledermäuse, die hierzu radarähnliche Echolotsignale aussenden. Größere Fledermäuse flattern lieber unter den Baumkronen herum, und die Bäume, deren Bestäubung oder Samenverbreitung von ihnen abhängt, tragen ihre Früchte und Blüten am Stamm. Diejenigen Fledermäuse aber, die in den höchsten Wipfeln umherstreifen, fliegen stets die gleiche Route und meiden so gefährliche Hindernisse wie vom Laub verdeckte Äste; ebenso folgen Insekten einem festen Kurs: ein vorhersehbares Verhalten, von dem viele Spinnen beim Bau ihrer Netze profitieren.

Plumper Gleiter – Der Faltengecko (*Ptychozoon kuhlii*) gleitet mit Hilfe zweier Hautlappen am Bauch durch das Blätterdach. Bis er sich von einem Ast abstößt, sind diese Hautlappen um seinen Bauch gewickelt; nun aber spannen sie sich durch den Luftdruck und machen den Gecko zu einem ziemlich unbeholfenen Gleiter. Im Fallen steuert er außerdem mit seinem abgeflachten Schwanz und den mit Häuten versehenen Füßen.

Oben: **Der gerippte Gleiter** – In den Regenwäldern Südostasiens, die durch hügeliges Gelände und hohe dipterocarpe Bäume für Gleiter prädestiniert sind, »fliegt« der Flugdrache (*Draco volans*) mittels einer losen Hautmembran, die an seinen verlängerten Rippen angewachsen ist, von Baum zu Baum. Bevor er sich hinabstürzt, spreizt er die Rippen und formt einen steifen »Flügel« auf jeder Körperseite.

Rechts oben: **Beuteltier im Anflug** – Der in Australien beheimatete Kurzkopfflugbeutler (*Petaurus breviceps*) ist ein hervorragender nachtaktiver Gleiter. Er hat große Hautfalten zwischen den Beinen. Diese spreizt er zu einem pelzigen »Fallschirm«.

Rechts: **Flugfrosch** – Der südamerikanische Frosch *Agalychnis spurelli* bremst den Fall mit Hilfe seiner Häute zwischen den Zehen. Er kann bis zu zwölf Meter gleiten und sogar nach links oder rechts steuern, indem er seine Gliedmaßen ausstreckt oder anzieht.

Oben: **Das fünfte Glied** – Einige agile Neuweltaffen wie etwa dieser Schwarze Klammeraffe (*Ateles paniscus*) huschen dank ihres Greifschwanzes blitzschnell durch den Wald. Langsameren Tieren wie dem Tamandua und dem Weißbauch-Schuppentier (siehe Seite 53) dient der Greifschwanz zur Erhöhung der Stabilität.

Menschen im Regenwald

In den unzugänglichen Regenwäldern Borneos hat man Bruchstücke chinesischer Tonwaren aus dem Mittelalter und Obstbäume gefunden, die nur durch Menschen – vielleicht als Samen – dorthin gelangt sein konnten. In manchen Gegenden Amazoniens werden hin und wieder Landstriche mit ungewöhnlich fruchtbarem schwarzem Boden entdeckt. Archäologen haben die Entstehung dieser Oasen so erklärt, daß man dem Boden zwecks intensiver Bewirtschaftung große Mengen organischen Materials zufügte. Diese und weitere faszinierende Fragmente beweisen, daß schon vor Jahrtausenden Menschen in den Regenwäldern lebten.

Niemand weiß, woher der Großteil der Regenwaldvölker kam, wie sie den Wald besiedelten oder in welcher verwandtschaftlichen Beziehung sie zueinander stehen. Das Zusammenwirken von Wärme und Feuchtigkeit zersetzt alle organischen Substanzen in kürzester Zeit, daher sind prähistorische Reste, selbst dort, wo Menschen ihre Toten begruben, selten. Viele Stämme der Wälder wußten nichts von Metall und hatten auch keine Verwendung dafür, denn es gab ja extrem harte Hölzer, aus denen man ebenso tödliche Pfeilspitzen fertigen konnte wie aus jedem Eisen oder Stahl. Aber Holz, wie hart es auch sein mag, verrottet im Lauf der Jahre, und nicht anders ergeht es sämtlichen natürlichen Materialien, welche die Regenwaldvölker verwenden: dem Bambus, dem Rattan, den Seilen aus Lianen, den Fischernetzen und Hängematten aus Pflanzenfasern, den Holzhäusern und Weidenkörben. Generationen von Menschen lebten und starben im Wald und hinterließen doch so gut wie nichts.

In Amazonien liefern nur Tonwaren, die erstmals vor rund dreieinhalbtausend Jahren als Gebrauchsgegenstände in Umlauf waren, rudimentäre Erkenntnisse über die frühen Bewohner dieser Region – und dies, obwohl dort schon mindestens neuntausend Jahre zuvor Menschen gelebt hatten! Sprachwissenschaftler können Wanderungen und Ausbreitung von Menschen nachzeichnen, indem sie die sprachlichen Beziehungen zwischen den heutigen Stammen beleuchten, und Anthropologen sind in der Lage, physische Züge und Bräuche zu vergleichen. Und doch bleibt vieles auch heute noch rätselhaft.

Die ersten Menschen im Regenwald waren vermutlich Jäger und Sammler, die vom Fischfang und von der Jagd lebten und Früchte, Nüsse oder Knollen als zusätzliche Nahrung sammelten. Der Ackerbau wurde entweder von Neuankömmlingen aus anderen Ländern eingeführt oder selbständig von den Ureinwohnern entwickelt. In Zentralafrika hat er zweifellos im Gefolge von Einwanderern Einzug gehalten, als während einer Völkerwanderung vor etwa zweieinhalbtausend Jahren Bantu-Stämme südwärts in die Regenwälder zogen. Die Bantu hatten durch ihre Handelsbeziehungen erlernt, wie man Eisen verhüttet, und dies erleichterte die Rodung des Regenwalds zu landwirtschaftlichen Zwecken. Bis dahin waren die Jäger und Sammler vom Volk der Pygmäen die einzigen menschlichen Bewohner des Waldes gewesen.

Auch in Malaysia dürfte der Einzug geregelter Ackerbaumethoden ähnlich verlaufen sein, denn die meisten der heutigen Bauern sind größer und hellhäutiger; sie gehören Rassengruppen an, die keine Verbindung zu den Jägern und Sammlern haben. In Amazonien könnten vor etwa zweitausend Jahren Ackerbauern versucht haben, den Wäldern fruchtbaren Boden abzuringen, was das erstmalige Vorhandensein eines neuen Töpferstils mit kräftigen geometrischen Mustern belegt. Die Neuankömmlinge errichteten semipermanente Siedlungen auf den Böden der überaus produktiven *Várzeas*, der Schwemmlandwälder, in denen sich die nährstoffreichen Sedimente der »Weißwasserflüsse« absetzen. Doch ob sie wirklich die ersten Siedler im Wald waren, ist zweifelhaft; die Unterscheidung zwischen Jägern/Sammlern und Ackerbauern gelingt in Amazonien nicht so eindeutig wie in Afrika. Viele Stämme betreiben Wander- oder »Hack-und-Brenn«-Feldbau, nutzen aber auch weiterhin den Wald als zusätzliche Nahrungsquelle. Einige pflanzen nur gelegentlich etwas an, wogegen andere den Ackerbau bevorzugen und ihre Nahrung hin und wieder durch Jagen oder Fischfang ergänzen.

Xingu-Indianer auf der Jagd – Die Lebensweise der Menschen, die im Gebiet des gleichnamigen Amazonasnebenflusses leben, ist in den letzten zwanzig Jahren durch Einflüsse von außen empfindlich gestört worden. Normalerweise verwenden sie nur etwa vier Stunden des Tages auf die Nahrungssuche.

Jäger und Sammler

Der Mensch ist kein Geschöpf des Waldes. Unsere Entwicklung nahm in den offenen Savannen Afrikas ihren Ausgang, wo reichlich leicht zu erlegendes Großwild vorhanden war. Unsere frühesten Vorfahren jagten nicht einmal, sondern lebten wie Geier, die sich über die Kadaver von großen Tieren hermachen, die Freßfeinden zum Opfer gefallen oder einfach eines natürlichen Todes gestorben waren.

In der Savanne werden rund fünfzig Prozent aller neuen Vegetation von Antilopen, Zebras und Herden anderer großer Pflanzenfresser vertilgt. In einem Regenwald landen dagegen nur zweieinhalb Prozent frischen Pflanzenwuchses in Tiermägen. Das savannentypische Jagdwild des Menschen ist im Wald sehr rar; seinen Platz nehmen zahllose Insekten, Vögel, Kriechtiere, Affen, Fledermäuse und Nager ein, die jedoch nicht nur klein, sondern auch scheu und in den luftigen Baumwipfeln kaum zu erbeuten sind. Es dauerte viele tausend Jahre, bis dem Menschen die Eroberung dieses anspruchsvollen Lebensraums gelang.

Da es im Wald nur relativ wenig zu jagen gibt, lag naturgemäß auch die Bevölkerungsdichte entsprechend niedrig. Bei den Mbuti-Pygmäen im Zaïrebecken kommt auf vier Quadratkilometer Land gerade ein Mensch. Eine Stammesgruppe kann auf der Nahrungssuche ein riesiges, bis zu dreizehnhundert Quadratkilometer großes Gebiet durchstreifen, doch Hunger ist hier unbekannt – der Wald läßt niemanden darben.

Der Tisch ist nicht nur reich, sondern auch sehr bunt gedeckt. In der Tat liegt ein Geheimnis des Überlebens im Verzehr möglichst vieler Nahrungsmittel. Die in Malaysia beheimateten Semang ernähren sich von Nüssen, Beeren und anderen Früchten, zarten Blättern und Trieben, Wurzeln und Knollen, Wildhonig, Fischen, Vögeln, Ratten, Eichhörnchen, Eidechsen und gelegentlich auch von Wildschweinen, Tapiren oder Rehwild. Sie verzehren mindestens zehn verschiedene Arten wilder Jamswurzeln und eine Vielzahl Früchte wie Durians, Rambutans und Tampois. Manche Tiere sind allerdings tabu, insbesondere Blutegel, Spinnen und Skorpione. Die Stämme Amazoniens ernähren sich ähnlich vielseitig: Die in Bolivien lebenden Siriono essen alles außer Insekten. Für andere Völker, etwa die afrikanischen Pygmäen, sind fette Käfermaden und Raupen zu bestimmten Jahreszeiten ein wichtiger Eiweißlieferant.

Honig spielt für die meisten Jäger und Sammler eine große Rolle, wenn sich auch die Ernte hoch in den Bäumen als mitunter schwierig erweisen sollte. Viele Stämme vertreiben oder verwirren die Bienen mit Rauch, bevor sie sich dem Nest nähern. Die Baka-Pygmäen erklimmen einen Baum mit einem Gurtzeug aus Lianen und einer selbstgefertigten hölzernen, einem Eispickel ähnelnden Steighilfe, womit sich der Wagemutige im Stamm festhacken und dann nach oben ziehen kann.

Zur Jagd auf Affen, Nashornvögel, Papageien und andere Beutetiere in den Baumkronen benutzen die Völker des Regenwalds Giftpfeile oder -speere, eine Methode, die sich unabhängig in verschiedenen Teilen der Welt entwickelt hat. Die Gifte werden auf unterschiedlichste Weise gewonnen: entweder in Form von Extrakten einer ganzen Reihe von Giftpflanzen oder, wie es einige Stämme am Amazonas praktizieren, unter Verwendung der Haut giftiger Baumfrösche. Über den Mund aufgenommen, zeigt der Großteil dieser Gifte keinerlei Wirkung; das Fleisch ist somit genießbar. Die in Malaysia lebenden Semang haben eine besondere Waffe – Giftpfeile, die mit einem Blasrohr verschossen werden. Nur eine bestimmte Bambusart, *Bambusa wrayi*, liefert das Rohmaterial für diese Art Jagdwaffe, deren Herstellung kerzengerade Stämme von zwei Metern Länge erfordert. Jeder kleine Bestand dieser Bambusart ist bekannt, und der Zugang ist ausschließlich denen vorbehalten, auf deren Territorium das Rohr wächst.

Eine nomadische Lebensweise in kleinen Familiensippen führt zu einer recht entspannten sozialen Ordnung. Die Mehrzahl der Völker des Waldes bevorzugt die Gleichberechtigung und kennt keine Hierarchien. Wo es dennoch Häuptlinge gibt, wie bei den Stämmen Amazoniens, sind deren Machtbefugnisse relativ beschränkt. Ein Führer muß sich den Respekt und die Loyalität seiner Sippe durch die eigene Persönlichkeit und Fähigkeit erwerben. Die Baka-Pygmäen kennen keine Häuptlinge; die soziale Harmonie wird durch allgemeinen Konsens und Kompromisse erreicht. Am Abend eines jeden Tages nach dem üblichen Geschichtenerzählen, Herumalbern und Diskutieren hält stets jemand aus dem Kreis der alten Männer und Frauen eine »Mahnrede« an die gesamte Sippe, kommentiert Ereignisse, macht Vorschläge zur Lösung von Konflikten und bestärkt traditionelle Wertvorstellungen und Überzeugungen.

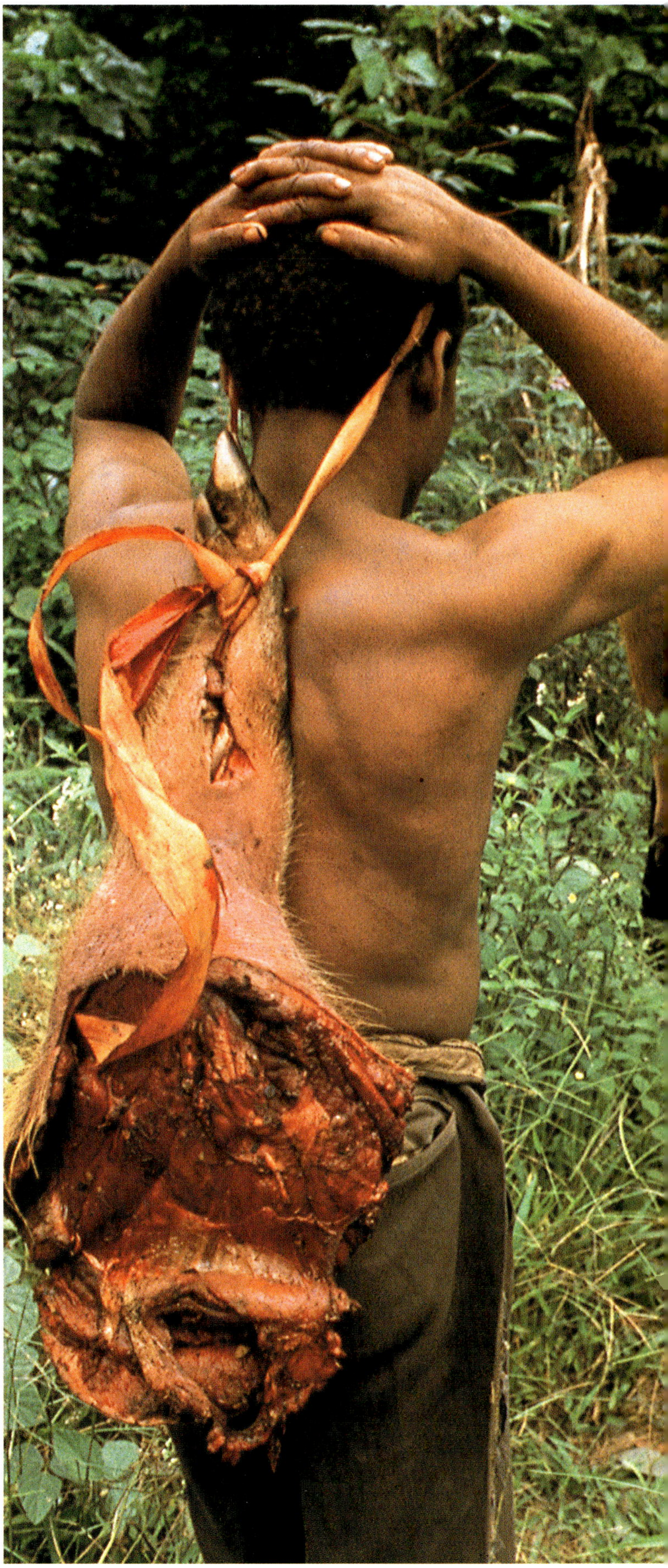

Anpassung an den Wald

Für den Menschen erfordert das Leben im Regenwald vor allem kulturelle Anpassungen. Die Fähigkeit, Tausende unterschiedlicher Pflanzen- und Tierarten identifizieren zu können in einem biologischen Kaleidoskop, das selbst erfahrene Freilandbiologen entmutigt, ist das Geheimnis des Erfolgs. Die waldbewohnenden Stämme müssen sich die Fruchtzyklen von Waldpflanzen merken, gefährliche Insekten und Reptilien erkennen und scheue Beutetiere jagen können. Soziale Zwänge, die das Bevölkerungswachstum hemmen, haben vielleicht auch zur Entwicklung einer dauerhaften Lebensweise beigetragen.

Infolgedessen nehmen sich unter solchen Aspekten körperliche Veränderungen recht unwichtig aus – doch auch sie spielen eine Rolle. Am bemerkenswertesten ist die Kleinwüchsigkeit der afrikanischen Pygmäen und der sogenannten »Negritos« in Asien – der Semang in Malaysia, der Onge auf den Andamanen-Inseln und der Aeta auf den nördlichen Philippinen. Sie alle sind mit ziemlicher Sicherheit Nachfahren früherer Waldvölker, die schon seit so vielen tausend Jahren im Regenwald leben, daß sie Zeit hatten zur Ausprägung körperlicher Merkmale und Fähigkeiten, die sie für ihre Umgebung geradezu prädestinierten. Auch in der Fauna sind viele waldlebende Arten beträchtlich kleiner als ihre Gegenstücke anderswo – stellvertretend hierfür seien genannt das Zwergflußpferd (*Choeropsis liberiensis*), der Rundohrelefant (*Loxodonta africana cyclotis*) und das winzige Kleinstböckchen (*Neotragus pygmaeus*). Im dichten Unterholz kann man sich als Kleinwüchsiger behender bewegen, und für Menschen ist ein leichter, muskulöser Körperbau besser geeignet, auf Bäume zu klettern. Diese kleinen, leichtgewichtigen Menschen sind seit jeher Jäger und Sammler, wogegen die erst in jüngster Zeit in die Regenwälder übergesiedelten Menschen bislang wohl kaum einen Größenschwund zeigen. Die amazonischen Stämme sind im allgemeinen kleinwüchsiger als die Amer-Indianer des Tieflands, doch ist der Unterschied nicht so gravierend.

Links: **Jäger ...** – Die im Norden Zaïres lebenden Mbenga-Pygmäen leben überwiegend von der Jagd, während Bantu- und Sudanstämme, deren Zahl die der Pygmäen um ein vielfaches übersteigt, Ackerbau bevorzugen oder mit ihren Viehherden nomadisch auf Wanderschaft sind.

Oben: **... und Sammler** – Leider produzieren stechende Bienen mehr Honig als die unbewehrten. Deshalb vertreiben viele Waldvölker die Insekten erst mit Rauch, bevor sie sich daranmachen, jene überaus willkommene Bereicherung des Speisezettels zu ernten.

Ackerbauern

Die Siriono im Norden Boliviens sind ein faszinierender Volksstamm Amazoniens, den man vielleicht mit dem Begriff »nomadische Landwirte« am treffendsten charakterisiert. Eigentlich betätigt man sich vorwiegend als Jäger und Sammler, doch werden zu bestimmten Jahreszeiten im Wald Gartengrundstücke gerodet. Die Siriono pflanzen dort Feldfrüchte an, ziehen danach weiter und überlassen es nun der Saat beziehungsweise den Jungpflanzen, sich gegen die Waldvegetation durchzusetzen. Erst nach einigen Monaten kehren sie »zum Garten« zurück, um zu ernten. Danach geben sie das Land dem Wald zurück. Dies ist die allereinfachste Form des Wanderfeldbaus und nur dort durchführbar, wo eigentlich Wildfrüchte den Großteil der Nahrung ausmachen.

Obwohl nur wenige so von Wildfrüchten abhängig sind wie die Siriono, jagen oder fischen alle Bauern im Regenwald ein wenig, und die meisten sammeln Früchte, Nüsse, Honig, Pilze und andere Leckerbissen. In gewissem Sinn ist der Wanderfeldbau eine logische Ausbaustufe des direkten Sammelns von pflanzlicher Nahrung im Wald. Die Waldgärten der nomadischen Bauern haben ein bemerkenswert natürliches Aussehen, das sogar oft den Schichtaufbau des umliegenden Waldes kopiert. Ein Anthropologe beschrieb sie in Neuguinea einmal folgendermaßen: »Beim Betreten der Gärten hatte ich das Gefühl, in ein grünes Meer zu waten. Weitergehen heißt, sich durch unregelmäßige Wellen von Taro- und Xanthosoma–Farn vorzuarbeiten und knietief in den Ranken der Süßkartoffeln zu versinken. Über mir spendeten Bananen und Zuckerrohr vereinzelt Schatten...« Die Auswahl der Anbauprodukte ist verblüffend. Eine Untersuchung bei den Temuan in Malaysia ergab, daß dort fünfundsechzig Obstbaumarten – Wild- wie Zuchtformen – kultiviert werden. Wanderbauern halten selten Haustiere und decken ihren Eiweißbedarf durch erlegtes Wild. Und sie leben im wesentlichen nomadisch wie die Jäger und Sammler, wenngleich es manchen Stämmen gelingt, ihre Häuser mehrere Generationen lang am selben Fleck zu halten, indem sie in einem großen Umkreis um ihr Dorf Felderwechsel betreiben. Im Schnitt ziehen sie alle fünfzehn bis zwanzig Jahre weiter. Die in Sarawak lebenden Iban, ein ausgesprochen reisefreudiges Volk, legen in jeder Generation neunzig bis hundertachtzig Kilometer zurück.

Bei den Bauern, die bodenständig bleiben und Felder und Plantagen über einen langen Zeitraum bewirtschaften, ist die Loslösung vom Wald deutlicher spürbar. Haustiere sind hier keine Seltenheit, und die Entfremdung der Kulturflächen von der Waldvegetation ist stärker. Während der Wanderfeldbau auf den Wald, der sich danach wieder vollkommen regenerieren kann, nur vorübergehend Einfluß nimmt, entfernen bäuerliche Siedler die Walddecke auf Dauer und ersetzen sie durch eine im wesentlichen künstliche Pflanzengemeinschaft. Doch selbst diese Bauern sind – sei es zur Deckung des Nahrungsbedarfs oder als Erwerbsquelle – auf den restlichen Wald angewiesen. Die malaysischen Temuan sind Gartenspezialisten, doch sammeln sie Rattan im Wald, um es zu verkaufen oder einzutauschen: So beziehen die Siedler, beispielsweise die Bantu Zentralafrikas, häufig Waldprodukte durch Handelsverbindungen zu Jägern und Sammlern – in diesem Fall Pygmäen –, die im Tausch dafür wiederum Feldfrüchte oder handwerkliche Erzeugnisse erhalten.

Dauerhafte Bewirtschaftung ist nur möglich in bestimmten Regenwaldgebieten wo der Boden ausreichend fruchtbar ist und auch sonst günstige Bedingungen vorhanden sind. Flußebenen sind in der Regel gut geeignet, da die Fruchtbarkeit der Felder durch die alljährlich angeschwemmten Sedimente erneuert wird. In Amazonien existierte früher eine blühende amerindianische Landbaugemeinschaft, deren Grundlage die Schwemmlandebenen des Amazonas, die sogenannten *Várzeas,* bildeten (siehe Seite 128/129). In Westafrika ermöglichte ein verhältnismäßig fruchtbarer Boden den Aufbau florierender Landwirtschaften – beispielsweise bei den Asante –, basierend auf intensivem Anbau in Verbindung mit Kakao- und anderen Plantagen.

In sozialer Hinsicht führen die seßhaften Bauern ein ganz anderes Leben als Jäger und Sammler; ihre Gruppen sind größer und weitaus komplizierter und hierarchischer aufgebaut. Nomadische Bauern werden weniger von Häuptlingen dominiert, doch sind sie nur selten so unbekümmert und auf Gleichheit aus wie die Jäger und Sammler.

Ein Yanomami-Mann pflanzt Samen mit Hilfe eines Grabstocks.

Wanderfeldbau betreibende Bauern in Kolumbien.

Was ist Wanderfeldbau?

Wanderfeldbau ist eine auch als »Umhauen und Verbrennen« bekannte Anbaumethode der Nomaden, die sich gut für die unergiebigen Böden des Regenwalds eignet. Durch das Abbrennen der Vegetation werden Nährstoffe freigesetzt, die in den Pflanzen gespeichert sind; sie reichern den Boden kurzfristig an und ermöglichen so einen Anbau von Feldfrüchten. Die Arbeit auf dem Gartengrundstück beginnt allerdings schon viel früher. Zuerst gilt es, einen Platz auszuwählen. Manche Regenwaldvölker suchen sich die Anbaugrundstücke unter bestimmten vegetatorischen Voraussetzungen aus, weil ihnen bekannt ist, daß sie dann auch fruchtbaren Boden zu erwarten haben. Ist das Grundstück festgelegt, dürfen – oft über einen Zeitraum von mehreren Monaten – die Früchte und andere nützliche Produkte, die man dort findet, abgeerntet werden. Aus dem Holz großer Bäume werden als erstes Häuser oder Einbäume gebaut. Dann rodet man das Unterholz und fällt zum Schluß die restlichen großen Bäume. Um sich die Mühe zu ersparen, die Bäume an der mächtigen Basis fällen zu müssen, baut man einfach ein behelfsmäßiges Gerüst, auf dem in einigen Metern Höhe die Holzfäller arbeiten können. Die Baumstümpfe überstehen zum Teil das Abbrennen und treiben mit der Zeit wieder aus, was die Regenerierung des Waldes beschleunigt, sobald das Grundstück aufgegeben wird. Einige Bäume läßt man stehen – entweder weil sie nützlich sind, oder weil sie als heilig gelten. Nach dem Fällen errichten manche Volksstämme Zäune aus dem Holz, um zu verhindern, daß Wild- und Hausschweine die Ernte vernichten.

Sodann verfeuert man das Laub und das restliche Holz. Hierbei fällt nährstoffreiche Asche an, die den Boden düngt und, was ebenso wichtig ist, viel Unkraut vernichtet. Nach dem Brand kann sofort gepflanzt werden. Das Umgraben des Bodens erübrigt sich, weil der Waldboden schon locker und krumig ist; die meisten Nomadenbauern stochern ohnehin nur mit einem einfachen Grabstock Löcher für die Samen in die Erde. Die verkohlten Stämme der gefällten Bäume liegen zwar vielleicht immer noch kreuz und quer herum, aber die Pflanzungen sind zwischen ihnen sicher eingeschlossen. Das hält Tiere von den Pflänzchen ab und verhindert, daß der Regen zuviel Asche fortspült.

Sobald die Saat angewachsen ist, muß mit dem zeitraubenden und mühevollen Unkrautjäten begonnen werden. Viele Wanderbauern begrenzen deshalb ihre Anbauflächen, weil es zuviel Arbeit ist, ein größeres Areal zu säubern. Die Unkrautinvasion wird mit jeder Anbausaison schlimmer und zwingt schließlich die Wanderbauern, ihren Garten aufzugeben und weiterzuziehen. In Gegenden mit sehr kargem Boden, wie etwa den *Terra-firme*-Wäldern in Amazonien, bedeutet allerdings eher die abnehmende Fruchtbarkeit das Ende der Anbautätigkeit. In jedem Fall beträgt die Lebensdauer eines derartigen Gartens nur ein bis drei Jahre; danach läßt man das Land acht bis zwanzig Jahre lang brachliegen. Wanderfeldbau bringt bei bescheidenem Arbeitsaufwand gute Ernteergebnisse, doch sind große Waldflächen für die Ernährung einer relativ kleinen Anzahl Menschen notwendig.

Atlas der Regenwälder

Der Mißbrauch und die Zerstörung der tropischen Regenwälder ist eines der wichtigsten Themen unserer Zeit. Auf der ganzen Welt schließen sich Naturschützer, Förster, Politiker und besorgte Bürger zusammen, um Wege zu finden, wie man weitere Verluste verhindern kann. Doch dieser internationalen Bewegung fehlten bislang zuverlässige Informationen über Standorte und jetzigen Zustand der Waldgebiete. Überraschenderweise hat keine Organisation je mehr veröffentlicht als eine Kartenskizze mit einer globalen Verteilung der Regenwälder. Die Karten auf diesen und den folgenden Seiten sind ein erster Ansatz, die aus aller Welt zusammengetragenen Einzeldaten in einer verständlichen Gesamtschau zu veröffentlichen.

Auf der Weltkarte (rechts) mag es so aussehen, als seien noch Regenwälder im Überfluß vorhanden. In Wirklichkeit bedecken sie gerade 8,5 Millionen Quadratkilometer, was sechs Prozent der globalen Landfläche entspricht. Vor noch gar nicht so langer Zeit waren es noch 14 Millionen Quadratkilometer. Nach Quellenangaben der FAO (Food and Agriculture Organization, der Ernährungs- und Landwirtschaftsorganisation der UNO) wurden 1980 etwa 71 000 Quadratkilometer Regen- und Monsunwald – etwa 0,6 Prozent der verbliebenen Fläche – abgeholzt. Der Ökologe Norman Myers hat dagegen vor gar nicht langer Zeit eine Studie für die Organisation FOE (Friends of the Earth, Freunde der Erde) abgeschlossen, in der er den gegenwärtigen Verlust auf schockierende 142 000 Quadratkilometer pro Jahr beziffert; andere Studien sehen das Ausmaß der Waldvernichtung wesentlich höher.

Früher glaubte man, daß der so vernichtete Regenwald für alle Zeiten verloren war. Inzwischen weiß man aber, daß – Sorgfalt und genügend Zeit vorausgesetzt – die meisten abgeholzten Wälder wieder dauerhaft Holz und andere Waldprodukte abwerfen und dabei sogar Lebensraum für Tiere bieten können. Dieses Buch nimmt daher eine etwas optimistischere Haltung ein, als man nach den obigen Zahlen vermuten würde. In den Karten sind auch einige durch Abholzung geschädigte, jedoch noch nicht zerstörte Wälder verzeichnet.

Wann ist ein Regenwald kein Regenwald?

Die Linie, die auf den Karten den noch verbleibenden Regenwald von ehemaligem trennen, beruhen auf den präzisesten verfügbaren Angaben. Aus mehreren Gründen verlaufen aber diese Grenzen in der Realität nicht immer so exakt wie die eingezeichneten. Die relevanten Konventionen sehen bei solchen Linien vor, daß die Baumkronen bei echtem Regenwald mehr als vierzig Prozent der Fläche bedecken müssen. Dies abzuschätzen, ist keine leichte Aufgabe, und es besteht bei weitem nicht in jedem Fall einmütige Zustimmung hinsichtlich dieses Verfahrens.

Darüber hinaus sind die Grenzen zwischen Regenwald und anderen Tropenwaldtypen ebenso schwer zu beurteilen, gerade weil Eingriffe oder echte Schäden, beispielsweise hervorgerufen durch Feuer, die Regenwälder zu diesen anderen Waldformen degradieren können. So werden in Indochina beispielsweise aus Regenwäldern trockenere Monsunwälder, deren Kronendecke allmählich durch jährliche Brände zerstört wird. Langsam verkommt der Wald so zu offenem Waldland mit Grasbewuchs; und schließlich bilden Bambus und Gestrüpp die einzige noch verbliebene Vegetation.

Nicht nur am Waldrand wird die Abholzung unbarmherzig vorangetrieben. Tief im Innern roden Ackerbauern Gebiete, die zu klein sind, um sie kartographisch zu erfassen, und Holzfirmen beuten den Wald auf Tausenden Quadratkilometern aus. Bis hierbei die ersten Schäden sichtbar werden, ist es für große Teile des Waldes oft schon zu spät. Doch der Regenwald hat die Fähigkeit zur Regenerierung, wenn man ihm genug Zeit läßt. Selbst aus Kalimantan und Sabah, wo 1982 und 1983 riesige Waldbrände über 40 000 Quadratkilometer Regenwald vernichteten, kommen nun Meldungen von üppiger Neubewachsung in den betroffenen Regionen.

Die Lebenskraft und Robustheit der Regenwälder dürfen uns dennoch nicht gleichgültig machen. Der gnadenlose Druck, den permanente Abholzung, Rodungen und Abbrennen heute in weiten Teilen Amazoniens, Westafrika und Asiens auf sie ausüben, zwingt sie in eine Talfahrt des Elends, von der sich zu erholen es kaum eine Chance gibt. So läßt man beispielsweise in Indonesien die für Wanderfeldbau gerodeten Waldflächen oft nicht lange genug brachliegen, als daß sich der Boden erholen könnte, obwohl diese Frist schon mal mehrere Jahre betragen kann.

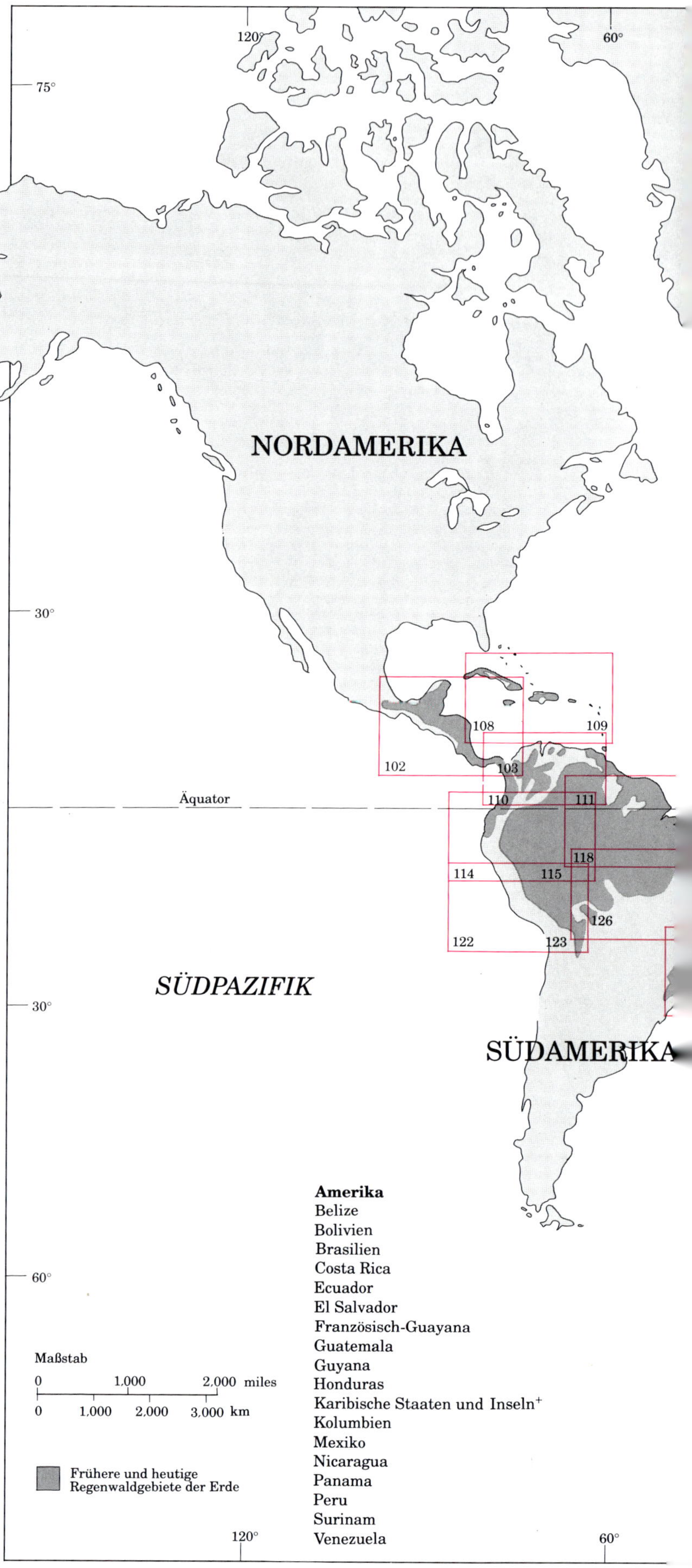

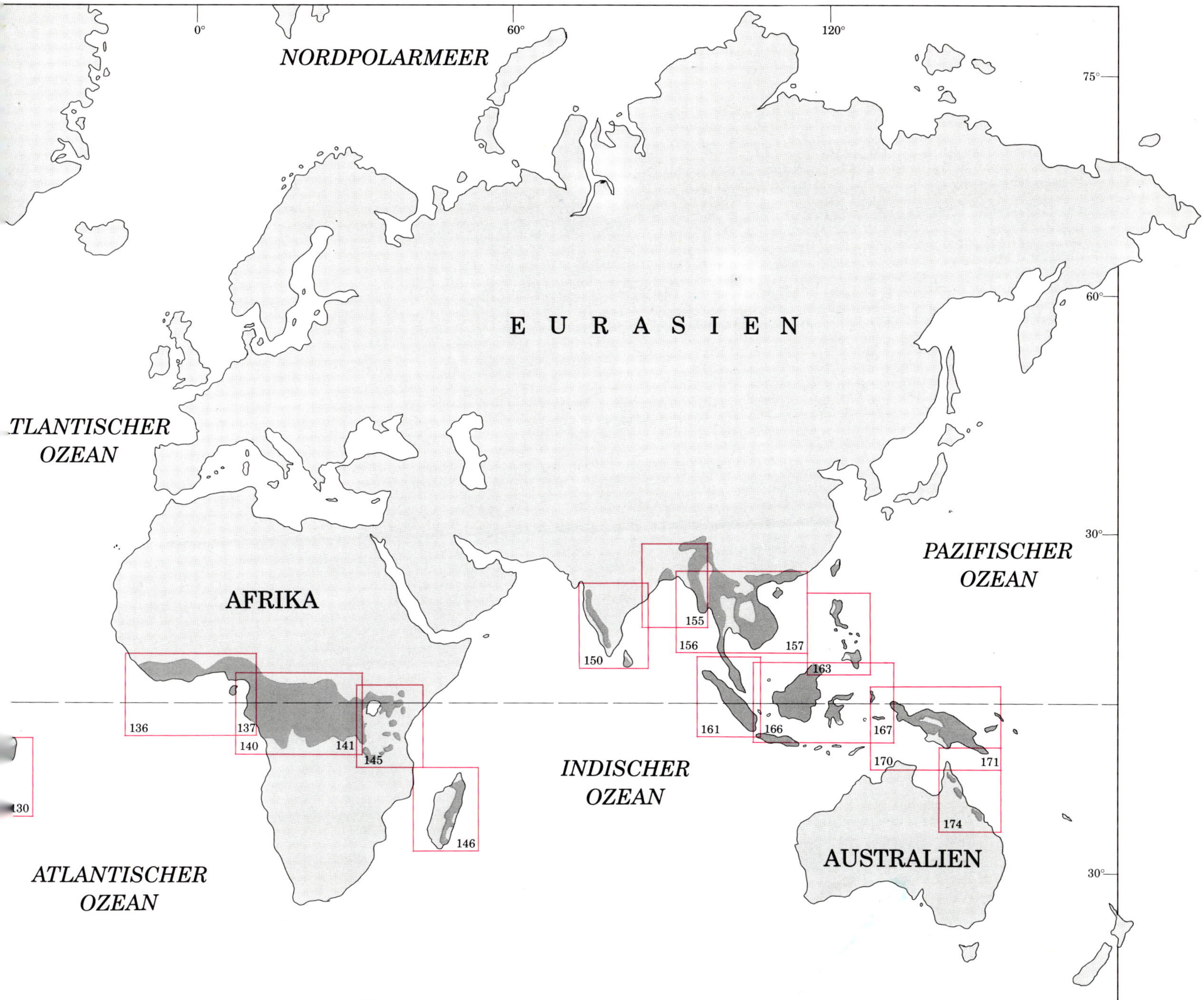

Regenwaldländer

Afrika
Angola*
Äquatorialguinea
Äthiopien*
Benin
Burundi
Dschibuti*
Elfenbeinküste
Gabun
Gambia*
Ghana
Guinea
Guinea-Bissau*
Kamerun
Kenia
Komoren
Kongo
Liberia
Madagaskar
Malawi*
Mauritius
Mosambik*
Nigeria
Ruanda
Sambia*
Sâo Tomé und Príncipe
Senegal*
Seychellen*
Sierra Leone
Simbabwe*
Somalia*
Sudan*
Tansania
Togo
Uganda
Zaïre
Zentralafrikanische Republik

Asien
Australien
Bangladesch
Bhutan*
Birma
Brunei
China
Indien
Indonesien
Kambodscha
Laos
Malaysia
Nepal
Pazifische Inseln*•
Papua Neuguinea
Philippinen
Singapur
Sri Lanka
Taiwan*
Thailand
Vietnam

* Bei nicht in diesem Atlas berücksichtigten Ländern lagen entweder keine ausreichenden Daten vor, oder die Regenswaldgebiete waren zu klein, um eine Aufnahme zu rechtfertigen.

+ Einschließlich Kuba, Jamaika, Haiti, Dominikanische Republik, Westindische Inseln, Trinidad and Tobago.

• Verschiedene Inseln im Pazifik haben kleine Regenwälder, und die Salomon- und Fidschi-Inseln sind sogar großenteils bewaldet.

Die Erstellung der Karten

Die Daten für die Karten stammen von drei verschiedenen Quellen: Landvermessung am Boden, Luftaufnahmen und Satellitenbildern. Die Landvermessung ist die traditionelle Methode zur Waldbeobachtung und immer noch unerläßlich zur Präzisierung der durch Flugzeuge oder Satelliten gewonnenen Ferndaten. Mit Kameras ausgerüstete Flugzeuge waren maßgeblich an der kartographischen Erfassung der Erdoberfläche beteiligt. Die Aufnahmen überlappen sich stets; bei der Betrachtung eines Aufnahmepaars durch ein Stereoskop sieht man die Landschaft dreidimensional und kann auf diese Weise exakte Höhen- und Entfernungsmessungen durchführen. Heute werden solche Aufgaben von Satelliten erledigt, die erheblich größere Gebiete in weitaus kürzerer Zeit zu beobachten imstande sind.

Außer mit Kameras sind Flugzeuge und Satelliten auch mit einem Radarsystem ausgestattet, das Bilder aus von der Erdoberfläche reflektierten Signalen aufbaut. Das Verfahren hat den Vorteil, bei jedem Wetter zu funktionieren, es kann zudem zu jeder Tages- und Nachtzeit eingesetzt werden.

Daten aus dem Weltraum

Die Beobachtung des Wetters auf der Erde war eine der ersten Aufgaben von Satelliten. Der Prototyp aller Wettersatelliten wurde 1960 von der NOAA (National Oceanic and Atmospheric Administration) ins All geschossen. Seitdem wurde eine Reihe von Erderkundungssatelliten mit höherer Auflösung als die früheren Wettersatelliten in eine Umlaufbahn gebracht; der erste von ihnen, »LANDSAT 1«, im Juli 1972.

Das wichtigste Instrument bei allen LANDSAT-Satelliten ist der Multispektral-Scanner (MSS). Dieses Gerät sendet elektromagnetische Wellen zur Erde und tastet deren Reflexionen an Objekten wie Straßen, Häusern, Wasser und Vegetation und dergleichen ab. Solche Formationen reflektieren geringfügig andere Wellenlängen und können deshalb auf den Satellitenfotos identifiziert werden. Bei den jüngeren LANDSATS kam noch ein neues Instrument hinzu: der »Thematic Mapper« (TM), der mit deutlich verbesserter Bodenauflösung hochpräzise Bilder von der Erdoberfläche liefert.

Der 1985 gestartete französische Satellit »Spot« hat eine Bodenauflösung von ganzen zehn Metern! Zudem ist er der erste Fernerkundungssatellit mit funksteuerbaren Lenksensoren, die so lange geschwenkt werden, bis sie eine Lücke in der Wolkendecke finden. Das bedeutet, daß sie auch den gleichen Bildausschnitt aus unterschiedlichen Positionen liefern können. Durch Überlagerung dieser Aufnahmen entsteht ein plastisches Bild, das sowohl Höhen- als auch Entfernungsmessungen den Wissenschaftlern gestattet.

Die von LANDSAT und Spot gesammelten Werte werden an Bodenstationen gefunkt und zu Falschfarben-Fotos mit einer Auflösung von sehr guten Fernsehbildern weiterverarbeitet. Mit Hilfe von Wettersatelliten, die zweimal täglich Bilder aufnehmen, und den genaueren LANDSAT-Daten, die von jedem beliebigen Gebiet alle achtzehn Tage verfügbar sind, sollte es möglich sein, Veränderungen in der Walddecke der Erde zu registrieren. Jedoch haben Probleme mit Wolken, mit nicht ständig besetzten Empfangsstationen und die enormen Betriebskosten dazu geführt, daß viele der tropischen Waldgebiete nur sporadisch und lückenhaft beobachtet wurden.

Die Karten in diesem Buch wurden unter Verwendung von Informationen aus der ganzen Welt und aller oben erwähnten Datenquellen erstellt. Sie liegen in einer Vielzahl von Maßstäben und Projektionen vor und datieren aus unterschiedlicher Zeit. Insgesamt stammen praktisch alle Informationen von veröffentlichten oder unveröffentlichten Berichten aus den letzten zehn Jahren (siehe Seite 200).

Aktuelle Auskünfte über einige Gebiete Westafrikas, darunter Kongo, Äquatorialguinea, Gabun und Zaïre, sind einfach nicht erhältlich. Was diese Regionen betrifft, so wurden die Karten dieses Buches unter Zuhilfenahme einer Reihe allgemeiner Quellen wie Atlanten sowie der Publikation des Smithsonian Instituts, »Tropical Rainforests – A Disappearing Treasure«, erstellt.

In einigen Fällen haben die Forstwirtschaftsministerien der Länder handkolorierte Blaupausen der Walddecke, oft im Maßstab 1:1 000 000 oder 1:500 000, beigesteuert: Hervorzuheben sind diesbezüglich Brunei, Laos und Malaysia.

1. Der erste Schritt zur Erstellung einer aktuellen Karte besteht darin, auf einer vorhandenen Grundrißkarte wichtige Orientierungspunkte wie Berge, Flüsse und Straßen zu lokalisieren. Die Konturen und Umrißlinien werden mittels eines sogenannten Scanners »gelesen«, der die präzisen Koordinaten in digitalisierter Form an einen Computer übermittelt.

2. Der Computer registriert die Koordinaten, während auf dem Bildschirm die Umrisse des gerade erfaßten Gebiets zu sehen sind. Unabhängig von Maßstab oder Projektion der Ursprungskarte kann der Computer sämtliche Informationen in ein einheitliches Format bringen und optisch darstellen. Mehrere Informationsbereiche – etwa Waldtyp, Regenmenge, Luftfeuchtigkeit, Nährstoffgehalt im Boden usw. – lassen sich aus diversen Quellen nacheinander einbringen und erscheinen alle zusammen auf der fertigen Karte.

3. Wenn sämtliche benötigten Informationen im Computer gespeichert sind, läßt man einen Andruck der Karte ausdrucken. In dieser Phase bekommt der Kartograph erstmals einen Eindruck davon, wie die Karte hinterher aussehen wird. Nun können Änderungen am Farbschlüssel und bei den Bildsymbolen vorgenommen werden. Es ist auch möglich, die Karte in verschiedenen Projektionen – den Verfahren, die gekrümmte Oberfläche der Erde flächig abzubilden – und Maßstäben zu drucken, um so das Optimum zu ermitteln.

4. Sorgfältige, unerläßliche Gegenkontrollen der fertigen Karte mit allen Quellen, aus denen sie zusammengestellt wurde, um sicher zu gewährleisten, daß die Informationen sowohl korrekt als auch gut verständlich sind und nicht nur von Wissenschaftlern und Geographen interpretiert werden können, sondern auch von Politikern, politischen Beratern und anderen damit befaßten Personen.

Der Amazonas, aus dem All fotografiert – Am Zusammenfluß von Rio Negro und den braunen Fluten des Amazonas liegt Manaus (links). Die Kahlschläge in der Umgebung der Stadt sind auf diesem Satellitenfoto ersichtlich. Auf der Infrarotkarte (unten) ist die Vegetation in Rot, das Wasser in Blau und der Schlamm in Schwarz erkennbar.

Probleme bei der Beobachtung

Viele Länder haben kräftig in die Fernerkundung investiert in der Hoffnung, daß diese Technik die Probleme im Zusammenhang mit der Ausbeutung von Rohstoffquellen und dem Umweltschutz lösen kann. Obwohl man bei der Entwicklung der technischen Ausrüstung – Satelliten, Sensoren, Datenverarbeitungssysteme und dergleichen mehr – in den letzten Jahren bemerkenswerte Fortschritte erzielt hat, gibt es noch viel zu tun, die gewonnenen Informationen in einer für die Themen wirklich relevanten Weise auszuwerten.

Die geringe Beobachtungsfrequenz der LANDSAT-Satelliten – alle achtzehn Tage einmal – in Verbindung mit dem nur zu häufigen Auftreten von Wolken und dem Rauch von Rodungsfeuern hat zur Folge, daß man nur alle zwei bis vier Jahre wirklich brauchbare Daten über ein bestimmtes Gebiet bekommt. Somit können LANDSAT-Daten nicht immer aktuelle Schätzwerte über die Zerstörung der Tropenwälder liefern. Hinzu kommt, daß LANDSAT die Angaben auf scheinbar völlig unsystematische Weise erhält, bedingt durch den nutzlosen Verlauf nachfolgender Umlaufbahnen oder weil beispielsweise zu wenige Empfangsstationen in Reichweite liegen. Schließlich ist eine umfassende Überwachung dieser Kategorie aufgrund der relativ hohen Bodenauflösung und des begrenzten Erfassungsbereichs zwangsläufig schwierig und teuer in der Durchführung – allein für das Amazonasbecken wären über zweihundert LANDSAT-Scanner erforderlich! Dies ist einer der wesentlichen Gründe dafür, daß sich die Menschen, die sie wirklich brauchen – Wissenschaftler, Forscher, Regierungen und Umweltbehörden der Länder in der Dritten Welt –, sich die Bilder aus dem All häufig einfach nicht leisten können.

Im Vergleich dazu enthalten die gesammelten Daten, die zweimal täglich vom hochauflösenden Radiometer (AVHRR) der auf einer polaren Umlaufbahn kreisenden NOAA-Wettersatelliten angefordert werden, in der Regel auch eine Serie von Bildern, die von den meisten Tropenregionen zumindest eine wolkenlose Aufnahme während der jährlichen Trockenzeit garantiert. Allerdings eignet sich die AVHRR-Bodenauflösung von einem Kilometer nur zur Erkennung und Auswertung großflächiger Abholzungen.

Es wurden einige Versuche unternommen, mit Hilfe von Satellitenfotos Waldschäden in den tropischen Regenwäldern auf die Spur zu kommen. Die Beurteilung der Entforstung im brasilianischen Bundesstaat Rondônia am Südrand des Amazonasbeckens erfolgte mittels Auswertung von Zeitrafferaufnahmen, deren Werte AVHRR seit 1982 gesammelt hatte. Der Vermessung abgeholzter Flächen ging dort die Entdeckung »gestörter Regionen« voraus, in denen Maßnahmen wie Straßen- und Bergbau, Waldarbeiten, Abholzung für die Landwirtschaft und Brandrodung stattfanden. Durch Einsatz von Infrarotsensoren konnte man auf den Satellitenbildern Gebiete mit höheren Temperaturen (es wurde dort mehr Sonnenwärme absorbiert, nachdem das schützende Dach des Waldes fehlte) deutlich erkennen. Die von der NOAA empfangenen und gespeicherten Daten standen somit für die Auswertung zur Verfügung und lieferten wertvolle Erkenntnisse darüber, mit welcher Geschwindigkeit in Rondônia der Wald fällt.

Bis heute kann die Fernerkundung via Satellit die klassische Kartographie mit Landvermessungen in freier Natur nicht völlig ersetzen. Ebenso erfordert die Waldschadensbewertung noch immer sorgfältiges Arbeiten vor Ort. Trotzdem könnte die Fernerkundung weitaus effektiver genutzt werden, als dies momentan der Fall ist. Ein spezielles Problem ist hierbei, daß die entsprechenden regierungseigenen wie internationalen Institute auf der ganzen Welt die Regenwälder meist im Alleingang unter die Lupe nehmen, es bestehen in dieser Hinsicht nur minimale Ansätze zu einer Zusammenarbeit zwischen Forschern und Datensammlern. Angesichts der Tatsache, welche Bedeutung die Zerstörung der Tropenwälder für alle Menschen hat, ist es an der Zeit, die Mittel für eine internationale und umfassende Initiative zur Kartographierung und Überwachung der Regenwälder unserer Erde zu bewilligen.

Hinweise auf die Lage in der Karibik waren besonders schwer zu bekommen, insbesondere wegen der großen Unsicherheit, was die ursprüngliche Ausdehnung der Regenwälder betrifft. Verläßliche Informationsquellen über die Kleinen Antillen waren unter anderem eine Reihe von Datenalmanachs, die vom »Eastern Caribbean Natural Area Management Programme« verfaßt wurden.

Für diverse andere geographische Teile der Karibik dienten einige zugegebenermaßen betagte Karten als Basis, von der ausgehend örtliche Korrespondenten das Ausmaß der jüngsten Veränderungen in der Walddecke einschätzen sollten.

Darstellung der verschiedenen Waldtypen

Die Karten dieses Bandes zeigen vier Regenwaldtypen: Tieflandwald, Mangroven und ehemaligen Regenwald. Diese Einteilung ist das Ergebnis der Zusammenstellung, Vereinfachung und Angleichung einer Vielzahl unterschiedlicher Karten. Vegetationskarten eines bestimmten Landes sind natürlich viel detaillierter als diese hier und zeigen eine Vielzahl Regenwaldtypen. Die Vereinfachung ist riskant, und dieses Kapitel beschreibt so klar wie möglich die Beschränkungen der hier gezeigten Karten.

Es wurde kein Versuch unternommen, zwischen relativ ursprünglichen und mehr oder weniger geschädigten Regenwäldern zu differenzieren. Als einige der wertvollsten und zudem leicht zugänglichen Landschaften der Erde sind Tieflandregenwälder vielen Störeinflüssen ausgesetzt (siehe Seite 36 bis 45). Aber selbst ein gründlich ausgelichteter Regenwald kann rasch wieder ein geschlossenes Blätterdach hervorbringen, und nur Fachleute sind in der Lage, noch ein paar Jahrzehnte später ein abgeholztes von einem unberührten Areal zu unterscheiden. Auch erlaubt der Kartenmaßstab nicht die Darstellung sämtlicher Landwirtschafts- und Plantagenfleckchen in den Hauptwaldgebieten, und große Flächen mit Plantagen und Wanderfeldbau wurden ebenfalls nicht berücksichtigt. Die als Tieflandregenwald ausgewiesenen Gebiete sind daher Mosaiksteinchen aus relativ unberührten Wäldern und einigen kleineren Kulturlandzonen. Das gleiche gilt auch für die Bergregenwälder, nur sind diese in der Regel weniger geschädigt. Der Grund hierfür liegt darin, daß in ihnen im allgemeinen keine so wertvollen Nutzholzbäume wachsen und sie sowohl für Holzfäller als auch Bauern nicht problemlos zugänglich sind.

Die Grenze zwischen Tiefland- und Bergwald verläuft auf den einzelnen Karten in unterschiedlicher Höhe, um den sogenannten »Massenerhebungseffekt« wenigstens teilweise zu berücksichtigen. Dieses erstmals in den Alpen registrierte Phänomen besagt, daß hohe Berge und die Zentralregionen hoher Gebirge in einer bestimmten Höhenlage wärmere Temperaturen aufweisen als niedrige Erhebungen oder Ausläufer. Als Folge davon beginnt der Bergwald (siehe Seite 24/25) auf kleineren Bergen oder in exponierten Lagen schon weiter unten. Daher liegt die Untergrenze auf den Karten von Madagaskar, Australien und Südostasien bei 910 Höhenmetern, in Westafrika hingegen bei 1200, in Neuguinea bei 1400 und von den Ländern Südamerikas erst bei 1800 Metern.

Wo starke jahreszeitliche Klimaschwankungen auftreten, wird der halbimmergrüne Regenwald zum Monsunwald, dessen Bäume zum Großteil während der Trockenzeit ihr Laub verlieren. Diese Wälder sind in der Regel nicht auf den Karten verzeichnet, jedoch auf allen Kontinenten vorhanden und in Asien sehr verbreitet. Die Abgrenzung zu den Dornwäldern an ihren trockeneren Rändern fällt allerdings nicht leicht, und mancherorts bilden sie sogar ein Mosaik mit den Regenwäldern. Wo sie natürlich vorkommen, wurden sie separat vom Regenwald aufgeführt; wo sie aber als Folge von Schädigung aufscheinen, sind sie unter der Rubrik »Ehemaliger Regenwald« eingeordnet.

Die Einschränkung ehemaliger Regenwaldflächen hat ihre eigenen Tücken. Um zu verläßlichen Resultaten zu gelangen, haben Botaniker Klimadaten analysiert und Waldrandzonen sowie Bodentypen unter die Lupe genommen. Bei den Karten von West- und Zentralafrika gibt es eine Kategorie »Mosaik aus Grasland und ehemaligem Regenwald«. In solchen Zonen kann man unmöglich die frühere Ausdehnung der Regenwälder angeben.

Tieflandregenwald

Tieflandregenwald
Tieflandregenwälder sind immer- oder halbimmergrüne Feuchtwälder mit geschlossenem Kronendach, die in permanentem Feuchtklima vorkommen. Die Niederschläge verteilen sich gleichmäßig; die Trockenzeit ist – falls es überhaupt eine gibt – sehr kurz und hat infolgedessen auch keinen Einfluß auf den Laubwechsel der Bäume. Im Norden Burmas, in den dem Himalaja vorgelagerten Hügelketten und in den Anden vollzieht sich ein stufenloser Übergang vom tropischen Regenwald zum gemäßigten Wald; hier ist die Trennlinie natürlich etwas willkürlich gezogen.

Mangroven

Mangroven
Mangroven erreichen selten eine größere Ausdehnung, sind jedoch weit verbreitet als schmaler Randbewuchs von Küsten und verzweigten Flußmündungen und oft in den Karten verzeichnet. Aufgrund ihrer vielseitigen Nutzungsmöglichkeiten sind sie besonders wichtig für ländliche Gemeinden (siehe Seite 22/23). Auf der ganzen Welt werden in ihnen Garnelen- oder Fischteiche angelegt, und seit einiger Zeit fallen auch sie einer stetig wachsenden Papierindustrie zum Opfer.

Bergregenwald

Bergregenwald
Die Bergregenwälder Ostafrikas sind reich an wertvollen Hölzern und daher auch entsprechend dezimiert, während in Papua-Neuguinea viele nomadische Bauern der Bergregionen Süßkartoffeln, eines ihrer Grundnahrungsmittel, anbauen. Die Kategorie Bergregenwald umfaßt den unteren und den oberen Bergwald sowie die subalpinen Formationen auf den höchsten Bergen.

Ehemaliger Regenwald

Ehemaliger Regenwald
Die genaue Ausdehnung der früheren Regenwälder ist eindeutig eine Ermessensangelegenheit. In manchen Gegenden – etwa auf Java – wurden sie schon vor Jahrtausenden abgeholzt. Unter dieser Gattung sind frühere Tiefland- und Bergregenwälder sowie ehemalige Mangroven zusammengefaßt. Wo sich Regenwälder offensichtlich in Monsunwälder gewandelt haben wie in Südostasien, sind diese ebenfalls hierunter aufgeführt.

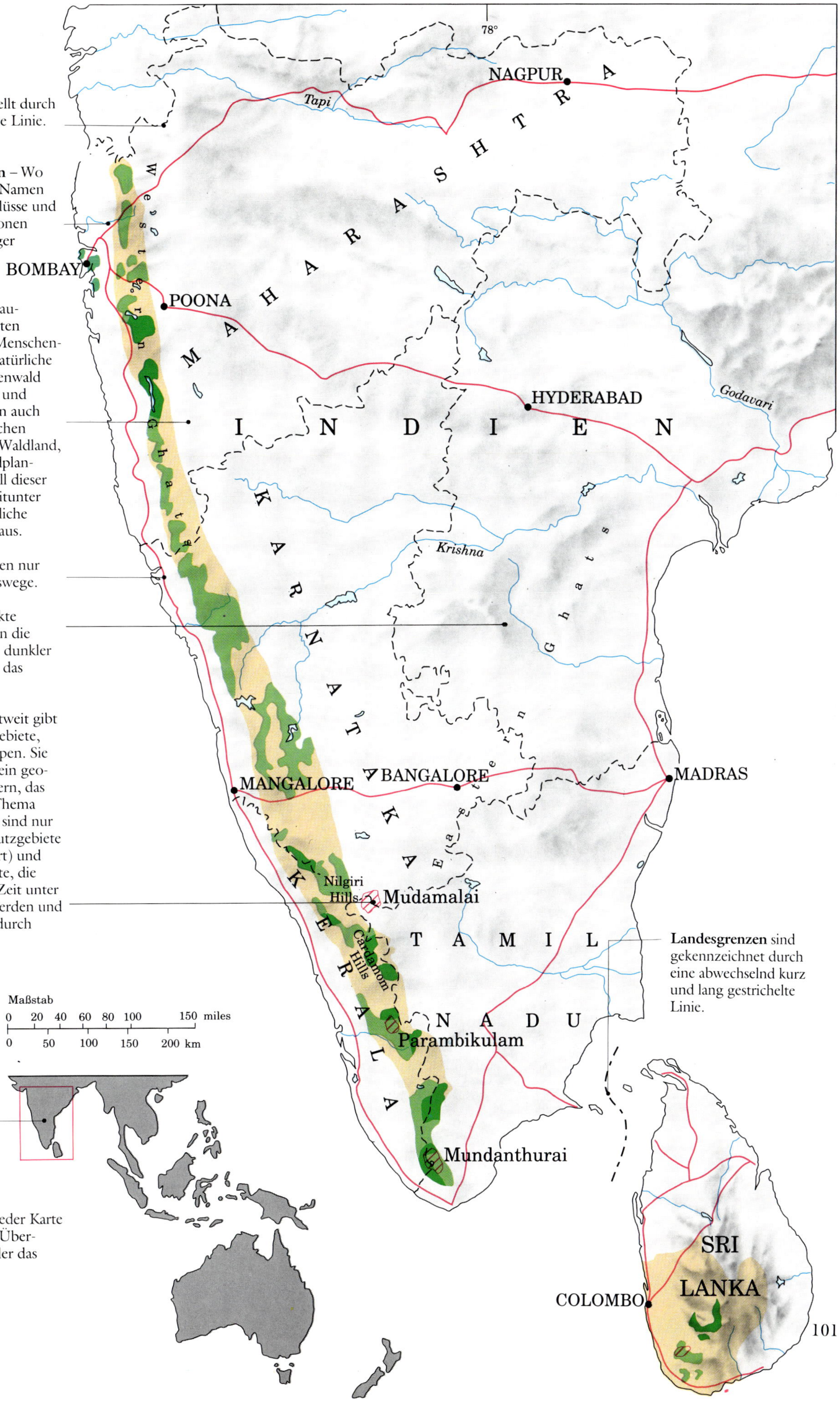

Staatsgrenzen sind dargestellt durch eine durchgehend punktierte Linie.

Physikalische Formationen – Wo es angebracht war, sind die Namen größerer Gebirge, Hügel, Flüsse und anderer Landschaftsformationen angegeben, ebenso die einiger Großstädte.

Nicht-Regenwald – Die grauweißen Flächen auf den Karten kennzeichnen sowohl von Menschenhand geschaffene als auch natürliche Lebensräume, die kein Regenwald sind, also Ackerland, Städte und dergleichen. Hierunter fallen auch Regionen mit unterschiedlichen Waldtypen – beispielsweise Waldland, Laubmischwälder und Waldplantagen –, und Überbleibsel all dieser Formationen wirken sich mitunter auf der Karte als ungewöhnliche Lücken in der Kolorierung aus.

Straßen – Dargestellt wurden nur wichtige Hauptverbindungswege.

Relief – Einige Anhaltspunkte über die Höhenstufen geben die verschiedenen Grautöne: Je dunkler das Grau, desto bergiger ist das Gelände.

Naturschutzgebiete – Weltweit gibt es über 5400 Naturschutzgebiete, davon fast 2000 in den Tropen. Sie alle zu verzeichnen, würde ein geographisches Lexikon erfordern, das sich ausschließlich diesem Thema widmet. Dementsprechend sind nur die im Text erwähnten Schutzgebiete eingezeichnet (rot schraffiert) und namentlich genannt. Gebiete, die wahrscheinlich in nächster Zeit unter offiziellen Schutz gestellt werden und im Text vorkommen, sind durch Punktschraffur markiert.

Landesgrenzen sind gekennzeichnet durch eine abwechselnd kurz und lang gestrichelte Linie.

Karte in der Karte – Auf jeder Karte finden Sie eine zusätzliche Übersichtskarte der Region, in der das betreffende Gebiet liegt.

Mittelamerika

Die sieben südlich von Mexiko gelegenen Länder Mittelamerikas – Belize, Guatemala, Honduras, El Salvador, Nicaragua, Costa Rica und Panama – haben trotz ihrer kleinen Fläche eine einzigartige Konzentration von Pflanzen, Tieren und Menschen aufzuweisen. Als Folge ihrer Lage auf der Landbrücke zwischen den riesigen und sehr unterschiedlichen kontinentalen Ökosystemen Nord- und Südamerikas zählen die relativ kleinen Tropenwälder dieser Region zu den artenreichsten Lebensräumen der Erde. Selbst in El Salvador, dem kleinsten der sieben Länder, leben 350 Vogelarten, und mit 700 Arten – mehr, als in ganz Nordamerika heimisch sind – ist Panama der Spitzenreiter. Die Regenwälder in der südlichen Hälfte Mexikos bilden die nördlichsten Ausläufer dieses Ökosystems.

Die Bevölkerung, die sich in den letzten dreißig Jahren verdoppelt hat, setzt sich aus vielen verschiedenen ethnischen Gruppen zusammen und übt, auch im Zusammenhang mit der instabilen politischen Lage, einen ständig wachsenden Druck auf die Regenwälder aus. Vor 1950 waren die Tiefland- und Bergwälder praktisch intakt, was sich allerdings sehr rasch ändern sollte. 1950 waren noch rund 60 Prozent Mittelamerikas von Wald oder Waldland bedeckt. Bis 1970 reduzierte sich diese Zahl auf schätzungsweise 49 Prozent und nur ein Jahrzehnt später auf 41 Prozent. Wenn die Abholzung im gleichen Tempo fortschreitet, wird der größte Teil der noch vorhandenen Wälder in etwa zwanzig Jahren verschwunden sein; was dann noch steht, sind ein paar traurige Überbleibsel in Reservaten und Nationalparks. Heute hat El Salvador schon praktisch keine Urwälder mehr aufzuweisen; die anderen Länder dieser Region – mit Ausnahme von Belize, wo der Entwicklungsdruck relativ gering bleibt – verlieren jährlich zwischen 500 und 1000 Quadratkilometer Wald.

In Prozentzahlen ausgedrückt, übersteigen die jährlichen Verluste in weiten Teilen Zentralamerikas deutlich die von Ländern wie Brasilien und Malaysia.

Obwohl die Waldverluste in Mittelamerika, global betrachtet, gering sind, so bringen sie doch für die betroffenen Länder in erstaunlich kurzer Zeit einschneidende Veränderungen mit sich. Tatsächlich sind, in Prozentzahlen ausgedrückt, die jährlichen Verluste in weiten Teilen Mittelamerikas deutlich höher als vergleichsweise in Brasilien und Malaysia, die als prägnante Beispiele für extensiven Raubbau bevorzugt genannt werden.

Bevölkerungsdruck

Die Gesamtbevölkerung Mittelamerikas (ohne Mexiko) belief sich 1989 auf nahezu 30 Millionen. Dies ist mehr als doppelt soviel wie 1960, und man erwartet einen kontinuierlichen Anstieg auf etwa 70 Millionen bis zum Jahr 2025. Der Großteil der Bevölkerung in dieser Region ist rassisch vermischter Abstammung. Europäische Merkmale sind hier ebenso zu finden wie indianische, afrikanische oder karibische; trotzdem werden alle Länder (mit Ausnahme Belizes) von einer spanischsprachigen, westlich orientierten Elite dominiert, und vielerorts sind große Teile der Einheimischen noch nicht in die Gesellschaft eingegliedert. Die Verteilung der Bevölkerung ist sehr ungleichmäßig. Die meisten Menschen bewohnen die Hänge und Täler der Vulkanregionen, und mehr als zwei Drittel von ihnen leben höchstens 65 Kilometer weit vom Pazifik entfernt.

El Salvador ist eines der dichtest bevölkerten Länder der Welt, wogegen fast ganz Belize sowie die östlichen Tieflandgebiete von Honduras und Nicaragua zu den am dünnsten besiedelten Regionen der westlichen Hemisphäre zählen. Viele der Menschen dort leben in Armut und verfügen über keinerlei Grundbesitz oder zuwenig, um ihre Familien ernähren zu können. Im Gegensatz hierzu kontrolliert eine Minderheit von extrem wohlhabenden Landbesitzern den größten Teil der Anbaugebiete.

Die Namen der mittelamerikanischen Länder sind häufig gleichbedeutend mit politischen und gesellschaftlichen Unruhen, Armut und Krieg.

Mexiko – In den vergangenen 35 Jahren hat Mexiko über die Hälfte seiner Regenwälder verloren. Heute stehen noch rund 150 000 Quadratkilometer Wald. Mexiko hat 87 Millionen Einwohner, und jedes Jahr kommen zwei Millionen hinzu. Eine Lösung des Übervölkerungsproblems sieht man von offizieller Seite in der Freigabe großer Waldgebiete, die im Rahmen geförderter Umsiedlungsprogramme für Viehzuchtprojekte und Kaffeeplantagen gerodet wurden. Rücksichtslose unkontrollierte Abholzung ist dabei gang und gäbe, wenn die Siedler das Land für den Eigenbedarf abbrennen.

Maßstab

0 20 40 60 80 100 150 miles

0 50 100 150 200 km

- Tieflandregenwald (unterhalb 900 m)
- Bergregenwald (oberhalb 900 m)
- Mangroven
- Ehemaliger Regenwald
- Schutzgebiet (im Text näher erläutert)

52 Millionen neue Bäume – AES Thames, ein privater Stromerzeuger in den Vereinigten Staaten, läßt in Guatemala für zwei Millionen US-Dollar 52 Millionen Bäume pflanzen. Mit dieser Aktion will die Firma gegen die Auswirkungen des Kohlendioxids vorgehen, das eines ihrer Kohlekraftwerke in die Luft bläst. Durch die Spende an CARE (Cooperative for American Relief Everywhere Inc.) werden 40 000 Kleingrundbesitzer unterstützt, die über einen Zeitraum von zehn Jahren die Bäume pflanzen werden. Dies soll nicht nur die globale Erwärmung reduzieren helfen, sondern die Menschen auch dauerhaft mit Holz, Nahrung und Baumaterial versorgen und die Bodenerosion verringern.

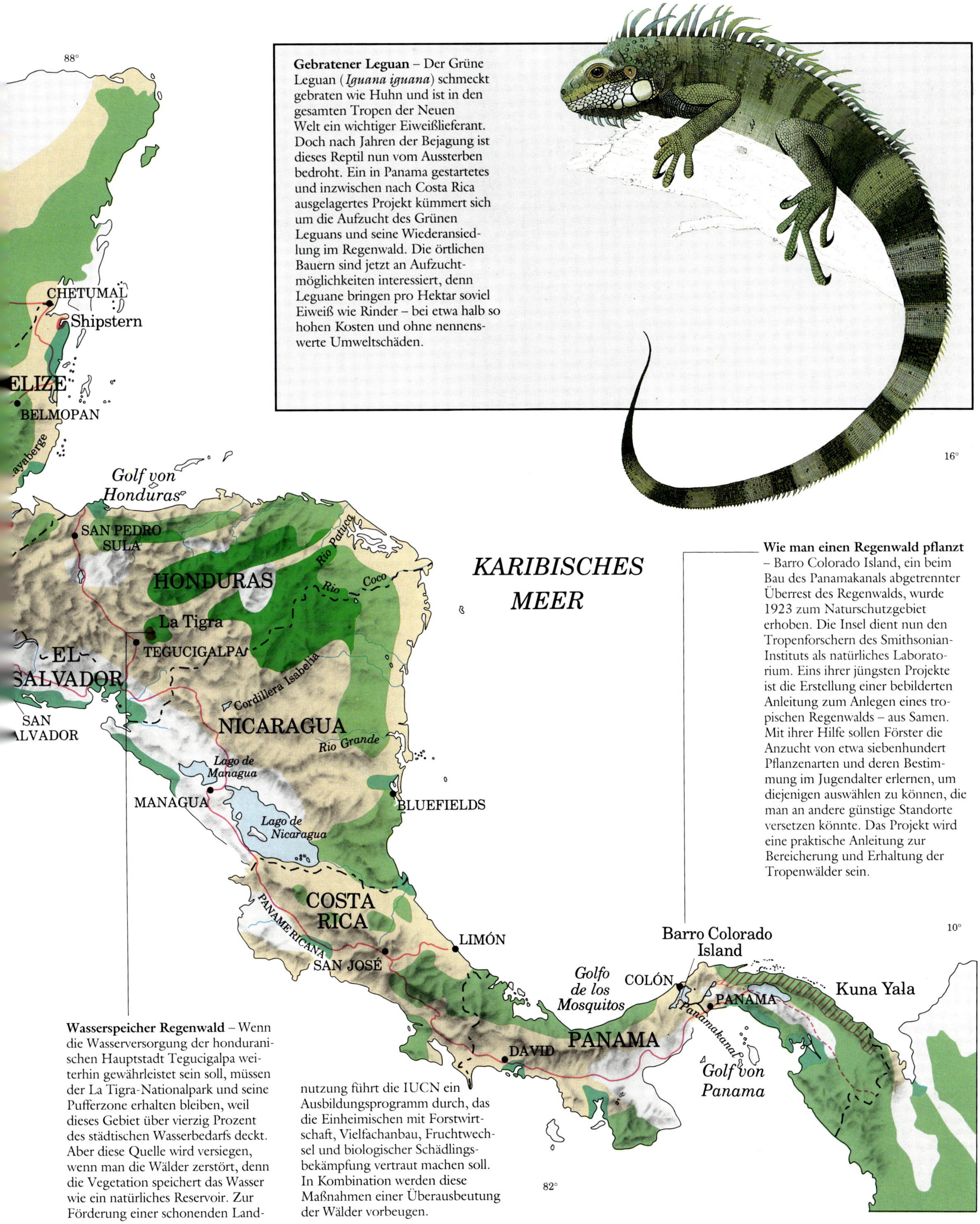

Gebratener Leguan – Der Grüne Leguan (*Iguana iguana*) schmeckt gebraten wie Huhn und ist in den gesamten Tropen der Neuen Welt ein wichtiger Eiweißlieferant. Doch nach Jahren der Bejagung ist dieses Reptil nun vom Aussterben bedroht. Ein in Panama gestartetes und inzwischen nach Costa Rica ausgelagertes Projekt kümmert sich um die Aufzucht des Grünen Leguans und seine Wiederansiedlung im Regenwald. Die örtlichen Bauern sind jetzt an Aufzuchtmöglichkeiten interessiert, denn Leguane bringen pro Hektar soviel Eiweiß wie Rinder – bei etwa halb so hohen Kosten und ohne nennenswerte Umweltschäden.

Wie man einen Regenwald pflanzt – Barro Colorado Island, ein beim Bau des Panamakanals abgetrennter Überrest des Regenwalds, wurde 1923 zum Naturschutzgebiet erhoben. Die Insel dient nun den Tropenforschern des Smithsonian-Instituts als natürliches Laboratorium. Eins ihrer jüngsten Projekte ist die Erstellung einer bebilderten Anleitung zum Anlegen eines tropischen Regenwalds – aus Samen. Mit ihrer Hilfe sollen Förster die Anzucht von etwa siebenhundert Pflanzenarten und deren Bestimmung im Jugendalter erlernen, um diejenigen auswählen zu können, die man an andere günstige Standorte versetzen könnte. Das Projekt wird eine praktische Anleitung zur Bereicherung und Erhaltung der Tropenwälder sein.

Wasserspeicher Regenwald – Wenn die Wasserversorgung der honduranischen Hauptstadt Tegucigalpa weiterhin gewährleistet sein soll, müssen der La Tigra-Nationalpark und seine Pufferzone erhalten bleiben, weil dieses Gebiet über vierzig Prozent des städtischen Wasserbedarfs deckt. Aber diese Quelle wird versiegen, wenn man die Wälder zerstört, denn die Vegetation speichert das Wasser wie ein natürliches Reservoir. Zur Förderung einer schonenden Landnutzung führt die IUCN ein Ausbildungsprogramm durch, das die Einheimischen mit Forstwirtschaft, Vielfachanbau, Fruchtwechsel und biologischer Schädlingsbekämpfung vertraut machen soll. In Kombination werden diese Maßnahmen einer Überausbeutung der Wälder vorbeugen.

Trotz dieser Instabilität laufen viele ehrgeizige Hilfsprojekte zur Steigerung der landwirtschaftlichen Produktivität und der Exporte. Auch will man den Aufbau der Industrie fördern und Straßen zu abgelegenen Gebieten bauen. Viele dieser Maßnahmen wurden auf Kosten der Wälder und anderer natürlicher regionaler Rohstoffe durchgeführt. Kurzfristig gesehen, befriedigen diese Projekte zwar den unmittelbaren Bedarf nach mehr Nahrung, höherer Beschäftigungsrate und gesteigertem Einkommen, doch die Folgen der überstürzten, planlosen Überausbeutung der Wälder sind absehbar: Bodenerosion, Absenkung der Staudämme und Küstenhäfen wie auch Wasserverschmutzung.

Holzverschwendung

Die grundbesitzlosen Siedler sind für einen Großteil der Waldzerstörung verantwortlich, da sie dem Boden einen kümmerlichen Lebensunterhalt abzuringen versuchen. Zuerst legen Holzfirmen oder Regierungsplaner Straßen in menschenleeren Gegenden an. Als nächstes kommen Bauern, die die Bäume fällen und an ihrer Stelle Getreide anbauen. Ein Beispiel: In Guatemala baute die Regierung eine Straße zum im Norden des Landes gelegenen Departement Petén. Dann überredete man die Bauern, die dorthin übersiedelten, Rodungen anzulegen und Kaffee, Kardamom, Kakao und Kautschuk anzubauen. Das bei der Rodung geschlagene Holz wird meist nicht verwertet, sondern verbrannt oder einfach liegengelassen. Allein in Honduras, so schätzt man, werden auf diese Weise jährlich Wälder mit einem Holzwert von über 500 Millionen Mark vernichtet. Oft ist die Bodendecke des Waldes recht dünn und nicht sehr fruchtbar, was – nicht zuletzt auch wegen der sich rasch ausbreitenden Unkräuter und Schädlingsinsekten – schon nach kurzer Zeit dazu führt, daß die Bauern anderswo weitere Flächen roden.

Das geschundene Land wird dann verkauft oder von Spekulanten und Viehzüchtern übernommen, welche die kleinen Grundstücke zu reinen Rinderfarmen zusammenschließen. Ein paar Jahre lang kann jeder Hektar ein Rind ernähren, doch schon nach fünf bis zehn Jahren sind hierzu bereits fünf bis zehn Hektar nötig. Schließlich überläßt man das Land Sträuchern und Sekundärpflanzen, oder der nackte Boden geht – was noch schlimmer ist – durch Erosion verloren.

Die Anbaumethoden der Regenwaldindianer sind ausnahmslos ergiebiger als die Weidewirtschaft, von der sie gegenwärtig verdrängt werden. Außerdem trägt das Vernachlässigen der alten, vielfach bewährten Kulturtechniken wie Terrassenbau oder Konturbepflanzung an Steilhängen mit zur ausgedehnten Erosion und Bodenverwitterung in ganz Mittelamerika bei.

Schmetterlinge zu verkaufen – Im Shipstern-Reservat in Belize wird mit dem Verkauf von Schmetterlingen der Naturschutz unterstützt. Dieses Reservat liegt nahe der Grenze zu Mexiko in einer der wichtigsten Feuchtlandschaften Mittelamerikas und besteht aus tropischen Feuchtwäldern, Savannen und Lagunen. Das Hauptanliegen des Reservats liegt darin, aufzuzeigen, daß eine planvolle Nutzung der Waldressourcen so viel Geld erwirtschaften kann, um eine ganze Region davon profitieren zu lassen. Zuerst soll der Verkauf von Puppen von in Gefangenschaft gezüchteten Schmetterlingen wie der Arten *Heliconius charitonius, Siproete stelenes* und dem Thoas-Schwalbenschwanz *(Papilio thoas)* das Geld für weitere Einrichtungen im Reservat hereinbringen.

Hauptzugvogelrouten von Nord- nach Mittel- und Südamerika

Der Rückgang der Zugvögel – Die Zerstörung der Regenwälder in Mittelamerika zieht wahrscheinlich fatalere Folgen nach sich, als man zuerst annahm. Die Region ist ein Rückzugsgebiet für mindestens 225 Zugvogelarten aus Nord- und Südamerika. Tatsächlich laufen drei der vier Flugrouten zwischen Nord- und Südamerika in Panama zusammen. Land-, See-, Stelz- und Wasservögel – sie alle überfliegen oder streifen dieses Gebiet. Mehrere wissenschaftliche Studien sind zu dem Ergebnis gelangt, daß zwischen der großflächigen Abholzung in Mittelamerika und dem Rückgang einiger häufiger Zugvögel Nordamerikas ein Zusammenhang besteht. Bei etwa einem Drittel der 53 Vogelarten, die in Mittelamerika überwintern, ist der Bestand rückläufig; darunter sind viele, die ihr Leben außerhalb der Brutzeit an der Pazifikküste Mittelamerikas verbringen. Doch gerade diese Region hat in den letzten Jahren die größten Waldverluste hinnehmen müssen. Sicher dokumentierte Beispiele für den Rückgang einzelner Vogelarten sind unter anderen die Walddrossel (*Hylocichla mustelina*), der Tennessee-Waldsänger (*Vermivora peregrina*) und der Grüne Waldsänger (*Dendroica virens*). Neben der Abholzung spielt wohl auch der massive Einsatz von Pestiziden in den Hochlanden und den pazifischen Küstenregionen Mittelamerikas eine Rolle. Eine eher traditionelle Bedrohung für die Vögel geht von den Quiche-Indianern im Westen Guatemalas aus: Sie entzünden nachts riesige Feuer, um die Vögel anzulocken, zu fangen und anschließend zu verzehren. Aber dies tun sie schon seit Urzeiten; für den Rückgang der Vögel dürfte wohl in erster Linie die Zerstörung ihrer Überwinterungsgebiete verantwortlich sein.

Damit der Kanal befahrbar bleibt, muß er ständig ausgebaggert werden.

Der Panamakanal: Ohne Wald kein Kanal

Der 1914 fertiggestellte Panamakanal ist ein Meisterwerk der Ingenieurkunst und zählt seit vielen Jahren zu den wichtigsten Schiffahrtswegen der Welt. Jedoch wird seine unmittelbare Existenz von der Zerstörung der Regenwälder in den umliegenden Hügellandschaften bedroht. Etwa 12 000 Schiffe passieren den Kanal pro Jahr, wobei mit jeder Fahrt durch die vielen Schleusen der Wasserstraße fast 200 Millionen Liter Wasser ins Meer fließen. Dieses Wasser stammt von den schweren Regengüssen, die auf die Berge rings um den Kanal niedergehen. Obwohl es nicht das ganze Jahr über regnet, hat dies keinen Einfluß auf den Kanal, da in seinem Einzugsgebiet der Wald wie ein riesiger Schwamm funktioniert, der das Regenwasser aufsaugt und es über das Jahr verteilt in konstanter Menge abgibt.

Ende der siebziger Jahre wurde erstmals ein drastischer Rückgang des Kanalpegels festgestellt. Die panamaische Regierung sah sich gezwungen, den Kanal für die größten Schiffe zu sperren, wodurch ihr an Gebühren, die sonst 350 Millionen US-Dollar pro Jahr in die Staatskasse bringen, empfindliche Verluste entstanden. Als Ursache kam hierfür nur der schwindende Wald in Frage: Jährlich roden die Siedler im Kanaleinzugsgebiet zwischen dreißig und fünfzig Quadratkilometer Waldfläche. Verschlimmert wird das Problem noch dadurch, daß der Boden vom Regen fortgewaschen wird und der Kanal verschlammt, weil keine Bäume mehr vorhanden sind, deren Wurzeln das Erdreich festhalten.

1987 trat in Panama ein strenges Gesetz in Kraft, welches das Fällen von über fünf Jahre alten Bäumen verbot; doch der Regierung fehlt zur Durchsetzung der eigenen Gesetze das Geld. Davon einmal ganz abgesehen, kann das Land aufgrund der politischen Unruhen nur wenig Zeit und Geld für den Naturschutz aufbringen.

Ohne schützende Walddecke sind Erdrutsche an der Tagesordnung.

Kuna: Organisiertes Überleben

Die in Panama beheimateten Kuna-Indianer haben als erstes Eingeborenenvolk der Welt einen international beachteten Waldpark geschaffen, um ihre Kultur und ihr Land zu schützen. Als Folge davon ist das Kuna-Yala-Reservat zu einem Mekka der Umweltschützer und von Anwälten der Naturvölker geworden.

Etwa 30 000 Indianer leben in 60 Dörfern auf mehreren der insgesamt 350 kleinen Koralleninseln vor der Ostküste Panamas. Als Ernährungsgrundlage dienen ihnen Fischfang und mit einfachsten Methoden betriebene Landwirtschaft entlang der Küste, weshalb der größte Teil des Waldes auf dem Festland unberührt bleibt. Tatsächlich sind an einigen den Indianern heiligen Plätzen in der Nähe der Dörfer Ackerbau, Jagen und das Fällen von Bäumen tabu und unter Strafe gestellt. Im Gegensatz zu vielen anderen Stämmen gehört ihnen das Land, auf dem sie leben – und zwar schon seit den dreißiger Jahren, als sie die Regierung durch bewaffneten Widerstand zwangen, ihnen ihren Grund und Boden abzutreten.

In den siebziger Jahren begann man mit dem Bau einer neuen Straße am Westende des Kuna-Reservats. Ursprünglich wurde dies von den Indianern sogar begrüßt, doch schon bald befürchteten sie, daß fremde Siedler aufkreuzen und ihnen ihr Land wegnehmen würden. Um das zu verhindern, ersuchten die Indianer eine Reihe nationaler und internationaler Organisationen um Rat und finanzielle Unterstützung. So wurde das Kuna-Wildland-Projekt namens PEMASKY ins Leben gerufen, das heute zu Recht als Naturschutzgebiet ausgewiesen ist.

Verantwortliche Kuna

Konzept, Durchführung und Leitung des Projekts liegen fest in der Hand der Indianer. Sie verfügen über die Einnahmen, die durch Touristenbesuche und Wissenschaftler zustande kommen, die für Geld das Reservat besichtigen oder dort arbeiten dürfen. Außerdem wird jeder Wissenschaftler von einem Kuna-Helfer begleitet und muß den Indianern einen Bericht über seine Arbeit abliefern. Das Projekt bringt den Eingeborenen Geld, sie profitieren von den Forschungen, und – was vielleicht am wichtigsten ist – Wälder und Erde der Kuna bleiben erhalten.

Wegen seines Erfolgs ist PEMASKY bereits zu einem Modell für andere Eingeborenenstämme Mittelamerikas geworden. Die in der angrenzenden Provinz Darién lebenden Embera haben Kontakte zu den Kuna aufgenommen, um einen ähnlichen Plan für ihr Land zu entwickeln. Auf diese Weise werden mehr Tropenwälder erhalten, die so die hier lebenden Eingeborenen dauerhaft mit Nahrung, Medizin, Brennstoff und Baumaterial versorgen, aber auch Tausenden von Pflanzen und Tieren eine Heimat bieten können.

Das Kuna-Yala-Reservat ist zu einem Mekka der Umweltschützer und von Anwälten der Naturvölker geworden.

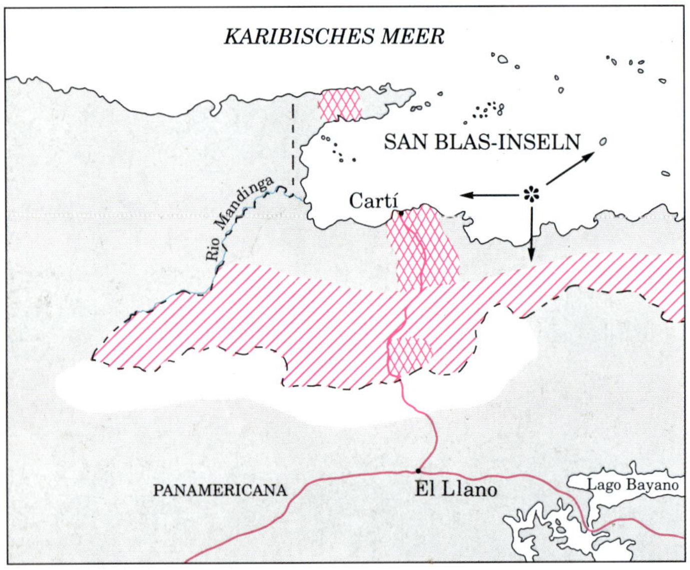

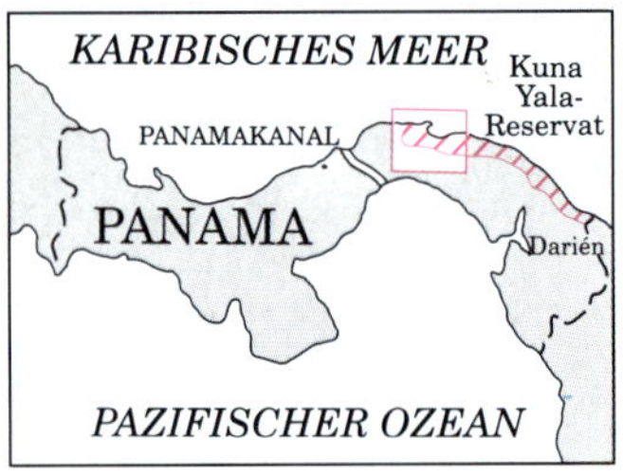

Pemasky – Das Kuna-Wildland-Projekt (PEMASKY), zu beiden Seiten der Straße von El Llano nach Cartí gelegen, soll die Westflanke des Kuna-Yala-Reservats vor Siedlern schützen, die auf diesem Verkehrsweg in ansonsten unzugängliches Kuna-Land vordringen. Das Projekt umfaßt vier Schutzkategorien: eine Kernzone, in der nur Tourismus und wissenschaftliche Forschungen gestattet sind; eine für die Landwirtschaft der Kuna reservierte Zone; eine Kulturzone, zu der die Inseln, auf denen die Kuna leben sowie ihre Fischgründe und Felder an der Küste gehören, und schließlich einen Schutzgürtel direkt außerhalb der Reservatsgrenzen, der Störungen abpuffert.

Oben: **Kanutransport** – Jeden Morgen verlassen die Kuna mit ihren Einbäumen die Koralleninseln, auf denen sie leben, um das Meer zum Festland zu überqueren, wo sie entlang der Küste eine vielseitige Landwirtschaft aufgebaut haben.

Rechts: **Molas** – Farbenprächtig bestickte, handgenähte Molas sind ein traditionelles Kleidungsstück der Kuna-Frauen. Zum Färben verwenden sie vorwiegend natürliche Farbstoffe; bis so ein Kunstwerk vollendet ist, vergehen zwei Monate.

Die Karibischen Inseln

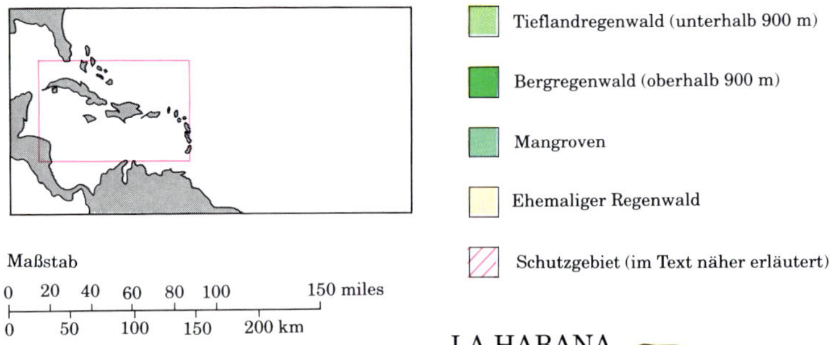

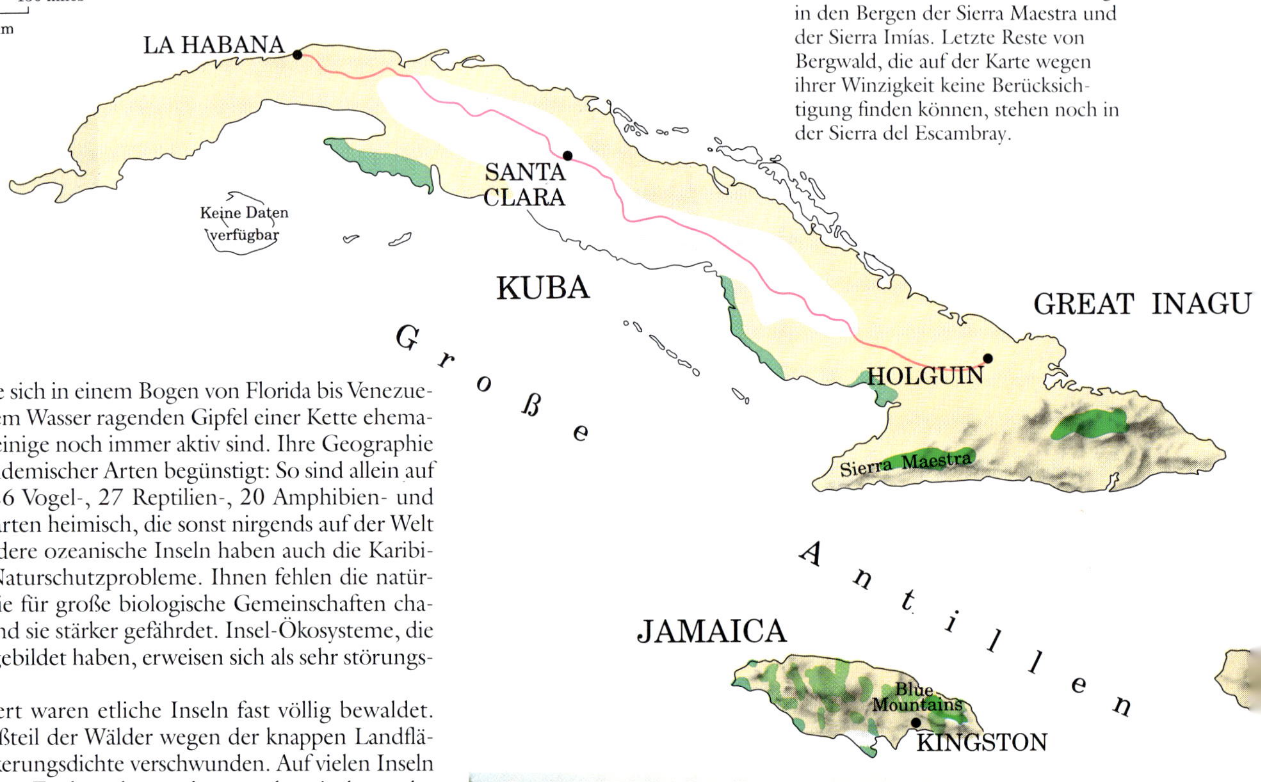

Kuba – 1812 wurden noch neunzig Prozent der Fläche Kubas von Wald bedeckt; 1959 waren es noch ganze vierzehn Prozent. Die Situation bleibt auch in den achtziger Jahren unverändert, weil die meisten Waldreste in den Bergen liegen. Regenwälder erstreckten sich wahrscheinlich einst über den ganzen Süden der Hauptinsel. Heute existieren nur noch zwei Fleckchen von Bedeutung in den Bergen der Sierra Maestra und der Sierra Imías. Letzte Reste von Bergwald, die auf der Karte wegen ihrer Winzigkeit keine Berücksichtigung finden können, stehen noch in der Sierra del Escambray.

Die Karibischen Inseln, die sich in einem Bogen von Florida bis Venezuela spannen, sind die aus dem Wasser ragenden Gipfel einer Kette ehemaliger Vulkane, von denen einige noch immer aktiv sind. Ihre Geographie hat die Evolution vieler endemischer Arten begünstigt: So sind allein auf Jamaika vier Säugetier-, 26 Vogel-, 27 Reptilien-, 20 Amphibien- und mindestens 900 Pflanzenarten heimisch, die sonst nirgends auf der Welt vorkommen. Aber wie andere ozeanische Inseln haben auch die Karibischen Inseln spezifische Naturschutzprobleme. Ihnen fehlen die natürlichen Pufferzonen, wie sie für große biologische Gemeinschaften charakteristisch sind; daher sind sie stärker gefährdet. Insel-Ökosysteme, die sich in relativer Isolation gebildet haben, erweisen sich als sehr störungsanfällig.

Bis zum 16. Jahrhundert waren etliche Inseln fast völlig bewaldet. Heute jedoch ist der Großteil der Wälder wegen der knappen Landfläche und der hohen Bevölkerungsdichte verschwunden. Auf vielen Inseln wie etwa Barbados wird jetzt Zuckerrohr angebaut; andere, insbesondere Dominica, verfügen dagegen noch über beträchtliche Waldgebiete. Die menschlichen Auswirkungen auf den Wald machen sich besonders auf den Großen Antillen einschneidend bemerkbar, doch schwinden in der gesamten Karibik die Wälder immer mehr, weil durch Rodung neue Landwirtschaftsflächen erschlossen werden.

Hinzu kommen zahllose Wirbelstürme, Erdbeben und Vulkanausbrüche, die große Waldgebiete verwüsten. 1979 kamen in der Dominikanischen Republik zweitausend Menschen durch die Wirbelstürme »David« und »Frederick« ums Leben, die einen Sachschaden von fast einer Milliarde US-Dollar verursachten. Zu den schlimmen Nebenwirkungen von Wirbelstürmen gehören die Schäden in der Landwirtschaft, was auf kleinen Inseln, die nur ein oder zwei Produkte exportieren, eine Hungersnot auslösen und eine wirtschaftliche Katastrophe bedeuten kann. Die Sturmschäden fallen naturgemäß in abgeholzten Landstrichen höher aus, da kultivierte Landstriche Erdrutschen und Überschwemmungen schutzlos ausgeliefert sind.

Die »Carribean Conservation Association«, die führende nichtstaatliche Organisation dieser Region, befaßt sich mit allen Aspekten des Umweltschutzes. Dank der Unterstützung durch mehrere Regierungen und internationale Sponsoren konnte diese übernationale Einrichtung Einzugsbereiche von Flüssen, potentielle Parks, Schutzgebiete und wichtige Lebensräume für gefährdete Arten ausweisen. Zu ihren Aufgaben zählen unter anderem Umweltschutzschulungen, Pilotprojekte auf dem Gebiet der Holz- und Meeresnutzung und die Ausarbeitung geeigneter Gesetze. Mit Hilfe der Einnahmen aus der Erschließung von Land und Meer, dem naturnahen Tourismus und dem Verkauf von Waldprodukten ist auf den Inseln der Karibik ein im allgemeinen bescheidener wirtschaftlicher Wohlstand gesichert, ohne daß hierfür noch mehr Regenwälder zerstört werden müssen.

Dominica ist die gebirgigste und waldreichste Insel der Kleinen Antillen. Ihre 80 000 Einwohner, überwiegend Nachfahren von Sklaven, die man von Afrika auf die Plantagen verschleppt hatte, leben fast alle an der Küste, so daß beinahe drei Viertel der Insel aus Urwald bestehen. Allerdings haben die Rodungen für Ackerland in den letzten fünf bis zehn Jahren zugenommen – insbesondere, da sich viele einheimische Bauern jetzt Motorsägen anschaffen. Außerdem verursachte der Hurrikan »David« 1979 die schwersten je registrierten Waldschäden auf der Insel. Kein Teil Dominicas blieb verschont, rund fünf Millionen Bäume wurden beschädigt. Wirbelstürme entwurzeln nicht nur Bäume und reißen Äste ab, sie unterbrechen auch Blüte- und Fruchtzyklen, wovon wiederum die Tiere dieser Region betroffen sind. Bis sich der Regenwald ganz erholt haben wird, vergeht wahrscheinlich noch über ein halbes Jahrhundert.

Puerto Rico ist ein Beispiel für die natürliche Genesung einer schwer angeschlagenen Umwelt. Als 1508 die ersten Europäer hier landeten, war Puerto Rico fast völlig bewaldet. Bis 1770 hatte man erst sechs Prozent der 8630 Quadratkilometer großen Insel gerodet, doch nach 1815, als Puerto Rico dem Welthandel erschlossen wurde, begannen die Rodungen im großen Stil; sie wurden erst 1903 gestoppt, als noch ganze 0,4 Prozent des Landes bewaldet waren. Mit dem Zusammenbruch der Zuckerrohrindustrie in den vierziger Jahren wurden große Landstriche sich selbst überlassen. Es folgte eine eindrucksvolle natürliche Ausbreitung von Sekundärwald, der 1978 schon 32 Prozent der Insel zurückerobert hatte.

Links: **Objekt des Stolzes** – Die Blaustirnamazone (*Amazona aestiva aestiva*) kommt nur noch in wenigen Refugien im Innern von Saint Lucia vor und ist unmittelbar vom Aussterben bedroht. Ursprünglich dort weit verbreitet, war die Population des Vogels bis 1950 auf tausend und bis 1977 auf hundert Tiere zurückgegangen. Sie endeten entweder im Kochtopf oder auf dem Zootiermarkt; ihr natürlicher Lebensraum wurde durch Wirbelstürme vernichtet, der Mensch besorgte den Rest. 1979 erhob man den Papagei zum Nationalvogel von Saint Lucia, der seitdem zu einem Objekt des Stolzes avanciert ist. Zusammen mit dem Bejagungsverbot, der Einrichtung eines Waldreservats und einem Aufzuchtprogramm in einer Station kann dieser Gesinnungswandel das Überleben eines schmucken Vogels sichern.

Links: **Natürliche Zerstörung** – Wirbelstürme sind eine Hauptursache für Verwüstung in der Karibik und richten oft schlimme Waldschäden an. Bei einem solchen Sturm ist bewaldetes Land sicherer vor Erdrutschen und Überschwemmungen, weil die Bäume den Boden vor der vollen Wucht des Regens schützen.

Trinidad und Tobago – Eine kürzlich durchgeführte und von der ITTO (International Tropical Timber Organization, Internationale Organisation tropenholzexportierender Länder) finanziell unterstützte Studie zeigt, daß praktisch kein Land mit Tropenwäldern diese zukunftsorientiert nutzt. Trinidad und Tobago bedeuten eine Ausnahme. Auf Trinidad haben Waldschutz und Baumschulen eine lange Tradition. Schon vor über fünfzig Jahren haben dort Förster eine Teakholzvarietät gezüchtet, die sehr gut außerhalb ihres natürlichen Verbreitungsgebiets in Birma und Thailand gedieh. Die Forstpolitik der Regierung von Trinidad und Tobago unterstreicht die Bedeutung dauerhafter Waldreservate zur Sicherung eines von Menschenhand weitgehend unbehelligten ökologischen Gleichgewichts.

Das Amazonasbecken

Im Tiefland rund um den wasserreichsten Strom erstreckt sich das mit Abstand größte Tropenwaldgebiet der Welt: mit einer Fläche von sechs Millionen Quadratkilometern, verteilt auf neun Länder – sechzig Prozent entfallen auf Brasilien, der Rest auf Französisch-Guayana, Surinam, Guyana, Venezuela, Kolumbien, Ecuador, Peru und Bolivien. Biologisch gesehen ist es wahrscheinlich die artenreichste Region der Erde, in der etwa zwanzig Prozent aller höheren Pflanzen- und vielleicht ebenso viele Vogelarten beheimatet sind, ergänzt von noch rund zehn Prozent aller Säugetiere. Jede Baumart kann für bis zu vierhundert Insektenarten die Lebensgrundlage bilden. Weite Teile sind noch unerforscht, und jede Expedition scheint neue Erkenntnisse zu liefern.

Im Herzen dieser Region fließt der gewaltige Amazonas, der zweitlängste Fluß der Welt, der von mindestens tausend Nebenflüssen gespeist wird und mehr als ein Fünftel aller Süßwasserreserven der Erde mitführt. Jeden Tag schiebt er soviel Wasser ins Meer wie die Themse in einem Jahr. Im Amazonas leben schätzungsweise zweitausend Fischarten, zehnmal mehr als in allen Flüssen Europas zusammen, ganz zu schweigen von den unzähligen Säugetieren oder Reptilien wie den Manatis (*Trichechus inunguis*) einer Seekuhart, dem Brillenkaiman (*Caiman crocodilus*), der Anakonda (*Eunectes murinus*) und dem Amazonasdelphin (*Inia geoffrensis*). Bei Hochwasser überschwemmt der Strom eine Fläche der Größe Englands und schafft ein einzigartiges Ökosystem: den überfluteten Wald. An seinem Oberlauf, wo die Nebenflüsse nach heftigen Regenfällen kurzzeitig über die Ufer treten, nennt man diesen Wald unter Wasser *Várzea*; weiter flußabwärts, im Amazonastiefland, trifft man auf den Sumpfwald, den *Igapó*, der in der Regel zwischen vier und sieben Monaten pro Jahr überflutet ist.

Die Brandrodungen

Das Ausmaß der Zerstörungen in den saisonalen Regenwäldern Brasiliens ist so stark angewachsen, daß die Brasilianer inzwischen drei Jahreszeiten kennen: die Regenzeit, die Trockenzeit und die *Queimadas*, was soviel wie Brandrodungen bedeutet. Von keinem Land Amazoniens weiß man genau, in welchem Tempo und wo überall Wälder abgeholzt werden. Zwar existieren eine Menge Zahlen, doch die Schätzungen schwanken enorm. Am häufigsten werden die Angaben der FAO (der Organisation der UN für Landwirtschaft und Ernährung) zitiert, nach deren Schätzungen zwischen 1981 und 1985 jährlich 25300 Quadratkilometer des brasilianischen Regenwalds zerstört wurden. Allerdings sprechen die neuesten Zahlen, die das Brasilianische Institut für Weltraumforschung vorgelegt hat, von einem jährlichen Verlust von 35 000 Quadratkilometern zwischen 1987 und 1988.

Die Brasilianer sprechen inzwischen von drei Jahreszeiten: der Regenzeit, der Trockenzeit und den *Queimadas*, den Brandrodungen.

Weitere Schätzungen der FAO aus jüngster Zeit beziffern die jährlichen Verluste in Kolumbien auf 6000, in Ecuador auf 3400 und in Peru auf 2600 Quadratkilometer, und auch in den übrigen Ländern Amazoniens gehen alljährlich viele hundert Quadratkilometer Regenwald verloren.

1885 beschrieb Baron de Santa-Anna Néry Amazonien als ein »unberührtes Land, das die Saat der Zivilisation erwartet«. Heutzutage benehmen sich Viehzüchter, Industrielle, ja sogar internationale Kreditanstalten noch immer so, als hielten sie sich für die Garanten einer blühenden Zukunft dieser Region. Gründe für das Abholzen der Wälder gibt es viele, wenngleich an erster Stelle die Umwandlung in Weideflächen für die Rinderzucht steht; danach folgen die Landwirtschaft betreibenden Kleinbauern und Siedler. Im Unterschied zu den Wäldern Südostasiens und Westafrikas stand die Holzgewinnung im Amazonasbecken noch nie im Vordergrund.

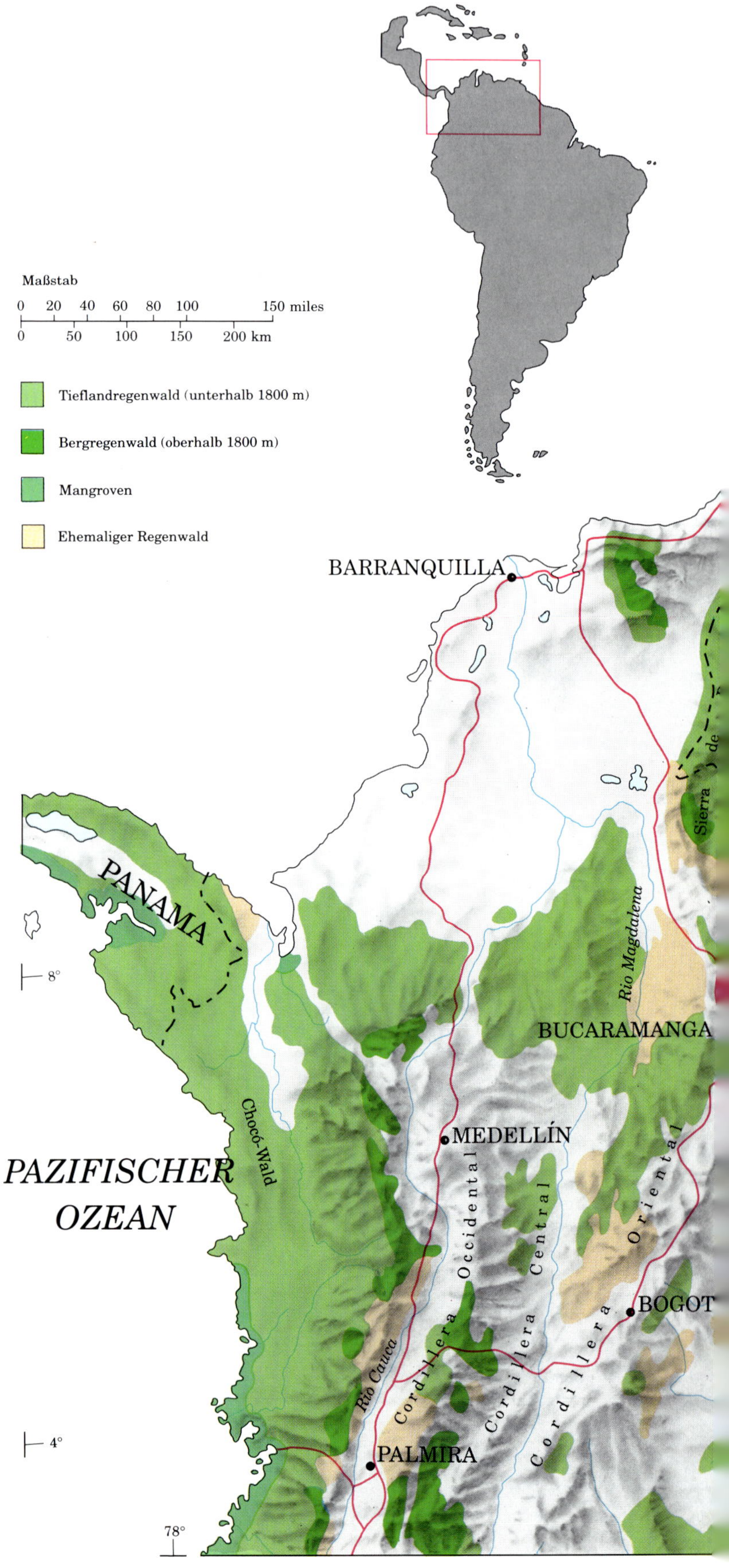

Palmira – Seit vierzig Jahren siedeln Menschen an den bewaldeten Hängen oberhalb der kolumbianischen Stadt. Große Teile des Waldes, der für die urbane Versorgung mit Wasser und Strom aus Wasserkraft wichtig ist, wurden Weideland – mit dem Ergebnis, daß die Erosion immer schlimmere Formen annimmt. Jetzt hilft der örtliche Kraftwerksbetreiber mit, die Gegend neu zu bepflanzen.

Der Chocó, jener Streifen Tiefland entlang der kolumbianischen Küste, ist eine der artenreichsten Pflanzengemeinschaften der Erde. Auch wenn über diese Region sonst nur wenig bekannt ist, kommen hier schätzungsweise acht- bis neuntausend Pflanzenarten vor, davon ein Viertel endemisch. Die Wälder des Choco sind zunehmend bedroht durch Holzeinschlag, Besiedlung und landwirtschaftliche Erschließung.

Baum des Lebens – Die Buritipalme (*Mauritia flexuosa*) ist für viele Indianer Amazoniens ein wahrer »Lebensbaum«. Ihre Früchte enthalten soviel Vitamin C wie Orangen, das Öl des Fruchtmarks ist reicher an Vitamin A als Spinat. Aus dem Mark extrahieren die Indianer Stärke, die sie zum Brotbacken verwenden; aus Saft, Früchten und Blüten keltern sie Wein. Auch die Palmherzen werden verzehrt. Darüber hinaus liefern die jungen Blätter eine kräftige Faser, aus den Blattstielen wird ein nützliches, korkähnliches Material gewonnen, und das Holz dient als Baumaterial.

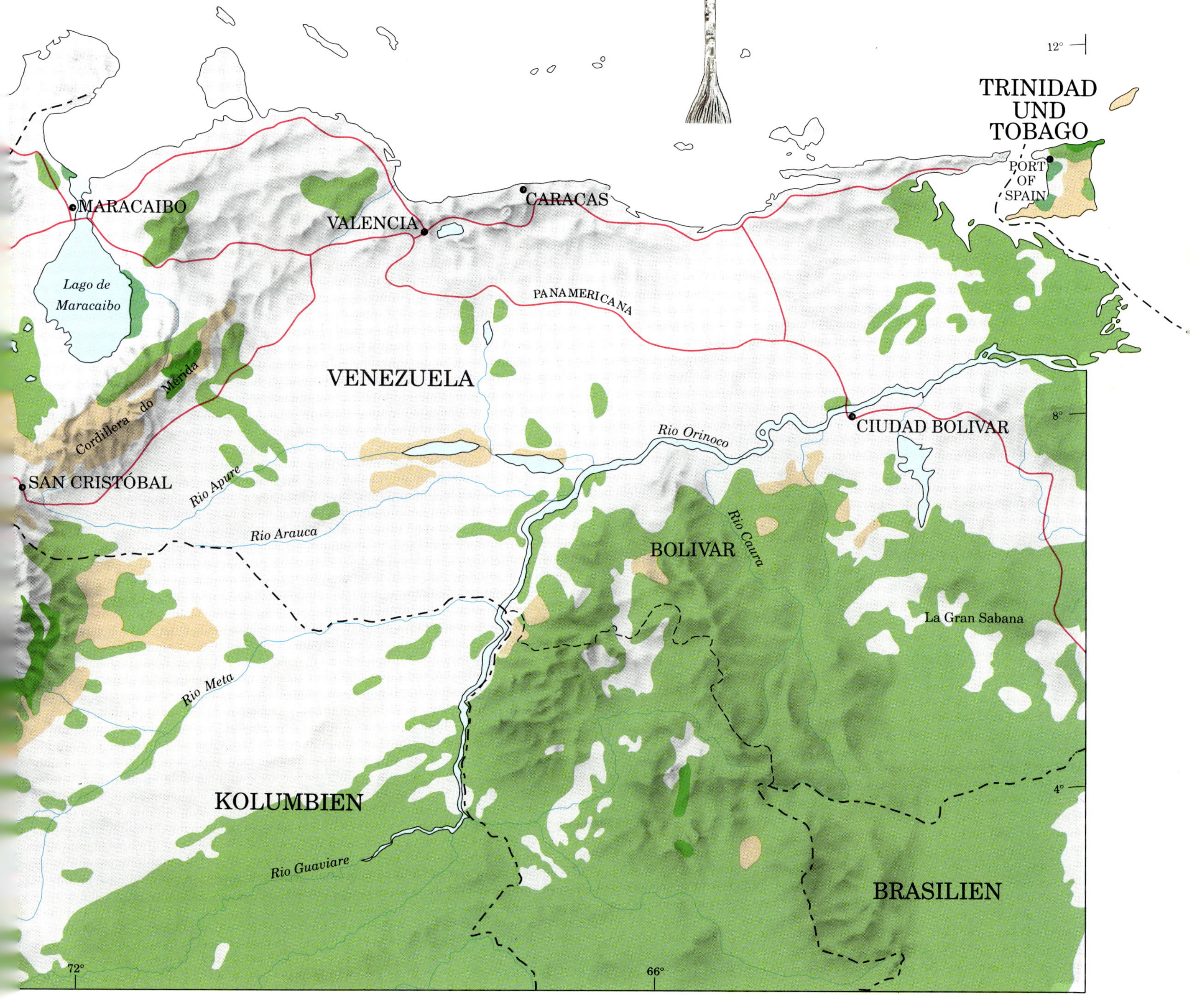

Raubbauwirtschaft, oft aus Unwissenheit über ökologische Zusammenhänge betrieben, schafft nach wie vor zahlreiche Probleme. Intensive Bewirtschaftung und exotische Anbauprodukte wurden in Gegenden probiert, deren Böden keine langfristige Nutzung erlauben. Künftige Vorhaben müssen auf einem viel detaillierteren Wissen über das Entwicklungspotential aufbauen, damit das Land richtig genutzt werden kann. Doch wenn sich auch langsam die Erkenntnis durchsetzt, daß man in den Wäldern auf den ärmeren Böden reichlich Kautschuk, Öle, Nüsse, Palmherzen und Bauholz ernten kann, schreitet die Zerstörung munter fort.

Ein Blick in die Zukunft

Die Folgen der Vernichtung des amazonischen Regenwalds werden sich weit über die Grenzen der neun Länder Amazoniens hinaus auswirken. Wegen der gewaltigen Wolkenmassen, die über ihm entstehen, spielt er nach Meinung von Fachleuten eine entscheidende Rolle bei der Verteilung der Sonnenwärme auf dem Globus.

Es ist natürlich unsinnig, wenn die Industriestaaten von Brasilien und den übrigen Ländern Amazoniens erwarten, daß sie ihre Wälder gänzlich unberührt lassen, zumal ja sie es sind, die von dieser Region Rindfleisch, Tropenhölzer, Kautschuk und andere Produkte beziehen. Die meisten Länder Lateinamerikas haben ernste wirtschaftliche Probleme wie beispielsweise die enorme Auslandsverschuldung – die gesamte Schuldenlast von Brasilien, Peru, Venezuela, Ecuador, Kolumbien und Bolivien belief sich 1987 auf auf über zwei Billionen US-Dollar. Die Armen fordern bessere Lebensbedingungen und haben kaum Geld übrig für den Schutz und das Studium der Regenwälder. Die derzeitige Hilfe der Industrieländer könnte infolgedessen nur in einem generellen Schuldenerlaß bestehen, um den Regenwaldstaaten einen Ausweg aus ihrer finanziellen Misere zu ermöglichen.

Brasilien: Die Erschließung des Waldes

Die Ureinwohner des amazonischen Regenwalds, die Amer-Indianer, kamen vor über zwanzigtausend Jahren von Norden her, über die Meerenge von Panama, und erreichten etwa zehntausend Jahre später das Amazonasbecken. Über die Größe der amerikanischen Bevölkerung zur Zeit der Ankunft der ersten Europäer im 16. Jahrhundert sind die Ansichten unterschiedlich; es können fünfzehn, aber auch nur zwei Millionen Menschen gewesen sein. Wie viele es ursprünglich auch waren – heute leben infolge des sozialen Holocausts, den die Europäer verursachten, gerade noch zweihunderttausend Indianer. Über ein Drittel aller Stämme, die man 1900 noch zählte, ist seitdem ausgelöscht.

Die Hauptbesiedlungsphase der brasilianischen Amazonasregion begann Mitte der siebziger Jahre, als der damalige Staatspräsident Emilio Medici die »Transamazônica« als Teil der »Operation Amazonien« bauen ließ. Im gegenwärtigen, vom Umweltbewußtsein geprägten Klima wird leicht vergessen, daß diese Straße mit weltweiter Billigung gebaut wurde. Die »Operation Amazonien« sollte den von Armut geplagten Brasilianern große, dringend benötigte Landstriche erschließen und so die Schaffung von einem »Land ohne Menschen für Menschen ohne Land« ermöglichen. Außerdem half sie Brasilien, seinen Hoheitsanspruch über die Region zu sichern. Daß es in Brasilien überhaupt »Menschen ohne Land« gab, lag weder am schnellen Bevölkerungswachstum noch daran, daß zu wenige erschlossene Gebiete als Anbauflächen zur Verfügung standen. Die Ursache dafür war und ist bis heute, daß sich 43 Prozent von Brasiliens ergiebigsten Böden in der Hand von nur einem Prozent seiner Bevölkerung befinden.

Nach der Fertigstellung der »Transamazônica« strömten die landlosen Bauern herbei und rodeten soviel Wald wie möglich. Ihr Gebietsanspruch bezog sich nur auf »Anbauflächen«, und das Abholzen galt als sicherer Beweis, daß sie auf ihrem Land Feldfrüchte anbauen würden. Die neuen Siedler erhielten jedoch kaum Ratschläge, wie und welche Produkte sie anbauen sollten. Man empfahl ihnen Monokulturen – ungeachtet der Tatsache, daß diese extrem durch Krankheiten und Schädlingsbefall gefährdet und wohl kaum über längere Zeiträume zu erhalten sein würden. Dies stellte man bereits in den zwanziger Jahren fest, als Henry Ford große Kautschukplantagen anlegen lassen wollte. Da sie keinen Schatten hatten und anfällig waren für Blattfäule und andere Krankheiten, gingen die Bäume schon nach kurzer Zeit ein.

Altamira – Anfang 1989 versammelten sich in Altamira Hunderte einheimischer Indianer und protestierten wie die oben abgebildtete Xicrin-Frau und die Kayapó (rechts) gegen die geplanten Staudämme am Rio Xingu. Bei Durchführung der Baumaßnahmen wären Tausende Quadratkilometer Regenwald überflutet und viele Indianer ihrer Lebensgrundlage beraubt worden. Als Ergebnis dieser Konferenz und der internationalen Proteste, die sie begleiteten, erklärte sich die brasilianische Regierung zur Aufgabe ihres Vorhabens bereit, und die Weltbank zog die dafür bereitgestellten Gelder zurück.

Oben: **Fische im Wasserwald** – Zu den Kuriositäten Amazoniens gehört der überflutete Sumpfwald, der *Igapó*, der bis zu elf Monate im Jahr zwölf Meter tief unter Wasser steht. Zwischen den Bäumen schwimmen wie dieser Piranha zahllose Fische herum, von denen viele die Samen und Früchte fressen, die von den Baumkronen ins Wasser fallen. Ein weiterer Samenfresser unter den Fischen ist der *Tambaqui* (*Collossoma macropomum*), der fruchttragende Bäume wahrscheinlich riechen kann. Die herabgefallenen Samen knackt er dann mit seinen riesigen Backenzähnen, die man eher bei einem Pferd als einem Fisch erwarten würde. Dank der Fettreserven, die der Tambaqui während dieser Zeit aufbaut, überlebt er auch, wenn Niedrigwasser herrscht und er wenig Nahrung vorfindet. Einer der seltsamsten Fische im Igapó ist der Arowana. Mit einer Länge von bis zu einem Meter und einem schwerbewaffneten Maul sieht er so aus, als würde er andere Fische fressen. Tatsächlich aber bilden große Käfer den wichtigsten Teil seiner Nahrung. Viele davon erbeutet der Arowana, indem er hoch (bis zu einem Meter) aus dem Wasser springt und die Käfer von tief herabhängenden Zweigen wegschnappt. Etwa einen Monat im Jahr muß das Männchen auf diese Art von Ernährung verzichten, denn dann bewacht es seinen Nachwuchs, der bei Gefahr in seinem Maul Schutz sucht. Fischer, die die Tiere für den Zoohandel fangen, machen sich dieses Verhalten zunutze: Sobald sie einen männlichen Arowana fangen, schlagen sie ihm den Kopf ab, um zu verhindern, daß er seine Jungen schluckt, wie er es in einem Netz täte. Dann schöpfen sie die Jungtiere, die naturgemäß zu flüchten versuchen, aus dem Wasser. Die Schwemmebenen des Amazonas mit ihren unzähligen Fischen, die von den Früchten des Waldes leben, bieten eine der herausragendsten Chancen zur Nutzung des Tropenwalds auf einer vernünftigen, produktiven und dauerhaften Basis.

Es scheint eine lange und mühevolle Arbeit zu sein, das heruntergekommene Land wieder in Wald zu verwandeln.

Die Neubewaldung abgewirtschafteter Weiden

Licht in die Geheimnisse der Regeneration des Waldes zu bringen, ist das Ziel eines Forschungsprojekts, das man bei Paragominas im Bundesstaat Pará im Nordosten Brasiliens ins Leben gerufen hat. Hier versucht man zu klären, warum Land, das man für Weideflächen gerodet hat, oft nur noch Sträucher, Unkraut und wuchernde Gräser hervorbringen kann.

Bei der Regeneration scheint es mehrere Hindernisse zu geben, von denen der Mangel an Samen das größte Problem ist. Die Forscher fanden heraus, daß der Boden keine Baumsamen enthielt und daß sich die Vögel, die ja als Samenverbreiter agieren, nicht weit ins offene Grasland hinauswagen. Außerdem wurde viel geräubert: Ein Großteil der Samen einer Versuchsanlage wurde von Ameisen oder Nagern weggeschleppt, und die Baumsetzlinge fielen Blattschneiderameisen zum Opfer. Darüber hinaus schienen die Setzlinge unfähig, sich den härteren Wachstumsbedingungen der Weiden anzupassen.

Die Forscher beabsichtigen, das Projekt fortzusetzen, und versuchen herauszufinden, welche Arten die besten Chancen haben, auf dem Weideland zu überleben. Verschiedene Baumkeimlinge werden nach den Kriterien Überlebensfähigkeit, Wachstum und Dürrefestigkeit verglichen, um diejenigen zu ermitteln, die sich am besten bei Wiederaufforstungsaktionen verwenden lassen. Es scheint eine lange und mühsame Arbeit zu sein, das heruntergekommene Land wieder in Wald zu verwandeln.

Der vermeintliche Reichtum der Tropen täuscht unkundige Besucher immer wieder. Im Gegensatz zu ersten Eindrücken verfügen die Böden im Amazonasbecken über ein ziemlich dürftiges Agrarpotential. Die Nährstoffe sind größtenteils in der Vegetation gebunden und gehen verloren, wenn die Bäume gefällt und verbrannt werden. Schon nach kurzer Zeit wuchern schnellwachsende Unkräuter auf dem gerodeten Land, und die Unmengen Insekten, Schädlinge und Krankheitserreger lassen die Landwirtschaft in den Tropen zu einer Sisyphosarbeit geraten. Schon nach wenigen Jahren ist auf solchen Feldern kein Anbau mehr möglich, weshalb sie meist aufgegeben werden.

Das ursprüngliche Siedlungsprogramm war ein Reinfall: Die verarmten Umsiedler aus dem Nordosten Brasiliens sollten Land erhalten, doch angesichts schwindender Ernten, Bodenerosion, Krankheiten und Feindseligkeit von seiten der dort ansässigen Stämme, die sich ihrer Lebensgrundlage beraubt sahen, gaben die Siedler auf. Sie zogen in die neuen Städte am Amazonas, um dort Arbeit zu finden. So fanden sie sich erneut in den Elendsvierteln wieder, denen sie entkommen wollten.

Die Gründe für das Abholzen sind vielfältig, der wichtigste jedoch ist die Umwandlung in Weideland für die Rinderzucht . . .

Ungeachtet der frühen Fehlschläge laufen die Siedlungsprogramme und Erschließungsprojekte, die vielfach von ausländischen Organisationen finanziert werden, dennoch weiter. Zwei der größten sind das Grande-Carajás-Projekt, mit dem Brasiliens Erzlagerstätten nahe dem Mündungsdelta des Amazonas ausgebeutet werden sollen, und das Polonoroeste-Projekt im Staat Rondônia, das die Gegend erschließen und dem Bevölkerungsdruck im Süden Brasiliens ein Ventil bieten soll. Es existieren zudem Pläne zum Bau weiterer Staudämme, die zwar wertvolle Elektrizität erzeugen, aber zugleich riesige Gebiete unter Wasser setzen würden, wodurch noch mehr Indianer ihr angestammtes Land verlassen müßten. Oft sind die ökologischen Grenzen der geplanten Vorhaben im voraus bekannt, werden jedoch ignoriert. Die Projekte entstehen in den Köpfen von Regierungen und Firmen, die damit dem unmittelbaren Druck ihrer Wähler beziehungsweise Investoren kurzfristig nachgeben.

Brasilien: Subventioniertes Abholzen

Das von den Siedlern gerodete Land wird in den meisten Fällen von Großranchern für die Rinderzucht aufgekauft. In der Vergangenheit unterstützte die brasilianische Regierung solche Transaktionen durch großzügige Subventionen und Steuervorteile. Über eine Milliarde Dollar gab der Staat in den letzten zehn Jahren als Finanzhilfe für Rinderzüchter in Amazonien aus. Der Erfolg war bescheiden; statt dessen wurde der empfindliche Ökohaushalt schwer in Mitleidenschaft gezogen, denn nicht weniger als siebzig Prozent der Waldzerstörung in Brasilien dürften auf das Konto der Viehwirtschaft gehen.

Nur noch zwölf Bäume – Eine der am ärgsten bedrohten Pflanzenarten der Welt, der Rio-Palenque-Mahagoni (*Persea theobromifilia*), kommt in einem kleinen Urwald im Westen Ecuadors vor. Es existieren nur noch zwölf reife Exemplare, doch zum Glück sprießen in der Umgebung viele Jungbäume, und auch Anzuchtversuche aus Samen waren erfolgreich. Das in dieser Region gelegene Rio-Palenque-Forschungszentrum dient dem Schutz eines Bruchteils des ecuadorianischen Küstenwalds und seiner endemischen Arten, die gerade hier durch die intensive Suche nach Öl besonders gefährdet sind.

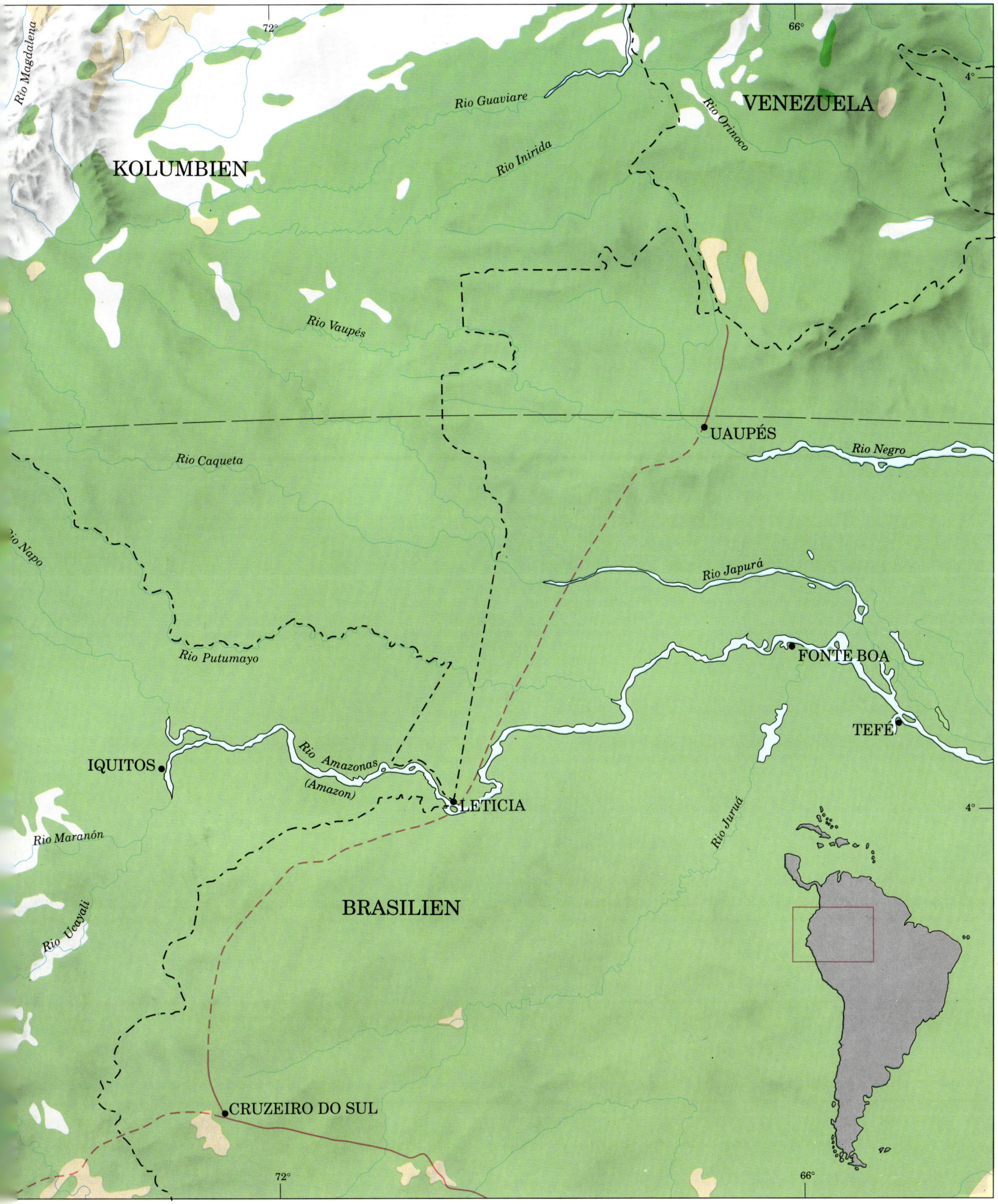

72°
66°
4°
Rio Magdalena
Rio Guaviare
VENEZUELA
Rio Orinoco
KOLUMBIEN
Rio Inirida
Rio Vaupés
UAUPÉS
Rio Caqueta
Rio Negro
Rio Napo
Rio Japurá
Rio Putumayo
FONTE BOA
TEFÉ
IQUITOS
Rio Amazonas
(Amazon)
LETICIA
Rio Juruá
Rio Maranón
BRASILIEN
Rio Ucayali
CRUZEIRO DO SUL

Die Weiden, die eigentlich nur ein Stück Vieh pro Hektar zu ernähren imstande sind, verlieren rasch ihre Fruchtbarkeit, so daß schon nach sechs Jahren für ein einziges Tier über drei Hektar benötigt werden. Die Fleischproduktion beläuft sich infolgedessen auf ganze fünfzig Kilogramm pro Jahr und Hektar; demgegenüber erzielt man in Nordeuropa jährliche Hektarerträge von sechshundert Kilogramm.

Sowohl Siedler als auch Viehzüchter machen intensiv vom Feuer Gebrauch, entweder zum Abbrennen der Urwälder oder um das Nachwachsen des Grases auf den Weiden zu beschleunigen. Natürlich geraten solche Brandlegungen häufig außer Kontrolle, wodurch zusätzlich Tausende Quadratkilometer Regenwald zerstört werden.

Brasilien: Holzwirtschaft von morgen

Die Wälder Amazoniens weisen nur selten eine solch hohe Wuchsdichte einzelner Baumarten oder Artengruppen auf, um den einheimischen oder ausländischen Holzmärkten große Mengen ein und derselben Holzart garantieren zu können. Aus dieser Erkenntnis heraus hatte man sie als wirtschaftlich unrentabel eingestuft. Nachdem aber die Holzexporte aus anderen großräumigen Regenwaldregionen wie Südostasien und Westafrika zurückgingen, sind jetzt brasilianische Tropenhölzer stärker gefragt. Zwischen 1975 und 1985 stieg allein in Amazonien der Holzeinschlag von 4,5 Millionen auf 19,8 Millionen Festmeter pro Jahr.

Die Amer-Indianer haben ein unbedingtes Recht auf die Erhaltung der Natur, da hiervon ihre gesellschaftliche Zukunft abhängt . . . Dies verdeutlicht eines ihrer Sprichwörter: »Die Götter sind mächtig, doch mächtiger noch ist der Dschungel.«

Seit Ende der siebziger Jahre machen ganze fünf von schätzungsweise 1500 Baumarten neunzig Prozent des Exportvolumens bei amazonischen Tropenhölzern aus. Gegenwärtig richtet das selektive Fällen dieser Arten enorme Schäden an: Ein Baum pro Hektar wird herausgezogen, doch da die Holzfäller dem Wald mit Straßen und Planierraupen zu Leibe rücken, wird dabei mehr als die Hälfte der Bäume auf diesem Areal verletzt oder vernichtet.

Der Nordrand: Französisch-Guayana bis Venezuela

In den Ländern nördlich Brasiliens ist derzeit die Abholzung eingeschränkt worden. Surinam zählt zu den dünnstbesiedelten Tropenländern der Welt; der Großteil der Bevölkerung lebt an der Küste und nur fünf Prozent der vierhunderttausend Einwohner sind im Landesinnern heimisch: hauptsächlich in kleinen, verstreut an den Ufern dreier größerer Flüsse gelegenen Dörfern. Dadurch ist der größte Teil des Waldes menschenleer und ungestört. Zudem verfügt Surinam über ein ausgezeichnetes Netz von Schutzgebieten, darunter Vertreter aller wichtigen Ökosysteme; eine Erweiterung ist geplant.

Ähnlich sieht es auch in Guyana und Französisch-Guayana aus, wo sich das Leben weitgehend auf den Küstenstreifen konzentriert und nur wenig Waldwirtschaft betrieben wird. Zwar gibt es in Guyana selektive Fällaktionen im kleinen Umfang; Diese wirken sich jedoch, ebenso wie die Holzkohleherstellung und das Sammeln von Brennholz, nur minimal auf den Wald aus. In Venezuela werden die Wälder nördlich vom Orinoco schon seit Jahrzehnten ausgebeutet; die holzverarbeitende Industrie ist dort ein wichtiger Wirtschaftsfaktor. Die Wälder im Norden mußten auch Feldern und Weideflächen Platz machen. Allerdings liegt der größte Teil des Waldes südlich des größten Stroms Venezuelas, und hier ist der Einfluß des Menschen noch gering. Im Bundesland Bolivar dürfen überhaupt keine Bäume gefällt werden; zusätzlich hat die Landesregierung verfügt, daß sechzig Prozent der Waldfläche des Landes im Urzustand erhalten bleiben sollen.

Surinam: Ausfuhrregelung bei Papageien

Einundzwanzig der dreißig einheimischen Papageienarten Surinams sind Mittelpunkt eines Projekts, mit dem die Landesregierung den Export bestimmter Tierarten kontrollieren will. Die ausgewählten Papageien bevölkern noch massenhaft die Wälder und sind wegen der Schäden, die sie auf den Feldern anrichten, von den Bauern gar nicht so gern gesehen.

Nach Prüfung der Daten über Verbreitung und Zustand der Papageien und nach Beratung mit internationalen Wissenschaftlern haben die Naturschutzabteilung im Forstministerium von Surinam (LBB) und die Stiftung für Naturschutz in Surinam (STINASU) Ausfuhrquoten für die einzelnen Arten festgelegt. Alle Tierhändler müssen dem Verband der Tierexporteure angehören und sind verpflichtet, über ihre Fangaktivitäten Buch zu führen. Biologen der STINASU überwachen die angewandten Fangmethoden und prüfen, ob die gefangenen Vögel richtig versorgt werden. Ohne Ausfuhrgenehmigung und eine tierärztliche Bescheinigung kann kein Vogel das Land verlassen. Für jede Sendung werden Gebühren erhoben, die einen Teil der Kosten, die bei der Durchführung des Quotensystems anfallen, decken.

Die LBB hat für jede exportierte Art einen Mindestwert in US-Dollar festgelegt. Der Exporteur muß mindestens diesen Betrag erhalten, und zwar in Dollar. Die ausländische Währung wird der Zentralbank Surinams überwiesen, die dann den Händler in der Landeswährung auszahlt. Die Quoten können angepaßt werden, wenn neue Erkenntnisse dies ratsam erscheinen lassen. Die aktuellen Zahlen zeigen jedoch, daß sich die Exporte ohne nachteilige Auswirkungen auf die Papageienpopulationen noch steigern ließen. Auf diese Weise überwacht das Land den Papageienhandel und reduziert illegale Fänge.

Sakuddei-Schamane (rechts) mit seinen Brüdern.

Der Tod eines Medizinmanns, eines Schamanen, ist schon mit dem Niederbrennen einer einmaligen Bibliothek verglichen worden . . .

Von den Schamanen lernen

Neben vielen anderen Schätzen beherbergt der amazonische Regenwald eine unglaubliche Fülle von Pflanzen, die für die moderne Landwirtschaft, die Industrie und die Medizin von unschätzbarem Nutzen sein könnten. Obwohl es den Chemiefirmen nicht möglich ist, die Pflanzen zu analysieren und herauszufinden, wofür sie gut sein könnten, lassen sich die verschiedenen Arten und ihre Anwendung am schnellsten im Gespräch mit den Eingeborenen kennenlernen. Traurig stimmt da die Tatsache, daß über neunzig Prozent der Stämme Amazoniens in diesem Jahrhundert ausgestorben sind – und mit ihnen ein Großteil ihres Wissens. Man hat den Tod eines Medizinmanns, des Schamanen, schon mit dem Niederbrennen einer einzigartigen Bibliothek verglichen, denn auch sein Wissen ist für alle Zeiten verloren.

Die Tropen haben der Welt bereits etliche Kulturpflanzen beschert, und sicherlich sind die Regenwälder eine potentielle Quelle für viele weitere. Eine eventuell neue, kultivierbare Spezies ist die Uvilla (*Pourouma cecropiaefolia*) aus dem westlichen Amazonasgebiet. Die Früchte dieses mittelgroßen Baumes werden von den Indianern roh gegessen oder auch zu einer Art Wein vergoren. Der Baum wird im Urwald abgeerntet und auch als Fruchtträger »vor der Haustür« kultiviert. Eine weitere möglicherweise wertvolles Spezies ist die Patauapalme (*Jessenia bataua*). Ihr Öl ist in seiner chemischen und physikalischen Zusammensetzung fast mit dem von Oliven identisch, enthält jedoch vierzig Prozent mehr Proteine als Sojaöl. Waldpflanzen können aber auch zur Übertragung genetischen Materials auf Kulturpflanzen genutzt werden.

Aus Tropenpflanzen lassen sich natürliche Pestizide gewinnen, die zur Abschreckung von Pflanzenfressern chemische Abwehrstoffe entwickelt haben. Ein Beispiel hierfür ist *Lonchocarpus*, deren Saft die Eingeborenen benutzen, um Fische im Wasser zu betäuben. Aus ihm gewinnt man das weltweit angewandte Rotenon, ein wichtiges biologisch abbaubares Schädlingsbekämpfungsmittel. Eine weitere, vielleicht ebenfalls als Pestizid nutzbare Spezies ist *Paullinia cupana*, eine in Zentralbrasilien vorkommende holzige Kletterpflanze. Diese enthält dreimal mehr Koffein als Kaffee, und es scheint, als wirke Koffein auf Moskitos und andere Insekten tödlich oder wachstumshemmend.

In den Industrieländern ist der Handel mit Drogen, die natürliche pflanzliche Stoffe enthalten, ein milliardenschweres Geschäft. Viele Pflanzen wurden »entdeckt«, weil man bemerkte, für welchen Zweck sie die Eingeborenen nutzten. Curare zum Beispiel, das schwarze Harz eines südamerikanischen Baumes, dient den Amer-Indianern als Pfeilgift; heute findet ein aus ihm gewonnenes Alkaloid als krampflösendes Mittel in der Chirurgie Verwendung. Ohne Zweifel birgt der Wald eine Fülle von möglicherweise wertvollen Heilpflanzen, und das Wissen der Schamanen wird der technisierten Welt den Weg zu ihnen weisen.

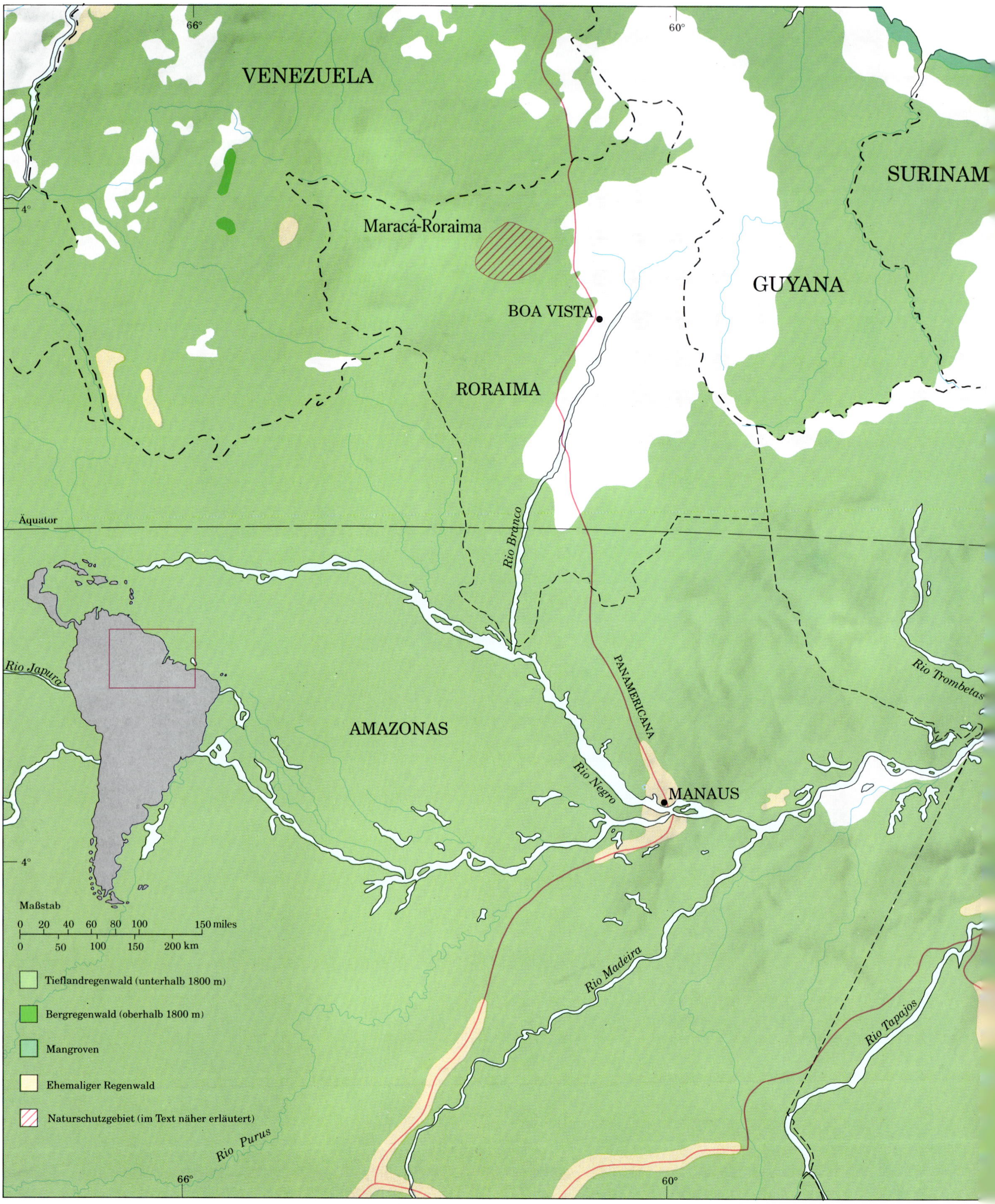

VENEZUELA
GUYANA
SURINAM
Maracá-Roraima
BOA VISTA
RORAIMA
AMAZONAS
MANAUS
PANAMERICANA
Rio Branco
Rio Negro
Rio Japurá
Rio Madeira
Rio Purus
Rio Trombetas
Rio Tapajós
Äquator
66°
60°
4°
Maßstab
0 20 40 60 80 100 150 miles
0 50 100 150 200 km
Tieflandregenwald (unterhalb 1800 m)
Bergregenwald (oberhalb 1800 m)
Mangroven
Ehemaliger Regenwald
Naturschutzgebiet (im Text näher erläutert)

Fünfzig US-Dollar pro Fell – Wegen seines hochgeschätzten Fells wurde der Riesenotter (*Pteronura brasiliensis*) intensiv bejagt und zählt heute zu den seltensten Marderarten der Erde. Seine natürliche Neugier macht ihn zu einer leichten Beute für Jäger. Schon durch Imitieren seines schnaubenden Revierrufs kann der Jäger den Otter ins Freie locken. Zu Beginn der achtziger Jahre brachte ein Otterfell fünfzig US-Dolar ein – für dieses Geld hätte der Jäger woanders zehn Tage arbeiten müssen.

Affenschwänze als Staubpinsel – Der Satansaffe ist Amazoniens bedrohteste Primatenart. Sein Verbreitungsgebiet, die Regenwälder im Nordosten Brasiliens, ist zugleich eine der am dichtesten besiedelten des Amazonasbeckens – mit enormen Zuwachsraten. Über die Hälfte seines Lebensraums hat man vernichtet und große Teile des verbliebenen Waldes selektiv abgeholzt. Der Satansaffe wird auch seines Fleischs oder nur des Schwanzes wegen gejagt, den die Einheimischen als Staubpinsel verwenden oder als Souvenir an Touristen verkaufen.

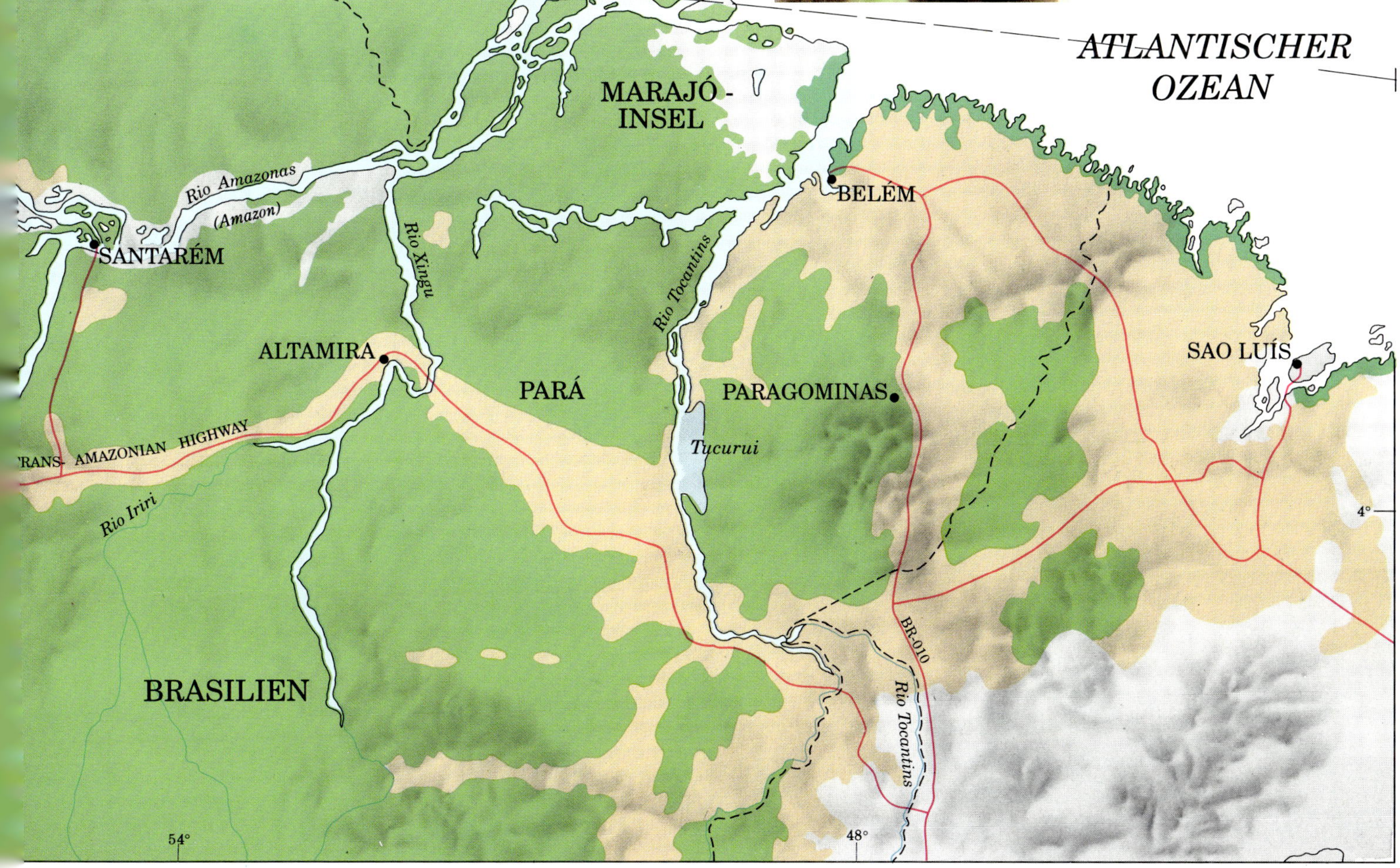

Kolumbien
Wie in Brasilien sind auch hier Rinderzucht, staatlich geförderte Siedlungsprojekte und ein im Wandel befindlicher Ackerbau die Hauptursachen für das Abholzen der Wälder. Nach Schätzungen von 1988 wurden jährlich rund sechstausend Quadratkilometer Wald geschlagen, vorwiegend an den Hängen der Anden. Die amazonischen Wälder Kolumbiens sind dagegen so gut wie unberührt. Vor kurzem hat die Regierung einen Waldaktionsplan aufgestellt, dessen Ziel die Erhaltung der Andenwälder ist; gleichzeitig soll der Lebensstandard der ärmsten Bevölkerungsgruppen verbessert und der Beitrag der Wälder zur Wirtschaft des Landes gesteigert werden. Außerdem hat Präsident Virgilio Barco den Eingeborenenvölkern im kolumbischen Teil Amazoniens ausdrücklich die Selbstbestimmung über ihr Land zugesichert. Fast zweihunderttausend Quadratkilometer Regenwald – rund die Hälfte der gesamten Waldfläche des Landes – sind nun den Indianern unterstellt. Es soll für immer ihr Land sein und kann nach gültigem Recht weder verkauft noch getauscht werden.

Ecuador
Die Bevölkerung wächst hier schneller als in irgendeinem anderen Land Südamerikas – eine der Hauptursachen für die Zerstörung der Wälder. Der Großteil von Ecuadors westlich der Anden gelegenen Tieflandwäldern ist in den letzten dreißig Jahren verschwunden. 1960 drang die erste Straße in dieses Gebiet vor, und schon zwölf Jahre später war fast der ganze Urwald in Plantagen verwandelt, auf denen lukrative Kulturpflanzen wie Ölpalmen und Bananen wuchsen. Die Tieflandwälder, die einmal zu den schönsten der Welt gehörten, sind heute mit am stärksten bedroht. Nach Schätzungen der FAO gehen in jedem Jahr rund 3400 Quadratkilometer Urwald verloren.

Östlich der Anden, in Ecuadors amazonischen Wäldern, ist der Erdölproduktion – direkt wie indirekt – die größte Schuld an der Vernichtung zuzuschreiben. Für einige Reservate wurde nun die Erlaubnis erteilt, nach Öl zu bohren. Noch schlimmer aber ist, daß auf den Straßen, die die Ölgesellschaften überall angelegt haben, Siedler ins Land kommen und ohne Rücksicht auf irgendwelche Naturschutz- oder Stammesgebiete Bäume abholzen. Probleme bereitet auch die bei der Ölförderung entstehende Verschmutzung einiger Flüsse. Das Land ist sich sehr wohl darüber im klaren, daß es seine Wälder schützen muß, und gehört auch zu den vier Ländern Amazoniens, die der Internationalen Organisation tropenholzexportierender Länder (ITTO) beigetreten sind. Außerdem erging eine Einladung an die IUCN, dort ihr erstes südamerikanisches Büro einzurichten. Ecuador, aber auch Bolivien und andere Länder außerhalb Südamerikas, sind zudem Teilhaber an einem Projekt, das durch internationalen Schuldenausgleich Gelder für den Naturschutz aufbringen soll.

Peru
Die größte Bedrohung für Perus Regenwälder geht von der landwirtschaftlichen Besiedlung aus. Durch Abholzung und nachfolgende Übersiedlung sind inzwischen viele Andenhänge kahl und wegen der fehlenden Vegetation stark erosionsgefährdet. Als Folge davon verschlammen zunehmend die Wasserspeicher und Bewässerungsanlagen des Landes. In Peru waren 1981 noch schätzungsweise 700 000 Quadratkilometer Tropenwald vorhanden; mehr – mit Ausnahme Brasiliens – als in jedem anderen Land Südamerikas. Heute werden jährlich etwa 2600 Quadratkilometer vernichtet, hauptsächlich bedingt durch das rasche Bevölkerungswachstum und den daraus resultierenden Landbedarf; allerdings rodet man auch große Flächen, um den Anbau profitabler Feldfrüchte zu ermöglichen.

Coca, der Grundstoff für die Kokaingewinnung, entwickelt sich in Peru zu einem immer wichtigeren illegalen Wirtschaftsfaktor: Außer Kaffee wird dort nichts so extensiv angepflanzt. Im Huallagatal in den östlichen Anden beispielsweise sind zwischen 1600 und 3800 Quadratkilometer mit Coca bepflanzt. Der Anbau an den Steilhängen hat zu massiver Erosion geführt, und die Herbizide wie Agent Orange, mit denen man die Plantagen unkrautfrei halten will, werden wohl auch in anderen Regionen Umweltschäden auslösen. Die im Gefolge dieser Industrie entstandenen Camps, Labors und Landepisten sorgen für weitere Zerstörung und Verschmutzung.

Einmal isoliert, gehen Waldfragmente schnell zugrunde.

Inseln im Dschungel
Im Jahr 1979 wurde ein einzigartiger Langzeitversuch gestartet: Man wollte herausfinden, wie sich eine Aufteilung des Waldes in kleine Parzellen oder Inseln auswirken würde. Solche Inseln entstehen beispielsweise, wenn Viehzüchter Wälder für Weideland roden. Das Projekt, 105 Kilometer nördlich der brasilianischen Stadt Manaus im Regenwald angesiedelt, wird vom World Wide Fund for Nature und dem Nationalen Institut Brasiliens für Amazonasforschung geleitet. Zu Beginn steckte man 23 »Reservate« in einer Größe von einem Hektar bis zu hundert Quadratkilometern ab und erfaßte ihre Tier- und Pflanzenwelt, um ein »Davor«-Bild der jeweiligen Lebensräume zu bekommen. Dann isolierte man die Inseln und notierte alle Veränderungen.

Die einschneidendsten wurden in den kleinen Parzellen festgestellt. In einer der einen Hektar großen Inseln verzeichnete man nach einjähriger Isolation nur noch 18 von ursprünglich 39 Vogelarten. Der Rothandtamarin (*Saguinas midas*), der in Scharen den unberührten Wald bevölkert hatte, fehlte nun in den einen und zehn Hektar großen Inseln. Zudem entdeckte man bei manchen Arten seltsame Wechselbeziehungen. Weißbartpekaris (*Tayassu pecari*), die mit den Schweinen verwandt sind, zogen sich rasch aus den kleineren Reservaten zurück. Bald danach traf man auch drei Froscharten nicht mehr an. Es stellte sich heraus, daß sie von den Schweinen, deren Suhlen sie als Brutplätze benutzten, abhängig waren.

Höchst dramatisch waren auch die Auswirkungen auf die Vegetation selbst. Große Bäume starben schneller, Unkräuter drängten in die Randzonen der Waldinseln vor, und heiße, trockene Winde wehten bis ins Waldesinnere. Dies bewirkte eine Änderung der Temperatur und Luftfeuchtigkeit am Boden, wodurch das Ökosystem durcheinandergeriet. So verarmte die gesamte Vegetation der kleineren Inseln.

Eine enge »Waldbrücke« von nur hundert Metern Breite zwischen einer Insel und dem unberührten Wald ließ die Artenvielfalt deutlich ansteigen. Solche Brücken werden von Ameisen, Nagern, Vögeln, und Kleinsäugern benutzt. Umgekehrt erweist sich eine schmale Straße, die sich in den unberührten Wald hineinschneidet, als eine für viele Arten unüberwindliche Barriere. Viel gilt es hier noch zu lernen, doch hofft man, daß dieses Projekt wertvolle Erkenntnisse für die Planung und Realisation von Regenwaldreservaten liefert.

Wenn nur die Bodenschätze kleinerer Areale ausgebeutet werden, läßt dort die Wiederbewaldung nicht lange auf sich warten.

Die Begrünung einer Bauxitmine

Nördlich vom Amazonas, bei Mineraçao Norte am Fluß Trombetas, wird in einer großen Mine Bauxit (ein Grundstoff zur Aluminiumerzeugung) im Tagebau gefördert – mitten in einer Landschaft, die einmal völlig unberührte Natur war. Der Erzabbau verschlingt jährlich siebzig Hektar Wald. Doch nachdem die Erde ihr Erz preisgegeben hat, hilft die Bergbaugesellschaft dem Wald, sich zu regenerieren.

Bei der Rodung des Landes für den Tagebau werden zunächst alle Bäume gefällt und verbrannt. Nun werden fünfzehn Zentimeter der Humusdecke abgetragen und zur späteren Verwendung aufbewahrt. Erst jetzt beginnt die Förderung. Nach ein paar Jahren füllt man die Erde wieder auf, planiert sie und breitet den sorgsam gelagerten Humus darüber – die Wiederaufforstung kann beginnen.

Schon nach achtzehn Monaten grünt und blüht es wieder auf den ehemaligen Abraumhalden. Freilich werden noch Jahrzehnte vergehen, bis das Gelände zugewachsen ist.

Sollte das Brasilianische Institut für Umweltschutz dem Wunsch der Bergbaugesellschaft entsprechen und die Mine mitsamt dem Umland unter Naturschutz stellen, will man dort die offizielle Verantwortung für den Schutz des Waldes übernehmen. Dann sollen immer nur zehn Prozent der Region ausgebeutet und wiederaufgeforstet werden, der Rest würde als Samenbank für die Regenerationsgebiete unberührt bleiben. Schon heute ist hier das Jagen verboten, was noch dadurch unterstrichen wird, daß man wilderndes Personal entläßt. Die Firma unterstützt auch ein Umweltbildungsprogramm, mit dem man den Einheimischen ein stärkeres Naturbewußtsein vermitteln möchte.

Die Suche nach dem schwarzen Gold

Mitte der sechziger Jahre wurde in Ostecuador Erdöl entdeckt. Seitdem hat man bereits 6300 Quadratkilometer Wald vernichtet; derzeit werden weitere dreitausend nach neuen Ölfeldern erforscht. Obwohl bei sorgfältiger Planung die Beträge aus dem Erdölgeschäft auch mit Erfolg in den Naturschutz investiert werden können – wie im Sultanat Brunei geschehen –, hat Ecuador hier nicht so gut abgeschnitten.

In der Erkundungsphase legt man zuerst ein Netz von Fahrwegen in je einem Kilometer Abstand an. Entlang dieser Wege entstehen ebenfalls im Abstand von einem Kilometer Hubschrauberlandeplätze. Dann bringt man in einer Entfernung von jeweils hundert Metern Sprengladungen zur Explosion, deren Schallwellen eine seismische Analyse ermöglichen. Die Testphase selbst richtet nur sehr geringe Schäden an; von den verlassenen Gebieten ergreift schnell wieder der Wald Besitz.

Andernorts beginnen jetzt aber die Probebohrungen. Hierfür werden jeweils zwei bis fünf Hektar Wald vollständig gerodet; weitere zehn bis fünfzehn Hektar müssen für Bretter, auf denen die Bohrplattform stehen soll, herhalten. Sobald man auf Öl stößt, besteht, falls die Ölgesellschaft nicht mit der gebotenen Sorgfalt vorgeht, die Gefahr, daß Schadstoffe wie beispielsweise Sulfate, Cyanide, Quecksilber und verschmutztes Wasser in die Umwelt gelangen.

In Ecuador baute man eine Pipeline quer durch das Cuyabeno-Naturreservat, was eine Invasion von Siedlern auslöste. Inzwischen ist auch der Yasuni-Wildpark bedroht; offensichtlich reichte seine Ernennung zum Naturschutzgebiet und zu einem Weltzentrum der Pflanzenvielfalt nicht aus, um ihn zu retten.

Schon sind die ersten Bohrungen vollzogen, und man plant den Bau einer Straße durch das Schutzgebiet, damit die Ölgesellschaft im Rahmen der weiteren Erschließung eine Pipeline legen kann. Die daraus resultierende Siedlerinvasion bedeutet sehr wahrscheinlich das Ende für die nomadisch lebenden Waorani-Indianer – eines Stammes, der bis heute jeden Kontakt zur Außenwelt gemieden hat.

Die Ölgelder könnten zum Schutz der Wälder investiert werden.

Waldnutzung streifenweise

Ungefähr sechstausend Menschen leben im peruanischen Palcazutal, die Hälfte davon sind Amuesha-Indianer. Zwar sind im Tal noch immer rund drei Viertel des ursprünglichen Waldes vorhanden, doch wurden große Gebiete entlang der Flüsse gerodet. Das Palcazu-Entwicklungsprojekt soll nun die Wälder verwalten helfen und den Eingeborenen wirtschaftliche Unabhängigkeit verschaffen, ohne daß sie ihr Land zerstören müssen.

Der Verwaltungsplan teilt das untere Tal in drei Kategorien auf: Land, auf dem etwas Ackerbau und Viehzucht möglich ist (35 Prozent); solches, das als Naturschutzgebiet ausgewiesen werden sollte (18 Prozent), und Waldland, das zur Nutzung empfohlen wird (47 Prozent). Beim Palcazu-System wird der Wald in kleinen Streifen von 22 bis 33 Meter Breite und unterschiedlicher Länge in einem Turnus von dreißig bis vierzig Jahren gerodet. Jeder Streifen muß mindestens zweihundert Meter von bereits in früheren Jahren gerodeten Flächen entfernt liegen, und für jeden Block à fünf Streifen bleibt ein Waldabschnitt ungenutzt. Tatsächlich werden auf diese Weise kleine, natürliche Lichtungen nachgeahmt, wie sie große Bäume im Fallen reißen.

Beim Roden werden die größeren Äste und Stämme entfernt; die Zweige und das Laub dagegen läßt man als Dünger für den Boden liegen. Ochsengespanne transportieren das Holz aus dem Wald; dies ist billiger und vor allem für den Boden schonender als der Einsatz von Maschinen. In einem kleinen Sägewerk der Kooperative werden die Stämme zu Pfosten, Rundhölzern oder Holzkohle verarbeitet; Reingewinne bis etwa 3500 Dollar pro Hektar sind möglich. Zudem können vor der Rodung eines Waldstreifens Orchideen und andere Zierpflanzen gesammelt und verkauft werden. Eine weitere lukrative Einnahmequelle bilden Heilpflanzen sowie Fasern zur Herstellung von Körben, Netzen und Bürsten.

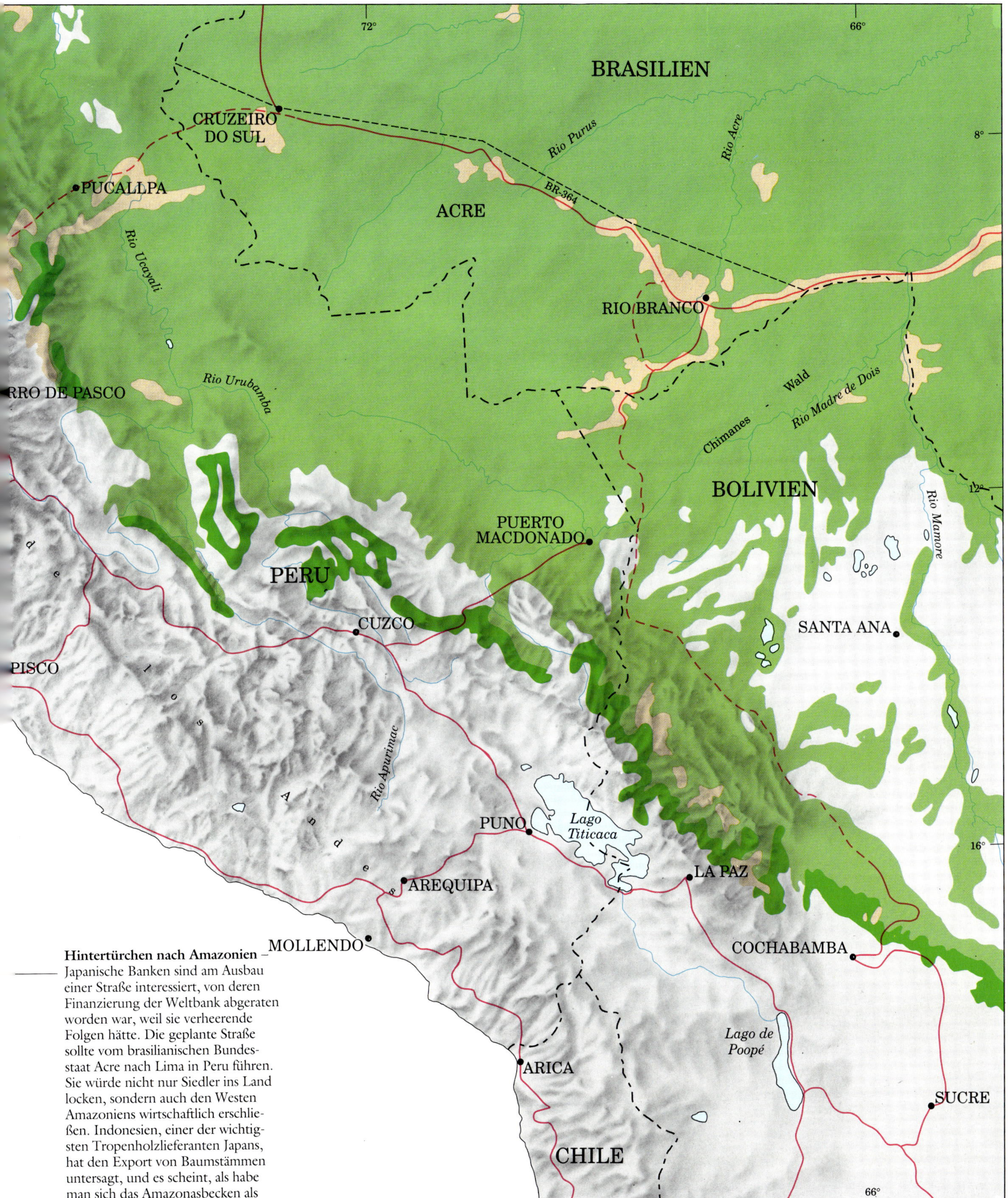

Hintertürchen nach Amazonien – Japanische Banken sind am Ausbau einer Straße interessiert, von deren Finanzierung der Weltbank abgeraten worden war, weil sie verheerende Folgen hätte. Die geplante Straße sollte vom brasilianischen Bundesstaat Acre nach Lima in Peru führen. Sie würde nicht nur Siedler ins Land locken, sondern auch den Westen Amazoniens wirtschaftlich erschließen. Indonesien, einer der wichtigsten Tropenholzlieferanten Japans, hat den Export von Baumstämmen untersagt, und es scheint, als habe man sich das Amazonasbecken als alternative Quelle ausgesucht.

Die Weiterverarbeitung der Cocablätter – zunächst zu Cocabasis, dann zu Cocamasse – erfolgt in Peru, die abschließende Raffinierung des weißen Kokainpulvers dagegen meist in Kolumbien. Bei diesem Prozeß sind viele Chemikalien wie Schwefelsäure, Azeton, Toluol und Kalk erforderlich, die, skrupellos in großen Mengen weggeworfen, das Wassereinzugsgebiet des Huallagatals verseuchen. Da Recht und Ordnung in den von der Drogenmafia kontrollierten Gegenden unmöglich aufrechtzuerhalten sind, wird dort weiterhin ungestraft abgeholzt und gewildert.

Es führen – zum Glück vielleicht – bis jetzt nur wenige Straßen in den Osten der peruanischen Anden; wichtigstes Verkehrsmittel sind hier die zahllosen Flüsse. Folglich stellt in Peru das Abholzen keine große Bedrohung dar, und für Siedler ist es noch immer sehr schwierig, in diese Region vorzudringen und große Flächen zu roden. Dies könnte sich jedoch ändern, sollte Japan den Bau einer Straße von Lima über die Anden nach Brasilien finanzieren.

Bolivien

In Bolivien ist der Waldverlust mit 870 Quadratkilometern pro Jahr (nach Schätzungen der FAO) noch relativ gering. Die sich verändernde Bodenbewirtschaftung stellt derzeit keine große Bedrohung dar, denn die Einwohnerzahl liegt mit 18,3 Millionen bei einer Flächengröße von 1,1 Millionen Quadratkilometern verhältnismäßig niedrig. Doch angesichts eines jährlichen Bevölkerungswachstums von 2,76 Prozent (und Bolivien gehört zu jenen Ländern Südamerikas mit einer gleich hohen Zuwachsrate 1985 bis 1990 wie 1965 bis 1970) scheint es wahrscheinlich, daß der zunehmende Druck auf die Wälder abgewälzt wird.

Die feuchten Tieflandwälder wurden bis jetzt nur geringfügig ausgebeutet. Das Fällen von Bäumen unterliegt strengen Bestimmungen und ist größtenteils auf zwei Arten in den saisonal überfluteten Wälder beschränkt. Trotzdem hat dies zur kommerziellen Ausrottung des Mahagonibaums (*Swietenia macrophylla*) in der Region um Santa Cruz geführt.

Der Tod von Chico Mendes hat bewirkt, daß die Welt endlich nicht mehr die Augen vor dem Schaden verschließt, den die Viehzüchter und Entwicklungsprojekte anrichten.

Mittels neuer Straßen will man jetzt die im Norden des Landes gelegene Provinz Beni für die Holzindustrie erschließen, nachdem sich jetzt schon die Mahagoniexporte in den Jahren von 1977 bis 1987 versechsfacht haben. Neben Brasilien, Ecuador und Peru gehört auch Bolivien der ITTO an. Eines der wichtigsten Ziele dieser Organisation ist die Verbesserung der Forstwirtschaft zur Sicherung dauerhafter Holzerträge. Vor kurzem lief in den Chimanes-Wäldern von Beni ein von der ITTO unterstütztes Projekt an, das sowohl die Gegend schützen als auch die Langzeitnutzung ihrer Wälder garantieren soll.

Künftiger Naturschutz

Die Völker vieler Länder Amazoniens erkennen immer deutlicher die Notwendigkeit, ihre Umwelt zu schützen. In Brasilien haben sich etliche Gruppen gebildet, die darauf ausgerichtet sind, die Regierung zu überzeugen, daß etwas getan werden muß. Die brasilianischen Kautschukzapfer verlangen, daß ihnen die Nutzung des Waldes auch weiterhin gestattet ist, und der Tod von Chico Mendes hat bewirkt, daß die Welt endlich nicht mehr die Augen vor dem Schaden verschließt, den die Viehzüchter und Entwicklungsprojekte anrichten. Es gibt inzwischen keine Steuervorteile mehr für Viehzüchter, und es besteht ein Exportverbot für Rohhölzer. Internationale Hilfsorganisationen und Gesellschaften wie die Weltbank achten nun genauer darauf, daß die an Südamerika gezahlten Kredite nicht für umweltschädliche Zwecke verwendet werden.

Die meisten Länder Amazoniens haben, zumindest auf dem Papier, in letzter Zeit mehr Schutzgebiete ausgewiesen. Anstatt wie früher die Ausbeutung der Bodenschätze im Urwald zu finanzieren, müßten die Industrieländer sicherstellen, daß mit dem Geld die biologisch-physikalischen Grundlagen des Reichtums der Wälder untersucht und mögliche Anwen-

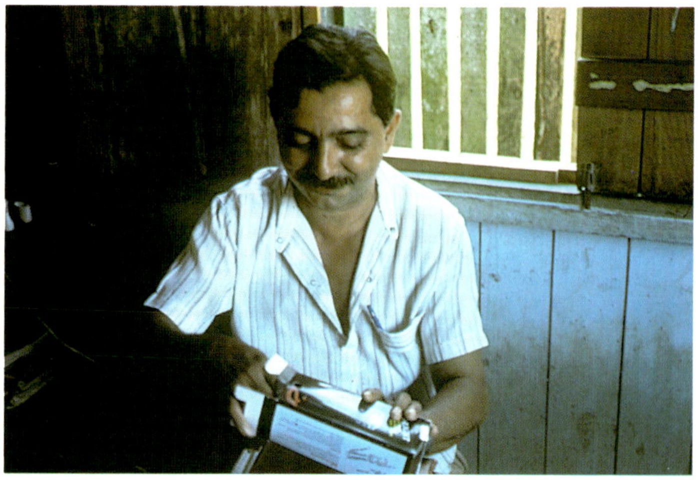

Chico Mendes

Im brasilianischen Bundesstaat Acre ist der Wald praktisch noch intakt; nur vier Prozent sind bis jetzt vernichtet. Doch die Abholzung greift immer schneller um sich, denn Viehzüchter drängen ins Land und roden es für Weideflächen. Im Konflikt mit diesen Ranchern liegen die seit Mitte des 19. Jahrhunderts hier Ansässigen. Rund eine halbe Million Menschen verdienen ihren Lebensunterhalt, indem sie den Saft wildwachsender Gummibäume sammeln (rechts unten). Die Kautschukzapfer haben keinen Besitzanspruch auf die Wälder, die sie abernten; daher gründeten sie eine Reihe Genossenschaften mit dem Ziel, ihr Nutzungsrecht an den Wäldern per Gesetz garantiert zu bekommen. Francisco »Chico« Mendes Filho (oben), selbst Kautschukzapfer, führte den Vorsitz bei Versammlungen des Nationalen Rats der Kautschukzapfer, der sich um die Wahrung der Interessen seiner Mitglieder bemühte. Offensichtlich ist Viehzucht nicht mit den »extraktiven Reserven« vereinbar, welche die Kautschukzapfer fordern, die Folge war der gewaltsame Tod von Chico Mendes. Er wollte nicht den Amazonas als solchen retten, sondern das Los der Kautschukzapfer verbessern, und dazu mußte er der Abholzung Einhalt gebieten. Er organisierte gewaltfreie Proteste, indem er die Kautschukzapfer mitsamt ihren Familien menschlichen Barrieren gleich den herannahenden Motorsägen entgegentreten ließ, und dann versuchte er mit den Holzfällern zu verhandeln, damit nicht noch mehr Land zerstört würde. Mendes überlebte sechs Attentate, doch im Dezember 1988 wurde er dann beim Verlassen seines Hauses erschossen. Er ist für die Umweltschützer zu einem Helden geworden, weil er starb im Bemühen, zu zeigen, daß man vom Wald leben kann, ohne ihn zu zerstören. Tatsächlich hat eine wissenschaftliche Untersuchung nach seinem Tod gezeigt, wie recht er hatte. Die Einkünfte aus Früchten, Latex und anderen Waldprodukten, auf dauerhafter Basis geerntet, können die Einnahmen durch Holzverkäufe und Viehzucht dort übersteigen, wo die Bedingungen – etwa Marktfreiheit und Inlandsnachfrage – günstig sind. Noch wichtiger und ganz im Sinn von Chico Mendes ist, daß hierbei die Einheimischen vom in dieser Weise genutzten Wald profitieren – und nicht ausländische Holzbetriebe oder reiche Viehzüchter.

Rondônias ländliche Slums – Polonoroeste, das regionale Entwicklungsprojekt im Nordwesten Brasiliens, wurde mit Hilfe der Weltbank ins Leben gerufen, um den Wirtschaftsprozeß zu beschleunigen. Das Herzstück des Programms, der Bau einer Straße von Cuiabá nach Portô Velho, wurde im September 1984 fertiggestellt. In den ersten drei Monaten des Jahres 1985 kamen 15 000 Familien nach Rondônia; bis Juli warteten weitere 50 000 auf die Zuteilung von Siedlungsland. Ihnen sind seitdem noch viele weitere gefolgt. Die Siedler holzen den Wald ab und betreiben zwei bis drei Jahre lang Ackerbau auf dem kargen Boden, bis Unternehmer das Land für die Rinderzucht aufkaufen. Nun erfolgt die Umwandlung in Weideland, und innerhalb eines Jahrzehnts gibt der bereits geschwächte Boden überhaupt nichts mehr her. Für die Siedler heißt das, daß sie städtische gegen ländliche Elendsviertel eingetauscht haben, doch geht es ihnen immer noch besser als vielen einheimischen Indianern: Sie werden aus ihrer angestammten Heimat vertrieben, durch feindliche Zusammenstöße mit den Neuankömmlingen dezimiert. Unfähig, die Veränderungen zu überleben, sterben sie an eingeschleppten Krankheiten. 1980 waren 97 Prozent von Rondônia bewaldet. Heute sind es nur noch 80 Prozent, und jeden Tag wird neuer Wald gerodet und abgebrannt.

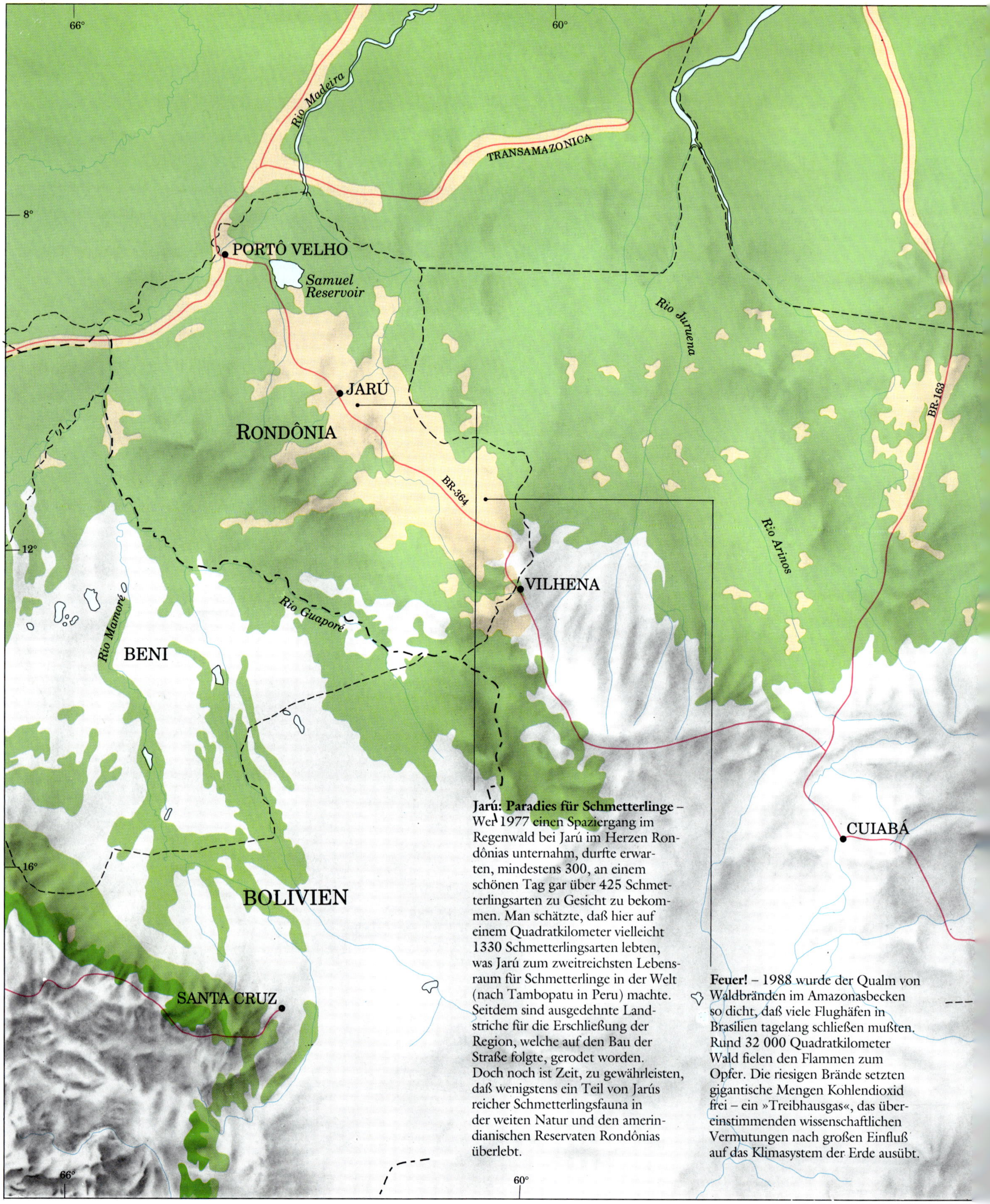

Jarú: Paradies für Schmetterlinge – Wer 1977 einen Spaziergang im Regenwald bei Jarú im Herzen Rondônias unternahm, durfte erwarten, mindestens 300, an einem schönen Tag gar über 425 Schmetterlingsarten zu Gesicht zu bekommen. Man schätzte, daß hier auf einem Quadratkilometer vielleicht 1330 Schmetterlingsarten lebten, was Jarú zum zweitreichsten Lebensraum für Schmetterlinge in der Welt (nach Tambopatu in Peru) machte. Seitdem sind ausgedehnte Landstriche für die Erschließung der Region, welche auf den Bau der Straße folgte, gerodet worden. Doch noch ist Zeit, zu gewährleisten, daß wenigstens ein Teil von Jarús reicher Schmetterlingsfauna in der weiten Natur und den amerindianischen Reservaten Rondônias überlebt.

Feuer! – 1988 wurde der Qualm von Waldbränden im Amazonasbecken so dicht, daß viele Flughäfen in Brasilien tagelang schließen mußten. Rund 32 000 Quadratkilometer Wald fielen den Flammen zum Opfer. Die riesigen Brände setzten gigantische Mengen Kohlendioxid frei – ein »Treibhausgas«, das übereinstimmenden wissenschaftlichen Vermutungen nach großen Einfluß auf das Klimasystem der Erde ausübt.

dungen von Waldpflanzen in Industrie, Landwirtschaft und Medizin erforscht werden. Einige Gebiete müssen unberührt bleiben, und dies bedeutet, daß man mehr Geld benötigt, um sie adäquat zu schützen.

Eine weitere Möglichkeit ist die Urbarmachung des Landes außerhalb der Regenwälder. In Brasilien beispielsweise bietet die Erschließung der großen Strauchsavannen (*Cerrados*) im Süden des Landes erheblich weniger Umweltrisiken und bedeutende wirtschaftliche Vorteile. Hier können die Rohstoffe zur Verbesserung von landwirtschaftlich bereits genutzten Anbauflächen verwendet werden.

Das größte Wissen und Geschick bei der existentiellen Nutzung des amazonischen Waldes liegt freilich in den Händen der Eingeborenen, der Amer-Indianer, doch gerade sie hatten schon oft unter der Erschließung des Amazonas zu leiden. Im Unterschied zu den Siedlern beuten die Indianer die Bodenschätze nicht auf die schnelle, profitträchtige Tour aus. Sie haben ein unbedingtes Recht auf die Erhaltung der Natur, da ihre gesellschaftliche Zukunft vom Überleben der Wälder abhängt. Dies verdeutlicht eins ihrer Sprichwörter: »Die Götter sind mächtig, doch mächtiger noch ist der Dschungel.« Ihre Interessen müssen im Licht ihrer vorrangigen Ansprüche auf diese Region gesehen werden, und die Arbeit mit ihnen statt gegen sie wird gewiß dazu beitragen, daß Fremde – seien es nun Wissenschaftler oder Siedler – ein tieferes Verständnis für die Komplexität des Waldes erlangen.

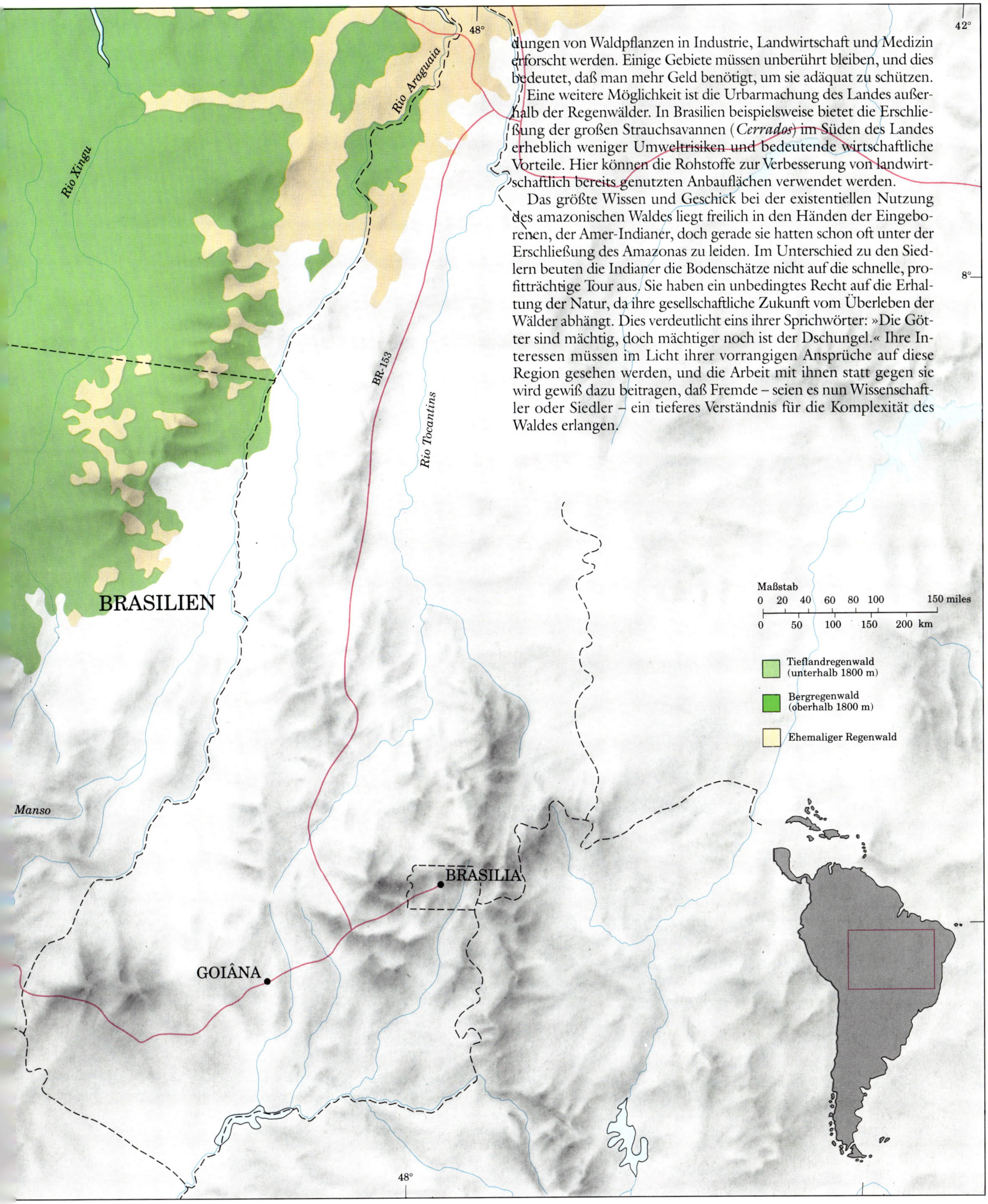

Die Ureinwohner Amazoniens

Eine portugiesische Expedition ins Amazonasbecken im Jahr 1637 berichtete von »so vielen Indianern, daß ein Pfeil – falls einer vom Himmel fiele – einen Indianer treffen und nicht zu Boden fallen würde«. Der Bericht bezog sich auf die Schwemmebene des Amazonas, die *Várzeas* (siehe Seite 18f.), deren fruchtbare Böden zu jener Zeit ein wohlhabendes Bauernvolk ernährten. Feste Siedlungen säumten die Ufer, die in Provinzen aufgeteilt waren, über die mächtige Häuptlinge herrschten. Nachdem sie mit der Cassava eine Maniokvarietät gezüchtet hatten, die in sechs anstatt zwölf Monaten reift, produzierten die Bewohner der Várzeas alle benötigten Nahrungsmittel während der neunmonatigen Niedrigwasserperiode. Sie legten Vorräte für die drei Monate des Jahres an, in denen die Wälder überschwemmt waren.

Nur ein Jahrhundert nach der Expedition von 1637 lebten in den Varzeas keine Menschen mehr. Viele von ihnen hatten die europäischen Eroberer als Sklaven verschleppt, unzählige andere starben an Grippe und eingeschleppten Krankheiten, gegen die die Amer-Indianer kaum Abwehrkräfte kannten. Eine blühende, gut organisierte Zivilisation war in nur hundert Jahren ausgelöscht worden.

Fast überall in Amazonien spielten sich die gleichen Greueltaten ab, und jetzt wird dort offenbar das letzte Kapitel dieser tragischen Ausrottung geschrieben. Von den Bewohnern der *Terra-firme*-Wälder, die verstreuter liegen und schwerer zugänglich sind als jene der Schwemmebenen, haben recht viele überlebt, obwohl man auch sie gnadenlos verfolgte und viele Stämme vollständig dezimierte. Diejenigen, die heute noch die Wälder bevölkern, leben meist in sehr entlegenen Gegenden. Die Überlebenden sind in der Regel auch die wilderen Stämme, deren aggressives Verhalten und angeborener Argwohn gegenüber jedem Fremden, der ihr Territorium betritt, ihnen die Existenz gesichert hat. Bedenkt man, wie brutal die Europäer die Eingeborenenvölker Amazoniens behandelt haben – von denen viele den Fremden mit großzügiger Gastfreundschaft begegneten –, so ist eine solche Einstellung vollauf gerechtfertigt.

Die Liste der Verfolgungen und Ungerechtigkeiten, die über die Indianer hereinbrachen, ist nahezu endlos. Es gab sogar eine Zeit, in der man Krankheiten wie die Pocken absichtlich mittels verseuchter Decken einschleppte. Während des Kautschukbooms von 1840 bis 1912 wurden ganze Stämme von Kautschukfabrikanten in einem verabscheuungswürdigen System von Verschuldung und Sklaverei unterjocht. Die Menschen europäischer Abstammung betrachteten die Indianer als »Tiere« und knallten sie grundlos ab, was sogar heute noch vorkommt. Ihre Gebiete wurden besetzt und große Teile der Bevölkerung massakriert oder in andere, ungünstigere Waldgebiete abgeschoben.

Aufgrund neuer Expansionsbestrebungen der Politiker hat sich mit der technologischen Erschließung der letzten Regenwaldgebiete der Druck auf die Ureinwohner Amazoniens in den letzten zwanzig Jahren enorm verstärkt. Wie in der Vergangenheit fallen bis dato isolierte Bevölkerungsgruppen Epidemien europäischer Krankheiten zum Opfer. Konflikte mit Goldschürfern und Viehzüchtern forderten viele weitere Todesopfer, und die Verseuchung der Flüsse mit Quecksilber (das als Scheidemittel zum Herauslösen von Gold dient) hat bei Stämmen wie den Kayapó zu Krankheiten geführt. Der Bau von Straßen und Staudämmen zwingt die Menschen, ihre Heimat zu verlassen, und das rücksichtslose Abbrennen und Planieren der Wälder zerstört die Lebensgrundlage vieler Stämme Amazoniens.

Missionare, in erster Linie römisch-katholischen Glaubens, sind schon seit Jahrhunderten in Amazonien tätig. Ihre Arbeit hatte in der Vergangenheit Gutes und Schlechtes bewirkt, wobei wohl das Positive überwog. Heute ist in Amazonien eine neue Sorte fundamentalistischer Fanatiker tätig, die mit einem kompromißlosen Bekehrungsverständnis und einem offensichtlichen Desinteresse für das irdische Schicksal der Amer-Indianer zum physikalischen und kulturellen Nachteil einer Vielzahl ethischer Gemeinschaften arbeiten.

Dennoch sind vor diesem düsteren Hintergrund ein paar Hoffnungsschimmer zu verzeichnen. Die Eingeborenen von Amazonien haben ein neues Selbstwertgefühl gefunden und sind stolz auf ihre Identität. Sie haben Bande der Solidarität und Zusammenarbeit zwischen einzelnen Dörfern und Stämmen geknüpft, die sich früher feindselig gegenüberstanden. Einige lernen die portugiesische Sprache, und das Bewußtsein für die internationalen Probleme, die sie berühren, hat sie und ihren politischen Einfluß gestärkt.

Ob dieses neue Bewußtsein das Überleben der Amer-Indianer und ihrer Wälder sichern kann, bleibt trotz weltweiter Sympathie und Unterstützung für ihren Existenzkampf abzuwarten. Die gegen sie gerichteten Kräfte sind zahlreich, und die Zeit wird knapp.

Oben und Abbildung links: **Körperbemalung** – Die Art, in der Mitglieder dieses Stammes am Rio Xingu ihre Körper bemalen, hat eine jahrhundertealte, allen neuen Einflüssen zum Trotz ungebrochene Tradition.

Yanomami-Führer (rechts) mit Familienmitgliedern im palmengedeckten Gemeinschaftshaus seines Stammes.

Die Yanomami

Über zwanzigtausend Yanomami (oder Yanomamo) leben noch in den Hochlandregenwäldern des Grenzgebiets zwischen Brasilien und Venezuela. Sie sind die größte amerindianische Volksgruppe Amazoniens mit einer traditionellen Lebensweise, die jedoch schon durch Kontakte zur Außenwelt beeinflußt ist. Wie die meisten Stämme Amazoniens betreiben die Yanomami Wanderfeldbau, betätigen sich aber auch als Jäger und Sammler der Wälder (siehe Seite 93). Ungewöhnlich ist ihr Grundnahrungsmittel – eine stärkehaltige Bananenart, die rund siebzig Prozent ihres Nahrungsbedarfs deckt. Sie verständigen sich in vielen Dialekten, doch hat sich eine traditionelle Sprachform für zeremonielle Zwecke erhalten, die von allen Yanomami verstanden wird. Ihr Territorium erstreckt sich über etwa vierzigtausend Quadratkilometer. Früher waren kriegerische Auseinandersetzungen zwischen einzelnen Dörfern, insbesondere im Zentrum des Territoriums, an der Tagesordnung. Hier waren die Dörfer schwer befestigt, während in den Außenbezirken keine solchen Spannungen bestanden, und ein Dorf konnte jederzeit beschließen, in unberührtes Gelände weiterzuziehen, wenn es von Angreifern bedroht wurde. Fast alle Dörfer wurden regelmäßig verlegt, um Feinden zu entgehen oder anderswo neue Verbündete zu gewinnen.

Diese Methode beugte auch einer Überstrapazierung des Bodens und einem zu starken Bevölkerungswachstum vor. Sie führte außerdem bei den Yanomami-Kriegern zu einem ausgeprägten Isolationismus, der ihnen bei ihren Kontakten zu Europäern sehr von Nutzen war, außerdem blieben sie relativ unbehelligt von der Außenwelt bis zu Beginn der siebziger Jahre. Die Pläne der Regierung zum Bau einer Autobahn durch ihr Territorium brachte Straßenbautrupps und die unvermeidbaren verheerenden Epidemien. Es folgte danach noch ein Versuch, Tausende Minenarbeiter einfliegen zu lassen – ein von Lokalpolitikern unterstütztes, jedoch schließlich von der brasilianischen Regierung zu Fall gebrachtes Vorhaben. Doch der Zustrom von Goldsuchern und neuen Krankheiten hält an. Geeint durch die Bedrohung ihrer Existenz fordern jetzt die Yanomami Schutz für ihr Land. Diese Forderungen stießen bislang bei den Behörden auf taube Ohren und lassen die Yanomami einer ungewissen Zukunft entgegensehen.

Die brasilianische Atlantikküste

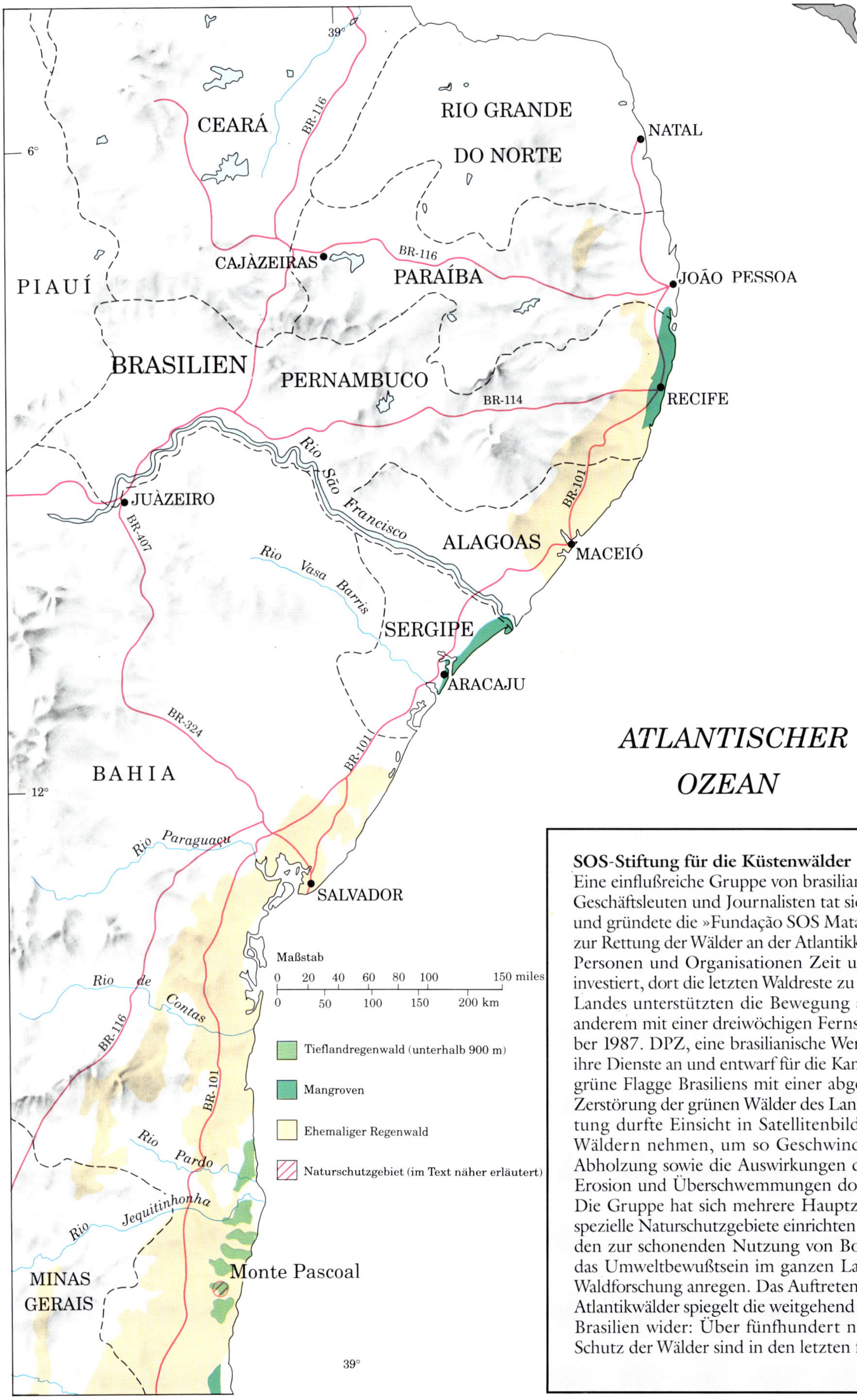

SOS-Stiftung für die Küstenwälder
Eine einflußreiche Gruppe von brasilianischen Wissenschaftlern, Geschäftsleuten und Journalisten tat sich Ende 1986 zusammen und gründete die »Fundação SOS Mata Atlantica«, eine Stiftung zur Rettung der Wälder an der Atlantikküste. Seitdem haben viele Personen und Organisationen Zeit und Geld in den Versuch investiert, dort die letzten Waldreste zu erhalten. Die Medien des Landes unterstützten die Bewegung auf breiter Ebene, unter anderem mit einer dreiwöchigen Fernsehkampagne im Dezember 1987. DPZ, eine brasilianische Werbeagentur, bot kostenlos ihre Dienste an und entwarf für die Kampagne ein Emblem – die grüne Flagge Brasiliens mit einer abgerissenen Ecke –, das die Zerstörung der grünen Wälder des Landes symbolisiert. Die Stiftung durfte Einsicht in Satellitenbilder von den atlantischen Wäldern nehmen, um so Geschwindigkeit und Ausmaß der Abholzung sowie die Auswirkungen der daraus resultierenden Erosion und Überschwemmungen dokumentieren zu können. Die Gruppe hat sich mehrere Hauptziele gesetzt: So will man spezielle Naturschutzgebiete einrichten und unterhalten, Methoden zur schonenden Nutzung von Bodenschätzen entwickeln, das Umweltbewußtsein im ganzen Land stärken und zu mehr Waldforschung anregen. Das Auftreten der SOS-Stiftung für die Atlantikwälder spiegelt die weitgehend veränderte Einstellung in Brasilien wider: Über fünfhundert neue Vereinigungen zum Schutz der Wälder sind in den letzten fünf Jahren entstanden.

Bei Erwähnung der Waldvernichtung Brasiliens werden die meisten erst einmal an die Zerstörung der Regenwälder des Amazonas denken. Jedoch existieren im Osten des Landes noch weitere, völlig andersartige Wälder oder, genauer ausgedrückt, deren Reste, die weitaus stärker vom endgültigen Aus bedroht sind. Früher bedeckten die atlantischen Wälder eine Fläche von rund einer Million Quadratkilometern und erstreckten sich dabei vom Staat Rio Grande do Norte im östlichsten Zipfel Südamerikas bis hinunter nach Rio Grande do Sul, dem südlichsten Staat Brasiliens, in einem Streifen von einigen bis 160 Kilometer Breite.

Diese Wälder gehörten zu den schönsten der Erde, und selbst heute, obwohl auf ganze ein bis fünf Prozent ihrer ursprünglichen Ausdehnung geschrumpft, findet man hier immer noch eine unglaubliche Fülle und Vielfalt des Lebens. Der Zustand der Tieflandwälder ist besonders bedenklich, wogegen die Bergwälder an den Hängen der Serra do Mar zu einem gewissen Grad durch das steile, unwegsame Gelände geschützt sind. Oberhalb tausend Meter wurde bislang nur wenig gerodet; im Staat Rio de Janeiro dürfen über dieser Marke überhaupt keine Bäume gefällt werden, doch ist es nicht immer möglich, dem Gesetz Geltung zu verschaffen.

Die ersten Besucher, unter ihnen der junge Charles Darwin, waren überwältigt von der Pracht der atlantischen Hochwälder mit ihren Orchideen- und Bromeliengirlanden und ihrer ungeheuren Vielfalt an Vögeln, Insekten, Säugetieren und anderen Lebewesen. Tatsächlich sind die Wälder auch heute noch wegen der zahllosen, nur hier vorkommenden Arten von besonderem Interesse. So zählt man beispielsweise 2124 Schmetterlingsarten – das sind zwei Drittel aller in Brasilien heimischen und ein Achtel der weltweiten Schmetterlingsfauna; von diesen sind 913 endemisch. Ebenso sind 17 der 21 Primatenarten der atlantischen Wälder nur hier anzutreffen, das gleiche gilt für mehr als die Hälfte der Baumarten. Wie vielleicht nicht anders zu erwarten, sind viele von ihnen gefährdet, und es ist durchaus denkbar, daß einige bereits ausgestorben sind.

Die Ankunft der Europäer

Im Bereich der atlantischen Küstenwälder leben schon seit Jahrtausenden Menschen. Die Amer-Indianer, Jäger und Sammler, gelangten vor rund zehntausend Jahren in dieses Gebiet, setzten aber dem Wald wahrscheinlich nur wenig zu. Vor etwa anderthalbtausend Jahren wurden sie durch die Tupi-Guarani von dort vertrieben und mußten mit dem kargen Hochland im Landesinnern vorliebnehmen. Die Tupi-Guarani kannten hinsichtlich der Feldarbeit schon Fruchtwechsel und bauten Maniok und andere Nutzpflanzen an. Doch auch ihr Anteil an der Zerstörung der Wälder war nicht sonderlich groß; man schätzt, daß jede Familie nur einen Hektar pro Jahr gerodet hat.

Bedingt durch seine Lage war das Waldgebiet am Atlantik der erste Ort Südamerikas, den die Europäer im Jahr 1500 betraten. Nun erst begann die Zerstörung in vollem Umfang. Überall entlang der Küste entstanden Häfen und Umschlagplätze als Ausgangspunkte für Erkundungen ins Landesinnere.

Zuerst wurden die Wälder wegen ihrer Hölzer ausgebeutet, dann entstanden auf den fruchtbaren Böden der Küstenebenen Plantagen, haupt-

Brasiliens Bäume – Wenn die reifen Früchte des Paranußbaums (*Bertholletia excelsa*) aufplatzen, kommen die harten, eßbaren Nüsse zum Vorschein (oben). Nußbäume säumen die Ufer von Amazonas und Orinoco; ihre Früchte gehören zu den wichtigsten Regenwaldprodukten Brasiliens. Der Baum dagegen, dem Brasilien seinen Namen verdankt, das Rotholz (*Caesalpina echinata*), Brasilin genannt, wurde früher zur Gewinnung roter und oranger Farbstoffe verwendet, die man im 18. Jahrhundert in großen Mengen nach Europa und Nordamerika exportierte. Bis zum 19. Jahrhundert waren die Bestände stark geschrumpft; heute hat der Baum keine wirtschaftliche Bedeutung mehr.

Nur für Furnier ausreichend – Der Baum, der das wertvollste Holz von ganz Brasilien liefert, steht nun auf der Roten Liste. Seit langem schon ist der Rosenholzbaum (*Dalbergia nigra*) in der Möbelbranche sehr begehrt, doch wurde er so stark dezimiert, daß die Nachfrage nicht mehr befriedigt werden kann, obwohl das Holz heutzutage gewöhnlich in Form dünner Furniere zur Veredelung von weniger attraktiven Hölzern verwendet wird. Von dieser Art gibt es keine kommerziellen Plantagen, hauptsächlich, weil man ihr Wachstum als zu langsam einschätzte. Allerdings werden gegenwärtig die Möglichkeiten erforscht, die Zuchtmethoden zu verbessern.

Schmetterlinge überall – Mit über zweitausend Arten, darunter *Dismorphia amphione* (links), *Callithea leprieuri* und *Callithea sapphira* (oben), sind die Küstenwälder am Atlantik ein wahres Paradies für Schmetterlinge. Doch neben den Wäldern sind auch viele dieser Falter vom Aussterben bedroht.

Links: **Das Pataxo-Problem** – Monte Pascoal, ein Nationalpark im Bundesstaat Bahia, wurde 1961 eröffnet. Zu jener Zeit bevölkerten Pataxo-Indianer und andere Brasilianer den Landstrich. Letztere wurden umgesiedelt, und die brasilianische Indianerbehörde wollte das Gebiet den Pataxo überschreiben. Daraufhin verlangte jedoch die Behörde für Forstwirtschaft und Nationalparks, daß die Indianer ebenfalls zu gehen hätten. Erst auf die Proteste der Pataxo gab man ihnen im August 1980 rund 85 Quadratkilometer des Parks zurück. Das Land, damals noch großenteils bewaldet, ist heute völlig kahl, weite Teile bestehen aus verlassenen Weidegründen. Auch wenn es vor 1961 von den Pataxo bewohnt war und ihnen über hundert Jahre lang eine dauerhafte Lebensgrundlage geboten hatte, scheint eine friedliche Koexistenz mit ihnen heute offensichtlich nicht mehr möglich zu sein. Eine der Hauptursachen hierfür liegt wahrscheinlich darin, daß Druck auf sie ausgeübt wird, ihre Wälder auf andere Weise abzuernten. Man sagt, ortsansässige Holzhändler hätten Motorsägen verteilt und den Pataxo nahegelegt, die Bäume im Park zu fällen. Unterdessen geht der Behördenstreit weiter. Die Pataxo fordern die Rückgabe des gesamten Parks, doch scheint ihr Ansuchen hinsichtlich des konträren wirtschaftlichen Interesses für die restlichen 140 Quadratkilometer eine der meistbesuchten Nationalparks in Brasilien eine Katastrophe heraufzubeschwören.

Die Primaten der Atlantikwälder

Die atlantische Küstenwaldregion ist die Heimat von sechs Primatengattungen (*Callithrix, Leontopithecus, Callicebus, Cebus, Alouatta* und *Brachyteles*), denen nicht weniger als einundzwanzig Affenarten und -unterarten angehören. Über achtzig Prozent von ihnen leben ausschließlich in den atlantischen Wäldern; folglich werden mindestens dreizehn Arten als bedroht und drei weitere als gefährdet eingestuft. Da von einigen nur noch wenige hundert Tiere in freier Wildbahn leben, steht deren Aussterben unmittelbar bevor. Zwei von ihnen, das Goldgelbe Löwenäffchen (*Leontopithecus rosalia*) und der Muriqui (*Brachyteles arachnoides*) gehören zu den beiden endemischen Primatengattungen der atlantischen Wälder; ihr prekärer Zustand kann gleichermaßen als Anhaltspunkt für den gesamten Niedergang der Atlantikwälder dienen.

Der Muriqui ist der größte südamerikanische Affe. Als die Europäer Anfang des 16. Jahrhunderts in Brasilien eintrafen, lebten wahrscheinlich noch vierhunderttausend dieser reizenden Geschöpfe in den Wäldern am Atlantik. Sie waren in der Tat so zahlreich, daß sich die Teilnehmer mehrerer früher Expeditionen gänzlich von ihrem Fleisch ernähren konnten. Zu Beginn der siebziger Jahre waren schätzungsweise noch Restbestände von dreitausend Exemplaren vorhanden, doch inzwischen soll es nur noch elf Populationen mit insgesamt gerade vierhundert Tieren geben. Obwohl der Muriqui immer noch bejagt wird und Wilderer ihm entweder aus Sport oder wegen seines Fleischs nachstellen – auch, um sich ein Junges als Haustier zu verschaffen –, so ist doch für seinen Rückgang in erster Linie die Zerstörung seines Lebensraums verantwortlich.

Mit fortschreitender Zergliederung und Vernichtung der Wälder verschwindet als erster Primat meist der Muriqui. Er ist anspruchsvoller als andere verwandte Arten bei der Wahl seines Lebensraums, findet sich in den verbleibenden Waldstücken weniger gut zurecht und braucht mehr Zeit, um in Schutzgebieten wieder heimisch zu werden. Zum Glück hat man mittlerweile in Brasilien die bedrohliche Situation dieses einzigartigen Primaten erkannt und ihn zum nationalen Symbol des Naturschutzes erhoben. Gemeinsam bemüht man sich nun, ihn und seine Waldheimat vor dem Aussterben zu bewahren.

Das Goldgelbe Löwenäffchen und zwei nahverwandte Arten derselben Gattung teilen das Schicksal des Muriquis; auch sie verschwinden allmählich mit den Wäldern. Der Lebensraum des auffällig gefärbten Goldgelben Löwenäffchens war schon immer auf die flachen Küstenregionen des recht kleinen Bundesstaates Rio de Janeiro beschränkt. Mittlerweile sollen nur noch zwei freilebende Populationen existieren: eine im Naturreservat Poço das Antas, das 1974 hauptsächlich zum Schutz dieser Art ins Leben gerufen wurde, und die andere in einer küstennahen Waldregion im Mündungsgebiet des Rio São João. Zwischen beiden Refugien fristen vielleicht noch ganze zweihundertfünfzig Exemplare ihr Dasein.

Lange Zeit galt das Goldgelbe Löwenäffchen als beliebtes Haustier; selbst die europäischen Monarchen des 18. Jahrhunderts erfreuten sich an ihm. Im Zoo ist es relativ häufig zu sehen; in europäischen und amerikanischen Tierparks leben etwa dreihundert Tiere in Kolonien. Obwohl das einträgliche Geschäft mit den Tieren zu deren Dezimierung in freier Wildbahn beitrug, ist es vielleicht doch von Vorteil, wenn man auf einen guten Vorrat an Zuchttieren zurückgreifen kann. Deshalb wurden jetzt einige nach Brasilien zurückgebracht und im Poço-das-Antas-Reservat ausgesetzt. Obgleich es viele Probleme gab, die Käfigtiere an ein Leben in ihrer natürlichen Umgebung zu gewöhnen, scheint das Projekt nun Erfolge zu zeitigen.

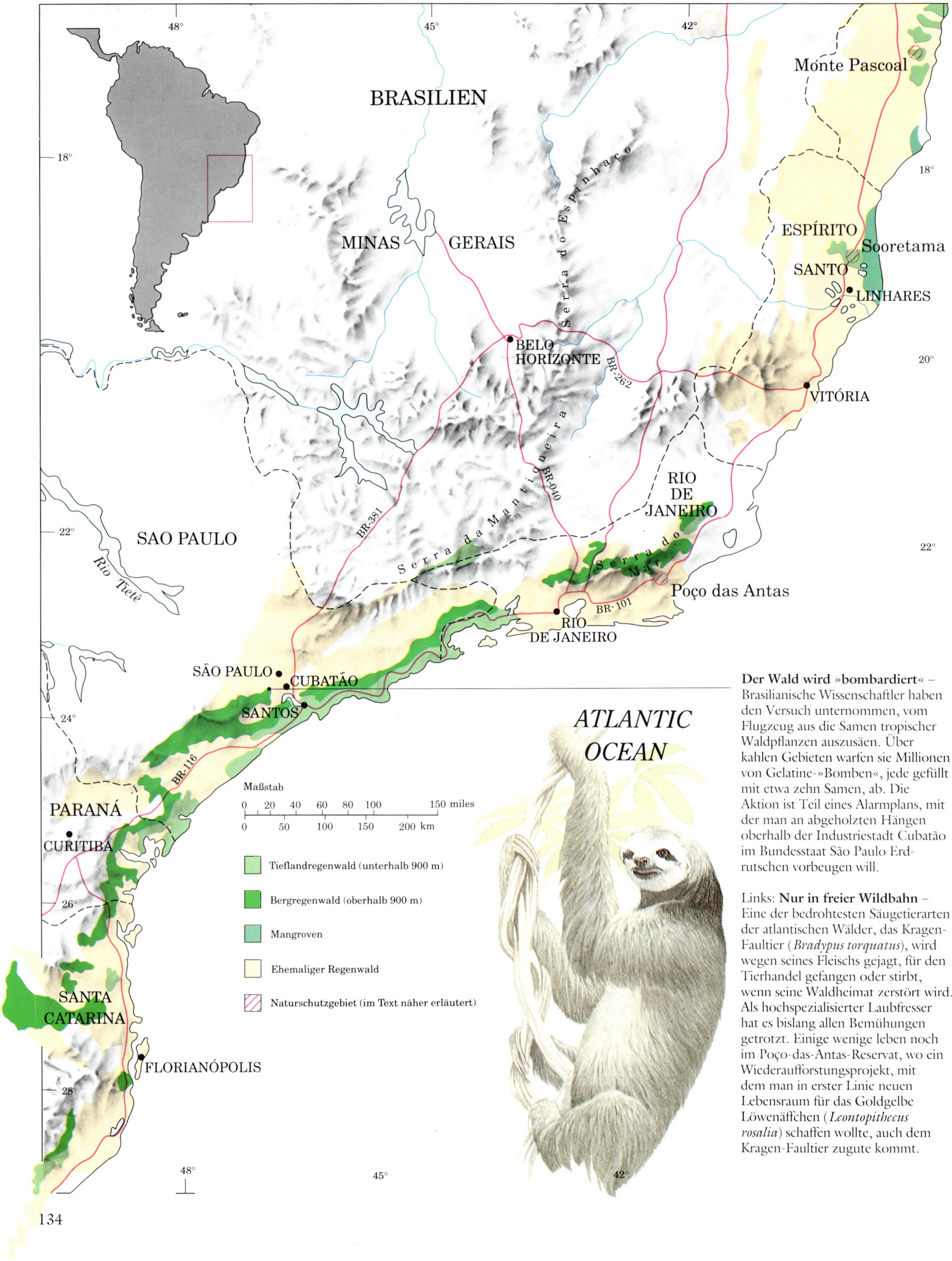

Der Wald wird »bombardiert« – Brasilianische Wissenschaftler haben den Versuch unternommen, vom Flugzeug aus die Samen tropischer Waldpflanzen auszusäen. Über kahlen Gebieten warfen sie Millionen von Gelatine-»Bomben«, jede gefüllt mit etwa zehn Samen, ab. Die Aktion ist Teil eines Alarmplans, mit der man an abgeholzten Hängen oberhalb der Industriestadt Cubatão im Bundesstaat São Paulo Erdrutschen vorbeugen will.

Links: **Nur in freier Wildbahn** – Eine der bedrohtesten Säugetierarten der atlantischen Wälder, das Kragen-Faultier (*Bradypus torquatus*), wird wegen seines Fleischs gejagt, für den Tierhandel gefangen oder stirbt, wenn seine Waldheimat zerstört wird. Als hochspezialisierter Laubfresser hat es bislang allen Bemühungen getrotzt. Einige wenige leben noch im Poço-das-Antas-Reservat, wo ein Wiederaufforstungsprojekt, mit dem man in erster Linie neuen Lebensraum für das Goldgelbe Löwenäffchen (*Leontopithecus rosalia*) schaffen wollte, auch dem Kragen-Faultier zugute kommt.

sächlich für den Anbau von Zuckerrohr. Mit der Entdeckung von Gold und Diamanten im ausgehenden 16. Jahrhundert setzte ein Ansturm ins Landesinnere ein, und plötzlich drängten sich in der Wildnis von Minas Gerais und São Paulo unzählige Menschen. Wälder wurden gerodet und an ihrer Stelle Minen und Farmen, die die Bergleute mit Nahrung versorgten, aus dem Boden gestampft. Doch schon nach hundert Jahren gaben die Minen nichts mehr her. Die Landwirtschaft stieg nun zum wichtigsten Wirtschaftszweig Brasiliens auf, weshalb große Waldflächen Nutzpflanzen wie Kaffee, Bananen und Kautschukbäumen weichen mußten. Auch die Auseinandersetzungen mit den Indianern forderten vom Wald ihren Tribut, denn die Soldaten pflegten erst einmal Brände zu legen, um die Eingeborenen aus ihren Dörfern und Verstecken zu treiben.

Bereits 1831 brachte der französische Naturforscher Auguste de Saint-Hilaire seine Sorge um das Schicksal der herrlichen Wälder zum Ausdruck, die unablässig in Ackerland umgewandelt wurden. Doch erst seit Beginn dieses Jahrhunderts und speziell in den letzten zwanzig bis dreißig Jahren greift die Zerstörung immer schneller um sich.

Die Situation heute

Die Waldregion am Atlantik ist heute das landwirtschaftliche und industrielle Herz Brasiliens. Dort liegen mit Rio de Janeiro und São Paulo zwei der drei größten Städte Südamerikas. 43 Prozent der rasch wachsenden Bevölkerung Brasiliens von etwa 148 Millionen Einwohnern sind im Küstenstreifen zusammengedrängt. Von den Wäldern bleiben mittlerweile nur noch winzige grüne Inseln im Meer der Zivilisation.

Außerdem sind sie praktisch alle in Privatbesitz. Obwohl nach geltendem Recht zwanzig Prozent von ihnen erhalten bleiben müssen, machen die Bußgelder für Zuwiderhandlungen in Form von illegalem Abholzen nur einen Bruchteil dessen aus, was sich mit Holzverkäufen verdienen läßt. So ist ein Mosaik aus Waldinselchen entstanden, die insofern eine bemerkenswerte biologische Stabilität aufweisen, als dort noch keine Fälle von Artensterben dokumentiert sind. Eine naturgemäße Nutzung des Waldes ist noch vonnöten, denn oft richten die Methoden, mit denen einzelne Bäume gefällt werden, große Schäden in deren Umgebung an.

Gegenwärtig stehen nur 0,1 Prozent der eigentlichen Waldfläche aller Nationalparks, Naturreservate, ökologischen Stationen, staatlichen und privaten Parks unter Schutz. Zu ihrer Erhaltung fehlt es an Geld und fähigen Leuten, infolgedessen sind die Möglichkeiten, auf Einhaltung der bestehenden Schutzvorschriften zu achten, sehr gering. Für die Einrichtung neuer Reservate und Naturparks steht kein oder kaum geeignetes Land zur Verfügung, außer vielleicht im Süden von Bahia. Daher müssen die vorhandenen Gebiete unbedingt entsprechend geschützt werden.

Glücklicherweise sind die ländlichen Grundbesitzer daran interessiert, sich eigene private Naturreservate zu schaffen; das Programm, was diese Eigeninitiative auslöste, war sehr erfolgreich. Alle Anzeichen sprechen zudem dafür, daß sich die jüngere Generation Brasiliens in Umweltfragen besorgt und engagiert zeigt. Sowohl von außen wie von innen gab es viel Druck, die letzten Überreste der atlantischen Wälder zu erhalten, und zweifellos ist es höchste Zeit, Maßnahmen zur Rettung dieses einzigartigen Ökosystems zu ergreifen.

Vor der Eisenbahn gerettet – Der Bergbaugesellschaft CVRD (Companhia Vale do Rio Doce) gehört ein bemerkenswert gut erhaltenes Regenwaldgebiet, das an das Sooretama-Reservat bei Linhares im Bundesstaat Espírito Santo angrenzt. Die Firma erwarb das Gelände ursprünglich, um den Wald zu fällen und aus dem Holz Eisenbahnschwellen herzustellen. Jedoch machte der lokale Rückgang des Bergbaus die Eisenbahn überflüssig, und dieser Umstand, das Einwirken seitens der Weltbank und vor allem die eigene Erkenntnis, wie wichtig der Wald im unberührten Zustand ist, gaben den Ausschlag zu seinen Gunsten. Heute dient er der Firma als Forschungsareal. Der Oberaufseher des Gebiets, Renato de Jesus, ist von Beruf Botaniker. Er hat schon viele neue Pflanzenarten und sogar eine völlig neue Pflanzenfamilie entdeckt. Mit einheimischen Pflanzen aus dem Reservat sollen jene Gebiete rekultiviert werden, die durch die Gesellschaft in Mitleidenschaft gezogen wurden. Jaden Tag sind Gruppen von Samensammlern im Wald unterwegs. Trotz der hohen Unterhaltskosten des Reservats von rund 350 000 US-Dollar pro Jahr widmet sich die Firma ganz der Erforschung und Erhaltung dieser Region. Zusammen mit dem Sooremata-Reservat ist dies der größte noch relativ intakte Streifen Tieflandregenwald der gesamten Küstenwälder am Atlantik.

Bedrohte Vögel – Obwohl Jagen in den atlantischen Wäldern generell verboten ist, werden die Gesetze außerhalb der Reservate und Nationalparks praktisch nicht beachtet. Größere Vogelarten wie der Schildvogel oder Pavao (*Pyroderus scutatua*) und das oben abgebildete Weißstirn-Schakuhuhn (*Penelope superciliaris*) sind in manchen Gegenden fast ausgerottet, und selbst winzige Manakins und Fliegenschnäpper werden vielerorts abgeschossen. Eine weitere ernste Bedrohung ist der florierende Handel mit Käfigvögeln. In ländlichen Gegenden findet man kaum ein Haus, wo nicht mindestens einer oder mehrere Vögel in einem Käfig sitzen, und in den Städten sieht es kaum anders aus. Samenfresser sind besonders beliebt, Aras und Papageien sind ebenfalls gefragt. Alle diese Vögel sind inzwischen in freier Wildbahn kaum noch zu finden. Es ist denkbar, daß einige der selteneren Arten in der Lage wären, von den Urwaldfleckchen aus, in denen sie heute leben, auch die umliegenden Wälder zu bevölkern. Dazu müßte man sie allerdings erst unter Schutz stellen und damit eine Pufferzone schaffen. Manche Gegenden hat man mit exotischen Baumarten wie Eukalypten und Kiefern wiederaufgeforstet, doch das hilft den Vögeln nicht, da die meisten von ihnen in diesen Wäldern nicht überleben können. Ihr Bestand geht auch zurück durch den Einsatz von Pestiziden in der Nähe des Urwalds.

Westafrika

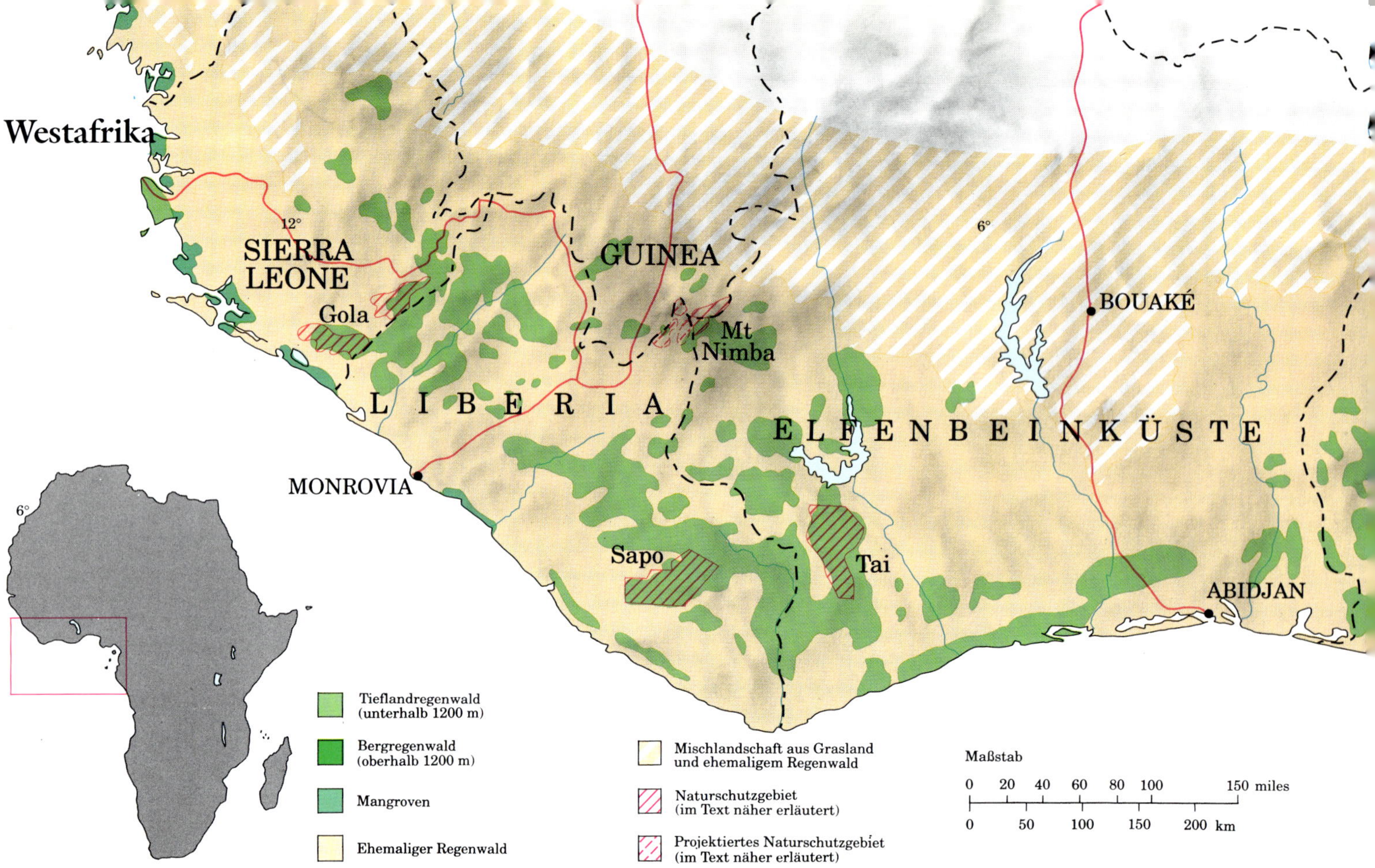

Bis zum 14. Jahrhundert war in Westafrika eine blühende Wirtschafts- und Sozialstruktur entstanden, die ihre Grundlage im Goldhandel quer durch die Sahara hatte. Mit der Ankunft der Europäer begannen auch an der Küste die lukrativen Geschäfte mit Gold, Elfenbein und Sklaven. Die brutale Menschenjagd wurde erst in der zweiten Hälfte des 18. Jahrhunderts eingestellt, kurz bevor sich die Staaten Europas um die Vorherrschaft in Afrika zu streiten begannen. Schnell absetzbare Waren wie Palmöl, Kakao, Erdnüsse oder Baumwolle, aber auch lagerfähige Nahrungsmittel wie Maniok (aus Südamerika importiert), Jamswurzeln und Mais (aus Mittelamerika eingeführt) erhielten in der ganzen Region einen enormen Stellenwert. Bis 1965 hatten die meisten Staaten Westafrikas die Unabhängigkeit erlangt; nun entwickelten sich Bodenschätze wie Erdöl, Uran, Eisenerz und Diamanten zu Eckpfeilern der lokalen Wirtschaft.

Ursprünglich war der aus Regenwäldern bestehende Küstenstreifen nahezu unbewohnt, da sich die Bevölkerung weiter landeinwärts in der trockenen Savanne wohler fühlte. Der Beginn des Holzhandels, das Aufkommen moderner Werkzeuge und der zunehmende Bevölkerungsdruck führten jedoch zu radikalen Veränderungen. In den immergrünen Wäldern Westafrikas sind viele Pflanzen von wirtschaftlicher Bedeutung heimisch, darunter der Afrikanische Gummibaum (*Landolphia*), der Sierra-Leone-Weihrauch (*Daniella thurifera*), die Jamswurzel (*Dioscorea rotunda*), die Ölpalme (*Elaeis guineensis*) und der Kapok (*Ceiba pentandra*). Hier haben aber auch der Afrikanische Elefant (*Loxodonta africana*), das Zwergflußpferd (*Choeropsis liberiensis*), der Zwergschimpanse (*Pan paniscus*), der Drill (*Papio leucophaeus*) und der Rote Colobus (*Colobus badius*) ihre Heimat. Etliche Arten sind ausschließlich in dieser Region endemisch: so beispielsweise im Tai-Wald an der Elfenbeinküste 54 Prozent seiner 1300 Pflanzenarten, nicht minder reich ist ihre Vogel- und Schmetterlingsfauna.

Die Bevölkerung Westafrikas wächst in einem unglaublichen Tempo – alle zwanzig Jahre verdoppelt sie sich. Nigeria ist mit weitem Abstand der größte Staat; jeder fünfte Afrikaner ist hier zu Hause. Zuwanderer aus der dürregeplagten Sahelzone treiben die Einwohnerzahlen einiger Länder wie Mali und Niger noch weiter in die Höhe. Das Bevölkerungsproblem wird noch durch den Umstand verschlimmert, daß sich viele Staaten Westafrikas nicht aus ihrer wirtschaftlichen Abhängigkeit befreien können und Nahrungsmittel exportieren müssen, statt für den Eigenbedarf zu produzieren. Zudem finden Forschungsarbeiten hinsichtlich einer besseren Ertragsnutzung der Landwirtschaft kaum Unterstützung. Die Gentechnologie, die in Asien und Lateinamerika mit Hybridgetreidesorten eine »grüne Revolution« auslöste, ging an Afrika fast spurlos vorbei. Karge Böden und dürftige Agrartechnik erbringen weiterhin geringe Erträge, was seinerseits dazu führt, daß wiederholt Regenwald für Ackerland gerodet wird – trotz der bekannten Folgeschäden.

Mit der enormen Bevölkerungsexplosion wuchs der Bedarf an Baumaterial und Brennholz: Beim traditionellen Kochen über dem Holzfeuer gehen oft bis zu neunzig Prozent der Hitze verloren, wo doch schon einfache Veränderungen diese Verluste halbieren könnten.

Die kommerzielle Nutzung der Wälder begann um 1880 in den leichter zugänglichen Gebieten mit dem selektiven Fällen von Afrikanischem Mahagoni (*Khaya ivorensis*) und Limba (*Terminalia superba*). Zu jener Zeit bedeckte der Regenwald eine Fläche von etwa 420 000 Quadratkilometern. 1980, nur ein Jahrhundert später, waren davon bloß noch 173 000 Quadratkilometer übrig, von denen pro Jahr weitere vier Prozent verlorengingen. Heute stehen vielleicht noch 166 000 Quadratkilometer. Die Urwälder von Sierra Leone, Guinea, der Elfenbeinküste und Nigeria sind alle auf weniger als zehn Prozent ihrer ursprünglichen Ausdehnung geschrumpft; nur Ghana verfügt noch über fast schon ansehnliche zweiundzwanzig Prozent.

Die Bevölkerung Westafrikas wächst in einem unglaublichen Tempo – alle zwanzig Jahre verdoppelt sie sich. Nigeria ist das größte Land; jeder fünfte Afrikaner ist hier zu Hause.

Die Entwicklung der letzten Zeit gibt Anlaß zu gedämpftem Optimismus. Liberia, Sierra Leone und Nigeria wollen endlich Nationalparks im Regenwald einrichten. Die Naturschutzbewegung ist schon erheblich von ihren Forderungen nach absoluten Schutzgebieten abgewichen. Bei den Bemühungen, Kernzonen zu schützen mit Pufferzonen ringsherum, in denen eine naturgemäße Bodenbewirtschaftung erfolgen soll, steht jetzt der Dialog mit der Landbevölkerung im Vordergrund.

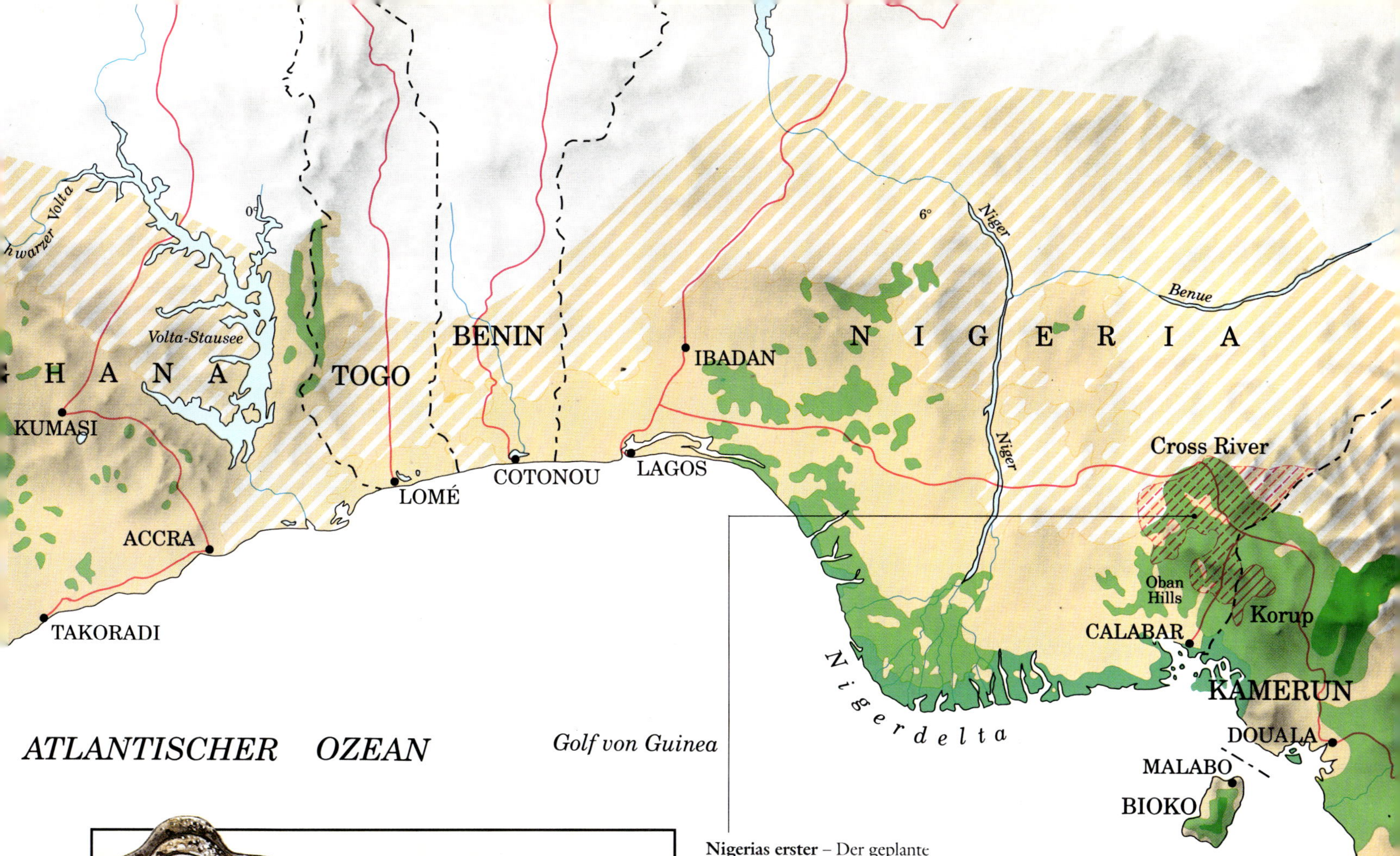

Nigerias erster – Der geplante Cross-River-Nationalpark in den Oban Hills ist der erste Regenwaldpark Nigerias. Heute stehen in Nigeria nicht mal mehr 50 000 Quadratkilometer Regenwald.

Wilderer werden Wildhüter – Die Regenwälder im Osten Benins haben durch kommerzielle Abholzung und Rodungen für die Landwirtschaft schweren Schaden genommen. Diesen Eingriffen schrieb man sogar die Dürre von 1986 zu, die im Südwesten der Elfenbeinküste die halbe Ernte vernichtete. Trotzdem sind der Sapo- und der Tai-Nationalpark und die Gola-Wälder noch intakt und geben Anlaß zu Hoffnungen. Sapo, Liberias erster Nationalpark, soll zum Naturschutzmodell ausgebaut werden. Filmvorführungen, von Parkwächtern organisiert, übermitteln den Einheimischen die Probleme der Überausbeutung ihrer Wälder. Ehemalige Wilddiebe werden jetzt Wildhüter, die Verantwortung für ihre Umwelt übernehmen. Die Dorfbewohner werden auch in neuen Anbaumethoden unterrichtet, die ihnen eine optimale Nutzung ihrer Böden ermöglichen sollen.

Mount Nimba: Der Eisenerzberg
Vom Gipfel des Mount Nimba blickt man auf die unendliche Weite der westafrikanischen Savannenlandschaft. Unvermittelt erhebt sich der Berg über 1750 Meter hoch und bildet einen markanten Kontrast zu seiner Umgebung. Wer den Gipfel erklimmen will, muß zuerst einen Gürtel aus immergrünem Regenwald durchqueren, dessen Bäume dicht mit Lianen und anderen Epiphyten bewachsen sind. Oberhalb davon liegen die Bergwiesen. Mehr als zweihundert endemische Tier- und Pflanzenarten charakterisieren den Mount Nimba als botanische Rarität. Am faszinierendsten unter der Fauna dürfte vielleicht *Nectophrynoïdes occidentalis* sein, eine Krötenart, die vollentwickelte Junge zur Welt bringt. Im Reich der Amphibien ist dies, soweit man weiß, einmalig. Die Tage dieses Pflanzen- und Tierparadieses dürften jedoch gezählt sein, denn der Mount Nimba enthält Eisenerz und andere Bodenschätze.

Graupapagei

Mohrenkopfpapagei

Handelsware Papagei
Westafrika ist nicht nur die Heimat einer Vielzahl prächtiger Papageien – vom Mohrenkopf-(*Poicephalus senegalus*) bis zum sprechenden Graupapagei (*Psittacus erithacus*) –, sondern auch die größte vogelexportierende Region der Welt. Von hier aus treten über fünfundsiebzig Prozent der gefangenen Vögel die lange Reise in die Zoohandlungen Nordamerikas oder Europas an. Doch nur jeder zehnte Vogel überlebt diese Strapazen. Der europäische Markt könnte mittlerweile ausschließlich mit in Gefangenschaft gezüchteten Tieren beliefert werden, aber leider sind solche Vögel doppelt so teuer wie Wildfänge. Da macht es Hoffnung, daß im Bundesstaat New York der Import lebend gefangener Vögel seit 1984 verboten ist. In Zaïre hat man Dorfbewohnern sogar schon angeboten, in der Pufferzone um den Salonga-Nationalpark herum Graupapageien zu züchten.

Mit örtlicher Genehmigung
Es ist nicht erstaunlich, wenn man in Kamerun oder Nigeria die Dorfältesten im Schatten eines Mangrovenbaums erregt über lokale Angelegenheiten debattieren sieht. Auch die Organisation von Festen (links) gehört mit dazu. Doch jetzt steht ein neues Thema zur Diskussion: die Erhaltung der Natur in unmittelbarer Nähe der Dorfgemeinschaften. Die lokalen Zusammenkünfte sind die wichtigste Stütze für das Oban-Hills-Projekt in Nigeria und das Korup-Projekt im benachbarten Kamerun. Mit ihnen will man die Genehmigung für die zum Schutz der Regenwälder erforderlichen Maßnahmen bekommen. Sechs Dörfer haben schon einer Umsiedlung in fruchtbarere Gegenden außerhalb des Korup-Parks zugestimmt. Bei diesen Treffen stellte sich auch heraus, daß, obwohl die meisten Dorfbewohner innerhalb der Parkgrenzen jagen, die jüngere Generation diese Arbeit für mühevoll und gefährlich hält. Daher werden jetzt auch neue Beschäftigungen wie das Sammeln von Waldhonig und Heilrinden gefördert.

Die Jagd auf Meerjungfrauen – Manatis, Seekühe, sind seit alters her Ursprung jener Erzählungen der Seefahrer von Meerjungfrauen. Im Unterschied zu anderen Meeressäugern sind sie Pflanzenfresser. Sie leben nicht nur in Küstennähe, sondern wagen sich auch in Küstensümpfe und sogar flußaufwärts ins Landesinnere vor. Manatis vermehren sich sehr langsam; die Mutter säugt ihr Junges etwa achtzehn Monate lang. Sie sind besonders zutraulich und werden wegen ihres delikaten Fleischs bejagt. Von den Fischern als Schädling betrachtet, wird der Lamantin (*Trichechus senegalensis*) mittels Fallen, Netzen und Harpunen gefangen. Die Jäger vertrauen darauf, daß die Seekühe mit der Flut in die Mangrovensümpfe schwimmen; sie legen Netze und Fallen aus, um ihre Rückkehr zum Meer bei einsetzender Flut zu verhindern. Finanziell gesehen ist ihr Wert gering, weil das Fleisch für gewöhnlich unter den Dorfbewohnern aufgeteilt wird. In einer Studie von 1987 berichteten einige Manatijäger in Sierra Leone von rückläufigen Fangzahlen, in anderen Regionen leben dagegen noch große Populationen. Die Erhaltung der Seekühe ist momentan noch nicht gefährdet.

Wiederentdeckte Gorillas – Nach dreißig Jahren, in denen man ihn dort für ausgestorben hielt, hat man in Nigeria den Flachlandgorilla (*Gorilla gorilla gorilla*) wiederentdeckt. Was um so erstaunlicher ist, berücksichtigt man die Bevölkerungsdichte Nigerias. Gorillas sind bedroht durch die Zerstörung ihres Lebensraums, aber auch durch die Bejagung wegen ihres Fleischs oder nur für Trophäen. Ein einziger toter Gorilla kann in Lagos doppelt soviel Geld einbringen, wie ein Arbeiter im Monat verdient. Ein Ort berichtete von sechs getöteten Gorillas allein im Jahr 1987, die verwundeten Tiere nicht mitgerechnet. Im Land existieren vielleicht dreihundert Tiere in drei bis fünf Gruppen. Obwohl sie sehr zurückgezogen im Dickicht der Waldes leben, läßt sich ihre Zahl schätzen, indem man ihre Schlafnester und die charakteristischen dreigeteilten Kothaufen zählt. Die Studien haben gezeigt, daß sich die Gorillas noch vermehren, aber die Geburtenzahlen können die Verluste durch Bejagung nicht wettmachen. Zum Schutz der Tiere erwägt die Regierung Nigerias die Schaffung eines neuen Naturreservats, des Boshe-Okawango-Nationalparks.

Nahrung aus der Wildnis

Von dem insgesamt in ländlichen Gegenden Westafrikas konsumierten tierischen Eiweiß stammen bis zu zwanzig Prozent von wildlebenden Tieren. Zu diesem »Buschfleisch« zählen kleine Antilopen wie die Ducker und eine Vielzahl von Affen; weniger offensichtliche kulinarische Delikatessen stellen unter anderen Felsratte, Stachelschwein, Raupen, Termiten, Heuschrecken und sogar die oben abgebildete Gemeine Achatschnecke (*Achatina fulica*) dar. In weiten Teilen der Region zieht man das teurere Buschfleisch dem von Haustieren vor. Ein stetiger Druck durch Bejagung bedroht eine Reihe gefährdeter Arten, vornehmlich Primaten. Die Zucht von Wildtieren sowie eine Revision der bestehenden Gesetze mit dem Ziel, den kontrollierten Abschuß nichtbedrohter Tiere zu gestatten, können das Überleben der seltenen Primaten und großen Antilopen sichern.

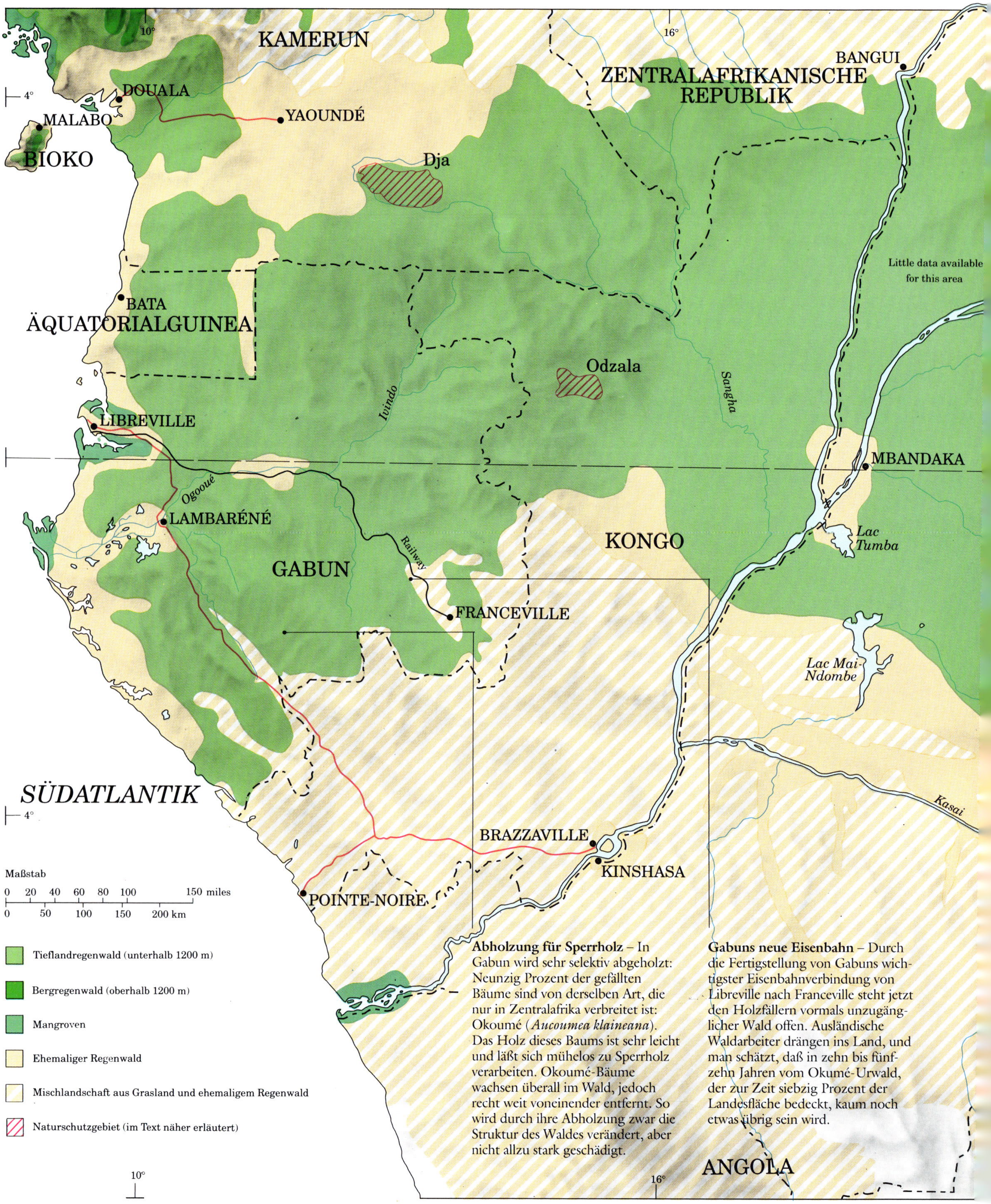

Abholzung für Sperrholz – In Gabun wird sehr selektiv abgeholzt: Neunzig Prozent der gefällten Bäume sind von derselben Art, die nur in Zentralafrika verbreitet ist: Okoumé (*Aucoumea klaineana*). Das Holz dieses Baums ist sehr leicht und läßt sich mühelos zu Sperrholz verarbeiten. Okoumé-Bäume wachsen überall im Wald, jedoch recht weit voneinender entfernt. So wird durch ihre Abholzung zwar die Struktur des Waldes verändert, aber nicht allzu stark geschädigt.

Gabuns neue Eisenbahn – Durch die Fertigstellung von Gabuns wichtigster Eisenbahnverbindung von Libreville nach Franceville steht jetzt den Holzfällern vormals unzugänglicher Wald offen. Ausländische Waldarbeiter drängen ins Land, und man schätzt, daß in zehn bis fünfzehn Jahren vom Okumé-Urwald, der zur Zeit siebzig Prozent der Landesfläche bedeckt, kaum noch etwas übrig sein wird.

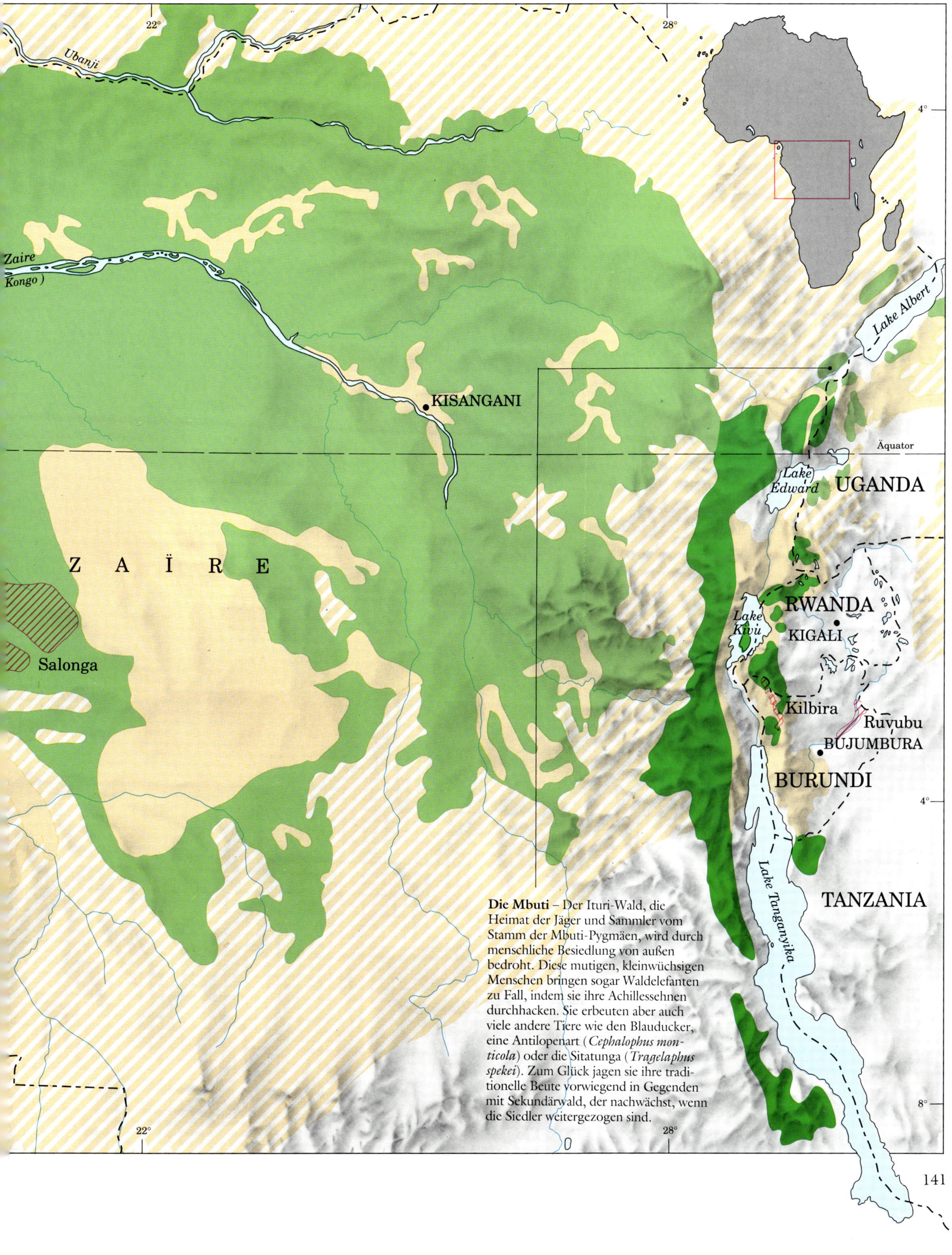

Die Mbuti – Der Ituri-Wald, die Heimat der Jäger und Sammler vom Stamm der Mbuti-Pygmäen, wird durch menschliche Besiedlung von außen bedroht. Diese mutigen, kleinwüchsigen Menschen bringen sogar Waldelefanten zu Fall, indem sie ihre Achillessehnen durchhacken. Sie erbeuten aber auch viele andere Tiere wie den Blauducker, eine Antilopenart (*Cephalophus monticola*) oder die Sitatunga (*Tragelaphus spekei*). Zum Glück jagen sie ihre traditionelle Beute vorwiegend in Gegenden mit Sekundärwald, der nachwächst, wenn die Siedler weitergezogen sind.

Von Kamerun und Gabun am Atlantik bis nach Kenia und Tansania am Indischen Ozean wird Zentralafrika von einem breiten Regenwaldgürtel überspannt. Innerhalb dieser Zone treten sehr deutliche Klima- und somit auch Waldunterschiede auf. Mit den Ländern Zentralafrikas verbinden wir das Bild eines dunklen, undurchdringlichen Dschungels. Ostafrika besteht dagegen hauptsächlich aus weiter Steppe; hier sind die Regenwälder auf fruchtbare Bergregionen beschränkt.

Mehr als achtzig Prozent des afrikanischen Regenwalds sind im Herzen des Schwarzen Kontinents beheimatet – und großenteils sogar noch fast im Urzustand. Über die Geschichte dieser Region ist nur recht wenig bekannt; auch die spärlichen archäologischen Ausgrabungen konnten in dieser Hinsicht nichts Wesentliches dokumentieren. Das riesige Zaïre-Becken ist für Siedler zu unwirtlich. Günstiger für menschliche Besiedlung und Ackerbau wirkt sich da schon das Klima Ostafrikas aus, was auch Funde von Resten ältesten menschlichen Lebens dokumentieren. In den meisten Ländern Ostafrikas ist die Landwirtschaft der wichtigste Erwerbszweig – nur in Kenia steht der Tourismus an erster Stelle –, während die Staaten Zentralafrikas hauptsächlich Bodenschätze als Grundlagen ihrer Wirtschaft betrachten.

Man nimmt an, daß die zentralafrikanischen Regenwälder aus einer Reihe kleiner, isolierter Waldinseln hervorgegangen sind, sogenannten Refugien (siehe Seite 50), die das trockene Klima Afrikas während der letzten Eiszeit überlebt haben. Diese Refugien, von denen eins im Hochland von Ostzaïre lag, sind sehr alt und bergen einen enormen Artenreichtum. Als vor rund zwölftausend Jahren das Klima feuchter wurde, dehnte sich der Regenwald über die gesamte Region aus. Heute ist Zaïre das Land mit dem größten Tier- und Pflanzenreichtum Afrikas: Hier gedeihen über elftausend Pflanzenarten, von denen wiederum fast ein Drittel nirgendwo sonst zu finden ist. Mit insgesamt 409 Säugetierarten zählt es nahezu 100 mehr als jedes andere Land Afrikas. Die zentralen Regenwälder sind die Heimat von Zwergschimpansen und Gorillas, Okapis und Waldelefanten. Die Entdeckung einer neuen Primatenart in Gabun und die Wiederentdeckung des Ost-Flachlandgorillas im Westen von Zaïre lassen auf weitere aufregende Funde hoffen.

Tansanias Bergwälder

Die Regenwälder im Osten Tansanias, vor allem die an den Hängen der Usambara-, Uluguru- und Uzungwaberge, haben vielleicht eine Gnadenfrist erhalten. Diese uralten Gebirge, regenreiche Inseln in einem ansonsten kargen Land, waren unbewohnt, bis die Europäer kamen und Anfang dieses Jahrhunderts Kaffee- und Teeplantagen anlegten. Nun jedoch ist die einzigartige Ökologie dort durch den Bevölkerungsanstieg der letzten Jahrzehnte und den aufblühenden Holzhandel aufs äußerste gefährdet. Erfreulicherweise wurden vor gar nicht langer Zeit Pläne zur Errichtung gewerblicher Sägewerke zugunsten eines IUCN-Projekts verworfen, mit dem man Naturschutz und naturgerechte Erschließung unter einen Hut bringen will. Schlechte Ackerbaumethoden hatten zu Bodenerosion geführt, die wiederum die Rodung neuer Waldflächen nach sich zog. Dieses Problem will man jetzt im Osten des Usambaragebirges mittels neuer Anbauprodukte und -methoden in den Griff bekommen, zu denen unter anderen Konturbepflanzung und stickstoffbindende, schattentolerante Bäume zählen.

Elefanten und Naturschutz

In den letzten zehn Jahren hat das internationele Geschäft mit Elfenbein den Bestand der afrikanischen Elefanten um die Hälfte dezimiert. Zwar werden auch weiterhin Elefanten fernab menschlicher Siedlungen im Zaïre-Becken überleben, doch ist wieder einmal eine seit Jahrhunderten währende ökologische Beziehung zwischen Elefanten, Pygmäen und der Regeneration des Waldes durch die illegale Jagd nach Elfenbein trotz weltweiten Verbots ernstlich in Gefahr: Bei ihrer Suche nach Salz nämlich wühlen die Dickhäuter im Boden herum. Hierbei entstehen kleine Lücken im Dickicht, wodurch Licht bis zum Boden dringen kann, was wiederum Kräuter und andere Pflanzen sprießen läßt. Diese neue Vegetation lockt Antilopen an, die dann von Pygmäen gejagt werden.

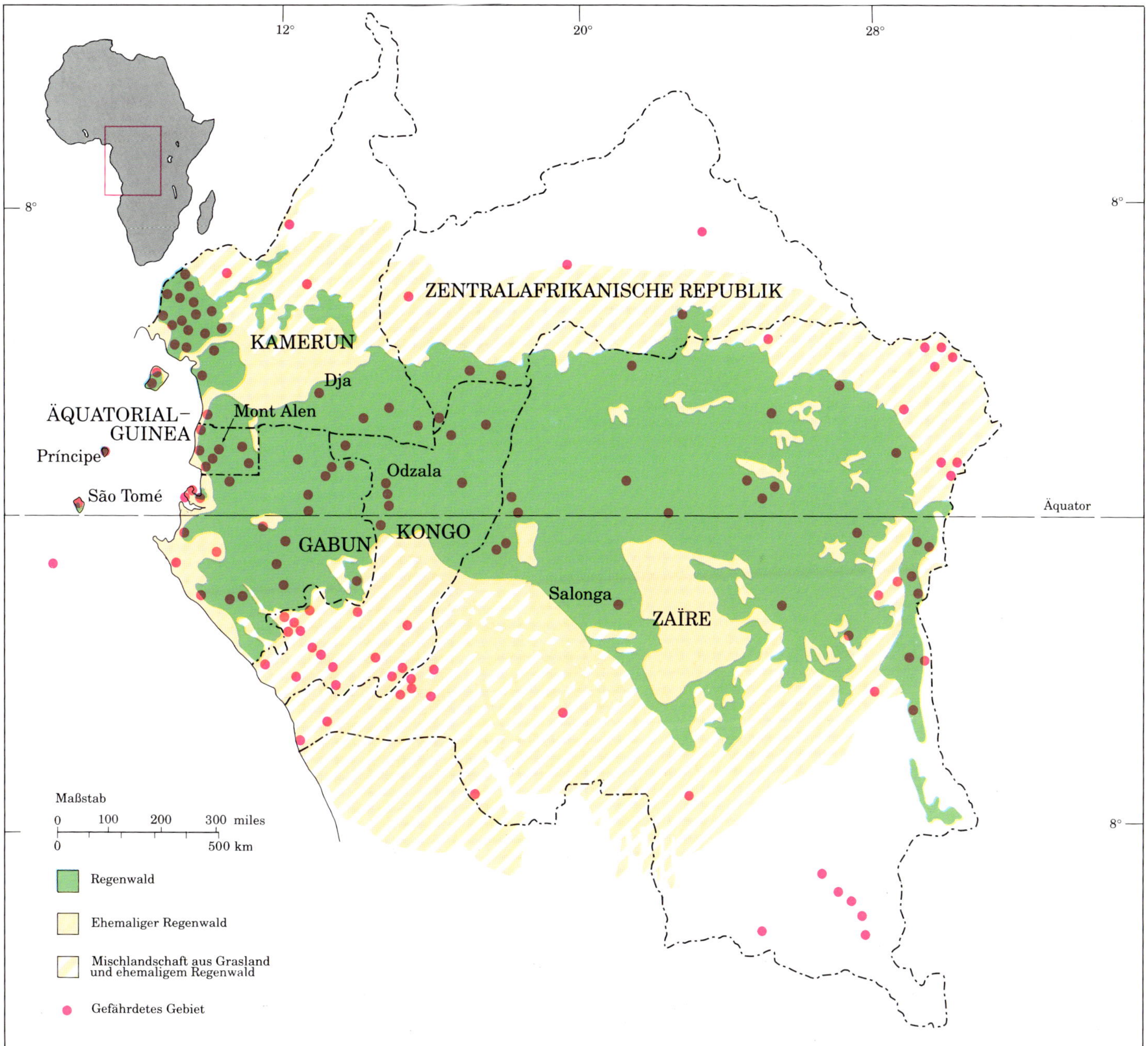

Das Zentralafrika-Projekt

Ein ehrgeiziges Vorhaben zur Erhaltung der Ökosysteme der Wälder und ihrer schonenden Nutzung (von der IUCN entworfen und mit EG-Mitteln finanziert) ist jetzt in Zentralafrika angelaufen. Man hat über hundert Gebieten eine wichtige Rolle bei der Erhaltung der Artenvielfalt bescheinigt und Maßnahmen zu ihrem Schutz vorgeschlagen. Mit einer Reihe von Pilotmaßnahmen – eine für jedes Land Zentralafrikas – sollen die unterschiedlichen Aspekte dieses gemeinschaftsbezogenen Ansatzes zu einer sinnvollen Nutzung der Natur aufgezeigt werden.

- In der Zentralafrikanischen Republik will man die Waldpflege nach dem Abholzen als eine Möglichkeit zur Waldverbesserung erforschen, um Investitionen in seinen Unterhalt anzuregen.
- In Kamerun werden in der Pufferzone rund um das Dja-Reservat genetisch verbesserte Laubbaumarten gezüchtet und sehr ertragreiche Plantagen angelegt.
- In Gabun soll die Ausbeute der traditionellen Jagd gesteuert werden, indem man den Dorfbewohnern die Kontrolle über die örtlichen Jagdgründe überläßt.
- In São Tomé sollen Plantagen mit schnellwachsenden Baumarten Bau- und Brennholz liefern, um so den natürlichen Wald zu entlasten.
- Im Kongo, in der Pufferzone rund um den Odzala-Nationalpark, macht man sich das überlieferte Wissen der Pygmäen über das Ökosystem des Waldes zunutze.
- In Äquatorialguinea wird man zum Schutz des Mont-Alen-Nationalparks das Nutzungsrecht für den Wald in einzelne Zonen aufteilen und in den waldnah gelegenen Dörfern die Land- und Forstwirtschaft fördern.
- Im Herzen Zaïres wird in der Nähe des Salonga-Nationalparks ein großes regionales Forschungszentrum eingerichtet. Hier will man neue Möglichkeiten zur Nutzung und Erhaltung des Waldes entwickeln.

Schon seit Urzeiten betätigen sich die Bewohner der zentralafrikanischen Regenwälder als Jäger und Sammler. Diese Lebensweise ist eine der ältesten Methoden, mit denen der Mensch die Natur zu nutzen gelernt hat. Sie bestimmt auch heute noch das Leben der Babinga-Pygmäen in der Zentralafrikanischen Republik und der Mbuti, die in Zaïre und der Volksrepublik Kongo beheimatet sind. Im Ituriwald leben die Mbuti seit über zweitausend Jahren in enger Beziehung zu den Bantu, einem Stamm ackerbautreibender Nomaden, die ihre Agrarprodukte gegen die Waldfrüchte der Pygmäen tauschen. Die uralten Ackerbaumethoden der Bantu, die immer nur kleine Waldflächen zur existentiellen Bewirtschaftung roden, schadet der Natur auf lange Sicht kaum. Denn während der langen Phasen, in denen die Felder brachliegen, regeneriert sich der Wald um die gefällten Baumstämme. Wachsender Bevölkerungsdruck und Besiedlung durch arme Städter führen allerdings zum Untergang des traditionellen Agrarsystems, was kürzere Brachphasen und Überbeanspruchung der ohnehin kargen und nach maximal drei Ernten in Folge ausgelaugten Böden zur Folge hat.

Das explosive Anwachsen der Bevölkerung macht die Erschließung weiterer Gebiete erforderlich. So wurden Straßen quer durch Zaïre und die Zentralafrikanische Republik gebaut; 1987 erfolgte die Fertigstellung der Trans-Gabun-Eisenbahnlinie, was neue Siedler anlockte und den Wald noch weiter zurückdrängte. Zaïre hat eine Bevölkerungsdichte von nur dreizehn Menschen pro Quadratkilometer. Das ist 25mal weniger als im benachbarten Ruanda, jedoch ist die Wachstumsrate in den letzten drei Jahrzehnten ständig höhergeklettert und beträgt zur Zeit über drei Prozent pro Jahr. In zwanzig bis dreißig Jahren wird sich Zaïres Einwohnerzahl verdoppelt haben, was den derzeitigen Druck auf die Wälder ohnehin noch verstärkt.

Man nimmt an, daß die zentralafrikanischen Regenwälder aus einer Reihe kleiner, isolierter Waldinseln hervorgegangen sind, die das trockene Klima Afrikas während der letzten Eiszeit überlebt haben.

Umgeben von Menschen
Ruandas und Burundis Bergwälder, die Heimat der Berggorillas (*Gorilla gorilla beringei*), sind von Menschenmassen hoffnungslos eingeschlossen. Diese winzigen Länder haben mit sage und schreibe dreihundertfünfzig Menschen pro Quadratkilometer die höchste Bevölkerungsdichte des ganzen Kontinents vorzuweisen, deren Auswirkungen die Wälder nicht verschonte. Mit den Rodungen begannen die bäuerlichen Hutu gegen Zahlung von Gebühren an die Jäger und Sammler vom Stamm der Twa, den ursprünglichen Hütern der Wälder. Im 13. Jahrhundert drang das Hirtenvolk der Tutsi ins Land ein, und seitdem ist die Weidewirtschaft die vorherrschende Landwirtschaftsform. In letzter Zeit mußten die Wälder dem Anbau von Exportprodukten wie Pyrethrum, Tee, Kaffee und Chinin weichen. Erfreulicherweise ist diese Entwicklung rückläufig, und Burundi hat im vergangenen Jahrzehnt seine ersten beiden Nationalparks – Kilbira und Ruvubu – gegründet. Ruanda ist weithin bekannt für sein überaus erfolgreiches Berggorilla-Projekt.

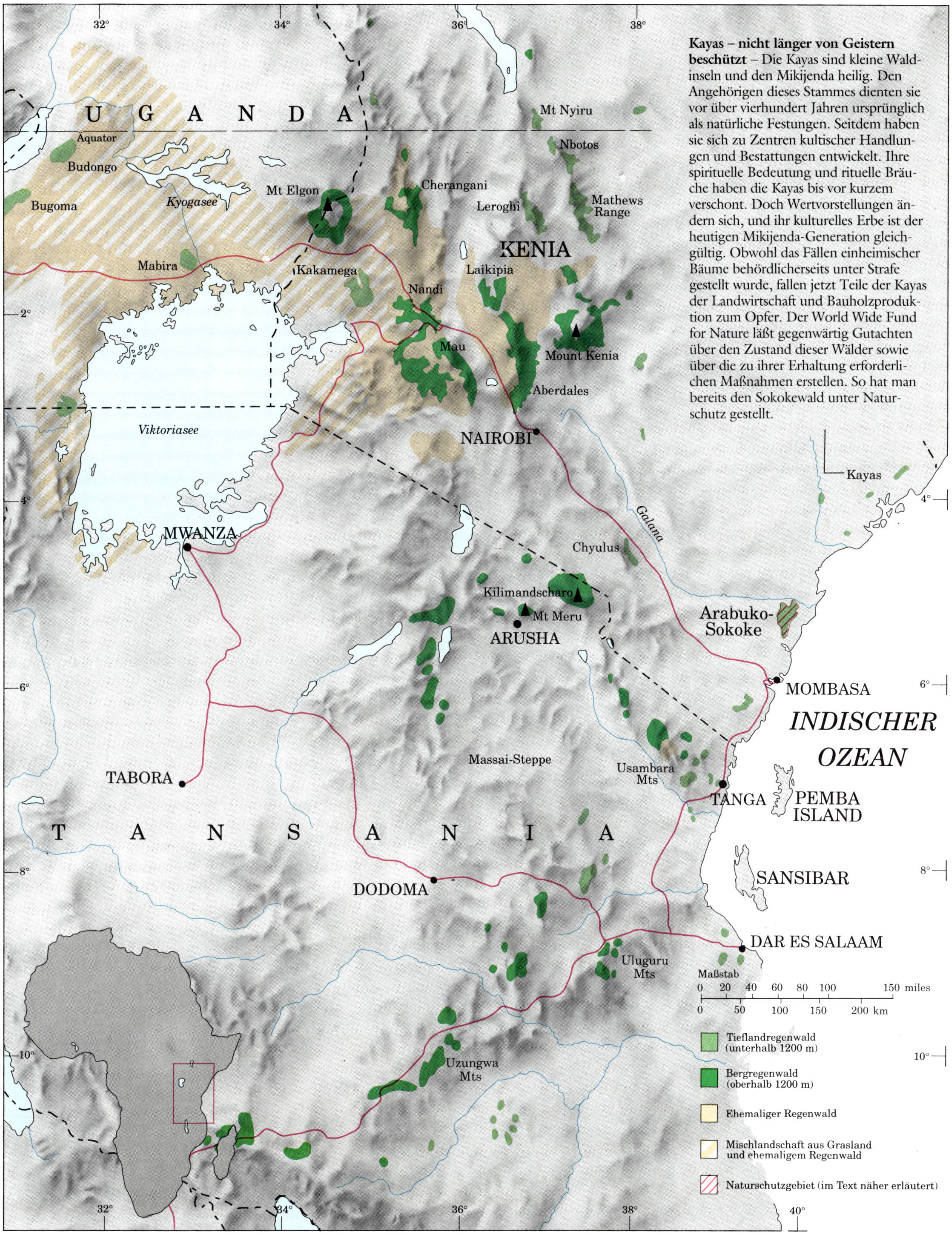

Kayas – nicht länger von Geistern beschützt – Die Kayas sind kleine Waldinseln und den Mikijenda heilig. Den Angehörigen dieses Stammes dienten sie vor über vierhundert Jahren ursprünglich als natürliche Festungen. Seitdem haben sie sich zu Zentren kultischer Handlungen und Bestattungen entwickelt. Ihre spirituelle Bedeutung und rituelle Bräuche haben die Kayas bis vor kurzem verschont. Doch Wertvorstellungen ändern sich, und ihr kulturelles Erbe ist der heutigen Mikijenda-Generation gleichgültig. Obwohl das Fällen einheimischer Bäume behördlicherseits unter Strafe gestellt wurde, fallen jetzt Teile der Kayas der Landwirtschaft und Bauholzproduktion zum Opfer. Der World Wide Fund for Nature läßt gegenwärtig Gutachten über den Zustand dieser Wälder sowie über die zu ihrer Erhaltung erforderlichen Maßnahmen erstellen. So hat man bereits den Sokokewald unter Naturschutz gestellt.

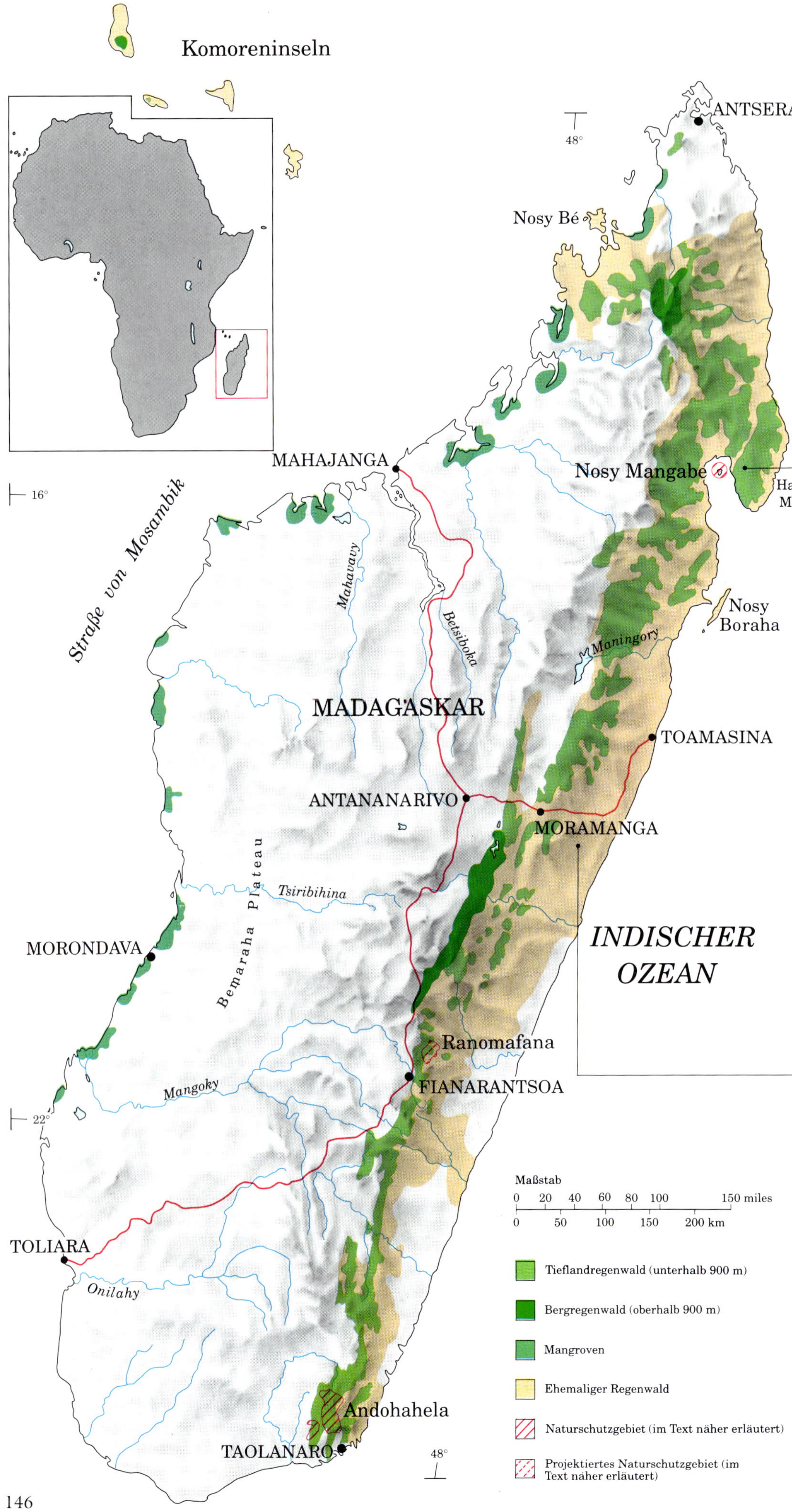

Masoala – Auf der Halbinsel Masoala erstreckt sich das letzte große zusammenhängende Tieflandregenwaldgebiet Madagaskars. Es zeichnet sich durch einen besonderen Reichtum an endemischen Pflanzenarten aus, was durch die Entdeckung von zwei neuen Palmengattungen im Jahr 1986 belegt wird. Früher existierte schon einmal ein Reservat auf Masoala, doch wurde es 1964 aufgelöst; heute wachsen in einem Teil des Landes Ölpalmen. Man hofft, daß zum Schutz des Waldes und seiner Tiere, insbesondere jener Arten, die wie *Varecia variegata rubra* sonst nirgends vorkommen, hier ein Nationalpark eingerichtet wird.

Unrentable Kiefern – Plantagen mit exotischen Bäumen scheinen oft pflegeleichter und ergiebiger als natürliche Wälder, doch hier stießen Investoren auf unerwartete Schwierigkeiten. So unterstützte beispielsweise die Weltbank den Aufbau einer sechshundert Quadratkilometer großen Kiefernplantage nahe Moramanga, die eine geplante Zellstoffabrik beliefern sollte. Doch schon bald stellte sich heraus, daß die Bäume teuren Dünger brauchten, wenn sie die von ihnen erwartete hohe Produktivität erreichen sollten. Angesichts des dürftigen Wachstums gab man die Werkpläne auf. Schließlich zerstörte ein Waldbrand einen Teil der Plantage; der Rest ist wertlos. Madagaskar muß jetzt den Kredit für ein Projekt zurückzahlen, bei dem gewachsener und möglicherweise nützlicher Wald praktisch umsonst geopfert wurde.

Mit rund 1600 Kilometern Länge und einer Breite von maximal 450 Kilometern ist Madagaskar die viertgrößte Insel der Welt. Ihre Abspaltung vom Kontinent begann schon vor mindestens 150 Millionen Jahren. Der Großteil ihrer Flora und Fauna hat sich in den letzten 40 bis 50 Millionen Jahren in der Isolation entwickelt, nachdem der Kanal zwischen Afrika und Madagaskar immer breiter und so zu einem unüberwindlichen Hindernis geworden war. Als Folge davon sind die meisten Tier- und Pflanzenarten der Insel endemisch; botanisch ist Madagaskar eins der reichsten Gebiete der Erde.

Etwa 80 Prozent der 10 000 Pflanzenarten Madagaskars kommen nur hier vor. Alle 30 seiner Primatenarten sind Lemuren; keine ist außerhalb Madagaskars oder der benachbarten Komoreninseln zu finden. Zwei Drittel aller Chamäleonarten der Welt – von Fingernagelgröße bis 60 Zentimeter Länge – sind hier heimisch. Zudem sind über 90 Prozent der Reptilien und Amphibien auf Madagaskar endemisch. Die Aufzählung könnte so weitergehen. Jedoch ist ein so großer Teil dieser Tierwelt bedroht, daß Madagaskar oft als das vorrangigste Naturschutzprojekt der Welt gehandelt wird.

Bevölkerungsdruck in ländlichen Regionen

Die ersten Menschen, von denen viele ursprünglich aus Indonesien stammten, gelangten erst vor 1500 Jahren nach Madagaskar. Heute zählt die Insel 11,2 Millionen Einwohner, mehr als doppelt so viele wie 1960, und bis zum Jahr 2025 werden es schätzungsweise 28 Millionen sein. Die Bevölkerung lebt noch immer hauptsächlich vom Ackerbau und braucht den Boden zum Leben. So ist die Expansion in den ländlichen Regionen für die Zerstörung der im Osten gelegenen Regenwälder verantwortlich.

Um die wachsende Bevölkerung zu ernähren, werden die Wälder abgeholzt und verbrannt. Wo sie standen, baut man jetzt hauptsächlich Reis, aber auch Mais, Maniok und andere Produkte an. Wie in den meisten übrigen Regenwaldgebieten gibt der Boden hier recht wenig her und kann nur ein paar Jahre lang bewirtschaftet werden. Sinkende Erträge zwingen die Bauern, ihr Land aufzugeben und noch mehr Wald zu roden, der auch den gesamten Brennholzbedarf deckt. Da fast keine Tieflandwälder mehr vorhanden sind, dehnt sich inzwischen die Suche nach Feuerholz ins höhergelegene Hügelland aus. 1985 wurde der verbliebene Regenwald auf ganze 38 000 Quadratkilometer geschätzt – das ist die Hälfte der 1950 registrierten und ein Drittel seiner ursprünglichen Fläche. Wenn die Zerstörung im jetzigen Tempo weitergeht, werden nur die Wälder in den abgelegensten und unzugänglichsten Regionen als klägliche Überbleibsel einer einstmals überwältigenden Fauna und Flora die nächsten 35 Jahre überleben.

Die Vernichtung der Malagasy-Regenwälder ist als »ein Drama ohne Schurken« bezeichnet worden. Zwar wurden in der Vergangenheit schon oft Bäume, speziell Ebenholz und Palisander, wegen ihres Holzes geschlagen, doch hatte dies nur relativ geringe Auswirkungen. Die größte Bedrohung geht von den Kleinbauern und ihrer destruktiven *Tavy*-Landwirtschaft aus. Die Regierung ist verpflichtet, den Naturschutz in den Aufbauplan des Landes zu integrieren, und die internationale Gemeinschaft stellt dafür Geld und Fachwissen zur Verfügung. Andernfalls besteht kaum Hoffnung, daß Madagaskar auch in Zukunft der Beschreibung jenes Forschers entsprechen wird, der vor zweihundert Jahren die Insel im Indischen Ozean als »das Gelobte Land der Naturwissenschaftler« rühmte.

Wallaces Falter – Madagaskar zählt über tausend Orchideenarten. Eine davon, *Angrecium sesquipedale*, hat eine 35 Zentimeter lange röhrenförmige Nektardrüse. Als Alfred Russel Wallace, ein berühmter Botaniker der viktorianischen Ära und ein Zeitgenosse Charles Darwins, diese Pflanze fand, wagte er die Behauptung, daß der Nachtfalter, der diese Pflanze bestäubt, eine mindestens 35 Zentimeter lange Zunge haben muß, um an den Nektar heranzukommen. Später wurde der Falter (*Xanthopan morgani*) entdeckt, und in Würdigung von Wallaces Weitsicht erhielt er den Subspezies-Zusatznamen *praedicta*.

Zyanid-Bambus – Der goldene Bambuslemur (*Hapalemur aureus*) wurde erst 1987 entdeckt und zählt zu den seltensten Primaten auf Madagaskar. Auch seine Nahrung ist höchst merkwürdig – er frißt eine Pflanze, an der er eigentlich sterben müßte. Der oben abgebildete Riesenbambus (*Cephalostachyum vigueri*) enthält nämlich Zyanid, und die Menge, die der Lemur täglich frißt, wäre für einen Menschen tödlich.

Großes Bild: Kattas (*Lemur catta*) beim Sonnenbaden.
Kleines Bild: Mayottelemur (*Lemur fulvus mayottensis*) mit Jungtier.

Geisterhafte Primaten

Am bekanntesten von allen Tieren Madagaskars sind wahrscheinlich die Lemuren. Der Name dieser Primaten leitet sich vom lateinischen Wort für Geister – *lemures* – ab, und wenn die Zerstörung der Malagasy-Regenwälder im derzeitigen Tempo fortschreitet, sind sie das vielleicht bald auch wirklich.

Es gibt dreißig verschiedene Arten: vom winzigen, nachtaktiven Roten Zwergmaki (*Microcebus rufus*), der ganze sechzig Gramm auf die Waage bringt, bis zum zehn Kilogramm schweren Indri (*Indris indris*), einem im Familienverbund lebenden Taglemur. In den Regenwäldern an der Ostküste ist mehr als die Hälfte aller Lemurenarten heimisch, so etwa das sonderbar aussehende Fingertier oder Aye-Aye (*Daubentonia madagascariensis*), das als Vorbote des Unheils gilt und deshalb sofort erlegt werden darf.

Vor der Ankunft des Menschen lebten auf Madagaskar mindestens noch vierzehn weitere Lemurenarten. Die meisten waren größer als ihre heutigen Verwandten; der größte mochte vielleicht die Größe eines Gorillaweibchens gehabt haben. Ihre Überreste hat man neben den Gefäßen gefunden, in denen sie gekocht wurden, und ihr Aussterben ist offensichtlich auf die Kombination aus Jagd und Lebensraumvernichtung zurückzuführen. Diese großen Arten waren natürlich am ehesten durch den Menschen gefährdet. Die Bedrohung besteht zwar noch immer, doch für die restlichen kleineren Lemuren stellt nicht die Jagd das größte Problem dar, sondern die immer schneller um sich greifende Waldzerstörung zugunsten der Landwirtschaft. »Keine Wälder« heißt aber »keine Lemuren«, und die Welt wird ihren Verlust nicht mal bemerken.

Makimännchen der Art *Fulvus albifrons.*

Maki der Art *Varecia variegatus.*

Ranomafana

Naturschutz, Bildung, ländliche Erschließung und Anhebung des örtlichen Lebensstandards miteinander zu verbinden, war das Ziel bei der Schaffung des Ranomafana-Nationalparks im Südosten Madagaskars. Von Anbeginn Mitte der achtziger Jahre bezog man die Kooperationsbereitschaft der Einheimischen in das Projekt mit ein – und nur, wenn sie als Forstverwalter die Verantwortung für die vorgeschlagenen Veränderungen und deren Nießbrauch übertragen bekommen, wird dem Projekt Erfolg beschieden sein.

Der Plan sieht die Einrichtung einer Kernzone von 416 Quadratkilometern, umgeben von einer 1500 Quadratkilometer großen Pufferzone, vor. Innerhalb dieser Zone will man das jetzige destruktive *Tany*-Landwirtschaftssystem verbessern und neue Anbaumethoden einführen. Als Vorbild könnte hierbei das nahegelegene Kjanjavato dienen, wo man Modellfarmen eingerichtet hat, um alternative Landbaumaßnahmen zu demonstrieren. Dazu gehören die Wiederaufforstung der Hochlagen, Mischkulturen an den Hängen, die intensive Bewirtschaftung der Talsohlen mittels kleiner Reisfelder sowie Fisch- und Gemüsezucht.

Der projektierte Park bietet auch glänzende Aussichten für den nationalen wie den internationalen Tourismus. Schon kommt ein kleiner, doch ständig wachsender Besucherstrom in die Region, woraus sich Einnahmen zum Unterhalt des Parks ableiten lassen. Es gibt nur wenige andere Orte auf Madagaskar, an denen man mit etwas Glück zwölf verschiedene Lemurenarten zu sehen bekommt, ganz zu schweigen von den über siebzig Vogelarten und den zahlreichen faszinierenden Insekten und Pflanzen.

Dank finanzieller Unterstützung von Organisationen wie dem World Wide Fund for Nature oder USAID und Hilfe seitens der Duke- und der North-Carolina-State-Universität drängt die Regierung Madagaskars nun auf rasche Fertigstellung des Ranomafana-Nationalparks.

Schutz für die Reservate

Schon 1881 bestand auf Madagaskar ein Gesetz, nach dem Leute, die Bäume fällten, ins Gefängnis wanderten – dessen Überwachung jedoch damals wie heute mit großen Schwierigkeiten verbunden ist. Madagaskar gehörte zu den ersten Ländern, die ein Netzwerk von Naturreservaten schufen. Dies geschah bereits 1927, doch fehlen der Inselregierung noch immer die nötigen Mittel zu ihrem Schutz. Der Zugang zu den zwölf gesamtheitlichen Naturreservaten ist nur Wissenschaftlern gestattet. Die zum Schutz bestimmter Tier- und Pflanzenarten angelegten Biotope sind jedermann zugänglich; natürlich sind hier Jagen und Angeln verboten, und auch der Tierfang oder die Mitnahme von Waldprodukten ist nicht erlaubt. Dies ist nur den einheimischen Dorfbewohnern gestattet, die in den beiden Nationalparks des Landes leben.

Diese Regenwaldrefugien bedecken eine Fläche zwischen fünf Quadratkilometern im Biotop auf der kleinen Insel Nosy Mangabe und 760 Quadratkilometer im Andohahela-Naturreservat. Vielfach sind gerade mal ein oder zwei Parkwächter angestellt, die oft nicht im Reservat, sondern in Dörfern der Umgebung wohnen. Nur selten steht ihnen ein Fahrzeug oder eine patrouillentaugliche Ausrüstung zur Verfügung; so ist ein adäquater Schutz der Reservate unmöglich zu garantieren.

Seit 1986 sind der World Wide Fund for Nature und das Ministerium für Wasser- und Forstwirtschaft an einem Großprojekt zur Überwachung aller Schutzgebiete auf Madagaskar beteiligt. Von vielen Reservaten ist überraschend wenig bekannt; oft weiß man nicht einmal, welche Säugetiere und Vögel hier leben, von den Pflanzen und Insekten ganz zu schweigen. Als Teil des Projekts hat man Verzeichnisse aller gefundenen Lebewesen angelegt und dabei einige Gebiete mit ungewöhnlich großer Artenvielfalt entdeckt.

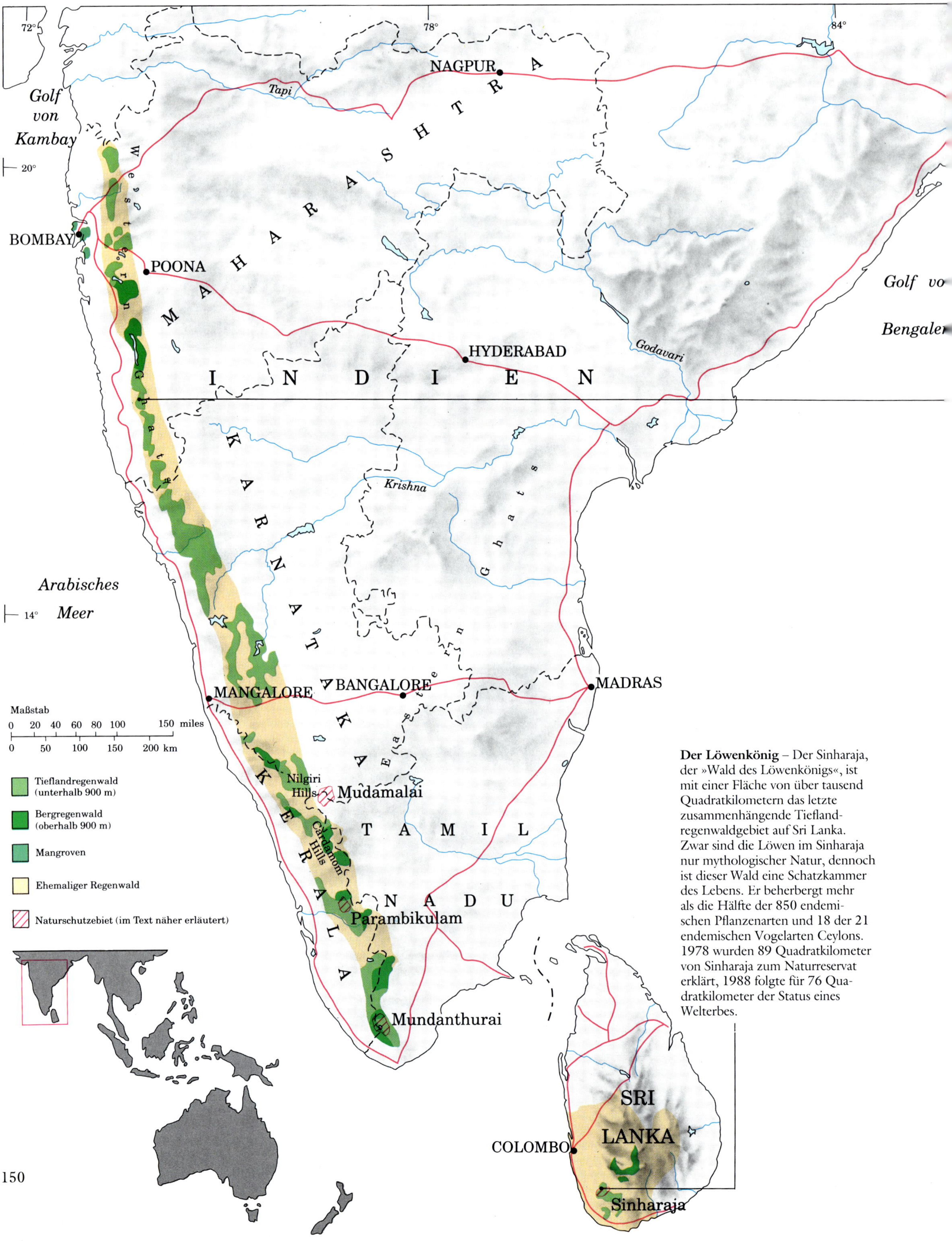

Der Löwenkönig – Der Sinharaja, der »Wald des Löwenkönigs«, ist mit einer Fläche von über tausend Quadratkilometern das letzte zusammenhängende Tieflandregenwaldgebiet auf Sri Lanka. Zwar sind die Löwen im Sinharaja nur mythologischer Natur, dennoch ist dieser Wald eine Schatzkammer des Lebens. Er beherbergt mehr als die Hälfte der 850 endemischen Pflanzenarten und 18 der 21 endemischen Vogelarten Ceylons. 1978 wurden 89 Quadratkilometer von Sinharaja zum Naturreservat erklärt, 1988 folgte für 76 Quadratkilometer der Status eines Welterbes.

Indien, Sri Lanka und Bangladesch

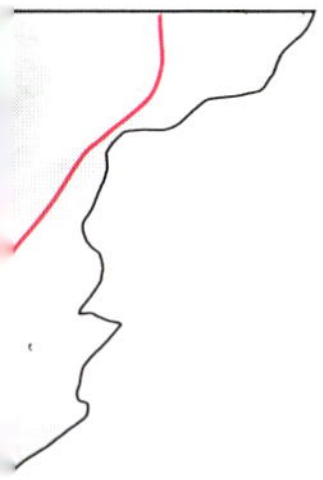

In Indien leben etwa fünfzehn Prozent der Weltbevölkerung. Regenwälder findet man auf dem Subkontinent in den Westghats, in Assam, im Nordosten und auf den Andamanen- und Nikobaren-Inseln. Jede dieser räumlich weit voneinander getrennten Regionen hat ihre eigenen endemischen Tier- und Pflanzenarten. Die Wälder sind der Lebensraum vieler Volksstämme. Einige wenige Bergwälder existieren noch in Sri Lanka, und obwohl in Bangladesch fast kaum noch ein Baum steht, erstrecken sich die größten Mangroven der Welt im Gangesdelta.

Indien
Die Abholzung der Wälder ist in den letzten Jahrzehnten rapide fortgeschritten: bis zu 1500 Quadratkilometer Waldland fallen jährlich der Axt zum Opfer. Über 50 000 Quadratkilometer haben Siedler oder Ackerbau treibende Nomaden schon in Besitz genommen. Die verbliebenen Waldflächen verarmen häufig, denn hier wird Holz geschlagen, Brennmaterial gesammelt und – was besonders für die Westghats typisch ist – Rodung für Weideland betrieben.

Indien zählt rund 45 000 Pflanzenarten, von denen nicht weniger als 4500 vom Aussterben bedroht sind. Heilpflanzen sind besonders gefährdet, da sie in ländlichen Gegenden eifrig zur Behandlung aller möglichen Leiden gesammelt werden. Auf dem Subkontinent wurden schon früh Waldreservate und Schutzgebiete angelegt; eine Tradition, die bis ins 4. Jahrhundert vor Christus zurückreicht. 1988 gab es in Indien bereits 66 Nationalparks und 434 Naturschutzgebiete, doch soll ihre Zahl noch auf 148 beziehungsweise 503 aufgestockt werden; ihr Gesamtanteil an der Landesfläche würde dann mehr als fünf Prozent betragen.

Zwischen 1950 und 1980 verlor Indien große Teile seiner Tropenwälder, in den achtziger Jahren jedoch reifte bei den Politikern unter dem Druck der Öffentlichkeit der Wille, nachdrücklich für deren Schutz und Erhaltung einzutreten. Neue Konzepte wurden ausgearbeitet und Gesetze verabschiedet, um das zu schützen, was noch übriggeblieben ist.

Heilige Haine – Das indische Wort *Shola* bezeichnet im eigentlichen Sinn sanftgeschwungene, grasbewachsene Hügel mit hainartigen Wäldchen in geschützter Lage am Ufer von Flüssen. Heute wird der Begriff auf alle noch vorhandenen Regenwälder in den Westghats angewendet. In diesen Sholas gibt es eine Reihe von Hainen, die nach dem Glauben der Einheimischen jeweils unter dem Schutz einer bestimmten Gottheit stehen. Alles Leben in ihnen ist heilig und somit vor jeglichen Störungen durch Menschen sicher.

Indien: Die Westghats
Die letzten Regenwälder der indischen Halbinsel liegen in den Westghats, jener küstennahen Hügelkette, die von der Südspitze Indiens bis zum

Seltener Makak – Der seltene Wanderu oder Bartaffe (*Macaca silenus*) kommt nur in den immergrünen Wäldern der Westghats vor, meist in Horden von fünfzehn bis zwanzig Tieren. Dieser Primat kann sich nur im Wald fortbewegen; jede Lücke im Kronendach – eine Plantage etwa oder ein Feld – schneidet ihm wirkungsvoll den Weg ab. Aus diesem Grund sind manche Populationen auf Waldinseln beschränkt, die zu klein sind für ausreichend genetischen Austausch mit anderen Gruppen; Inzucht ist daher ein Problem.

Gaur auf der Roten Liste – Im Mudumalai-Reservat in den Westghats ist eine der weltweit größten Herden des Gaur (*Bos gaurus*) beheimatet. Mit seinem riesigen Kopf, dem massigen Rumpf und den kräftigen Beinen ist er das größte Wildrind der Erde. Einst in ganz Asien verbreitet, kommt der Gaur heute nur noch in isolierten Populationen vor und steht auf der »Roten Liste bedrohter Tierarten« der IUCN.

Golf von Kambay verläuft. Sie bedecken eine Fläche von 160 000 Quadratkilometern und erstrecken sich über die Bundesstaaten Maharashtra, Karnataka, Tamil Nadu und Kerala. Etwa ein Drittel der Westghats ist noch von natürlicher Vegetation bestanden; hiervon sind 20 000 Quadratkilometer Regenwald. Der enorme Bevölkerungsanstieg – die Wachstumsrate liegt derzeit bei zweieinhalb Prozent pro Jahr – hat weite Teile der ursprünglichen Vegetationsdecke der Region zerstört oder verändert. In den Schwemmlandebenen an der Küste erfolgte eine extensive Besiedlung, und die Wälder mußten Reisfeldern und Kokosplantagen weichen. Tee, Kaffee, Kautschuk, Kardamom, Chinarinde (aus der Chinin gewonnen wird) und andere Erzeugnisse werden in den Hügeln angebaut; Regenwälder sind infolgedessen nur noch in größeren Höhen zu finden, wo pro Jahr über 2000 Millimeter Regen fallen.

Die Westghats beherbergen eine ungeheure Artenfülle. So wurden schon mehr als 4000 Pflanzenarten registriert, von denen wiederum fast drei Viertel endemisch sind, also nur hier wachsen. Diese Wälder stellen außerdem für eine Vielzahl von Tieren ein wichtiges Refugium dar. Mehrere bedrohte Säugetierarten wie der Nilgiri-Langur (*Presbytis johnii*), der Rothund (*Cuon alpinus*), der Lippenbär (*Melursus ursinus*), die Malabar-Zibetkatze (*Viverra civettina*), der Königstiger (*Panthera tigris*) und der Gaur (*Bos gaurus*), aber auch mindestens 50 endemische Schlangenarten haben hier Zuflucht gefunden.

In den Westghats gibt es acht Nationalparks und 39 Wildreservate, die mit 16 935 Quadratkilometern Gesamtfläche elf Prozent der Ghats bedecken. Beim Verwaltungsstatus dieser Schutzgebiete fallen beträchtliche Unterschiede auf: Das Nilgiri-Reservat im Bundesstaat Tamil Nadu ist unbewohnt, hier gibt es nur kleine, verlassene Plantagen und keinerlei Landwirtschaft. Im Parambikulam-Reservat in Kerala haben sich dagegen große, kommerzielle Teakholzbaumplantagen etabliert und sind Privatgrundstücke gestattet worden, die für den Anbau von Tapioka und Reis genutzt werden sollen. Einige Reservate in den Westghats genießen ausreichenden Schutz, viele andere sind dadurch bedroht, daß der Mensch immer weiter vordringt, Bäume fällt und Wasserspeicher anlegt. Ein Beispiel hierfür ist das Mundanthurai-Reservat in Tamil Nadu. Wo sich der Tambiraparani seinen Weg durch das Mundanthurai-Plateau bahnt, liegen ausgedehnte Flußwälder mit einer Fülle immergrüner Pflanzenarten, die nur an Fließgewässern gedeihen. Man plant nun, den Fluß durch einen Tunnel umzuleiten, um damit das Servalar-Wasserkraftwerk zu speisen. Sollte das Projekt wirklich in die Tat umgesetzt werden, würden die Flußwälder irreparabel geschädigt.

Sri Lanka – Die natürliche Vegetation Sri Lankas wurde größtenteils für Kulturlandschaft gerodet. Immer wieder werden kleine Grundstücke abgebrannt, um neuen Feldern Platz zu schaffen.

Sundarbans-Tigerreservat – An diesem Wasserlauf durch den Mangrovenwald der Sundarbans erkennt man, wie sich zwischen den Wurzeln Schlick vom Ganges ansammelt, wodurch die Ablagerungen das Stromdelta mehr und mehr verändern.

Großer Nashornvogel

Links, links oben: **Kolonialleben** – Während des extrem heißen indischen Sommers zogen sich die Briten in die erholsame Kühle der Westghats zurück. Die saisonale »Flucht« wurde ihnen bis zum Ende des Monsuns durch komfortable Aufenthaltsorte versüßt.

Nilgiri – Geschichte eines Schutzgebiets

Die Nilgiri-Hügel sind schon lange für ihr konstantes Klima bekannt. Unter der britischen Besatzung entwickelteten sie sich zu einem der beliebtesten Ausflugsziele Indiens: »Auf diesen Hügeln kann man sich die Temperatur aussuchen, die einem am ehesten zusagt – Italien, Frankreich, Devonshire oder Schottland«, schrieb 1834 der spätere britische Kriegsminister Lord Macaulay. Die Nilgiris können auf eine lange Geschichte als Schutzzone zurückblikken, denn früher waren große Gebiete den indischen Herrschern als Jagdreviere vorbehalten. 1980 entschloß man sich, dort ein Naturreservat anzulegen.

Das Nilgiri-Naturreservat wird mindestens sechs bestehende Nationalparks und Schutzgebiete einbeziehen und sich über eine Fläche von insgesamt 5510 Quadratkilometern erstrecken. Die Topographie des Reservats ist sehr abwechslungsreich, besteht aber im wesentlichen aus einer Reihe von Hochebenen mit Hügeln, die zwischen 250 und 1800 Meter hoch sind. Als Vegetationstypen sind hier immergrüner Regenwald, von Grasland durchsetzter *Shola*-Bergwald, halbimmergrüner Wald, feuchter Laubwald und trockener Dornwald anzutreffen.

Zwanzig Stammesgruppen leben im Nilgiri-Reservat, von denen in erster Linie die Cholnaiks zu erwähnen sind, denn sie sind die einzigen echten Jäger und Sammler Indiens. Ruinen von Tempeln, Dörfern und Zisternen sind steinerne Zeugen aus einer Zeit, als das Gebiet von einer Kultur bewohnt wurde, der ein fortschrittliches Bewässerungssystem nicht unbekannt war.

Das spätere Naturreservat wird unterteilt: Ein Kerngebiet von 1240 Quadratkilometern soll wissenschaftlichen Zwecken dienen; in einer 3230 Quadratkilometer großen Pufferzone werden Forstwirtschaft, Ackerbau und Nutztierhaltung betrieben, während in einer 700 Quadratkilometer großen »Genesungszone« Methoden erforscht werden sollen, mit denen Produktivität und Mannigfaltigkeit kranker Ökosysteme wiederhergestellt werden können; außerdem wird eine Region auch Touristen zugänglich gemacht.

Mehr als 100 Säugetier-, 550 Vogel- und 80 Reptilien- und Amphibienarten hat man im projektierten Nilgiri-Reservat gezählt. Zu den hier lebenden Primaten gehören der Hanuman (*Presbytis entellus*) und der Indische Hutaffe (*Macaca radiata*), unter den Raubtieren findet man den Bengal- oder Königstiger, den Leopard (*Panthera pardus*), den Rothund (*Cuon alpinus*), den Goldschakal (*Canis aureus*), die Streifenhyäne (*Hyaena hyaena*) und den Bengalfuchs (*Vulpes bengalensis*). Die Population der Indischen Elefanten (*Elephas maximus*) im Reservat besteht noch aus etwa 1500 Tieren. Der wichtigste Vertreter der Paarhufer ist das Nilgiri-Tahr (*Hemitragus hylocrius*), von dem 400 bis 450 Exemplare im Reservat leben. Zu den seltenen Vögeln zählen der Große Nashornvogel (*Buceros bicornis*) und das Ceylon-Froschmaul (*Batrachostomus moniliger*). Bei den Reptilien ist das Sumpfkrokodil (*Crocodylus palustris*) durch Wilderei und Lebensraumvernichtung vom Aussterben bedroht.

Nordostindien

Einst bedeckte der Regenwald große Teile des Landstrichs, doch da die Bevölkerung sich rasch vermehrte, wurden Tausende Quadratkilometer Wald abgeholzt und von niedrigerem Strauchdschungel verdrängt. Heute stehen noch rund 43 000 Quadratkilometer Regenwald. Nomadischer Ackerbau, landläufig als *Jhum* bekannt, wird in der gesamten Region praktiziert. Als dort noch viel weniger Menschen lebten, war dies eine einträgliche Form der Landnutzung. Aufgrund des zunehmenden Bevölkerungsdrucks hat sich die Situation jedoch verschlimmert: Viele Bauern lassen ihr Land nicht mehr lange genug brachliegen, weil die Anbauflächen nicht reichen; als Folge davon breitet sich jetzt in weiten Teilen eine verheerende Bodenerosion aus. Von der Jhum-Wirtschaft sind bis zu 88 000 Quadratkilometer betroffen. Holz ist für drei Viertel der Bevölkerung Indiens ein wichtiger Brennstoff, infolgedessen stellen Holzsammler für den Wald eine weitere schwere Belastung dar.

Die letzten Wälder sind auf das Assamtal, die hügeligen Ausläufer des östlichen Himalaja und die Niederungen der Nagahügel begrenzt. Hier fallen pro Jahr über 2300 Millimeter Regen. Botanisch gesehen sind diese Wälder die reichsten des indischen Subkontinents; sie beherbergen eine Vielzahl unterschiedlichster Säugetiere und Vögel.

Die Region mit einer Fläche von mehr als 170 000 Quadratkilometern verfügt nur über vier Nationalparks und drei Wildreservate mit zusammen 1880 Quadratkilometern. Mit der Einrichtung von 17 weiteren Parks und 50 neuen Reservaten plant man derzeit, die Gesamtfläche der Schutzgebiete auf über 9000 Quadratkilometer auszudehnen.

Sri Lanka

Die Regenwälder liegen im Südwesten der Insel. Von der natürlichen Urvegetation ist nur noch ein Prozent, hauptsächlich in den Bergen, erhalten. Die Wälder weisen eine geringere Artenvielfalt als jene der Westghats auf, trotzdem muß man sie angesichts der rund 850 endemischen Pflanzenarten als reich bezeichnen. Manche Baumarten sind so selten, daß man bislang nur ein oder zwei Exemplare von ihnen gefunden hat. Aufgrund der hohen Bevölkerungsdichte in Sri Lanka – derzeit leben 260 Menschen pro Quadratkilometer, man rechnet jedoch bis zum Jahr 2025 mit einem Anstieg auf fast 500 Menschen pro Quadratkilometer – lastet auf den Regenwäldern ein enormer Druck. Den größten Teil der Tieflandgebiete hat man bereits in Reisfelder und Kokosplantagen umgewandelt, während im Hügelland bevorzugt Tee und Teakholzbäume gedeihen.

Bangladesch

Früher vom Gangesdelta bis in die Mittelgebirgslagen dicht mit Mangroven-, Sumpf- und anderen Regenwäldern bestanden, ist Bangladesch heute nahezu völlig waldlos. Nicht einmal fünf Prozent der ursprünglichen Regen- und Monsunwalddecke haben überlebt, und selbst dieser Rest befindet sich in einem traurigen Zustand. Bangladesch ist eins der ärmsten Länder der Welt. Die meisten Menschen schlagen sich mit Akkerbau kümmerlich durch; der Bevölkerungsdruck ist mit 800 Menschen pro Quadratkilometer enorm. Unvorstellbar: Schätzungen zufolge wird sich die Bevölkerung in den nächsten hundert Jahren noch mehr als verdoppeln, bevor wieder eine Rückläufigkeit zu verzeichnen ist.

Bangladeschs größter Regenwald sind die Sundarbans, ein ausgedehnter Mangrovenwald an der Küste mit einer Fläche von über 4000 Quadratkilometern. Er wächst auf dem Schlick, den Ganges, Brahmaputra und Meghna ständig mitführen. Hier lebt noch der Bengal- oder Königstiger (*Panthera tigris*), jedoch die meisten anderen großen Säugetiere, darunter das Indische Panzernashorn (*Rhinoceros unicornis*), der Banteng, die Nilgau- und die Sumpfantilope sind mittlerweile verschwunden. Nur in einigen abgelegenen Wäldchen im Landesinnern fristen noch ein paar Elefanten ihr Dasein.

Derzeit sind Bestrebungen im Gange, einen nationalen Naturschutzplan zu entwerfen, mit dem die letzten Reste der Wälder vor der totalen Zerstörung bewahrt werden können. Mit einigem Erfolg hat man in den Sundarbans als Ersatz für die abgeholzten Wälder wieder Mangroven angesiedelt.

Terrorismus bedroht die Tierwelt
Das Manas-Tigerreservat ist eins der größten und wichtigsten Naturschutzgebiete Asiens. Hier leben 19 Säugetierarten, die nach dem indischen Gesetz zum Schutz der Tierwelt als bedroht aufgelistet sind. Im Februar 1989 drangen Bodo-Extremisten ins Reservat ein. Diese Aktion ging von einer großen politischen Bewegung aus, die für einen unabhängigen Staat im Nordosten Indiens kämpft. Dabei wurde ein großer Teil des Reservats mitsamt der lebenswichtigen Kernzone gewaltsam besetzt. Tausende Bäume wurden seither gefällt und ihr Holz verkauft; jetzt sind die einzigen bekannten Lebensgebiete solch äußerst bedrohter Tierarten wie Borstenkaninchen (*Caprolagus hispidus*) oder Zwergwildschwein (*Sus salvanius*) in Gefahr. Die Bodos griffen auch Wildhüterposten und Büros an und ermordeten einen Forstbediensteten sowie mindestens acht Parkwächter. Bis September 1989 waren 30 der 44 Posten und Lager aufgegeben und mindestens sechs der 80 Panzernashörner im Reservat erlegt worden. Auch vermutet man, daß Hunderte Rehe und Wildschweine gewildert wurden.

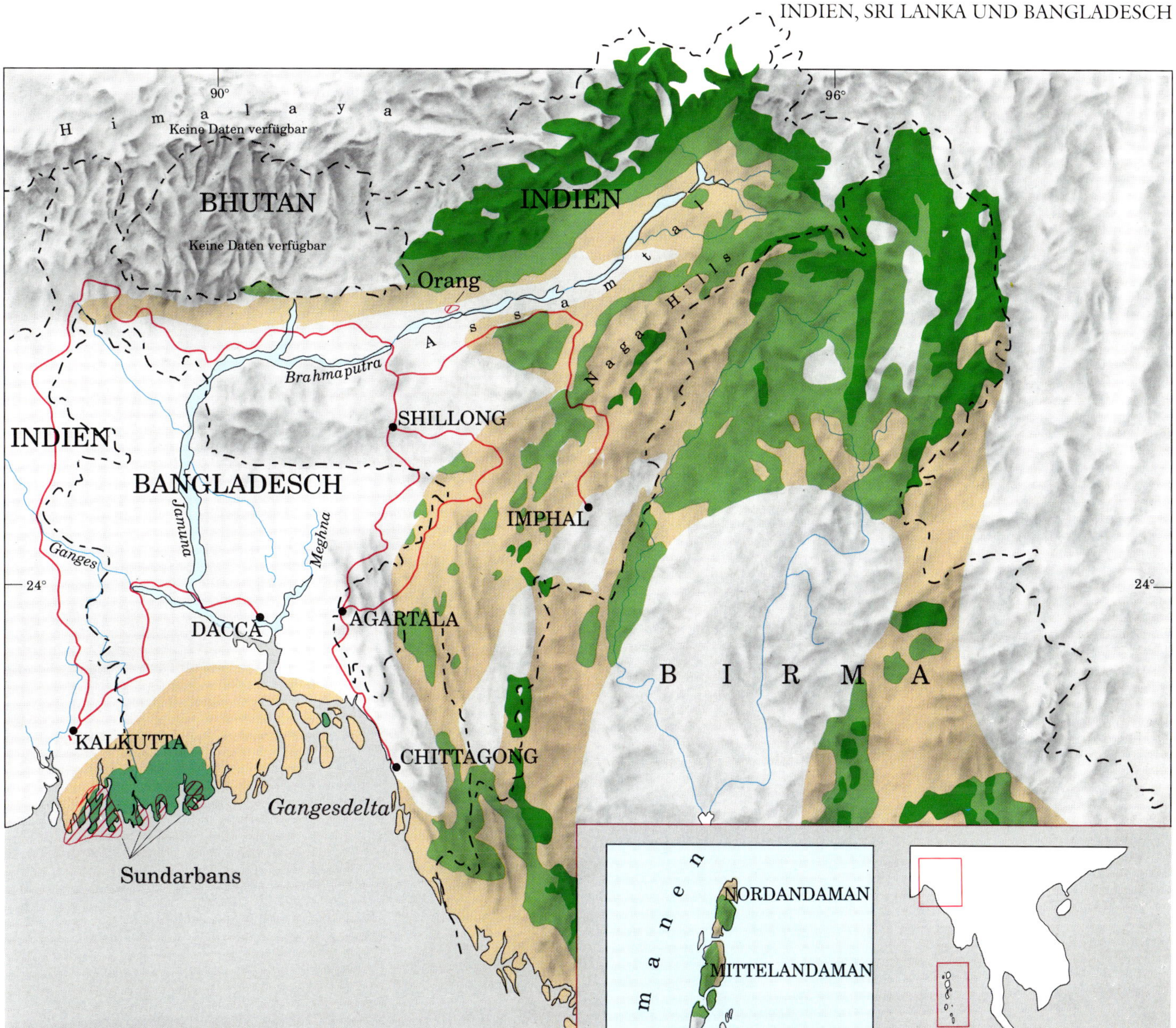

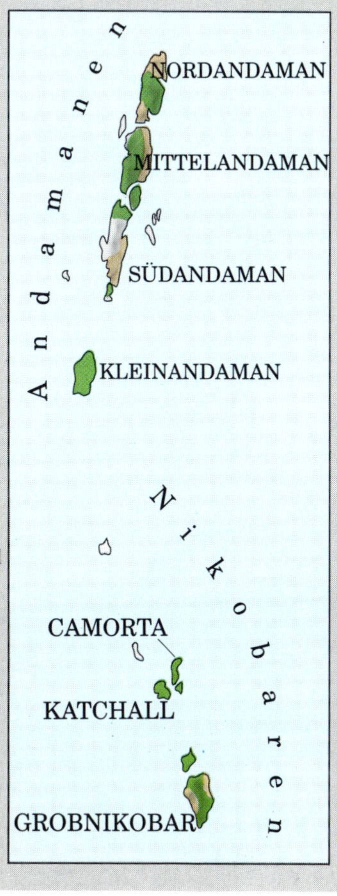

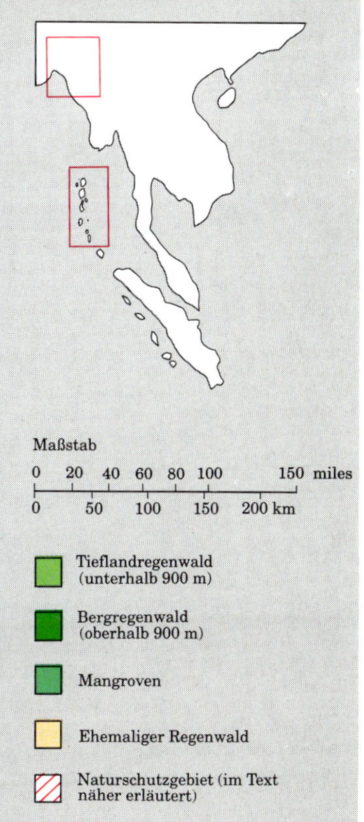

Kleine Karte: **Andamanen und Nikobaren** – Die beiden Archipele bilden eine der drei wichtigsten Tropenwaldzonen Indiens. Fauna und Flora der Andamanen weisen große Ähnlichkeit zu der von Birma auf, wogegen die Nikobaren, deren Hauptinsel Großnikobar nur neunzig Kilometer vor Sumatra liegt, deutlich stärker von Indonesien geprägt sind. Beide Inselgruppen besitzen endemische Arten und sind daher für den Naturschutz von großer Bedeutung. Noch haben sich auf 86 Prozent der gesamten Landfläche Regen- und Monsunwald erhalten. Jedoch sehen sich die Wälder zunehmend dem Druck des Bevölkerungswachstums ausgesetzt. Seit 1960 hat sich die Bevölkerung der Andamanen von 50 000 auf 200 000 vermehrt; die natürliche Vegetation erlitt durch Holzeinschlag und die sich rapide ausbreitende Landwirtschaft bereits weitflächige Schädigungen.

Die noch unberührten, verhältnismäßig kleinen Wälder auf den Nikobaren sind inzwischen ernsthaft gefährdet, in erster Linie durch den Reisanbau. Ursprünglich lebten auf den Andamanen vier Stammesgruppen (Andamanesen, Onge, Jarawa und Sentinelesen) und auf den Nikobaren zwei (Shompens und Nikobaresen). Alle Gruppen sind mittlerweile bedroht, weitaus am schlimmsten aber sind die Andamanesen betroffen: 1858 zählte ihr Volk fast fünftausend Angehörige, doch durch den Kontakt mit Fremden wurden Krankheiten wie Masern, Lungenentzündung und Syphilis eingeschleppt, so daß heute der Stamm auf sage und schreibe zwanzig Personen geschrumpft ist.

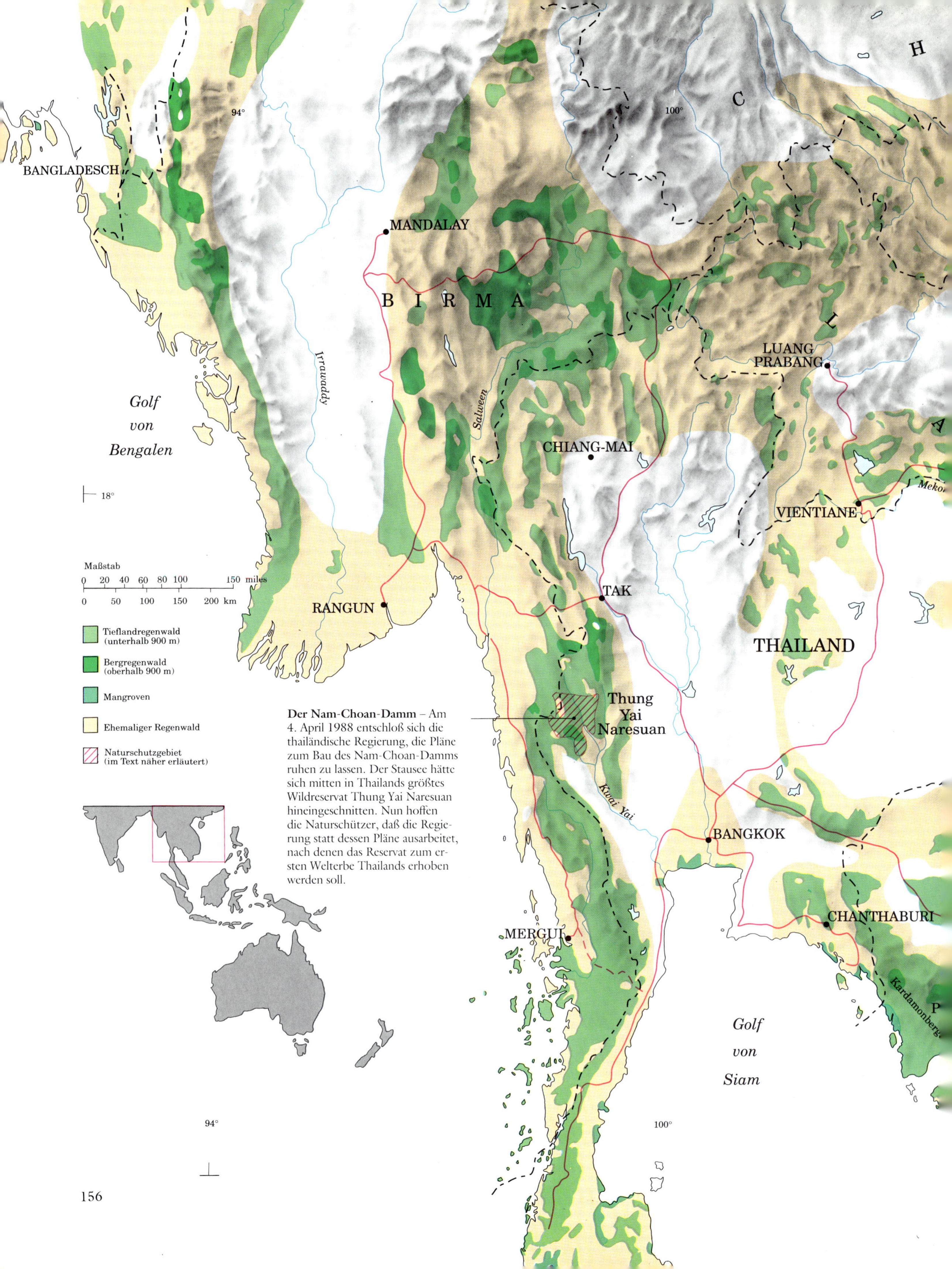

Der Nam-Choan-Damm – Am 4. April 1988 entschloß sich die thailändische Regierung, die Pläne zum Bau des Nam-Choan-Damms ruhen zu lassen. Der Stausee hätte sich mitten in Thailands größtes Wildreservat Thung Yai Naresuan hineingeschnitten. Nun hoffen die Naturschützer, daß die Regierung statt dessen Pläne ausarbeitet, nach denen das Reservat zum ersten Welterbe Thailands erhoben werden soll.

Links: **Urrind** – Der Kouprey (*Bos sauveli*) ist das primitivste aller lebenden Rinder: Es ähnelt den Arten, die bereits vor 600 000 Jahren vorkamen. Der Kouprey wurde erst 1937 von westlichen Wissenschaftlern entdeckt und ist in Thailand, Vietnam, Laos und Kambodscha beheimatet. Er ist unmittelbar vom Aussterben bedroht, denn in freier Wildbahn leben nicht mehr als einige hundert Tiere.

Echter Regen- und trockenerer Monsunwald bedeckten einst fast ganz Thailand, Kambodscha, Laos, Vietnam und Südchina. Die beiden Waldtypen gingen nahtlos ineinander über. Wo der Regenwald gestört wurde, entwickelte er Merkmale des Monsunwalds; dieser dagegen degenerierte – speziell dort, wo man ihn regelmäßig abbrannte – zu Bambus- oder offenem Waldland mit Grasboden. Auf dem südostasiatischen Festland sind die Wälder so umfassend und über einen so langen Zeitraum beeinträchtigt worden, daß es äußerst fraglich erscheint, ob man dort noch überhaupt von irgendeinem unberührten Regen- oder Monsunwald reden kann.

Im tropischen Asien leben seit etwa einer Million Jahren Menschen. Große Zivilisationen kamen und gingen und hinterließen Spuren ihrer Existenz – so legen beispielsweise die Tempelruinen von Angkor Wat in Kambodscha aus dem 12. Jahrhundert Zeugnis ab von den Fähigkeiten und dem Einfluß der Khmer. Ursprünglich waren die Bewohner dieser Landschaften Jäger und Sammler, doch mit zunehmender Verbreitung des Feuers gewann der Wanderfeldbau im großen Stil an Bedeutung. In den Hügeln rodeten nomadische Bauern riesige Waldgebiete, während man in den einst ausgedehnten Süßwassersumpfwäldern entlang der großen Flüsse schon lange davor Reisfelder angelegt hatte. Die trockeneren Monsunwälder mußten als erste weichen – ihre lange Trockenheit läßt sie leichter brennen. Seit dem 19. Jahrhundert, als der Handel mit Tee, Kaffee, Kautschuk und Palmöl aufkam, gerieten auch die Regenwälder unter Druck.

Holzgewinnung hat in dieser Region eine lange Tradition. Diesbezügliche Erfindungen und Arbeitspläne in Birma datieren bis etwa 1850 zurück, als die Ausbeutung der großen Teakwälder begann. Bis Ende des Zweiten Weltkriegs schaffte man die Stämme meist mit Arbeitselefanten aus dem Wald, was nur geringe Umweltschäden verursachte. Mit der Entwicklung der Motorsäge und der maschinellen Extraktion wurden die Wälder jedoch dermaßen in Mitleidenschaft gezogen, daß heute auch der Indische Elefant (*Elephas maximus*) immer seltener wurde.

Als Folge der Zergliederung und Degeneration der Regenwälder sind inzwischen viele Tiere der Region bedroht. Zwar gibt es eine sehr reiche Flora, doch ist diese besonders sensibel, weil rund ein Drittel der 15 000 Pflanzen endemisch wächst. Als wichtige Wildformen kultivierter Obstbäume trifft man hier beispielsweise zehn Mango- und vier Zitrusarten an. Wilde Verwandte unserer Rinder geben Anlaß zu großer Sorge: Der Kouprey (*Bos sauveli*) ist unmittelbar von Aussterben bedroht, und Gaur (*Bos gaurus*) sowie Banteng (*Bos javanicus*) sind kaum noch zu retten. Auch Vögel leiden unter dem Verlust ihrer Waldheimat. Vietnam zählt 34 bedrohte Arten, darunter den Vietnamfasan (*Lophura hatinhensis*), von dem bis vor kurzem nur zwei Exemplare existierten; Thailand führt 39 Arten auf der Roten Liste, darunter die Gourney-Prachtdrossel (*Pitta gurneyi*), die bereits als ausgestorben galt, jedoch neulich in einem kleinen Wäldchen wiederentdeckt wurde.

Birma

Trotz seiner relativ geringen Bevölkerungsdichte von 62 Menschen pro Quadratkilometer verzeichnet Birma eine der höchsten Abholzungsraten in der Welt – jedes Jahr gehen zwei Prozent seiner Regen- und Monsunwälder verloren. Das schwerwiegendste Problem dieses von Armut gebeutelten und politisch isolierten Landes ist, daß der größte Teil seiner Bevölkerung seinen Lebensunterhalt mit dem Wald verdient. Mangels Alternativen waren die nomadischen Bauern gezwungen, große Waldgebiete zu roden.

Die Regenwälder hängen an den Westhängen der großen Gebirgsketten, die sich längs der Ost- und Westgrenze des Landes erstrecken. Im allgemeinen sind die Nutzholzzonen dem Schutz des Forstministeriums unterstellt und bleiben als Wald erhalten. In den grenznahen Gebieten wird jedoch zunehmend legal wie illegal gefällt. Nach dem Abholzungsverbot der thailändischen Regierung von 1989 trachten jetzt viele dortige Unternehmer, von Birma Teak (*Tectona grandis*) und andere Tropenhölzer zu beziehen. Im Februar 1989 erteilte man entlang der Grenze zu Thailand zwanzig Fällkonzessionen; weitere zwanzig werden vielleicht bis Ende des Jahres folgen. Die ersten Konzessionäre dürfen über 200 000 Tonnen Stammholz an die Sägewerke Thailands liefern, was Birma jährlich 112 Millionen US-Dollar einbringt – eine zuverlässige Geldquelle für ein Land mit geringem Exportvolumen. Das Forstministerium wird allerdings kaum garantieren können, daß freigegebene Flächen planvoll ausgebeutet werden und zur gegebenen Zeit keine dramatischen Schäden auftreten.

Thailand

Das zu den wohlhabendsten und stabilsten Ländern der Region zählende ehemalige Siam verdankt seinen Reichtum großenteils der Ausbeutung der eigenen Wälder und Rohstoffquellen. Heute sind etwa fünfzehn Prozent der Landesfläche Regen-, weitere sechs Prozent Monsunwald – das ist weniger als die Hälfte der ursprünglichen Ausdehnung. Die Streitigkeiten um die Zukunft der Holzwirtschaft erreichten 1988 einen Höhepunkt, als durch die Überschwemmungen als Folge unkontrollierter Abholzung 450 Menschen starben und Hunderte obdachlos wurden. Kurz darauf trat ein totales Abholzungsverbot in Kraft.

Thailand verfügt über nicht weniger als 59 Nationalparks (weitere 21 sind geplant), 28 Wildreservate und 118 Naturschutzgebiete, in denen die Jagd untersagt ist. Leider sind jedoch mangels Geld zu ihrer Erhaltung ernsthafte Verwaltungsprobleme erwachsen. Um die Tieflandregenwälder ist es schlecht bestellt, und selbst die Schutzgebiete werden weiterhin von Wanderbauern abgeholzt und landwirtschaftlich genutzt.

Kambodscha

Kambodschas fruchtbare Ebenen, seine ergiebigen Fischgründe und wertvollen Wälder sind von mehreren großen Königreichen, darunter dem der Khmer, ausgebeutet worden. Diese Dynastien ließen die meisten der Wälder im Landesinnern fällen, die Hochlande blieben dagegen unberührt bis in die siebziger Jahre, als der Vietnamkrieg auch auf Kambodscha übergriff und zwei Jahrzehnte der Verwüstung einleitete. Exakte Zahlen über das Ausmaß und die Geschwindigkeit der Abholzung sind schwer zu bekommen, doch leidet Kambodscha noch immer unter den Umweltfolgen des Vietnamkriegs und des anschließenden Bürgerkriegs. Zwischen 1974 und 1978 ließen die Roten Khmer den Großteil des kambodschanischen Bildungsbürgertums systematisch ermorden. Abgesehen vom entsetzlichen Verlust an Menschenleben hat dies auf vielen anderen Gebieten, so auch der Forstwirtschaft, zu einem Mangel an Wissen und Erfahrung geführt.

Ausgedehnte Regenwälder findet man im Elefanten- und Kardamomgebirge, insbesondere an den sehr dünn besiedelten Westflanken. Im Osten litten die Bergwälder unter der extensiven Entlaubung und Bombardierung durch die Amerikaner während des Vietnamkriegs, weil diese Region von einer der wichtigsten Versorgungsstraßen, dem sogenannten Ho-Chi-Minh-Pfad, durchschnitten wurde. Seitdem sind sie durch die Aktivitäten von Wanderbauern weiter geschädigt worden.

Laos

Regenwälder findet man in Zentrallaos noch in den Bergen sowie teilweise auf dem Bolovenplateau. In den Niederungen kommen sie dagegen nur noch vereinzelt in der Mekongebene vor. Die größte Gefahr für die laotischen Wälder geht vom Wanderfeldbau aus; Holzeinschlag, Bergbau und ziviltechnische Projekte haben bislang nur relativ geringe Schäden verursacht. Allerdings wird das landesweit ausgebaute Straßennetz, das in den neunziger Jahren fertig sein soll, Holzfällern den Zugang erleichtern und weitere Entwaldung mit sich bringen. Das Fällen von Bäumen ist in der Vergangenheit recht nachlässig überwacht worden, und da keine übergeordnete Verwaltungsbehörde exixtiert, wird die Abholzung in Zukunft wahrscheinlich mit zu den Hauptproblemen zählen.

Laos besitzt seltsamerweise keine Naturschutzgebiete. Die IUCN hat ein Gelände von 47 000 Quadratkilometern vorgeschlagen, das auch das 1438 Quadratkilometer große Xe-Piane-Reservat im Süden miteinschließt, wo noch Königstiger, Koupreys, das Java-Nashorn (*Rhinoceros sondaicus*) und andere bedrohte Tierarten leben.

Vietnam

Fast 90 Prozent der Fläche Vietnams waren einst von Regen- und Monsunwald bestanden. Bis 1943 hatte sich die Gesamtfläche auf etwa 43 Prozent reduziert. Heute sind nicht einmal mehr 19 Prozent des Landes bewaldet; über 40 Prozent sind als Ödland klassifiziert. Weite Gebiete an der Küste sowie an den Ebenen des Mekong und des Roten Flusses hatte man kahlgeschlagen. Von 1945 bis 1975 tobten hier fast pausenlos Kämpfe, denen die meisten noch verbliebenen Wälder und Felder (siehe Kasten) zum Opfer fielen, deren Sterben durch eine neue Wortschöpfung charakterisiert wurde: Ökozid, Umweltsterben.

Vietnam begann 1962 mit der Einrichtung von Naturschutzgebieten, und der vorhandener Platz reicht schätzungsweise für bis zu 87 Reservate. Die Wälder stehen indes so isoliert, daß Waldkorridore zwischen den Reservaten zur Erhaltung der Artenvielfalt eine wesentliche Vorraussetzung sind.

Das Ende der Abholzung in Thailand?

Im Januar 1990 wurde in Thailand auf Anordnung des Königs das Fällen von Bäumen gänzlich untersagt. Dieser mutige Schritt war die Reaktion auf einen verheerenden Erdrutsch, dessen Ursache im Ausbau der staatlich geförderten Kautschukplantagen lag, die oft an viel zu steilen Hängen angelegt wurden. So blieb es nicht aus, daß nach heftigen Regenfällen Tausende Tonnen von Schlamm und gefällten Bäumen zu Tal rutschten und mehrere Dörfer begruben. In der internationalen Presse war man voll des Lobes über das Fällverbot, doch ist bewiesen, daß noch immer viele Holzfäller illegal am Werk sind. Da die großen Holzbetriebe sich zurückzogen, wird jetzt zunehmend im kleinen Stil abgeholzt, und Tausende müssen sich bereits wegen Verstoßes gegen das Fällverbot verantworten. Ein weiteres Problem ist, daß die Holzfirmen noch immer die vor Januar 1989 (angeblich) gefällten Stämme abtransportieren dürfen. Viele Logger sahen das Verbot schon Wochen vorher kommen und fällten in entsprechender Hektik rund um die Uhr Bäume, um noch einmal kräftig abzusahnen. Weitere Schäden erlitten die Wälder seitdem durch den Bau neuer Straßen zum Abtransport der gefällten Bäume.

Der beunruhigendste Aspekt des Abholzungsverbots liegt darin, daß das Verbot die thailändische Regierung überhaupt nicht beeindruckte, was ihre Haltung hinsichtlich der Verwendung von Tropenhölzern betrifft: Seit einigen Jahren schon ist Laos ein wichtiger Holzlieferant Thailands, doch nach dem Verbot hat man auch noch schnell ein Abkommen mit der Regierung von Birma über höhere Importmengen geschlossen. Man wurde handelseinig, um so die großen Investitionen in Sägewerke zu rechtfertigen, die zu einer Zeit erfolgten, da in Thailand noch Bäume gefällt werden durften. Trotz des königlichen Verbots quellen daher die Sägewerke um die Hauptstadt Bangkok vor Tropenhölzern fast über.

Fast achtzig Prozent des Mangrovenwalds im Mekongdelta sind inzwischen neu gepflanzt worden.

Die Neubepflanzung Vietnams

Vietnam sieht sich einer der größten Herausforderungen seit Ende des Vietnamkriegs im Jahr 1975 gegenüber. Und diese Herausforderung ist wahrhaft gigantisch: Nach Schätzungen amerikanischer und vietnamesischer Wissenschaftler wurden 22 000 Quadratkilometer Wald und ein Fünftel des Ackerlandes zerstört als direkte Folge von Bombardierung, maschineller Rodung und Entlaubung. Die Mangrovenwälder, die sich vor dem Krieg kilometerlang an den Ufern des Mekong ausdehnten, reagierten besonders empfindlich auf chemische Entlaubungsmittel wie »Agent Orange« und wurden schwerer geschädigt als alle übrigen Wälder.

Überraschenderweise ist seit 1975 mehr Wald verlorengegangen als während des Krieges. Abholzungen zum Wiederaufbau von Häusern, Schulen, Hospitälern, Straßen und Bewässerungssystemen waren für die ersten Verluste verantwortlich; nomadische Landwirtschaft, kommerzielle Abholzung für den Export, Feuerholzsammler und Waldbrände besorgten dann aber den Rest. Vietnam verliert derzeit rund dreitausend Quadratkilometer Wald pro Jahr.

Trotz dieser Rückschläge haben die Vietnamesen die Aufgabe »Wiederbegrünung« mit Enthusiasmus in Angriff genommen. Seit Vietnam 1986 sein nationales Umweltschutzprogramm vorstellte, erlebt das Land eine Wiederaufforstungskampagne ohnegleichen. Der alljährlich stattfindende »Tag des Baumes«, ein Fest zu Ehren des neuen Mondjahrs, das Präsident Ho Chi Minh einführte, bringt die ganze Nation auf die Beine, damit das Ziel, mindestens 500 Millionen Bäume im Jahr zu pflanzen, erreicht wird. Eines Tages, so hofft man, wird die Walddecke vielleicht wieder das halbe Land, das vom Krieg so sehr in Mitleidenschaft gezogen wurde, überziehen.

Auch Vietnams Kultusministerium hat das Pflanzen von Bäumen zu einer festen Einrichtung werden lassen – jeder Schüler muß einen Baum pflanzen und pflegen. 1985 und 1986 pflanzten vietnamesische Studenten 52 Millionen Bäume und legten über über 8100 Quadratkilometer Baumschulen an. Kurz nach Kriegsende versuchten vietnamesische Wissenschaftler einheimische Bäume in Gegenden anzusiedeln, in denen früher feuchter Tropenwald wuchs, doch bereiteten Buschfeuer während der Trockenzeit den Setzlingen ein rasches Ende. Aus dieser Erkenntnis heraus pflanzten die Wissenschaftler Akazien und Eukalypten, in deren Schutz und Schatten jetzt mehrere dipterocarpe Arten gedeihen.

Malayische Halbinsel und Sumatra

Charakteristisch für die Regenwälder der dreizehn Gliedstaaten des malaysischen Bundes sind ihre Wuchshöhe und ihr Artenreichtum. Die große biologische Vielfalt der Region ist vorwiegend im Tiefland konzentriert: Mehr als die Hälfte der 200 Landsäugetierarten kommt nur bis in Höhen von 330 Metern vor. Da nahezu die gesamte Tierwelt Malaysias vom Wald abhängig ist, sind die Tieflandwälder die wichtigsten Areale, die es zu schützen gilt, insbesondere für die großen Unpaarhufer wie das Sumatra-Nashorn (*Dicerorhinus sumatrensis*) und den Schabrakkentapir (*Tapirus indicus*).

In den letzten zwanzig Jahren wurden weite Gebiete in Siedlungszonen, Plantagen und andere Anbauflächen umgewandelt. Zwischen 1986 und 1990 hat der Wald pro Jahr schätzungsweise 950 Quadratkilometer oder 1,6 Prozent seiner Gesamtfläche verloren. Die Holzwirtschaft wird relativ gut verwaltet; die abgeholzten Wälder sind ein Zufluchtsort für viele Tiere; einige der wichtigsten Gebiete sind indes durch ihren Reservatsstatus geschützt.

Auf Sumatra schwindet der Regenwald schneller als irgendwo sonst in Indonesien.

Sumatra ist die zweitgrößte Insel des indonesischen Archipels. Es wird von ausgedehnten, üppigen Regenwäldern mit einem enormen Artenreichtum überzogen. Zweifrüchtige Bäume beherrschen das Bild in den Tieflandwäldern und formen über einer Fülle von Pflanzen, wie sie auch auf Borneo und Neuguinea vorkommen, einen fast durchgehenden Baldachin. Zu den pflanzlichen Berühmtheiten zählen die erstaunliche Titanenwurz (*Amorphophallus titanum*), die größte Blume der Erde, und *Rafflesia arnoldii*, die ausgedehnteste Blume der Erde, die ursprünglich als »das größte Wunder im gesamten Pflanzenreich« beschrieben wurde. Sumatras Fauna gehört zu den reichsten der ganzen Inselgruppe und beinhaltet 196 Säugetierarten, von denen 22 endemisch sind.

Der Reichtum von Sumatras Wäldern und ihre Ergiebigkeit – manche dipterocarpen Wälder können pro Hektar über 100 Kubikmeter bester Stämme erbringen – machen sie für die Holzindustrie besonders attraktiv. Mit 3,3 Prozent pro Jahr hat Sumatra zudem mit das höchste Bevölkerungswachstum Indonesiens zu verzeichnen. Als Folge des daraus resultierenden Drucks schwinden Sumatras Regenwälder schneller als irgendwo sonst in Indonesien.

Weißhandgibbon (*Hylobates lar*).

Die Bedeutung der Ernährung

Abgeholzte Waldflächen sind für die Erhaltung der Tierwelt – so denkt man jedenfalls oft – nur von geringem Nutzen. Zwar hat für viele Arten die selektive Abholzung negative Folgen (einige überleben nicht einmal die kleinste Störung), dennoch können etliche auch auf solchen Freiflächen in lebensfähigen Populationen weiterbestehen. In den Wäldern bei Sungai Tekam auf der malaysischen Halbinsel scheint bei einer Reihe von Primaten die Möglichkeit zum Überleben in abgeholzten Gebieten offenbar mit der Fähigkeit zur Ernährungsumstellung zusammenzuhängen. Weißhandgibbons (*Hylobates lar*) bevorzugen junge Blätter, wenn sie abgeholzte Gebiete bevölkern. Frisches Laub ist als Folge des verstärkten Lichteinfalls hier besonders reichlich vorhanden. Jedoch sind nicht alle Primaten so flexibel, und Nahrungsspezialisten erweisen sich als ausgesprochen empfindliche Wesen. Der Nasenaffe (*Nasalis larvatus*), der in den Wäldern der Flußniederungen und den Mangroven Borneos heimisch ist und sich nur von den Blättern ganz bestimmter Bäume ernährt, reagiert sehr sensibel auf jede Störung in seiner Umgebung. Auch der scheue Orang-Utan (*Pongo pygmaeus*) ist der Unruhe, die das Bäumefällen im Wald auslöst, nicht gewachsen.

Endau-Rompin: Staat gegen Regierung

Der Naturschutz ist in Malaysia zu einer nationalen Streitfrage geworden. Während die Konzepte von der Regierung entwickelt und in die Tat umgesetzt werden, obliegt die Verwaltung und Ausbeutung der natürlichen Rohstoffe einzelnen staatlichen Behörden. Die hieraus resultierenden Schwierigkeiten werden durch die Kontroverse um Endau-Rompin deutlich: In den frühen siebziger Jahren empfahl ein Ausschuß, dem sowohl Vertreter der Regierung als auch der Behörden angehörten, die Schaffung eines Nationalparks in der Wildnis von Endau-Rompin, auf dem Territorium der Staaten Pahang und Johor gelegen. Die Bedeutung dieser Tieflandzone liegt darin, daß das Regenwaldgebiet – sobald die bestehenden landwirtschaftlichen Entwicklungsprogramme in vollem Umfang laufen – für einige der bedrohtesten Tierarten der Region, beispielsweise das Sumatra-Nashorn und den Königstiger, das letzte Refugium sein wird. 1977 vergab die Regierung von Pahang die Waldnutzungsrechte für ihren Teil des geplanten Parks. Zur Rettung des Urwalds organisierte man eine erfolgreiche Kampagne unter der Schirmherrschaft der Malaysischen Gesellschaft für Naturschutz – mit dem Ergebnis, daß kein Baum mehr gefällt wurde. Inzwischen haben die Behörden beider Staaten große Gebiete unter Schutz gestellt; ein Nationalpark ist dagegen noch immer nicht daraus geworden.

Plündernde Elefanten – Eins der größten Probleme für die Indischen Elefanten (*Elephas maximus*) Sumatras ist die Zergliederung ihres Lebensraums. Entforstung und Umwandlung von Regenwald in Kulturland lassen oft kleine Elefantenherden in isolierten Waldinseln zurück, von denen aus sie dann über die umliegenden Felder herfallen. Zuckerrohr und Reis sind für die Dickhäuter besonders attraktiv. Seit Jahren schon werden im Rahmen des Auswanderungsprogramms der indonesischen Regierung Tausende Menschen von Java, Madura und Bali nach Sumatra umgesiedelt. Dort bauen sie Dörfer am Rand jener Waldgebiete, in denen Elefanten leben. Dies hat zu Revierkämpfen zwischen Mensch und Tier geführt; heute sind viele Elefanten von Narben durch Gewehrschüsse gezeichnet, mit denen man sie aus den Feldern vertreibt.

Isolierte Primaten – Die Gruppe der Mentawaiinseln hat sich von Sumatra zur Mitte des Pleistozän, also vor etwa einer Million Jahren, gelöst und ist heute durch einen tiefen Meeresgraben vom Festland getrennt. So konnten sich hier Flora und Fauna seit ungefähr 500 000 Jahren in völliger Isolation entwickeln. Dies hat viele endemische Tiere und Pflanzen hervorgebracht, darunter vier Primatenarten, die nur auf den Mentawai heimisch sind.

Das seltene Sumatra-Nashorn – Das Sumatra-Nashorn (*Dicerorhinus sumatrensis*) zählt zu den bedrohtesten Tierarten der Erde: in freier Wildbahn leben gerade noch kümmerliche fünfhundert Exemplare. Ihr Rückgang ist zurückzuführen auf exzessive Bejagung – hauptsächlich wegen der vermeintlichen Arzneien, die aus dem Horn des Tieres hergestellt werden und, so glauben manche, Impotenz heilen können. Den letzten Nashörnern, die in kleinen, isolierten Herden auf Sumatra und Malakka leben, droht zudem Gefahr durch Holzfäller und die wachsende Bevölkerung, die in ihren einst unberührten Lebensraum vordringen.

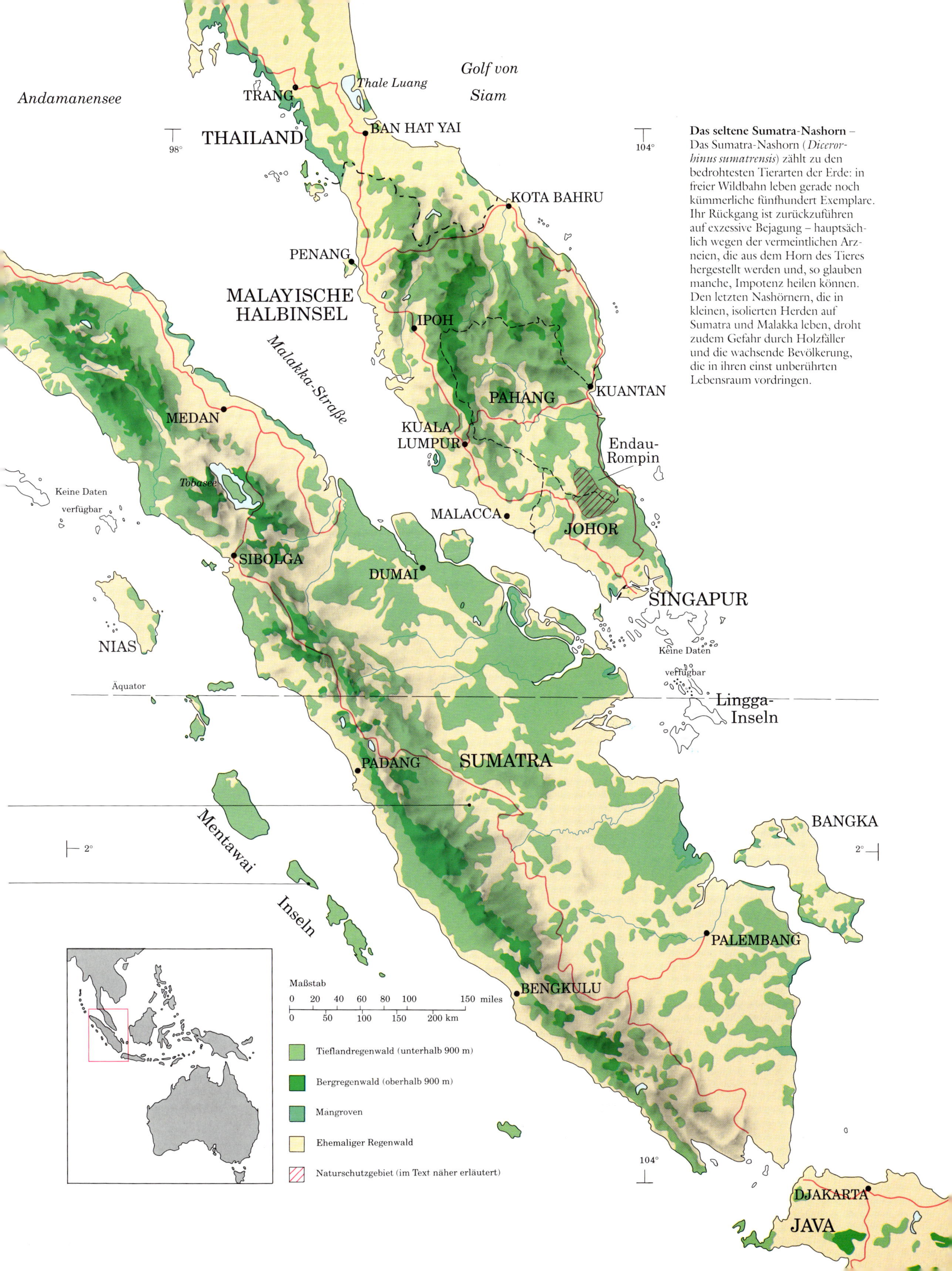

Die Philippinen und Sabah

Zum Archipel der Philippinen gehören etwa 7100 Inseln, von denen aber nur 462 über zweieinhalb Quadratkilometer groß sind. Die zwei größten, Luzón und Mindanao, bedecken zusammen 200 000 Quadratkilometer oder 68 Prozent der gesamten Landfläche. Auf den Philippinen wachsen rund 12 000 Pflanzenarten (davon 3700 endemische), die überwiegend in Regenwäldern vorkommen. Von einem Großteil der endemischen Pflanzen konnten Wissenschaftler nur ein oder zwei Exemplare retten, und da es den Botanikern in letzter Zeit nicht gelang, sie in ihrem ursprünglichen Lebensraum aufzuspüren, hält man heutzutage einige für ausgestorben.

Während die Inselgruppe zu Beginn dieses Jahrhunderts noch fast vollständig und 1945 immerhin noch zu zwei Dritteln von Wald bewachsen war, beträgt sein Anteil heute gerade noch 20 Prozent oder rund 64 600 Quadratkilometer, von dem wiederum der größte Teil Störungen und Artenschwund ausgesetzt ist. Fast alle noch vorhandenen Wälder stehen in den Hochlagen, doch auch sie sind durch den allgegenwärtigen Bedarf nach mehr Anbauflächen gefährdet. Aus wissenschaftlicher wie aus botanischer Sicht erweisen sich die reifen dipterocarpen Formationen als die wertvollsten Wälder. Diese bedecken heute infolgedessen nur noch eine Fläche von zehntausend Quadratkilometern und werden aller Wahrscheinlichkeit nach bis zum Beginn des nächsten Jahrtausends abgeholzt sein.

Zur Zeit zählen die Philippinen 59 Naturreservate mit insgesamt 4100 Quadratkilometern. Ein neuer Plan sieht zwar eine Reduzierung auf 28 Reservate vor, gleichzeitig aber will man insgesamt 6450 Quadratkilometer unter Naturschutz stellen.

Fast alle noch vorhandenen Wälder der Philippinen stehen in den Hochlagen, doch selbst sie sind in Gefahr . . .

Affenfressender Adler – Der Affenadler (*Pithecophaga jefferyi*) ist hauptsächlich auf den Inseln Luzón, Samar, Leyte und Mindanao heimisch. Trotz seines Namens fängt er nur gelegentlich Affen; seine Beute bilden meist eine Vielzahl Tiere und Vögel des Regenwalds. Die gesamte Adlerpopulation wird jetzt auf weniger als zweihundert Exemplare geschätzt. Früher trugen Jäger und Fallensteller zur Dezimierung des Vogels bei; doch liegt heute im Abholzen der Wälder die größere Bedrohung: Denn hierdurch werden geeignete Lebensräume so drastisch reduziert, daß der Adler mit der Brutzeit immer häufiger aussetzt. Selbst sein größtes Rückzugsgebiet, die Wälder der Sierra-Madre-Berge im Nordosten Luzóns, sind von der Entforstung bedroht.
Das philippinische Adlerschutzprogramm, 1969 mit Unterstützung des berühmten Piloten Charles Lindbergh ins Leben gerufen, hat die Öffentlichkeit auf die Misere dieses prächtigen Greifvogels aufmerksam gemacht.

Bergregenwald auf der Insel Luzón.

Sabah

Der malaysische Staat Sabah bildet die Nordspitze der Insel Borneo. 1953 betrug der Anteil des Waldes noch 86 Prozent der Landfläche, 30 Jahre später war er schon auf 63 Prozent gesunken, und heute liegt er bei ganzen 41 Prozent oder 30 000 Quadratkilometern. Bis 1980 waren im wesentlichen schon alle ergiebigen und zugänglichen Wälder Sabahs mit Ausnahme einiger Schutzgebiete gerodet worden. Jeder Bürger Sabahs kann Ansprüche auf Waldland geltend machen, wenn er es rodet und bearbeitet. Nachdem also ehemals unerreichbare Gebiete durch Holzfäller zugänglich gemacht wurden, war der Weg für die Siedler frei, die das Land rodeten und ihre Rechte anmeldeten. Ungefähr 11 000 Quadratkilometer oder 15 Prozent der Fläche Sabahs sind von dieser Regelung betroffen.

Palawan – Die Insel ist 425 Kilometer lang; im Zentrum ragen einige bewaldete Berge auf, die schmalen Küstenebenen sind von Mangroven und Korallenriffen gesäumt. Die Wälder, obwohl noch weitgehend unberührt, müssen immer mehr Holzfällern, Bergarbeitern und einer unkontrollierten landwirtschaftlichen Expansion weichen. Das ökologische Gefüge Palawans ist sehr sensibel, ohne vorherige sorgfältige Planung werden schwere Umweltschäden und die Verarmung der Einheimischen unumgänglich sein. Eine jüngst veröffentlichte Studie fand, daß ein Netz von Naturschutzgebieten zur Vermeidung von ökologischen Schädigungen nicht ausreichen würde, hauptsächlich, weil keine Unterstützung seitens der lokalen Gemeinden zu erwarten sei. Als Alternative schlug man einen Stufenplan zum Aufbau des Naturschutzes für ganz Palawan vor. Einige Regionen würden dann streng kontrolliert (zur Reinhaltung der Gewässer, zur Erhaltung der Biodiversität und zum Schutz der Ureinwohner), während andere mehr oder weniger sich selbst überlassen blieben. Man würde auch reine Forschungs-, Tourismus- und Freizeitzonen ausweisen. So wäre auch die Einwohnerschaft auf allen Ebenen am Verwaltungssystem beteiligt.

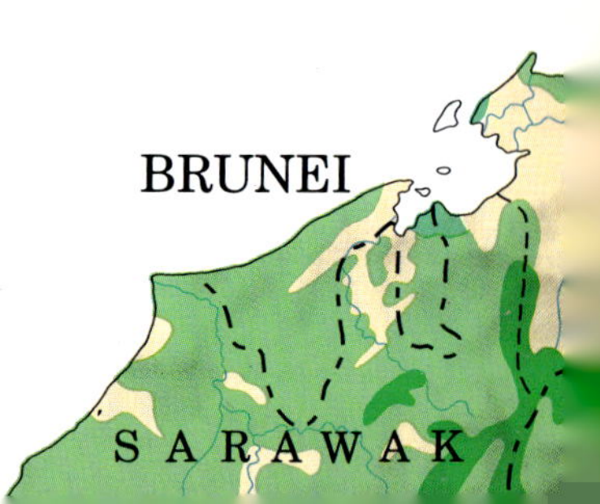

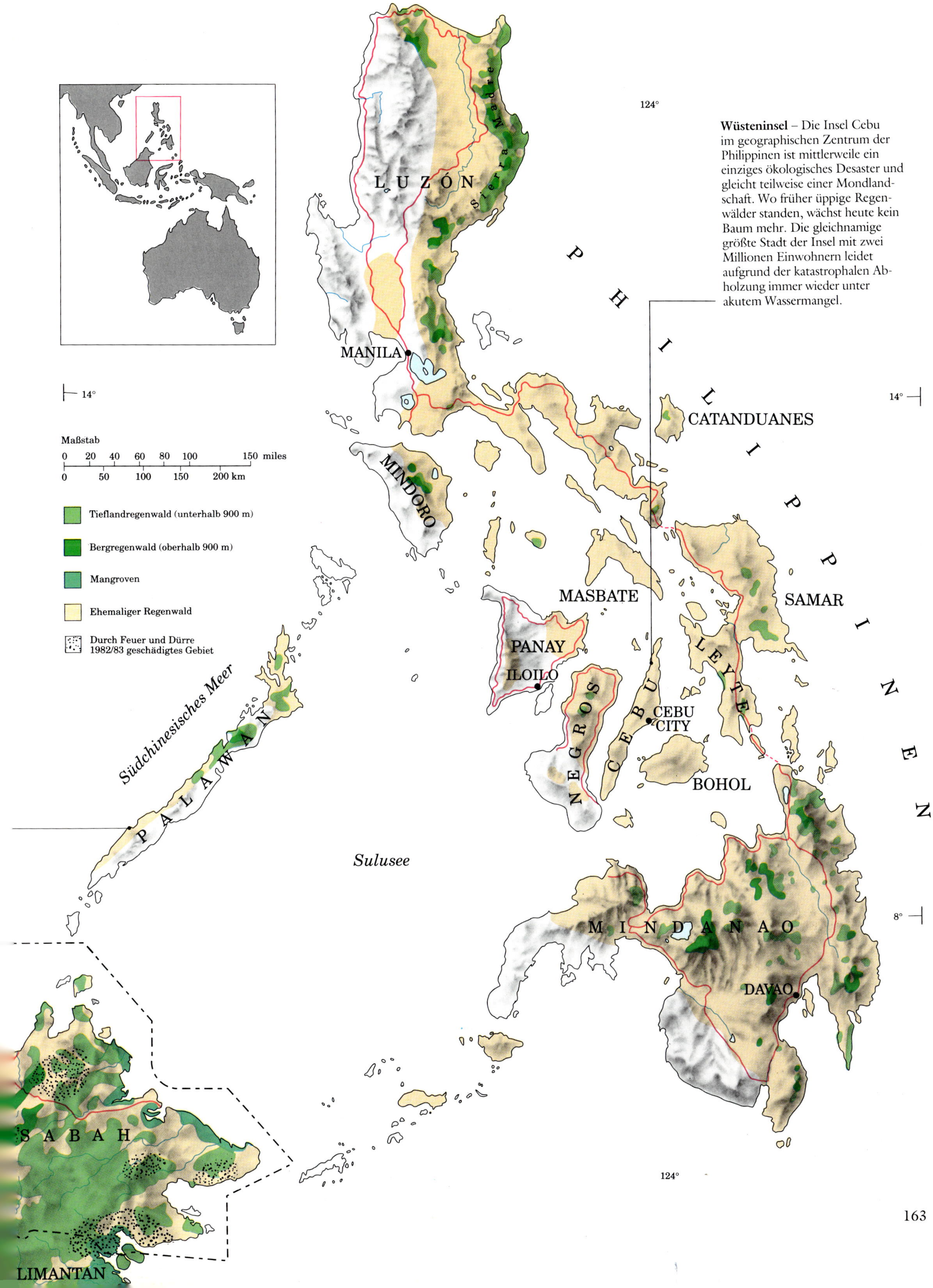

Wüsteninsel – Die Insel Cebu im geographischen Zentrum der Philippinen ist mittlerweile ein einziges ökologisches Desaster und gleicht teilweise einer Mondlandschaft. Wo früher üppige Regenwälder standen, wächst heute kein Baum mehr. Die gleichnamige größte Stadt der Insel mit zwei Millionen Einwohnern leidet aufgrund der katastrophalen Abholzung immer wieder unter akutem Wassermangel.

Mount Apo – Einer der letzten Bergregenwälder auf den Philippinen zieht sich an den Hängen des Mount Apo auf der Insel Mindanao hoch. Der Wald verdankt sein Überleben in erster Linie der Unzugänglichkeit des Berggebiets.

Vielseitiges Rattan – Rattans sind Kletterpalmen, die den wichtigsten Rohstoff für die Herstellung von Rohrmöbeln liefern. Aus Rattan werden aber auch Reusen, Schlafmatten, Hängematten, Hüte, Spazierstöcke, Zahnbürsten und Garn angefertigt. Bei den meisten philippinischen Arten sind die jungen Triebe eßbar. Die Spitzen zweier Arten, *Daemonorops melanochaetes* und *Daemonorops hallieriana*, werden mit Fisch und Kokosmilch gekocht und wichtigen Gästen als Mahl serviert. Der Saft der Rattanfrüchte findet entweder als Farbstoff Verwendung oder als Arznei gegen Rheumatismus, Asthma, Schlangenbisse und diverse Verdauungsstörungen. Es wachsen etwa 69 Rattanarten auf den Philippinen, von denen zehn kommerziell geerntet werden. In der einheimischen Rattanindustrie sind rund 10 000 Menschen beschäftigt. Inzwischen muß man aber als Folge der Überausbeutung rohe, umbearbeitete Rattanrohre aus anderen Ländern Südostasiens importieren. Früher waren Rattanerzeugnisse ein wichtiger Devisenbringer, doch hat das kürzlich in Indonesien in Kraft getretene Ausfuhrverbot für Rohrprodukte zu einer ernsthaften Verknappung des philippinischen Rohmaterials geführt.

Molukkenkakadu

Vögel der Philippinen

Von den etwa 540 der auf den Philippinen anzutreffenden Vogelarten brüten 388 dort; 119 sind Zugvögel und 34 unregelmäßige Besucher. Der Großteil der Standvogelarten war ursprünglich in Malaysia beheimatet; einige stammten aber auch aus China, Sulawesi, den Molukken oder Neuguinea. Mindestens 162 von ihnen kommen heute ausschließlich auf den Philippinen vor. Die meisten dieser Vögel leben in den Wäldern und reagieren empfindlich auf jede Störung, egal ob durch Waldarbeiter oder rodende Bauern, die auch noch Feuer entzünden. So kam beispielsweise eine kürzlich durchgeführte Studie auf der Insel Cebu zu dem Ergebnis, daß nur eine der ehemals zehn waldbewohnenden Arten den dortigen Holzeinschlag überlebt hatte. Außerdem werden viele Vögel, etwa Tauben und Hornvögel, gejagt und verzehrt, andere dagegen steckt man in Käfige und verkauft sie auf dem Vogelmarkt. Besonders schlimm betroffen sind hiervon diverse Kakadu- und Papageienarten.

Nach Schätzungen des Internationalen Rats für Vogelschutz sind nicht weniger als 34 Arten unmittelbar bedroht durch die Zerstörung ihres Lebensraums, Bejagung oder Fallenstellerei. Einige dieser Arten, beispielsweise die Mindoro-Zwergohreule (*Otus mindorensis*), hat man stets nur an den Plätzen angetroffen, wo sie ursprünglich entdeckt worden waren. Andere wie die Mindoro-Bronzefruchttaube (*Ducula mindorensis*) bekamen die Ornithologen schon seit vielen Jahren nicht mehr zu Gesicht.

Japans Suche nach Tropenhölzern

Japan importierte philippinischen »Mahagoni« (eigentlich Holz von dipterocarpen Bäumen) erstmals im Jahr 1951. Die Einfuhr sollte die heimischen Laubbaumhölzer für die Sperrholzfabrikation ergänzen. Zur Deckung des Bedarfs wurden in den fünfziger Jahren immer mehr Bäume gefällt. Angetrieben durch das profitable Geschäft und mechanisierte Abholzung, eskalierte der Holzboom auf den Philippinen während der sechziger Jahre und erreichte 1969 seinen Höhepunkt. Zu diesem Zeitpunkt sah sich die Regierung außerstande, die erteilten Konzessionen wirksam zu überwachen oder Höchstgrenzen festzulegen. Dunkle Geschäfte zwischen Holzfirmen und Politikern untergruben die staatliche Kontrolle noch mehr. Anfang der siebziger Jahre gingen die Exporte langsam zurück, nachdem man den leichter zugänglichen dipterocarpen Wäldern den Garaus gemacht hatte und die Restbestände nicht nur unter erheblichem finanziellen Aufwand abzuholzen, sondern auch von geringerer Qualität waren. Zur gleichen Zeit kam dank des gestiegenen Umweltbewußtseins auf den Philippinen eine Initiative zur Drosselung der Holzexporte durch eine Reihe von Waldschutzverordnungen zustande. 1976 wurden zwar in Teilen von Luzón, Catanduanes, Masbate, Leyte und Negros sowie auf sämtlichen kleinen Inseln die Wälder unter Schutz gestellt; jedoch verhinderten kurzfristige politische Entscheidungen eine wirkungsvolle Anwendung der Gesetze; zudem ist der illegale Holzschmuggel nach wie vor ein Problem.

Als die Lieferungen von philippinischen Tropenhölzern spärlicher wurden, schaltete sich Indonesien ein, denn inzwischen war dessen Provinz Kalimantan zum Abholzen freigegeben worden. 1971 schon hatte Indonesien die Philippinen als Japans größter Holzlieferant abgelöst. Drei Jahre später stammten 47 Prozent der japanischen Tropenholzimporte aus Indonesien. Viele japanische Handelsgesellschaften waren Joint-ventures mit indonesischen Konzernen eingegangen, so wie sie es ein Jahr zuvor auf den Philippinen praktiziert hatten. Doch in Indonesien erfolgte das Abholzen in größerem Stil, denn man hatte als Folge der Zusammenarbeit zwischen der japanischen Regierung und den Holzunternehmern alles von langer Hand vorbereitet.

Bereits 1978 allerdings avancierte Malaysia zu Japans wichtigstem Partner für Tropenhölzer. Pro Jahr werden 10,7 Millionen Kubikmeter Holz nach Japan exportiert, was 49 Prozent der japanischen Tropenholzeinfuhren ausmachte.

Malaysia kann in drei wichtige holzerzeugende Regionen unterteilt werden. Auf Malakka herrscht fast überall ein Ausfuhrverbot für Stämme; die Hölzer haben sich hier daher meist auf Bretter beschränkt. Alle Langholzlieferungen Malaysias stammen aus den Staaten Sabah und Sarawak, die eigene Forstministerien mit entsprechender Gesetzgebung unterhalten. Japans Importe aus Sabah erreichten 1978 mit 9,2 Millionen Kubikmetern einen kurzfristigen Höhepunkt; bis 1987 waren die Importe wieder auf etwa 7 Millionen Kubikmeter zurückgegangen.

Noch heute bezieht Japan die Hälfte seiner Tropenhölzer aus Sabah. Der Rest stammt überwiegend aus Sarawak, dessen Exporte nach Japan permanent gestiegen sind und sich jetzt auf 5,5 Millionen Kubikmeter pro Jahr belaufen. Die Behörden von Sabah und Sarawak haben sich wiederholt verpflichtet, Japan auch weiterhin fortlaufend mit Stämmen zu beliefern; trotzdem halten die japanischen Händler ständig nach neuen Quellen Ausschau. Zu den übrigen Ländern Asiens, die Langholz nach Japan liefern, zählen Papua-Neuguinea, die Salomoneninseln, Birma und Vietnam.

Oben: Sperrholz aus Tropenbäumen auf einer Tokioter Müllkippe.

Oben: Rohbau eines modernen japanischen Holzhauses.

Zentralindonesien

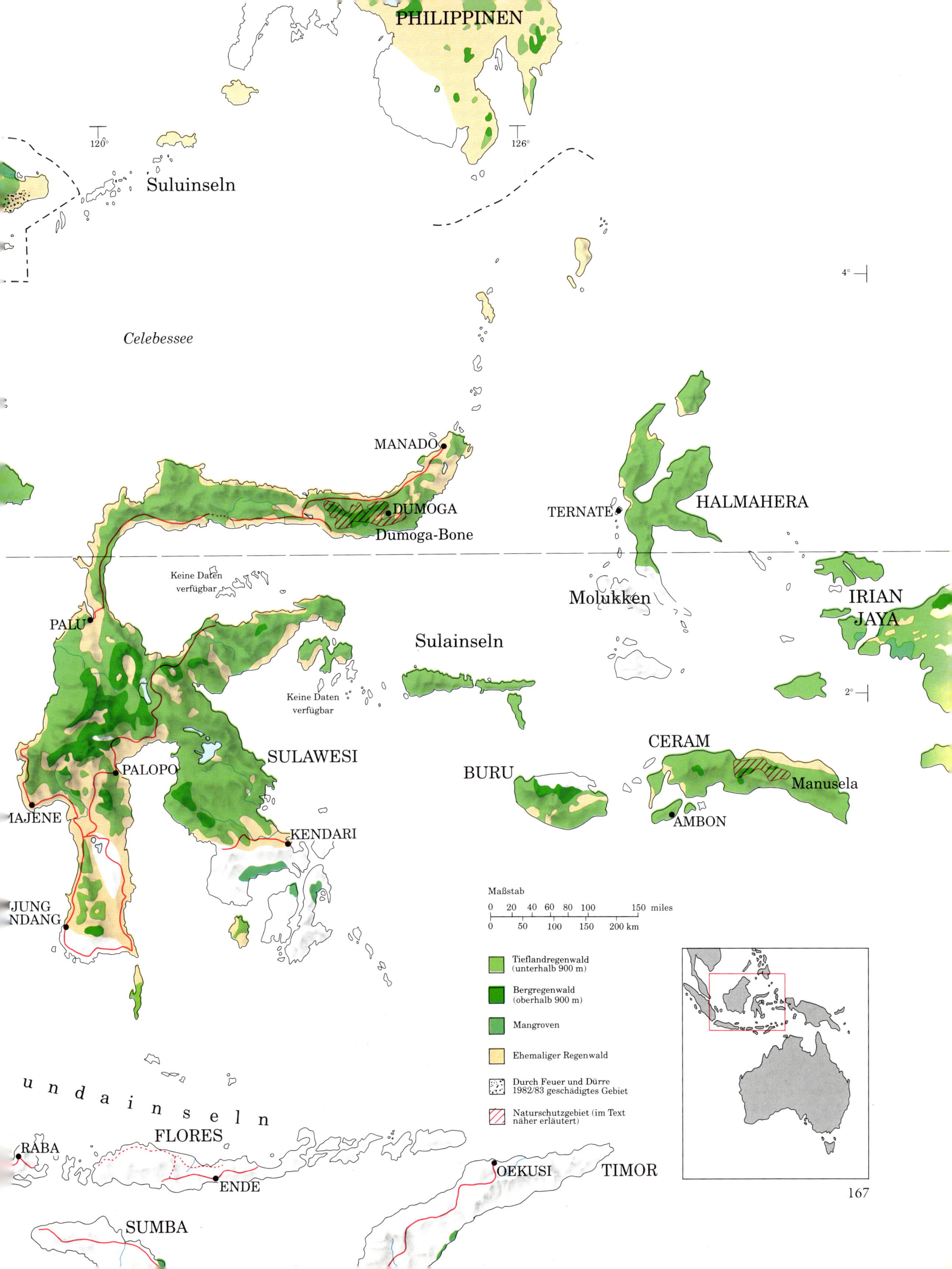
PHILIPPINEN
120°
126°
Suluinseln
4°
Celebessee
MANADO
DUMOGA
Dumoga-Bone
TERNATE
HALMAHERA
Keine Daten verfügbar
PALU
Molukken
IRIAN JAYA
Sulainseln
Keine Daten verfügbar
2°
SULAWESI
CERAM
BURU
PALOPO
Manusela
MAJENE
AMBON
KENDARI
Maßstab
0 20 40 60 80 100 150 miles
0 50 100 150 200 km
JUNG NDANG
Tieflandregenwald (unterhalb 900 m)
Bergregenwald (oberhalb 900 m)
Mangroven
Ehemaliger Regenwald
Durch Feuer und Dürre 1982/83 geschädigtes Gebiet
Naturschutzgebiet (im Text näher erläutert)
undainseln
FLORES
RABA
ENDE
OEKUSI
TIMOR
SUMBA

Mit seinen 13 667 Inseln ist der indonesische Archipel eins der biologisch wertvollsten Gebiete der Erde. Knapp 10 Prozent der weltweiten und fast 40 Prozent der asiatischen Regenwaldbestände sind hier beheimatet. Indonesien bedeckt nur 1,3 Prozent der globalen Landfläche, doch hinsichtlich Endemismus und Artenvielfalt liegt es ganz weit vorn: Über 500 Säugetier- (rund 200 davon endemisch), 1500 Vogel- (das entspricht 17 Prozent der gesamten Vogelfauna der Erde), 700 Fisch-, 1000 Reptilien- und Amphibienarten, Zehntausende Wirbellose und mehr als 20 000 Pflanzenarten (davon über 10 000 Baumarten!) repräsentieren einen unermeßlichen Reichtum an Fauna und Flora.

Ungeachtet seiner weltweiten Bedeutung rangiert Indonesien gleich an zweiter Stelle hinter Brasilien, was das Tempo betrifft, in dem die Wälder für landwirtschaftliche Zwecke abgeholzt werden. Nach vagen Schätzungen fallen pro Jahr rund 7000 Quadratkilometer der Axt zum Opfer, doch dürften es in Wirklichkeit wohl eher 12 000 Quadratkilometer sein. Trotzdem stehen noch auf allen großen Inseln – mit Ausnahme Javas – ausgedehnte Regenwälder, und Indonesiens gesamte Regenwaldfläche beläuft sich derzeit noch auf über 1,1 Millionen Quadratkilometer. Diese Wälder müssen jedoch in zunehmendem Maß Beeinträchtigungen durch Holzeinschlag (was in diesem Teil der Welt sehr schlimme Folgen haben kann) hinnehmen. Aber auch durch extensive Wanderwirtschaft (die allein in Kalimantan die gewaltige Fläche von 112 000 Quadratkilometern beanspruchen soll) sowie den von der Regierung geförderten Plan zur Anlegung von Baumplantagen und das ebenso propagierte Umsiedlungsprogramm werden die Wälder bedroht.

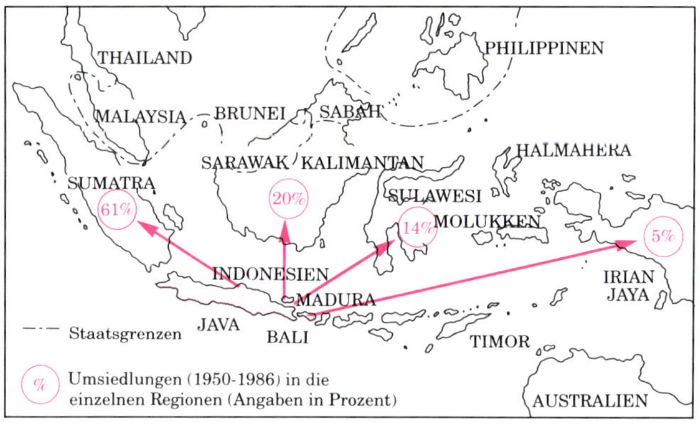

Das indonesische Umsiedlungsprogramm (siehe Seite 41) stellt das weltweit größte Projekt seiner Art für eine freiwillige, von der Regierung geförderten Auswanderung dar. Allerdings zeichnet sich durch den drastisch gekürzten Staatshaushalt (als eine Folge des Verfalls der Ölpreise Mitte der achtziger Jahre) seit 1987 praktisch eine Stagnation ab. Diese Flaute hat jedoch die unerwartete Möglichkeit eröffnet, künftige Umsiedlungen besser zu planen.

Zentralindonesien kann man in fünf biogeographische Regionen einteilen: Java, Kalimantan (Borneo), die Kleinen Sundainseln, Sulawesi und die Molukken.

Java

Java zählt zu den am dichtesten bevölkerten Inseln der Erde. Mehr als neunzig Prozent seiner ursprünglichen Vegetation sind bereits zerstört; ein Großteil des verbliebenen Urwalds ist nur noch in abgelegenen Bergregionen oberhalb 1400 Metern zu finden. Fast der gesamte Tieflandregenwald wurde zugunsten von Ackerbau und Baumplantagen geopfert, doch haben sich noch ein paar isolierte Fragmente erhalten, von denen sich das größte im Südosten entlang der Küste erstreckt.

Trotz solch massiver Abholzung meldet Java stolz die Existenz von fünfzig überlebenden Exemplaren des Java-Nashorns (*Rhinoceros sondaicus*) im Ujung-Kulon-Nationalpark. Der Königstiger (*Panthera tigris*) allerdings, der seine letzte Zuflucht im Meru-Betiri-Reservat im Osten Javas fand, ist dort vermutlich inzwischen ausgestorben.

Kleine Sundainseln

Die Regenwälder der Kleinen Sundainseln sind bei weitem nicht so üppig wie die im übrigen Indonesien. Hier fällt jährlich nur wenig Niederschlag, weshalb von Feuer während der Trockenperiode auf den Archipel eine besondere Gefahr ausgeht.

Zwar ist der Bevölkerungsdruck hier nicht so hoch wie in anderen Teilen Indonesiens – auf den Kleinen Sundainseln leben »nur« siebzig Menschen pro Quadratkilometer –, doch wird der Wald – häufig ohne jeden erkennbaren Grund – abgebrannt, was zu schwerwiegenden Verlusten geführt hat.

Kalimantan

Der so genannte südliche Teil Borneos wird von einem der größten zusammenhängenden Regenwaldgebiete Südostasiens bedeckt. Kalimantan trug mehr als irgendein anderer Teil Indonesiens zu den 2,5 Milliarden US-Dollar bei, die 1987 durch Holzexporte erwirtschaftetet wurden, und niemand macht Anstalten, den Raubbau zu stoppen. Große Teile des Waldes sind nachhaltig gestört oder schwer geschädigt, und auf den von den Holzgesellschaften angelegten Straßen drückt die ländliche Bevölkerung nach.

Zwischen September 1982 und Juli 1983 wurden auf Borneo über 40 000 Quadratkilometer Regenwald durch Feuer und Dürre vernichtet, 83 Prozent davon in Kalimantan. Die riesigen Waldbrände sind, so nimmt man an, von Bauern ausgelöst worden, die sich des Risikos einer Brandrodung in der Trockenzeit nicht bewußt waren. In den selektiv abgeholzten Gegenden, in denen trockene Äste und Zweige nach den Fällaktionen noch am Boden herumlagen, aber auch in Torfsümpfen, deren trockene Oberfläche wie Zunder brannte, konnte sich das Feuer in Windeseile ausbreiten. Brände sind ein natürlicher Bestandteil des Ökosystems – es zeichnen sich auch bereits erste Symptome einer Genesung ab –, doch bis zur vollständigen Regeneration wird wegen des Ausmaßes des Feuers, das die örtlichen Behörden zunächst unterschätzten, noch sehr viel Zeit vergehen.

Kalimantans Fauna beinhaltet mindestens vierzig endemische Säugetierarten (vorwiegend unter den Fledermäusen und Nagetieren) und ist berühmt wegen ihrer Populationen von Orang-Utans (*Pongo pygmaeus*), Nasenaffen (*Nasalis larvatus*), Gibbons der Gattung *Hylobates* und anderer Primaten, ihrer Vögel, zu denen so farbenprächtige Tiere wie die Nashornvögel, Spechte, Pittas und Bartvögel gehören, sowie ihrer Reptilien- und Fischfauna, die nach Ansicht von Experten und Einheimischen als die reichste Region gilt.

Sulawesi

Auf Sulawesi existieren noch große Urwälder – trotz der Tatsache, daß Bauern beträchtliche Gebiete im Süden und einige Teile im Norden gerodet haben. 1980 waren etwa 55 Prozent Sulawesis bewaldet; das Wald-pro-Kopf-Verhältnis ist immer noch größer als auf Sumatra, Java oder den Kleinen Sundainseln. Sulawesi ist von allen Hauptinseln Indonesiens am meisten durch die Auswirkungen einer rigorosen Umsiedlungspolitik bedroht. Zwischen 1977 und 1980 trafen hier rund 40 000 Siedler aus Java ein, die nun 4700 Quadratkilometer ehemaliger Regenwaldfläche bevölkern.

Der Dumoga-Bone-Nationalpark ist das wichtigste Schutzgebiet Sulawesis. Mehr als 90 Prozent dieses Parks werden von Regenwäldern in Höhen zwischen 500 und 2000 Metern geprägt. Hier kommen sämtliche geschützte Säugetierarten der Insel vor. Außerdem birgt der Park einen ungeheuren Reichtum an Vogelarten; genauere Untersuchungen stehen zwar noch aus, doch hat man bislang schon 170 verschiedene Arten registriert.

Molukken

Dieser Archipel ist aus Hunderten sehr unterschiedlich großer Inseln zusammengesetzt. Halmahera und Seram beherbergen die größten Regenwaldgebiete. Jedoch hat man auf beiden Inseln Genehmigungen zum Abholzen erteilt, als Folge davon sind Teile des Tieflandwalds bereits gestört.

Die Tierwelt der Molukken verfügt über einen sehr hohen Anteil endemischer Vogel- und Säugetierarten, insbesondere bei den Fledermäusen und Nagetieren, und sie schließt etliche größere Säugetiere wie Rehe, Affen, Zibetkatzen und Kuskusse ein. Die Vogelfauna zählt etwa 460 Arten, von denen ebenfalls rund dreißig Prozent nur auf diesem Archipel heimisch sind.

Nach der Schweinejagd werden die Fleischstücke auf heißen Steinen gebraten.

Das unterirdisch geschlüpfte Küken befreit sich aus dem Laubhaufen.

Faulige Brutstätten

Die Großfußhühner gehören zu den Vögeln, die Bruthügel anlegen. Daher brauchen sie beim Warmhalten ihrer Eier oder der Jungen nicht ihre Körperwärme einzusetzen. Statt dessen nutzen sie die Wärme, die von verottender Vegetation freigesetzt wird. Auf einem Bein stehend und mit dem anderen nach hinten kratzend, scharren die Großfußhühner einen leicht kegelförmigen Laubhaufen von rund anderthalb Metern Höhe und etwa sechs Metern Durchmesser zusammen. Das Nest ist fertig, sobald der Fäulnisprozeß begonnen hat und Wärme produziert wird. Nun klettert das Weibchen auf den Hügel, gräbt eine Mulde und legt ein einziges Ei hinein. Danach bedeckt es die Mulde wieder, verläßt das Nest und kehrt am folgenden Tag zurück, um ein weiteres Ei zu legen. Ein Gelege besteht aus fünf bis acht Eiern.

Schweinehorden nach »beweglichem« Festtag

Ein Hauptmerkmal der Regenwälder im Innern Borneos sind ihre »Fruchtperioden«, in denen viele verschiedene Bäume zur gleichen Zeit Früchte und Samen tragen. Diese Phasen werden wahrscheinlich durch einen äußeren Reiz, etwa Wassermangel, ausgelöst und verlaufen meist ganz kurz und unvorhersehbar: Es besteht keine Garantie für ein bestimmtes Jahr oder eine bestimmte Jahreszeit. Im Verlauf einer solchen Periode tragen die Bäume in unterschiedlichen Lagen kurz nacheinander Früchte und verursachen so einen »beweglichen« Festtag. Eine Folge davon ist, daß die Frucht- und Samenfresser des Waldes Schwierigkeiten haben, ihre Population dem Nahrungsangebot anzupassen. Also bleibt ihnen nichts anderes übrig, als nomadisch herumzustreunen oder innerhalb eines großen Reviers auf Futtersuche zu gehen.

Das Bartschwein (*Sus barbatus*), die einzige Wildschweinart, die auf Borneo vorkommt, hat einen sehr abwechslungsreichen Speisezettel: Er beinhaltet solche Leckereien wie Wurzeln, Pilze, bodenlebende Insekten und verrottendes Holz, kleine Wirbeltiere und Aas. Es tut sich auch an den herabgefallenen Früchten einiger Baumarten, speziell von Eichen, Kastanien und Dipterocarpen, gütlich. Während einer Fruchtperiode streifen die Schweine auf der Suche nach reifen Früchten in großen Horden durch den Wald. Solche »Feldzüge« wurden nachgewiesen in Sarawak, am Oberlauf des Baram-Flusses, in den Jahren 1983 bis 1985; von ähnlichen Ansammlungen berichteten 1986 und 1987 die Einheimischen. 1983 überstieg die Population der streunenden Wildschweine wahrscheinlich die Millionengrenze, doch diese riesige Horde wurde ausgiebig dezimiert. Die Menschen am Baram sind begeisterte und gut ausgerüstete Jäger. Nach einer Studie unter 581 Familien besaß dort jede Sippe im Schnitt zwei Speere oder Blasrohre sowie drei Jagdhunde, jede zweite Familie war sogar im Besitz eines Gewehrs. Als die Schweine 1983 den Baram und den Silat überquerten, erlegte jede der 577 Familien, die an diesen Flüssen leben, etwa 33 Schweine. Rechnet man noch Einzelgänger außerhalb des Hauptwanderzugs mit ein, so wurden mindestens 20 000 Tiere oder acht Prozent der Wanderpopulation getötet.

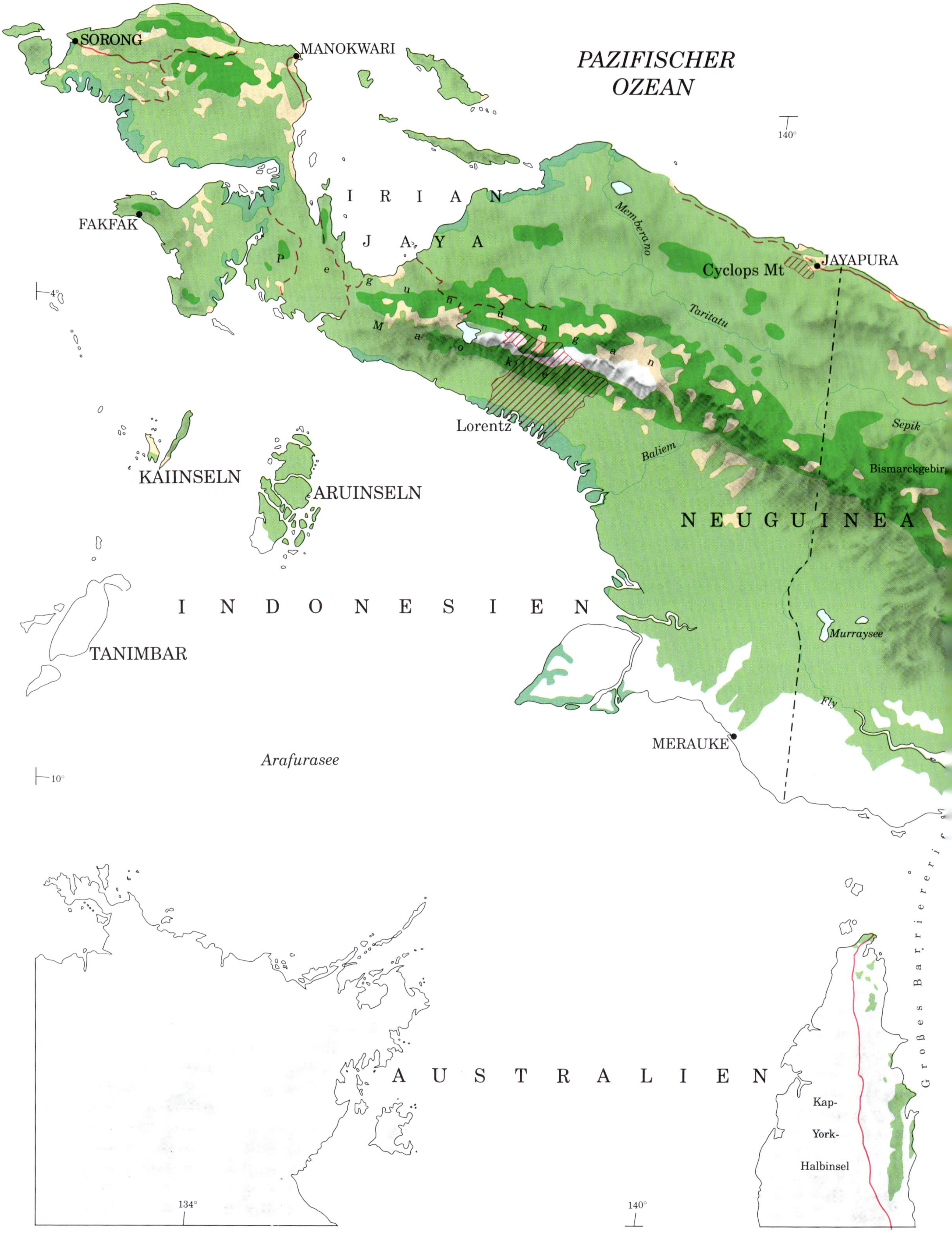

PAZIFISCHER OZEAN
140°
SORONG
MANOKWARI
FAKFAK
I R I A N
J A Y A
P e g u n u n g a n
M a o k e
Memberano
Cyclops Mt
JAYAPURA
Taritatu
Lorentz
Baliem
Sepik
Bismarckgebir
4°
KAIINSELN
ARUINSELN
N E U G U I N E A
I N D O N E S I E N
TANIMBAR
Murraysee
Fly
MERAUKE
Arafurasee
10°
Großes Barrierer
A U S T R A L I E N
Kap-
York-
Halbinsel
134°
140°

Neues Baumkänguruh – 1988 wurde auf Papua-Neuguinea in der Provinz West-Sepik eine neue Baumkänguruhart entdeckt. Das Schwarze Baumkänguruh (*Dendrolagus ursinus*), von den Eingeborenen *Tenkile* genannt, kommt wahrscheinlich nur in einem 35 Quadratkilometer großen moosigen Wald hoch in den Torricellibergen vor.

Krokodilfarm – Auf Neuguinea sind zwei Krokodilarten heimisch: im Süßwasser das Neuguinea-Krokodil (*Crocodylus novaeguineae*), im Salz- und Brackwasser das weiter verbreitete Leistenkrokodil (*Crocodylus porosus*), die man in freier Wildbahn ihrer Haut wegen bejagt. Obwohl die Krokoindustrie hauptsächlich auf der Jagd basiert, haben sich auch unterschiedlichste Krokodilfarmen etabliert, vom kleinen Dorfpferch mit maximal 25 Tieren bis zu großen kommerziellen Anlagen mit bis zu 15 000 Reptilien. Die Häute dieser Zuchttiere machen einen stetig wachsenden Prozentsatz an den Krokodilexporten des Landes aus.

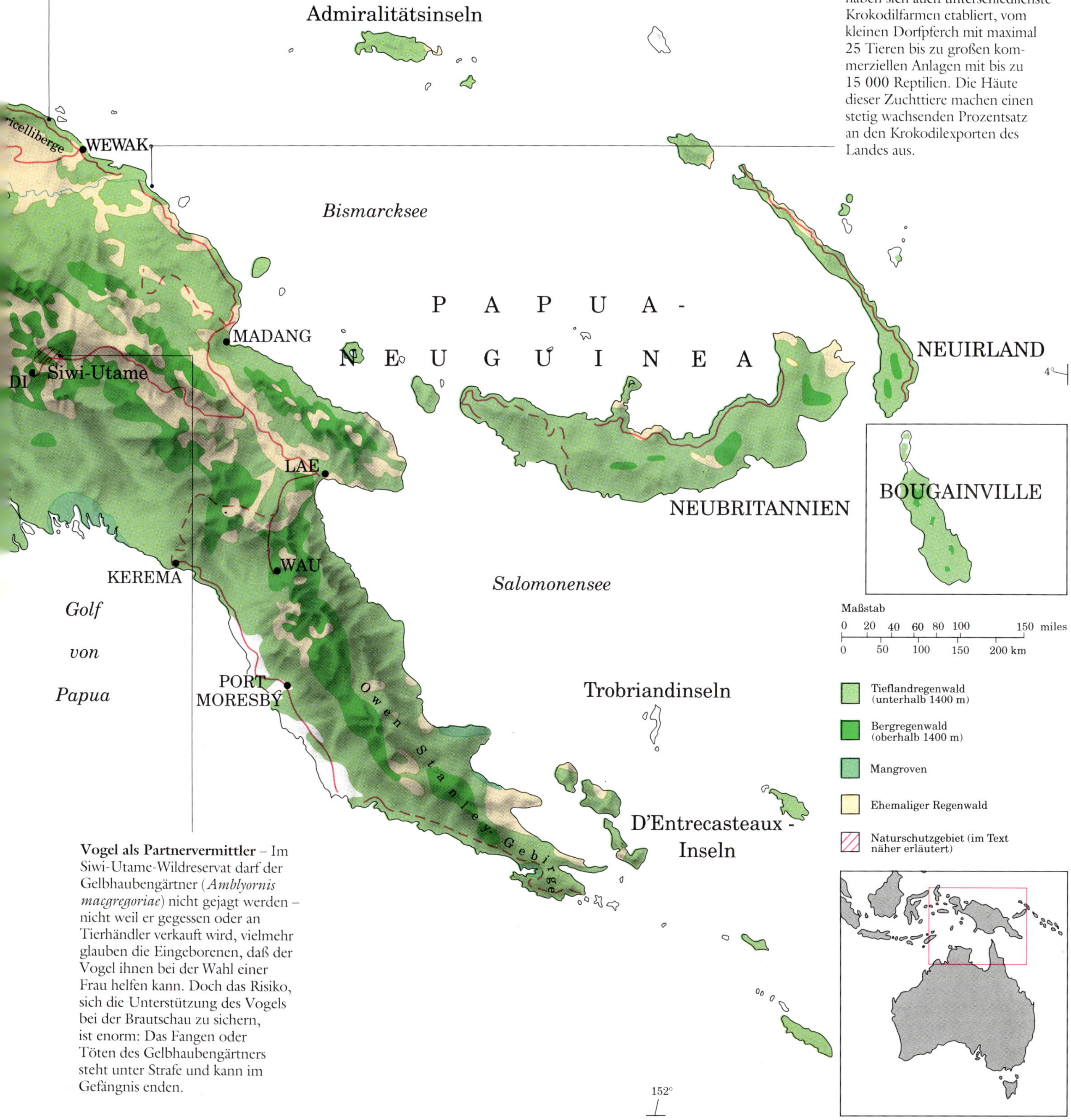

Vogel als Partnervermittler – Im Siwi-Utame-Wildreservat darf der Gelbhaubengärtner (*Amblyornis macgregoriae*) nicht gejagt werden – nicht weil er gegessen oder an Tierhändler verkauft wird, vielmehr glauben die Eingeborenen, daß der Vogel ihnen bei der Wahl einer Frau helfen kann. Doch das Risiko, sich die Unterstützung des Vogels bei der Brautschau zu sichern, ist enorm: Das Fangen oder Töten des Gelbhaubengärtners steht unter Strafe und kann im Gefängnis enden.

Über Neuguinea erstrecken sich die ausgedehntesten Regenwälder Südostasiens – rund 700 000 Quadratkilometer insgesamt – und die weltweit größten Bestände an Sagopalmen (*Metroxylon sagu*). Etwa 80 bis 85 Prozent der Wälder in Irian Jaya, der Westhälfte Neuguineas, sind noch unberührt, ebenso 75 bis 80 Prozent derjenigen in Papua-Neuguinea; im Landesinnern harren noch riesige Gebiete ihrer Erforschung. Hinsichtlich Pflanzenvielfalt und Arten-Endemismus wird Neuguinea in Südostasien nur noch von Borneo übertroffen.

Die wichtigsten Vegetationstypen sind Mangroven, Sumpf-, Tiefland- und Bergregenwald, Eukalyptus-, Gebirgsstrauchwald sowie Grassavanne. Im Unterschied zu den Wäldern Kalimantans und Sumatras machen hier die Dipterocarpen nicht das vorherrschende Element im Blätterdach des Regenwalds aus. Statt dessen sind im Tiefland häufig große Nutzbäume beispielsweise der Unterarten *Instia* und *Callophyllum* anzutreffen, wogegen man in den höheren Lagen oft Kaurifichten (*Agathis*) und Araukarien (*Araukaria*) begegnet. Die Säugetierfauna weist einige australische Elemente auf, mit mehreren Beuteltieren wie Kuskusse und Baumkänguruhs. Neuguinea ist auch berühmt für seine herrliche Vogelwelt, darunter Paradiesvögel, Krontauben, Kasuare sowie die vielen Kakadus und Papageien.

Da 97 Prozent des Landes den lokalen Gemeindeverwaltungen unterstehen, erwies sich der Aufbau konventioneller Nationalparks und Reservate als problematisch. So hat man statt dessen Bewirtschaftungszonen eingerichtet, in denen der Naturschutz durch den Einsatz traditioneller Landnutzungsmethoden gefördert werden soll. In diesen Zonen bleibt das Land im Besitz seiner angestammten Bewohner, die zum Schutz der Tierwelt innerhalb ihres Territoriums eigene Verwaltungsausschüsse bilden. 1986 existierten zwölf solcher Wildprotektorate in Papua-Neuguinea mit insgesamt 7900 Quadratkilometern Fläche.

Schon immer kannte man traditionelle Methoden, die Natur zu verwalten und zu schützen. Die Rettung bestimmter Arten und Areale war stellenweise nur einer Mischung aus überlieferten Regeln und Tabus zu verdanken. Zeitweilige Jagd- und Angelverbote haben schon oft eine Überausbeutung verhindert und dauerhafte Erträge gesichert. Das Betreten bestimmter Orte, beispielsweise der Brutplätze der Großfußhühner, oder Annäherung an Bäume, auf denen Paradiesvögel balzen, wurde Fremden energisch verweigert. Solche Formen des Naturschutzes bestehen auch weiterhin in vielen Teilen Papua-Neuguineas, doch da der menschliche Druck auf die Natur zunimmt, mußten neue Schutzmaßnahmen eingeführt werden.

Hinsichtlich Pflanzenvielfalt und endemischer Arten wird Neuguinea in Südostasien nur noch von Borneo übertroffen.

Irian Jaya

Die östlichste Provinz Indonesiens bildet die Westhälfte Neuguineas. Sie grenzt im Osten auf einer Länge von 736 Kilometern an Papua-Neuguinea und hat rund 350 000 Quadratkilometer Regen- und Monsunwald. Die Regenwälder überziehen das ganze Land mit Ausnahme des Südostens, der im Regenschatten der Pegunungan-Maoke-Berge liegt; hier hat sich trockenerer Monsunwald entwickelt. Obwohl die Bevölkerung von Irian Jaya mit 1,1 Millionen Einwohnern noch relativ klein ist, wird der Druck auf das Land, um es für Landwirtschaft (als Teil von Indonesiens Übersiedlerprogramm), Holzverwertung und den Abbau von Bodenschätzen zu nutzen, immer stärker. Die indonesische Regierung weiß sehr wohl um die Notwendigkeit, ein Geflecht von Naturreservaten anzulegen, bevor der Zeitpunkt erreicht ist, daß ruinierte Waldgebiete mühsam wiederaufgeforstet werden müssen. Der erste Entwurf für ein solches Netz wurde 1978 vorgestellt, doch ist bisher nur wenig in die Tat umgesetzt worden. Zwischen 1984 und 1985 veröffentlichten der World Wide Fund for Nature und die Regierung Indonesiens den ersten Verwaltungsplan für ein Schutzgebiet in Irian Jaya, das 225 Quadratkilometer große Cyclops-Mountain-Naturreservat, das oberhalb der Provinzhauptstadt Jayapura liegt und deren Trinkwasserversorgung gewährleistet. Gemeinsam mit den Einheimischen entwickelt, sah der Cyclops-Plan die Einrichtung mehrerer Schutzzonen vor. Demnach sollte ein streng geschütztes Kerngebiet von einer Anzahl Pufferzonen mit gemischter, traditioneller Landnutzung umgeben sein; allerdings dauern die Arbeiten zur Realisierung des Projekts noch an. Ein weiteres sehr wichtiges Schutzgebiet ist das Lorentz-Naturreservat, mit über 21 500 Quadratkilometern viel größer als Cyclops. Kein anderes Reservat Indonesiens erstreckt sich über so viele unterschiedliche Höhenstufen (von Meereshöhe bis 5000 Meter) und Lebensräume (vom Sumpf bis zum Gletscher).

Papua-Neuguinea

Wie in Irian Jaya sind auch in Papua-Neuguinea noch mehr als drei Viertel der ursprünglichen Waldfläche – rund 350 000 Quadratkilometer vorhanden. Jedoch treiben in den Hochlagen der nomadische Ackerbau und in den Niederungen der kommerzielle Holzeinschlag, die Erschließung von Plantagen sowie der Bergbau den Waldverlust langsam aber stetig in die Höhe. Diese Form der Landwirtschaft beansprucht heute eine Fläche von etwa 10 000 Quadratkilometern.

Groß genug zum Abschuß – Der Falter der Art *Ornithoptera alexandrae* ist der größte Schmetterling der Welt. Die Weibchen können eine Flügelspannweite von über 25 Zentimetern erreichen. Wegen seiner Größe und der sehr großen Flughöhe wurde das erste Exemplar denn auch wahrhaftig mit einer Schrotladung vom Himmel geholt. Der sehr seltene Falter kommt nur noch in einem ganz kleinen Gebiet im Südosten von Papua-Neuguinea vor.

Obwohl Neuguinea nur vier Millionen Einwohner zählt, kennt man mindestens tausend verschiedene Sprachen und Dialekte.

Die vielen Völker Neuguineas

Nach einer neueren Schätzung werden in Neuguinea mindestens tausend verschiedene Sprachen und Dialekte gesprochen, obwohl dort nur vier Millionen Menschen leben. Mit sehr wenigen Ausnahmen sind die Einwohner Neuguineas Hortikulturisten, deren Erwerbsgrundlage auf dem Anbau von Kokosnüssen, Jamswurzeln, Taros, Bananen und anderen pflanzlichen Nahrungsmitteln basiert. Zum Fischfang benutzen sie Netze, Speere, gelegentlich auch Haken; einige Küstenstämme machen sogar mit Harpunen Jagd auf den Dugong (*Dugong australis*). Von den Landtieren ist das Schwein – domestiziert wie auch wildlebend – der wichtigste Fleischlieferant, wenngleich auch Wallabies und zahlreiche Vögel verzehrt werden. Betelnüsse kaut man zusammen mit Limonellen und Pfeffer. Auch der Tabak ist weit verbreitet.

Von einigen Ausnahmen wie den Tobriandinseln abgesehen kennen die Menschen auf Neuguinea keinerlei Führerschaft oder vererbliche Rangstellung; statt dessen dominiert ein sehr agressiver Individualismus. Unter den erwachsenen Männern herrscht ein ständiger Kampf um Ansehen; jeder wird nach seinen Leistungen beurteilt. Die politischen Einheiten sind klein, meist einzelne Dörfer oder, wie im Hochland, mehrere zerstreute Weiler.

Kämpfen und Kriege zu führen ist auf der ganzen Insel etwas Alltägliches. Für die Angehörigen des Jale-Stammes, der in den Bergen östlich des Baliemtals lebt, gehört der Krieg einfach zum Leben dazu. Erbarmungslos werden die Nachbarn im selben Tal und sogar Siedlungen in anderen Regionen befehdet. Feindseligkeiten können mitunter eine Generation lang dauern – natürlich mit Phasen der Waffenruhe dazwischen – oder an einem einzigen Tag im Sande verlaufen. Zwar gibt es wegen der Tabus, die über allen Konflikten der Jale stehen, nur wenige Tote, doch diese finden dann allerdings oft immer noch keine Ruhe: Den Höhepunkt der Jale-Rache bildet das Mahl, bei dem die Leichen der geschlagenen Feinde gegessen werden.

Einige Volksstämme Neuguineas leben so isoliert wie kaum andere auf der Welt. An der Südwestküste der Insel erstreckt sich bis zur Arafurasee ein gewaltiger, von einer Unmenge kleiner Flüsse zergliederter Regenwald, die Heimat des Volksstamms der Asmat. Zu ihnen dringen nur selten Fremde vor; ihre Kultur spiegelt sowohl diese Isolation als auch die Kompromißlosigkeit ihrer Umgebung wider. Weite Teile ihres Territoriums sind von Sumpfwald bestanden, der zudem regelmäßig überflutet wird. Steine stellen in einer solchen Umgebung eine Rarität dar, so daß die Asmat die wenigen Steinäxte, die sie besitzen, im Tauschhandel mit den im Hochland lebenden Stämmen erwerben. Ton oder Keramik sind unbekannt, und alle Speisen werden über dem offenen Feuer gebraten.

Grundlage der Asmat-Kultur sind die Bäume ihrer Heimat. So ist die Sagopalme nicht nur das Hauptnahrungsmittel, sondern auch ihr wichtigstes Rohmaterial. Häuser, Jagdgegenstände, Kanus und Paddel – alles wird aus dem Holz dieses Baumes fabriziert. Darüber hinaus sind für die Asmat Bäume und Menschen symbolisch gleichbedeutend: Die Frucht eines Baumes gilt als Sinnbild für den Menschenschädel, in dem die Asmat eine tiefere Bedeutung sehen – sie sind Kopfjäger. Fruchtfressende Tiere versinnbildlichen diese Vorstellung, und Vögel wie der Arakakadu (*Proposciger aterrimus*) oder die Nashornvögel werden regelmäßig in Gemälden und Orden verherrlicht.

Australien

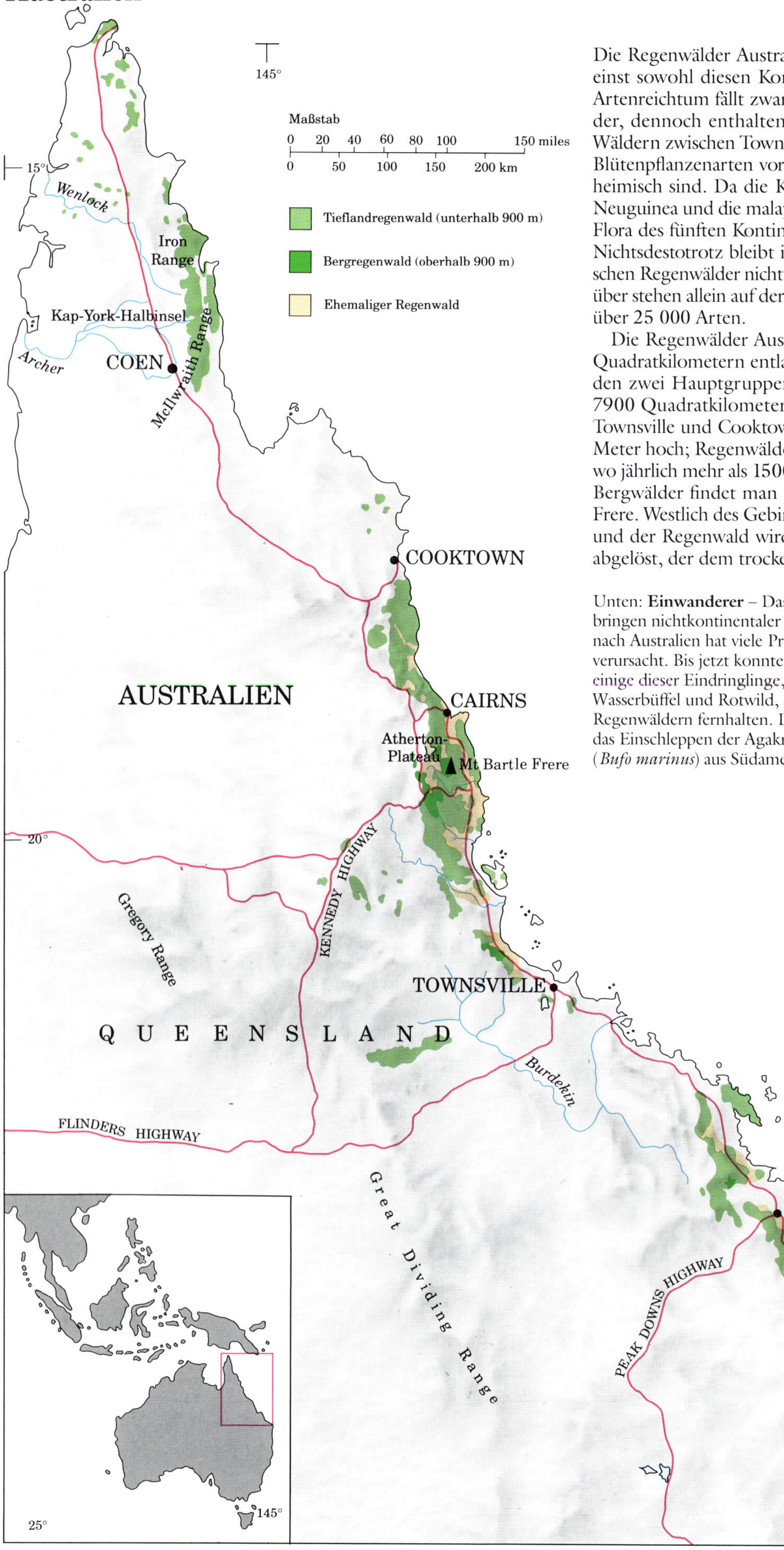

Die Regenwälder Australiens sind vermutlich Relikte jener Wälder, die einst sowohl diesen Kontinent wie auch die Antarktis bedeckten. Ihr Artenreichtum fällt zwar nicht so üppig aus wie der anderer Regenwälder, dennoch enthalten sie viele einzigartige Lebensformen. In den Wäldern zwischen Townsville und Cooktown kommen mindestens 1100 Blütenpflanzenarten vor, von denen über 70 Prozent nur in Australien heimisch sind. Da die Kontinentaldrift Australien allmählich näher an Neuguinea und die malaysische Inselwelt herangeschoben hat, wurde die Flora des fünften Kontinents durch Arten von diesen Inseln bereichert. Nichtsdestotrotz bleibt ihre Zahl gering. Insgesamt zählen die australischen Regenwälder nicht mehr als 2500 Blütenpflanzenarten; demgegenüber stehen allein auf der malaysischen Halbinsel und in ganz Südostasien über 25 000 Arten.

Die Regenwälder Australiens bedecken eine Fläche von rund 10 500 Quadratkilometern entlang der Nordostküste von Queensland und bilden zwei Hauptgruppen. Die Wälder der größeren dehnen sich über 7900 Quadratkilometer der Küstenebene und des Gebirges zwischen Townsville und Cooktown aus. Die meisten Berge sind nicht mal 1000 Meter hoch; Regenwälder ziehen sich hier nur an den Osthängen hoch, wo jährlich mehr als 1500 Millimeter Regen fallen. Die höchstgelegenen Bergwälder findet man in 1600 Metern Höhe auf dem Mount Bartle Frere. Westlich des Gebirges sinken die Niederschlagsmengen rapide ab, und der Regenwald wird – oft abrupt – von lichterem Eukalyptuswald abgelöst, der dem trockeneren Klima angepaßt ist.

Unten: **Einwanderer** – Das Mitbringen nichtkontinentaler Arten nach Australien hat viele Probleme verursacht. Bis jetzt konnte man einige dieser Eindringlinge, darunter Wasserbüffel und Rotwild, aus den Regenwäldern fernhalten. Doch das Einschleppen der Agakröte (*Bufo marinus*) aus Südamerika hat schlimmere Folgen gehabt. Die Kröte bevölkert die Waldränder, wo sie der Große Beutelmarder (*Dasyurus maculatus*), ein einheimischer Fleischfresser der Regenwälder, erbeutet. Der Marder fällt dem tödlichen Gift in der Krötenhaut zum Opfer, was seinen dramatischen Rückgang verursacht hat.

Die Waldgebiete der zweiten Hauptgruppe mit einer Ausdehnung von 2600 Quadratkilometern liegen weiter nördlich und sind von denen der ersten Gruppe durch Eukalyptuswälder getrennt. Diese zweite Gruppe schließt die verstreuten Wäldchen auf der Kap-York-Halbinsel mit ein. Die größten liegen zwischen dem McIlwraith und dem Iron Range direkt nördlich von Coen; kleinere Waldgebiete findet man am Oberlauf des Jardine Rivers und auf der Nordspitze der Halbinsel.

Schätzungen, wieviel vom ursprünglichen Regenwald verlorengegangen ist, gehen weit auseinander. Nach Ansicht australischer Wissenschaftler stehen noch 81 Prozent der südlichen Gruppe (von Townsville nach Cooktown) und sogar 99,5 Prozent der nördlichen (Kap-York-Halbinsel). Die Abholzungen im Flachland galten Feldern und nach 1875 vorrangig Zuckerrohrplantagen. Im Hochland, vor allem auf dem Atherton-Plateau, legte man dagegen Viehweiden an. Auch diese Entwicklung begann im 19. Jahrhundert, war aber bereits um 1920 fast zum Stillstand gekommen. In beiden Fällen hatte man bevorzugt Regenwald auf fruchtbaren Basaltböden gerodet.

Feuer ist eine Gefahr für Australiens Wälder, besonders in den Randzonen. Früher veränderten die Aborigines, die Ureinwohner Australiens, ihre Umgebung mit Feuer, die Stelle des Regenwalds nahmen Eukalyptuswälder und Grasland ein. Jedoch findet man auch vereinzelt Gebiete, wo alter Eukalyptuswald wieder vom Regenwald verdrängt worden ist. Vor noch gar nicht langer Zeit legten Zuckerrohrfarmer unkoktrollierte Brände für neue Felder, was mit zur Entforstung entlang der Waldränder beigetragen hat. Diese Streifen wurden in der Regel schnell von anderen Waldtypen zurückerobert.

Schutzmaßnahmen

Bis vor kurzem wurden die Regenwälder zwischen Townsville und Cooktown vom Bundesstaat Queensland als Staatswälder oder Nationalparks verwaltet. Früher verhinderte dieser Schutz willkürliche Abholzung für Anbauflächen. Einen Teil der Wälder ließen die Behörden in einem Turnus von dreißig bis vierzig Jahren selektiv abholzen, um langfristig gesicherte Holzernten zu ermöglichen. Das staatliche Forstministerium behauptete, diese Ausbeutung führe dem Ökosystem keine Langzeitschäden zu, ja, sie begünstige sogar die Artenvielfalt – eine Ansicht, die Umweltschützer heftig bestritten. Der Holzeinschlag betrug gegen Ende der vierziger Jahre rund 75 000 Kubikmeter pro Jahr, steigerte sich dann bis auf 600 000 in den späten Sechzigern und wurde in den Achtzigern wieder auf 80 000 Kubikmeter reduziert.

Die weitreichenden Anpassungen, vorgeblich auf Expertenwissen basierend und rigoros durchgesetzt, lösten in der Öffentlichkeit Unmut aus. Zusammen mit der Befürchtung, daß das Nationalparksystem nicht ausreichend sein könnte, veranlaßte dies die australische Regierung zu dem Schritt, fast allen Regenwäldern Queenslands den Status des Welterbes zu verleihen und ein generelles Fällverbot auszusprechen. Die Auflistung wurde 1988 formell vollendet – freilich unter großen Protesten der Landesregierung, die die staatliche Umweltbehörde auch prompt verklagte. Das Verfahren wurden jedoch eingestellt, nachdem 1989 eine neue Regierung für Queensland gewählt worden war, welche die Position der australischen Bundesregierung vertrat. Die einzigen Wälder, die nicht unter den Status eines Welterbes fallen, sind die nördlichen Regenwälder auf der Kap-York-Halbinsel.

Regenwald im Lamington-Nationalpark, Queensland.

Die Herausforderung unserer Zukunft

Die menschliche Rasse hat das Raumschiff »Planet Erde« in einen bedenklichen Zustand des Ungleichgewichts manövriert, und niemand sollte vor der Tatsache die Augen verschließen, daß wir aller Wahrscheinlichkeit nach auf eine beispiellose Umweltkrise zusteuern. Überall auf der Welt werden gerade jene Grundlagen, die das Überleben und Wohlergehen der gesamten Menschheit sichern könnten, zerstört. In den Ländern der Dritten Welt leben etwa eine Milliarde Menschen in schrecklicher Armut, die ihnen ihre menschlichen Grundbedürfnisse versagt. Die Natur soll sie ernähren, doch in vielen tropischen Ländern können die Böden mit der Bevölkerungsexplosion nicht Schritt halten: Berichte über den daraus resultierenden Teufelskreis aus Armut, Unterernährung und Schädigung natürlicher Ressourcen – was wiederum das Elend verstärkt – sind allgegenwärtig. Die lange Liste der Katastrophen als Folge der Überausbeutung tropischer Regionen ist uns nur zu gut bekannt.

Obwohl sich in den Industrieländern die Bevölkerung stabilisiert, verbrauchen wir immer mehr fossile Brennstoffe, Trinkwasser, Holz und andere natürliche Rohmaterialien. Die globale Energienutzung ist in den letzten zwanzig Jahren um rund fünfzig Prozent gestiegen – zurückzuführen fast ausschließlich auf den ständig steigenden Bedarf der Industrienationen. Mitte der achtziger Jahre betrug der Anteil der USA am Energiekuchen fünfundzwanzig Prozent, der von Afrika südlich der Sahara nur ein Prozent. Die Nebenprodukte der verarbeitenden Industrie sind eine Erblast aus Verschmutzung und Klimaänderung für künftige Generationen.

Im Wettstreit zwischen Mensch und Umwelt gibt es keinen Gewinner. Die Versorgungskapazität unseres Planeten wird genau dann unwiederbringlich schwinden, wenn Bevölkerungswachstum und steigender Verbrauch immer überzogenere Forderungen an ihn stellen. Die Wurzel des Problems sind jene Menschen, die sich schon immer der Natur überlegen fühlten: Vor siebentausend Jahren wurde die Wiege der Landwirtschaft und der Zivilisation im Nahen Osten entwaldet; der Herrschaft der Griechen und Römer verdankt der Mittelmeerraum sein kahles Aussehen; die germanischen, keltischen und slawischen Stämme rodeten den größten Teil Europas und machten sich dann auf in die Neue Welt.

Heute liegen die Grenzen in den Tropen, vor allem in den Tropenwäldern. Muß sich die Geschichte wiederholen? Oder können wir Entwicklungsstrategien erarbeiten, welche die Erfüllung menschlicher Bedürfnisse mit der Achtung vor der Natur in Einklang bringt?

Darin liegt die Herausforderung unserer Zukunft. Es geht um weit mehr als die Erhaltung einzelner Tier- und Pflanzenarten oder die Reinhaltung unserer Meere, Seen und Flüsse, den Schutz von Böden und Wassereinzugsgebieten zur Sicherung unserer Trinkwasserversorgung oder die Erklärung einzelner Schlüsselzonen zu Naturschutzgebieten. Der Umweltschutz vereint alle diese Ziele, befriedigt aber zugleich auch die Grundbedürfnisse des Menschen nach Wohnraum, Wärme, Nahrung, Gesundheit und Bildung. Er ist eine Form der Verwaltung der natürlichen Ressourcen, die dem gegenwärtigen Bedarf der Menschheit gerecht wird, gleichzeitig aber ausreichende Mengen erneuerbarer Rohstoffe sichert und die ökologischen Vorgänge, von denen sie abhängen, erhält.

Im ausgehenden 20. Jahrhundert dürfen wir als Entschuldigung nicht länger jene Ignoranz bemühen, die früheren Zivilisationen zu eigen war. Die Verwundbarkeit unseres empfindlichen Planeten ist hinlänglich bekannt. Wir können die Welt retten – wenn wir es wirklich wollen –, aber die Zeit ist knapp. Wer heute alt wird, hat eine Verdreifachung der Weltbevölkerung miterlebt. Sie wird sich nochmals verdoppeln, bevor die heutigen Schulkinder ihr Rentenalter erreicht haben. Die Erde *kann* alle ernähren, doch die Gesetze der Natur sind streng, und Verstöße gegen sie zeitigen furchtbare Folgen.

Wir können die Welt retten – wenn wir es wollen –, aber die Zeit ist knapp. Die Erde *kann* alle ernähren, doch die Gesetze der Natur sind streng, Verstöße gegen sie zeitigen furchtbare Folgen.

Der Wald erholt sich – Regenwald, der unter menschlichen Aktivitäten gelitten hat (großes Bild), kann sich erholen, wenn man ihn in Frieden läßt . . . Was vielleicht überrascht: Eine Ölquelle im Wald (kleines Bild) verursacht nur wenig direkte Umweltschäden, und schließlich kann der Erlös aus dem Ölgeschäft auch in den Naturschutz investiert werden.

Globale Politik für globale Probleme

Die Umweltaufgaben der kommenden Jahrzehnte sind in der Tat gewaltig. Doch neben der Macht zu zerstören und zu vernichten wohnt dem Menschen eine weitere großartige Eigenschaft inne: die Fähigkeit, Wissen und Weisheit zu erlangen und kreativ zur Lösung der Lebensprobleme einzusetzen. In den letzten zwei Jahrzehnten und besonders in den achtziger Jahren hat man diese Kreativität genutzt, um Schutzmaßnahmen für die Zukunft zu entwickeln.

Die Umweltkonferenz der Vereinten Nationen 1972 in Stockholm war ein historisches Ereignis. Zum erstenmal anerkannten die Großen der Welt physikalische und biologische Ressourcen als zwingende Voraussetzung für menschlichen Fortschritt an. Die Probleme wurden in der *World Conservation Strategy* dargelegt, welche die *»Internationale Union für die Erhaltung der Natur und der natürlichen Hilfsquellen«* (IUCN) 1980 mit Unterstützung des Umweltprogramms der Vereinten Nationen und dem *World Wide Fund for Nature* (WWF) herausgab. Dieses Dokument richtete sich an Politiker, Umweltschutzgruppen und Entwicklungshelfer von Hilfsorganisationen, Industrie und Handel und gab konkrete Hinweise, was zu tun sei. Es erläuterte, warum Umweltschutz für den Fortbestand der Menschheit und eine zukunftsorientierte Entwicklung unverzichtbar ist, legte Schwerpunkte fest und schlug effektive Maßnahmen und Lösungsansätze vor (siehe Kasten).

Die World Conservation Strategy unterstrich die elementare Rolle der Regenwälder. Ihre Bedeutung als ein Reservoir der Artenvielfalt sowie ihre Schutzfunktionen – vor allem ihr Status bei der Erhaltung des Weltklimas – katapultierten die Regenwälder auf Platz eins der Liste der globalen Umweltthemen. Laut *Strategie* können sie nur gerettet werden, wenn man anerkannte Schutzkonzepte in Frage stellt. Die Erhaltung lebender Ressourcen wird oft als enge Spezialistentätigkeit behandelt, doch in Wirklichkeit ist sie ein Prozeß, der alle menschlichen Aktivitäten berührt, und muß auch dementsprechend geplant werden. Umweltschutz und menschlicher Fortschritt sind völlig zu koordinieren, damit gewährleistet ist, daß die Menschen in ihrem Streben nach mehr Lebensqualität jene Teile der lebenden Welt *schützen*, die empfindlich sind, und den Rest nur mit Bedacht *modifizieren*.

Unsere gemeinsame Zukunft

Die World Conservation Strategy machte sich daran, das Denken und Handeln der Regierungen zu wandeln. Ein großer Sprung nach vorn war es, als 1983 die UNO-Generalversammlung die Herausforderung Umwelt annahm und einen unabhängigen Ausschuß mit der Erstellung eines »globalen Fahrplans für Veränderungen« beauftragte. Die Weltkommission »Umwelt und Fortschritt« nahm unter dem Vorsitz von Gro Harlem Brundtland, der damaligen Ministerpräsidentin von Norwegen, ihre Arbeit auf. Sie bestand darin, eine Strategie für eine gesunde Entwicklung bis zum Jahr 2000 und darüber hinaus zu entwerfen, die internationale Zusammenarbeit zum Erreichen dieses Ziels zu fördern und einen Terminplan für Maßnahmen auf politischer Ebene auszuarbeiten. Seit die Kommission 1987 ihren Bericht *Our Common Future* (Unsere gemeinsame Zukunft) veröffentlichte, ist das Prinzip der langfristigen Entwicklung ins politische Bewußtsein der Welt vorgedrungen. Dieses Denken wurde 1987 weiter geschärft, als der Umweltausschuß der UNO seine *Umweltperspektive zum Jahr 2000 und darüber hinaus* vorlegte, welche eindringlich die sachliche Basis und die zukunftsweisende Philosophie von Our Common Future unterstrich.

Viele der in den oben erwähnten Berichten gesteckten politischen Ziele sind erreicht worden, und trotzdem leiden die Regenwälder der Erde noch immer unter der Abforstung aufgrund unzulänglicher Ackerbaumethoden, schlecht organisierten Abfällens und anderer Formen von Mißbrauch und Schädigung. Wir alle müssen noch viel tun, die Vorsätze auch in die Tat umzusetzen. Als Antwort auf Our Common Future gab die IUCN 1989 den Leitfaden *From Srategy to Action* (Von der Strategie zum Handeln) heraus, der drei Grundprinzipien entwickelt, die auf der soliden Basis des planvollen Fortschritts beruhen:

• **Planung kennt keine Grenzen.** Natürliche Ressourcen respektieren nicht die Grenzen von Regierungsbezirken: Maßnahmen und Projekte, die einer Region zugute kommen, können für andere schlimme Folgen auslösen. So mag beispielsweise ein Staudamm für eine Hauptstadt eine wertvolle Energiequelle sein, gleichzeitig hat er aber verheerende Auswirkungen auf das Leben der Menschen, deren Land überflutet wird, und auf die Wälder stromabwärts, die bis dahin ihre Nährstoffe aus den regelmäßigen Überschwemmungen bezogen. Ein neuer Ansatz ist nötig, die maßgebenden Persönlichkeiten der einzelnen Länder an einen Tisch zu bringen.

• **Ausbau der internationalen Zusammenarbeit.** Die Nationen sind durch ein kompliziertes Netzwerk aus Investitionen, Handel und Kommunikation miteinander verbunden. Die Konsequenzen der Innenpolitik eines Landes bekommen so dessen Nachbarn, oft aber auch die ganze Welt zu spüren. Ein Ausbau der internationalen Zusammenarbeit ist unabdingbar, wenn die Probleme unserer Erde gelöst werden sollen.

• **Aufbau durch Selbstvertrauen.** Allzuoft hat die menschliche Gesellschaft Konsum und industrielle Produktion als Maßstab des sozialen Erfolgs betrachtet. Das wahre Ziel muß dagegen Lebensqualität heißen, die Gesundheit, Sicherheit, Lesen und Schreiben, langes Leben und vor allem den Zustand unserer Umwelt einschließt. Künftige Projekte müssen im Einvernehmen mit denen beraten werden, die direkt davon betroffen sind. Lokale Verantwortung für lokale Ressourcen läßt Raum für Anpassung und Wandel und fördert die gemeinschaftliche Beteiligung an Fragen der Verwaltung von Rohstoffquellen.

Viele erfolgreiche Entwicklungsprogramme haben diese Prinzipien anerkannt und beherzigt; eine lange Liste von ökologischen Katastrophen belegt allerdings auch, welche Folgen entstehen, wenn man sie ignoriert. Die Anwendung dieser Prinzipien für eine planvolle Entwicklung in den tropischen Regenwäldern muß noch deutlicher und prägnanter erklärt werden, damit die Weichen für die Zukunft richtig gestellt sind. Hierzu wollen die letzten Seiten dieses Buchs beitragen.

Rechts: **Eine Frage des Maßstabs** – Viele Stadtmenschen der westlichen Welt haben Probleme, die frühere oder auch nur die heutige, wesentlich kleinere Ausdehnung der Regenwälder richtig einzuschätzen. Die Waldüberwachung ist oft nur mit dem Flugzeug möglich.

Die World Conservation Strategy

Aufrechterhaltung wesentlicher ökologischer Prozesse und lebenserhaltender Systeme (etwa Bodenregeneration und Nährstoffrückgewinnung), von denen das Überleben der Menschheit abhängt.

Bewahrung der genetischen Vielfalt (das Erbgut aller Organismen der Erde), aus der wir erheblichen Nutzen ziehen (siehe Seite 32/33).

Sicherung der dauerhaften Nutzung von Arten und Ökosystemen, die sowohl Millionen ländlicher Gemeinden als auch ganze Industriezweige ernähren.

Die Rolle der Länder

Als globales Rahmenwerk nimmt die World Conservation Strategy natürlich einen universellen Standpunkt ein. Die Umsetzung der Maßnahmen in die Tat erfordert Perspektiven auf Landesebene, denn dort werden die großen Entscheidungen getroffen, die sich auf die Umwelt auswirken. Bis heute haben nur wenige Regierungen bei der Planung des Fortschritts den Umweltschutz hinreichend berücksichtigt, ganz zu schweigen von denjenigen, die ihre lebenden Ressourcen im Hinblick auf die Zukunft optimal nutzen und klug verwalten. In den letzten zehn Jahren hat die IUCN den Regierungen einzelner Länder bei der Ausarbeitung nationaler Schutzprogramme geholfen, welche die üblichen Planungsgrenzen zwischen Land- und Forstwirtschaft und der Industrie überwinden. Die Projekte vereinen die Entwicklungsziele mit Flächennutzungsplänen, welche die natürlichen Grenzen der Wälder und anderer naturbelassener Flächen repektieren. Im Rahmen dieser Programme sollen biologisch wertvolle und ökologisch sensible Gebiete stets unter Naturschutz gestellt werden – doch das Grundprinzip ist, alles Land so zu nutzen, daß keine bleibenden Schäden entstehen.

Umweltschutzplanung

Die Bevölkerung der Tropenwälder wird zwangsläufig weiter ansteigen, und ihre Regenwaldteppiche laufen Gefahr, noch weiter zurückgerollt zu werden. Doch wachsende menschliche Aktivitäten müssen nicht im Widerspruch stehen zur Erhaltung des natürlichen Reichtums der Wälder. Die aktuellen Bestrebungen im Umweltschutz gehen weit über den »Hände-weg-Naturschutz« hinaus: Sorgfältige Flächennutzungsplanung auf Landesebene ermöglicht sowohl den langfristigen Abbau natürlicher Rohstoffe als auch die Erhaltung der Artenvielfalt des Waldes mit all ihren möglichen Vorteilen für die Zukunft. 1971 begann die UNESCO (Organisation der Vereinten Nationen für Erziehung, Wissenschaft und Kultur) diese Ideen über ihr Programm »Der Mensch und die Biosphäre« (MAB) zur Schaffung eines weltweiten Systems von »Biosphären-Reservaten« in die Tat umzusetzen. Diese Reservate sollen stellvertretend stehen für natürliche Ökosysteme; besondere Beachtung gilt jedoch der harmonischen Integration traditioneller Landnutzungsmethoden durch ein Mitspracherecht der einheimischen Bevölkerung bei Entscheidungen. Über 110 Nationen sind am MAB-Programm beteiligt, und 276 Biosphären-Reservate mit insgesamt 1,5 Millionen Quadratkilometern in 71 Ländern sind bereits realisiert worden, ein Fünftel davon in tropischen Regenwäldern. Aufgabe der UNESCO ist die Förderung und Überwachung des Programms durch nationale MAB-Komitees, die jedoch keine Amtsgewalt ausüben.

Der Modellwald

Im Idealfall sollen einzelne Zonen aufgrund ihrer Bodenverhältnisse, Topographie, Lage sowie ihres bilogischen Werts für den geeignetsten Verwendungszweck ausgewiesen werden. Das hieraus resultierende Puzzle repräsentiert das gesamte Spektrum menschlicher Einflüsse. Unberührte Schutzgebiete, die als Nationalparks mit streng kontrolliertem Zugang in ihrem Urzustand erhalten werden, bilden den Kern. Drumherum gruppieren sich am besten Wälder, die für die Produktion von Kautschuk, Früchten, Holz, Rattan und Heilpflanzen kultiviert werden. Kautschukplantagen beziehungsweise solche mit Ölpalmen oder Bäumen, die man wegen ihrer Fasern oder Zellulose anbaut, können ebenfalls in diesem Gürtel liegen. Intensivere, permanente Bodennutzung, etwa durch Ackerbau, Weidewirtschaft und Wanderfeldbau, sind weitere Steine dieses Mosaiks. Feuchtgebiete ermöglichen teilweise die Nutzung in Form von Fischteichen oder Reisfeldern. Schließlich folgen Städte, Bergwerke, künstliche Seen und all die Errungenschaften unserer Zivilisation.

Der Schutz des Naturerbes findet überall in einer Landschaft wie der vorher beschriebenen statt. Die Zentren der Nationalparks bestehen aus Urwald und sollen seine ganze strukturelle Komplexität, die Artenvielfalt und alle Verflechtungen erhalten. Diese Regenwaldgebiete dienen auch als Monitore, an denen sich die Langzeitauswirkungen von Eingriffen in anderen Zonen ablesen lassen. Viele Merkmale der urtümlichen Kernzonen tauchen auch in kultivierten Wäldern auf, speziell dort, wo diese zwei Formen aneinandergrenzen. Manche Tiere können in beiden Zonen gleichgut leben, so daß sich größere Populationen entwickeln als im eigentlichen Kern. Zudem fungieren sie als Samenverbreiter und sorgen für die Wiedereinbürgerung ausgerotteter Arten in der Kulturlandzone.

Auch Plantagen finden ihren Platz in einem Umweltschutzmodell: Wir haben gesehen, daß Regenwälder eine Reihe von »ökologischen Diensten« – darunter die stetige Versorgung mit klarem Wasser und die Stabilisierung des Erdreichs an Steilhängen – leisten. Dazu ist aber im Grunde jede geschlossene Vegetationsdecke in der Lage, deshalb können Plantagen mit mehrjährigen Pflanzen – bei entsprechender Bewirtschaftung – diese Rolle genausogut übernehmen. Nur in den am stärksten veränderten sowie den unbewohnten Zonen fehlt das natürliche Erbe weitgehend, obwohl selbst dort artenreiche Obst- und Hausgärten in Dorfnähe für viele Tropenregionen kennzeichnend sind.

In der Realität sind Flächennutzungspläne auf großer Ebene schwierig zu verwirklichen. Selten beginnt die Planung mit einem Blankobogen – einer menschenleeren Gegend ohne jedwede Bewohner mit unabdingbaren Rechten. Sogar im brasilianischen Bundesstaat Rondônia wurde ein agrar-ökologisches Projekt in einer praktisch unbewohnten Region von riesigen Einwanderermengen erdrückt, die auf der neuerbauten Autobahn aus dem Süden des Landes hereindrängten. Auf der Philippineninsel Palawan besteht noch Hoffnung auf eine erfolgreiche Zoneneinteilung. Die gebirgige Insel ist dicht bewaldet; man hat ein abgestuftes System von Schutz- und Bewirtschaftungsmaßnahmen vorgesehen, das von strenger Überwachung in einigen ökologisch kritischen Regionen bis zu lockerer Kontrolle auf der ganzen Insel reicht. Auf diese Weise bleibt der biologische Reichtum Palawans erhalten; gleichzeitig werden aber auch die Eingeborenen versorgt, Wassereinzugsgebiete geschützt, Holzvorkommen gesichert und Fischgründe erhalten.

Ein sehr wichtiger Aspekt erfolgreicher Planung ist die Achtung der waldbewohnenden Menschen, deren Rechte in der Vergangenheit von zentralen Regierungen oder Forstbehörden oft mit Füßen getreten worden sind. Nomadische Jäger und Sammler leben im und sind völlig abhängig vom Regenwald, doch die Obrigkeit hat meist jene väterliche Haltung an den Tag gelegt, daß »solche Leute eigentlich in Dörfer umgesiedelt gehören«. Genauso sind auch die Bauern, die sich am Waldrand durchschlagen, auf den Wald angewiesen, der sie mit Fleisch, Früchten, Honig, Stangen, Seilen und Arzneien versorgt. Allzuoft haben die Planer in der fernen Hauptstadt die Waldbewohner nicht in ihren Kalkulationen berücksichtigt und Hilfsorganisationen zur Finanzierung von Entwicklungsprojekten überredet, die auf den gleichen Fehlern basierten. Genau wie sich die Erkenntnis durchgesetzt hat, daß der natürliche Wald einen hohen Langzeitwert hat, den man im Zuge der Entwicklung eines Landes erhalten kann und muß, setzt sich heute auch mehr und mehr die Einsicht durch, daß zurückgezogen lebende Urwaldvölker mit ihrer traditionellen Lebensweise nicht einfach beiseite gewischt werden sollten, als ob sie nicht existierten.

Unten: **Sekundäres Wachstum** – Wird Regenwald aus irgendeinem Grund gefällt, so entspricht der neue Bewuchs nur selten genau der ursprünglichen Vegetation. Eine der Arten, die sich jetzt an diesem Nebenfluß des Amazonas in Peru in die Uferszenerie drängen, ist ein *Cecropia*-Baum.

Oben: **Biosphären-Reservate** – Auf der ganzen Welt sind diese Reservate in dem Bestreben geschaffen worden, Lösungen für solche Probleme wie Überabforstung in den Tropen, Luftverschmutzung, Treibhauseffekt und Versteppung zu entwickeln.
In jedem Reservat findet man mindestens ein Beispiel für ein Ökosystem, das charakteristisch ist für eine der natürlichen Landschaftsformen der Erde, und dessen menschliche Bewohner ein wesentlicher Faktor sind. Hauptzweck der Aktion ist es, individuelle Strategien – auf dem Naturschutzsektor wie auf dem Gebiet der langfristigen Ausbeutung von Ressourcen – zu erforschen, die den Eingeborenen, der Tierwelt und natürlich den Pflanzenarten in all ihrer Mannigfaltigkeit zugute kommen. Als Modell für Ökosysteme bieten diese Reservate den Wissenschaftlern einzigartige Forschungs- und Ausbildungsmöglichkeiten auf zahlreichen Fachgebieten, nicht zuletzt dem der Agrarökologie.
Die Resultate solcher Maßnahmen sollten für künftige Generationen von unschätzbarem Nutzen sein.

Natürliche Wälder als Holzlieferant der Zukunft

Holz aus tropischen Regenwäldern wird in der ganzen Welt für vielerlei Zwecke verwendet. Die Bauwirtschaft macht bei Elementen wie Stützpfeiler, Buhnen und Tragbalken, aber auch im Innenausbau bei Fußböden, Türen und Fensterrahmen ausgiebig von Tropenhölzern Gebrauch; besonders dekorative werden bevorzugt von Möbel- und Musikinstrumentenherstellern verarbeitet.

Viele Tropenländer sind sehr auf Einnahmen aus dem Holzexport angewiesen. Holzerzeugung durch gezielte Nutzung der Regenwälder beinhaltet gegenüber Baumplantagen massive wirtschaftliche Vorteile: Erstens ist sie billiger, weil die Arbeits- und Unterhaltskosten geringer sind. Zweitens ist der Zeitpunkt der Holzernte flexibel – der Waldbesitzer kann ohne finanzielle Einbußen darauf warten, bis der Markt einen guten Preis abwirft –, während Baumplantagen dagegen hohe Anfangsinvestitionen erfordern, verbunden mit einer riskanten langfristigen Prognose der Marktverhältnisse. Drittens werden durch selektiven Holzeinschlag andere Produkte des Waldes geschont, also potentielle Artikel wie beispielsweise Arzneien und Früchte somit für die Zukunft geschützt. Das wichtigste Argument aber liegt darin, daß Artenvielfalt und Lebensräume im kultivierten Wald erhalten bleiben, nicht jedoch in Plantagen. Es überrascht daher nicht, wenn im gesamten Gürtel der äquatorialen Regenwälder für die Holzerzeugung eine naturgemäße Forstwirtschaft angestrebt wird, was sich jedoch nur selten realisieren läßt.

Regenwälder stellen nur so lange eine dauerhafte, ergiebige Holzquelle dar, wie man ihre natürlichen ökologischen Grenzen – die durch die Dynamik der Waldregeneration festgelegt sind – respektiert (siehe Seite 64ff.). Die frühe Ausbeutung der Regenwälder forderte diese Grenzen nicht heraus: Nur vereinzelt fällte der Mensch Bäume und schleppte sie mit Muskelkraft oder Zugtieren aus dem Wald. Die heutigen Maschinen haben dagegen eine enorme Stundenkapazität und müssen permanent im Einsatz sein, damit sie sich wegen ihrer hohen Kosten amortisieren.

In den letzten Jahren hat die Zahl der Holzarten, die man für kommerziell wertvoll hält, zugenommen – was die Ausbeutung der Wälder noch weiter forciert. Die Folge dieser Entwicklung ist eine tiefgreifende Veränderung im Erscheinungsbild des Waldes: Statt einzelner kleiner Lücken im Kronendach, welche die Regeneration langsamwüchsiger, schattentoleranter Arten fördern, entstehen immer mehr große Flächen, die das Wachstum schnellwüchsiger und extrem lichthungriger Arten begünstigen.

Die Wälder der Erde unterscheiden sich im Anteil dieser beiden Artengruppen und somit in ihrer Regenerationsfähigkeit nach extensiver Abholzung. So bestimmt beispielsweise in den Regenwäldern der westlichen Inseln des malaysischen Archipels (Malaysia, Philippinen, Brunei und Westindonesien) eine Familie von wirtschaftlich gesehen wertvollen Bäumen die Szenerie: die *Dipterocarpaceae*, die viele lichthungrige »Große-Lücken«-Arten zählen. Im Hinblick auf die moderne, hochmechanisierte Abholzung sind die dipterocarpen Regenwälder somit sehr regenerationsfreudig, denn sie wachsen nach einem Kahlschlag rasch wieder nach. Da das Holz dieser Bäume hell, weich und leicht ist und sich gut für Furniere und Sperrholz eignet, haben sie sich mittlerweile einen großen Anteil am Tropenholzmarkt erobert.

Andererseits kommen in den Regenwäldern Westafrikas zahlreiche »Kleine-Lücken«-Arten – beispielsweise aus der Familie *Meliaceae*, den sogenannten westafrikanischen Mahagonis – vor, obwohl keine Familie dominiert. Viele der Regenwälder am Amazonas ähneln in weiten Teilen denen Afrikas: Auch hier überwiegen die schattentoleranten »Kleine-Lücken«-Arten. Will man diese Wälder in ihrer natürlichen Zusammensetzung erhalten, dann ist nur eine Abholzung in kleinem Umfang zulässig. Alle diese Wälder werden sehr leicht Opfer von Mißwirtschaft und Geldgier. Wenn in irgendeinem Regenwald zu große Löcher entstehen, sprießt dort innerhalb kürzester Zeit ein wahres Wirrwarr aus hol-

zigen Kletterpflanzen und wirtschaftlich uninteressanten kleinen Baumarten wie *Macaranga* und *Cecropia* (siehe Seite 65).

Forstmanagement
Für Tropenwälder sind zwei grundverschiedene Nutzungsformen maßgebend. Beim monozyklischen oder Einheitssystem werden alle größeren Bäume in einer Aktion geerntet. Die wirtschaftlich unrentablen Arten tötet man mit Gift ab; neuer Wald wird aus Sämlingen herangezogen. In einem polyzyklischen oder Selektionssystem entfernt man dagegen nur einen Teil der reifen Bäume und läßt die jungen bis zum nächsten Schnitt stehen. Ein monozyklisches System verursacht größeren Schaden, und die Ernten liegen weiter auseinander – in dipterocarpen Regenwäldern gewöhnlich siebzig Jahre; es begünstigt wuchsfreudige Großlückenarten. Umgekehrt fördert ein polyzyklisches System das Wachstum von Kleinlückenarten, da vom ursprünglichen Wald mehr übriggeblieben ist. Alle zwanzig bis vierzig Jahre ist wieder eine Ernte möglich, je nachdem, wie schnell die geschonten Jungbäume wachsen.

Das malaysische Einheitssystem war in Südostasien früher weit verbreitet und findet immer noch in Sabah Anwendung, wo fast nur Dipterocarpen vorkommen. Heute werden die Wälder Asiens vorwiegend auf polyzyklischer Basis ausgebeutet, ebenso alle Kulturwälder Afrikas und Lateinamerikas. Diese Methode spricht Geschäftsleute und Regierungsbehörden an, weil sie eine raschere Schnittfolge erlaubt und der Markt – speziell für die Furnierverarbeitung – nur dicke Stämme erwartet. Zudem steht sie im Einklang mit dem Naturschutz und der fortsetzenden Gewinnung kleinerer Waldprodukte, denn das Schadensausmaß ist begrenzt, Tier- und Pflanzenwelt bleiben mit all ihrem Reichtum erhalten. Ein solches System funktioniert in Birma seit über hundert Jahren erfolgreich. Schon 1850 wurden die Teakwälder zum Zweck der Erstellung von Arbeitsplänen sorgfältig begutachtet. Beim »Birma-Selektionssystem« werden die ausgewachsenen Bäume in einem Zyklus von fünfundzwanzig bis vierzig Jahren von Elefanten entwurzelt und aus dem Wald geschafft. Die Wälder von Pegu Yomas, nördlich von Rangun, erleben inzwischen ihre dritte oder vierte Nutzungsperiode.

Vom biologischen und technischen Standpunkt ist die Nutzung natürlicher Regenwälder als ergiebige Holzquelle absolut normal. Wenn Probleme auftreten, liegt es meist an politischen, sozialen oder gar wirtschaftlichen Gründen und nicht daran, daß die Wälder sich gegenüber Manipulationen als zu empfindlich erweisen. So hat eine neuere Studie der IUCN in Indonesien gezeigt, daß die Forstverwaltungspläne zwar weitgehend auf Naturbewußtsein basieren, bei ihrer Umsetzung aber fast unweigerlich mißachtet werden. Die Ursachen hierfür sind komplex – fehlende langfristige Motivation bei den Konzessionären und Überwachungsmängel seitens des Forstministeriums zur Vemeidung unnötiger Schäden gehören dazu. Damit ein solches System funktioniert, müßte sich die Schadensgrenze auf ein Minimum reduzieren. Die Jungbäume für die künftigen Wälder dürfen bei den Fällarbeiten nicht beschädigt werden. Straßen sollten korrekt geplant und gebaut werden, um möglichst wenig Landschaftszerstörung zu verursachen. Bäume dürfen erst nach Erreichen einer bestimmten Größe gefällt werden. Jäger und Bauern, denen die Straßen der Holzgesellschaften das Eindringen in die Wälder erleichtert haben, müssen daran gehindert werden, weil sie die Tierpopulationen dezimieren oder Wälder zugunsten von Ackerland zerstören. Doch diese Vorsichtsmaßnahmen sind fast nirgends beachtet worden, was große, unnötige Schäden zur Folge hatte. Daraus wiederum entstand die landläufige Meinung, daß die Regenwälder einer Nutzung nicht gewachsen seien, und rief leidenschaftliche Appelle zum Boykott von Tropenhölzern hervor. Diese Proteste müssen präziser formuliert werden mit dem Ziel, die ursächlichen Schwächen der menschlichen Gesellschaft, welche eigentlich zur Katastrophe führten, zu korrigieren.

Ganz links: **Fest im Griff** – Auf der Teakplantage in Lampang im Norden Thailands sind Arbeitselefanten im Einsatz. Dank ihrer enormen Stärke transportieren sie die mächtigen Baumstämme mühelos, wohin man sie dirigiert. Das Elefantenbaby folgt seiner Mutter und lernt so seine vermutlich künftige Aufgabe kennen.

Links: **Dipterocarpen** – Die Zweige dieser relativ schnellwüchsigen Bäume am Tahan-Fluß in Malaysia hängen bis aufs Wasser herab. Typische Merkmale der Dipterocarpen sind ledrige, immergrüne Blätter und, während der Blütezeit, Büschel voll duftender Blüten mit verdrehten Petalen.

Plantagen

In den sechziger und siebziger Jahren durchlief die Forstwirtschaft der Feuchttropen eine Phase, in der man Plantagen als Allheilmittel ansah. Ihr Potential, ein einheitliches Produkt mit im Vergleich zu natürlichen Wäldern hohen Erträgen auf kleinen Flächen hervorzubringen, schien überaus attraktiv. In vielen Ländern legte man daher Pflanzungen mit so exotischen »Wunderarten« wie *Anthocephalus chinensis* und *Paraserianthes (Albizia) falcataria* an. Ebenso wurden subtropische Kiefernarten aus dem semiariden Mittelamerika, vorwiegend *Pinus caribea* und *Pinus oocarpa*, unter anderem in Afrika, Madagaskar und Malaysia eingeführt. Die Pläne der Waldbesitzer erlitten bald herbe Rückschläge: Sie machten die bittere Erfahrung, daß die Arten aus den laubabwerfenden Monsunwäldern sich in den immergrünen Regenwäldern gar nicht wohl fühlten – »Wieso sollen sie auch«, würde ein Biologe sagen. In dieser Phase fällte man mit großem Kostenaufwand absolut unberührte oder geringfügig ausgelichtete Wälder und ersetzte sie durch Plantagen. So wurde beispielsweise ein großer Teil der Regenwälder Balis bedenkenlos für Kiefernplantagen geopfert.

Plantagenwirtschaft in den Tropen wirft noch viele weitere Probleme auf. Die zum Anlegen einer Plantage erforderliche extensive Landrodung erweist sich als kostspielig und kompliziert. Der nun schutzlose Boden ist der Erosion ausgesetzt und kann die Mineralstoffe nicht mehr halten; sie versickern im Boden, wo sie für die Wurzeln unerreichbar sind. Plantagen sind reine Bestände einer einzigen Art, was sie extrem anfällig macht. Schädlingsbefall, Krankheiten und Unkrautinvasionen können in Plantagen zu immensen Problemen führen. Teure und zeitraubende Maßnahmen sind nötig, um die Produktivität der Plantage zu erhalten. Unkrautarten wie die Wilde Banane in den Kiefernpflanzungen Malaysias oder *Cecropia*-Bäume in den Yemane-Plantagen (*Gmelina arborea*) Amazoniens müssen regelmäßig mit Stumpf und Stiel ausgerottet werden. Die gefräßigen Larven der Nachtfalterart *Hypsipyla grandella* sind die Geißel der Mahagoniplantagen Mittel- und Südamerikas.

Baumplantagen stellen wie andere Nutzpflanzungen hohe Ansprüche an die Mineralstoffzufuhr aus dem Boden, die mancherorts bereits so erschöpft ist, daß Kunstdünger eingesetzt werden, um auch nur eine Holzernte zu ermöglichen. Wahrscheinlich sind solche Rettungsmaßnahmen sinnlos, weil Kunstdünger ohnehin in erster Linie für Getreide und nicht für Nutzholzbäume entwickelt wurden.

Ein Platz für Plantagen

In letzter Zeit hat man erkannt, daß es unter wirtschaftlichen wie auch naturschützerischen Aspekten eine verfehlte Politik ist, gewachsene Wälder durch künstliche zu ersetzen. Dennoch haben Plantagen ihre Berechtigung: In Ödlandzonen, von denen die meisten Tropenländer verunstaltet sind, erweisen sie sich als durchaus nützlich. Dort können sie die Walddecke und den Nährstoffkreislauf wiederherstellen: erste Schritte auf dem Weg, Regenwaldbäume an früheren Standorten erneut heimisch zu machen. Später rücken auch wieder Vögel und baumbewohnende Säugetiere und mit ihnen die Samen einheimischer Regenwaldarten nach, die sich dann im Unterholz wieder ansiedeln. Bei einer mehr natur- als profitorientierten Verwaltung der Plantage, in deren Rahmen man die sich ausbreitenden Sämlinge stehenläßt, könnte sich im Laufe der Zeit ein neuer Regenwald entwickeln. Ein solcher Vorgang ist derzeit in Sri Lanka zu beobachten, wo mit Hilfe von umfangreichen und ausgedehnten Kiefernanpflanzungen kahlgeschlagene Landstriche wiederaufgeforstet werden.

Plantagen können auch als wertvolle physikalische Barrieren und Pufferzonen um Nationalparks herum dienen – sie bieten zusätzlichen Lebensraum für Waldtiere und versorgen die Eingeborenen mit allerlei Material. Ökonomisch sind sie dort zu rechtfertigen, wo sie andere Produkte als der natürliche Wald abwerfen oder geschädigtes Land wieder nutzbar machen. Sabah und neuerdings Indonesien planen, einen Teil der 40 000 Quadratkilometer, die 1983 auf Borneo von einer achtzehnmonatigen Dürre und einem riesigen Waldbrand verwüstet worden waren, mit Plantagen von *Acacia mangium*, *Albizia* und eventuell einigen Dipterocarpen zu rekultivieren.

Bäume für Plantagen

Am geeignetsten für Plantagen sind jene Bäume, die von Natur aus alle großen Lücken besiedeln, welche sich im Kronendach des Waldes auftun (siehe Seite 64 f., 185). Viele sind natürliche Pionierarten, die im offenen Gelände, wo sie direktem Sonnenlicht und einem heißen Trockenklima ausgesetzt sind, schnell anwachsen und gut gedeihen. Sie produzieren große Mengen leicht zu verbreitender Samen, die jahrelang im Boden überdauern können, bis die richtigen Klimabedingungen gegeben sind. Sie besiedeln Erdrutschzonen, Uferböschungen und anderes kahles Gelände und haben den großen Vorteil, daß sie stets nur in reinen Beständen vorkommen; so sind sie gegenüber Kranheiten und Schädlingen schon von Natur aus widerstandsfähiger. Leider haben viele schnellwüchsige Arten auch breite, ausladende Kronen, wenn sie also zu dicht gepflanzt werden, verlangsamt sich ihr Wachstum dramatisch. Der finanzielle Erlös einer Baumplantage hängt vom Ertrag pro Hektar ab – je dichter also die Bäume stehen können, desto besser. Vom wirtschaftlichen Standpunkt aus sind daher für Plantagen Bäume mit kleiner Krone ideal: beispielsweise Kiefern, die eine schlanke, monopodiale (einstämmige) Krone haben.

Am Boden des Regenwalds findet man zwar einige schnellwüchsige Arten, doch weisen sie nicht alle die gleichen nützlichen Merkmale auf wie Pioniere. So ist es möglich, daß Samen nur in geringer Menge produziert werden oder zu groß und nicht lange lebensfähig sind. Die meisten dieser Arten bilden von Natur aus keine reinen Bestände und entwickeln in der Regel mehrstämmige, breite Kronen (sogenannte Sympodialkronen). Schnellwüchsige Dipterocarpen sind für diese Gruppe charakteristisch. Sie eignen sich deshalb nur sehr begrenzt für Plantagen. Es wird immer eine rege Nachfrage bezüglich dipterocarper Hölzer bestehen, zur Zeit sind diese allerdings nur aus bewirtschafteten Urwäldern erhältlich.

Die meistgepflanzten Laubbaumarten in den Feuchttropen sind Yemane (*Gmelina arborea*) und *Acacia mangium*. Yemane ist mit Teak (*Tectona grandis*) verwandt und wie dieses im kontinentalen Südostasien beheimatet. Sein helles, fein gemasertes Holz eignet sich für die Herstellung von Möbeln und Faserplatten, doch stellt er recht hohe Ansprüche an den Boden. *Acacia mangium* zählt zu den Pionieren der Wälder Queenslands. Diese Art ist ein wahrer Wachstumssprinter, ihr Holz findet in der Zellstoffindustrie Verwendung, und sie hat den Vorzug, daß sie auch auf stark geschädigten Böden prächtig gedeiht. Einige Eukalyptusarten (*Eucalyptus deglupta, E. grandis, E. urophylla* und Kreuzungen der beiden letzten) hat man zwar verbreitet gepflanzt, sie sind jedoch wie der Mahagoni anfällig für Schößlingsbohrer, die den Vegetationspunkt des Baums zerstören. Oboché (*Triplochiton scleroxylon*), ein Pionier Westafrikas, scheint vielversprechend, ist aber bis jetzt nicht oft gepflanzt worden. Keine dieser Arten hat ein besonders attraktives Holz zu bieten, und bis heute sind nur sehr wenige schöne Möbelholzsorten erfolgreich auf Plantagen gezogen worden. Eine bemerkenswerte Ausnahme ist der Mahagoni, den man verbreitet auf Sri Lanka, in Sabah und auf den Fidschiinseln kultiviert, wenngleich er häufig von Schößlingsbohrern und Bohrkäfern befallen wird.

Rechts: **Samen für Plantagen** – Samen von schnellwüchsigen Baumarten wie *Albizia* sucht man in Galeriewäldern wie diesem in der Bulolo-Schlucht und anderswo in Papua-Neuguinea. Man erntet ihre Samen und sät sie für Plantagen aus. Diese Bäume ermöglichen in schwer geschädigten Gebieten eine rasche Wiederherstellung der Walddecke.

Ressourcen für unsere Zukunft

Regenwälder werden nicht nur ihrer Hölzer wegen ausgebeutet. Viele sogenannte Nebenprodukte des Waldes bilden noch immer die wirtschaftliche Grundlage für etliche Dörfer, und bis vor einigen Jahrzehnten waren sie auf dem internationalen Markt gefragter als Holz. 1938 verdiente Indonesien an beidem noch etwa gleich viel; heute machen die Holzexporte 95 Prozent seiner Einkünfte aus den Regenwäldern aus.

Untersuchungen im Amazonasbecken haben kürzlich gezeigt, daß sich dieser Trend umkehren ließe, daß Nichtholzprodukte mittelfristig höhere Profite abwerfen könnten als Holz. Die Schlußfolgerungen (auf Seite 30 beschrieben) müssen an verschiedenen Orten verifiziert werden, bevor man sicher sein kann, daß dieses Prinzip auch für große, oft ziemlich abgelegene Waldgebiete gilt. Forst- und Wirtschaftswissenschaftler sind da sehr skeptisch; ihrer Ansicht nach wird Holz auch weiterhin die Handelsware Nummer eins bleiben.

Trotzdem haben Nichtholzprodukte einen unbestrittenen Wert, sowohl für den internationalen Markt (Rattan, Gummi, Kautschuk) als auch auf lokaler Ebene (Arzneien, Früchte). Dieses Füllhorn mit seinen vielseitigen Gütern zu erhalten, ist eins der wichtigsten Argumente von Natur- und Umweltschützern, denn von ihrer Nutzung profitiert eine Millionen Menschen zählende Landbevölkerung direkt. Die meisten Nebenprodukte des Waldes kommen erst gar nicht auf den internationalen Markt. Vielfach endet ihre Reise schon im nächsten Dorf oder am Waldrand, wo sie einen wesentlichen Beitrag zum Überleben leisten. Soll dies auch in Zukunft so bleiben, müssen nationale und internationale Hilfsorganisationen auf eine vorausschauende Politik innerhalb der betreffenden Staaten – beispielsweise selektive, polyzyklische Abholzung (siehe Seite 183) – drängen, die neben Holz auch die langfristige Produktion anderer Erzeugnisse unterstützt.

Die Naturapotheke

1988 fand in Thailand ein internationaler Kongreß unter der Schirmherrschaft der Weltgesundheitsorganisation (WHO), der IUCN und des WWF statt. Mehr als fünfzig Pharmakologen, Wirtschaftswissenschaftler und Biologen berieten über Richtlinien zum Schutz von Heilpflanzen sowie deren Anwendung. Die »Ching-Mai-Deklaration« rief dazu auf, Heilpflanzen gewissenhaft aufzulisten und zu schützen, und schlug ein Programm zur »Rettung der Pflanzen, die Leben retten« vor.

Einige der wichtigsten Medikamente der Welt werden aus Regenwaldpflanzen hergestellt. Das Malaria-Gegenmittel Chinin wird aus der Rinde des in den Anden heimischen *Chinina*-Baums (Chinarinde) gewonnen. Die afrikanischen und asiatischen Arten des *Rauvolfia*-Strauchs liefern Reserpin, ein blutdrucksenkendes Medikament, das auch in der Psychotherapie verwendet wird. Mehrere Leguminosen, speziell die in Australien verbreitete Kastanienart *Castanospermum australe*, sondern Castanospermin ab, das ein vielversprechendes Mittel im Kampf gegen Aids zu sein scheint. Die Waldbewohner sind die Hüter einer riesigen Naturapotheke, und es besteht große Hoffnung, daß mit ihrer Hilfe neue Heilpflanzen entdeckt werden. Schätzungsweise drei Milliarden Menschen – sechzig Prozent der Weltbevölkerung – sind bei der Behandlung ihrer Krankheiten hauptsächlich auf traditionelle Arzneien angewiesen. Die meisten davon werden aus Pflanzen gewonnen, in Indien und China werden achtzig bis neunzig Prozent der traditionellen Medikamente auf pflanzlicher Basis hergestellt, und die Chinesen kennen allein fünftausend Heilkräuter. Rund um den Globus enthalten die Wälder die reichsten Vorkommen von Heilpflanzen. In Kenia beispielsweise stammen vierzig Prozent der pflanzlichen Arzneien von einheimischen Waldbäumen. In Amazonien hat ein Team aus Ethnologen und Botanikern mehr als tausend Pflanzen katalogisiert, welche die Indianer verwenden – die meisten davon, um Krankheiten zu kurieren.

Verloren im Rauch der Zeit?

Ein weiteres Problem, mit dem sich Entwicklungshelfer auseinandersetzen müssen, ist der kulturelle Wandel: Wo die Menschen sich von ihrer traditionellen Lebensweise abkehren, geht schon nach kurzer Zeit das Wissen von Pflanzen und Tieren des Waldes verloren. Es zeichnen sich Bestrebungen ab, diese ungeheure Informationsfülle aufzuzeichnen: In der Neuen Welt arbeiten Organisationen wie der WWF, die National Geographic Society, der Königlich-Botanische Garten in Kew, England, sowie die botanischen Gärten von New York und Missouri daran, den ethnobiologischen Wissensschatz zu dokumentieren. Ein einziger Indianerstamm am Amazonas verwendet mehr als hundert Pflanzenarten für medizinische Zwecke, doch bis jetzt hat man praktisch keine von ihnen richtig analysiert. Seit dem Beginn dieses Jahrhunderts sind vermutlich über neunzig Stämme Amazoniens untergegangen, hauptsächlich aufgrund ihrer geringen Widerstandsfähigkeit gegenüber Krankheiten und der Überausbeutung der Wälder durch Siedler. Schnell aussterbende Arten sind ein Problem, doch noch schneller versickert das Wissen um die Anwendung einzelner Arten.

Schutz für Waldprodukte von internationalem Wert

Das einzige wichtige Nichtholzprodukt, das international gehandelt wird, ist Rattan, die Stämme von Kletterpalmen aus den Regenwäldern der asiatisch-pazifischen Region. Auf rund 150 000 Tonnen mit einem Handelswert von 2,25 Milliarden US-Dollar beläuft sich das jährliche Exportvolumen. Die wild wachsenden Rattans krallen sich mit ihren mörderisch stachligen Blättern und Ranken an Bäumen empor. Sie werden von den Waldbewohnern gesammelt und an Händler verkauft. Oft landen sie in den traditionellen Zentren des Rattanhandels: in Ujung Padang auf Sulawesi oder in Singapur. Bis vor kurzem ging ein Großteil des unbearbeiteten Rattans als Rohmaterial für die Fabrikation von Seilen, Körben und Möbeln nach Hongkong und in die Industrieländer, doch seit Mitte der achtziger Jahre schränken zunehmend restriktive Exportbestimmungen den Handel ein; die Verarbeitung erfolgt inzwischen in den Erzeugerländern. Mit der Erschließung der Wälder durch neue Straßen nahm die Rattanausbeutung zu, gesellschaftliche Kontrollen brachen zusammen, Holzfäller trachteten ihr Einkommen aufzubessern. Als Folge davon erfuhr dieses Waldprodukt eine solch starke Dezimierung, daß umgehend Plantagen zur Deckung des Bedarfs aus dem Boden gestampft wurden – in Sabah beispielsweise über vierzig Quadratkilometer in den letzten Jahren.

Trotz der wirtschaftlichen Bedeutung wilder Rattans gibt es noch viel zu lernen. Im Gunung-Mulu-Nationalpark in Sarawak haben die Eingeborenen vom Stamm der Penan, die aus Rattans Körbe, Seile und sogar Häuser erstellen, die Wissenschaftler auf mehrere neue Arten hingewiesen. Dies unterstreicht, wie wichtig es ist, wilde Bestände von Waldprodukten in Naturschutzgebieten und gleichzeitig das Wissen der Einheimischen zu erhalten.

Schatzkammer des Waldes

Viele wirtschaftlich wichtige Kulturpflanzen hatten ihren Ursprung in den Regenwäldern, so beispielsweise Bananen, Zitrusfrüchte, Mango und Zuckerrohr. Zahlreiche vertraute Gewürze wie Zimt, Ingwer und Muskat fand man zuerst in den Regenwäldern des Ostens. Kaffee war ursprünglich in den Bergwäldern Äthiopiens, die Ölpalme in den Niederungen Afrikas und Kakao im westlichen Amazonasgebiet verbreitet. Früher war die Ernte vieler Tropenfrüchte wegen der raschen Verderblichkeit ihrer Samen begrenzt: Bäume wie Durian (*Durio zibethinus*), Rambutan (*Nephelium lappaceum*) und Mangostane (*Garcinia mangostana*) im Osten, Pfirsichpalme (*Bactris gasipaes*) und die Guarana-Ranke (*Paullinia cupana*) in der Neuen Welt hatten einst nur lokale Bedeutung. Sie alle werden seit langem in Gärten und auf kleinen Plantagen gezüchtet, von Durian und Mangostane hat man sogar noch nie einen Wildwuchs gefunden. Jetzt, da die modernen Errungenschaften der Technik einen schnellen Samentransport ermöglichen, kann man das volle Potential dieser Arten ausschöpfen.

Harze und Kautschuk sind in Regenwäldern im Überfluß vorhanden, aber ihre wirtschaftliche Bedeutung ist mit dem Aufkommen synthetischer Ersatzstoffe zurückgegangen. Einige sind dennoch für den Handel wertvoll: Aus dem Manila-Kopalharz der *Agathis*-Koniferen der östlichen Regenwälder macht man Speziallacke, und bestimmte Harze von Dipterocarpen aus derselben Region finden in der Parfümherstellung Verwendung. Gutta percha (der Milchsaft von *Palaquium gutta*) gehörte zu den ersten Produkten, die aus den Regenwäldern der ehemaligen britischen Kolonien Singapur und Malaia (dem heutigen Malaysia) nach Europa geliefert wurden: Einst wichtig als Isolator in Ozeankabeln, spielt es heute nur noch eine kleine Spezialrolle als provisorischer Zahnfüller, für die es sich dank seiner merkwürdigen Eigenschaft, beim Festwerden anzuschwellen, gut eignet. Von der in Amazonien heimischen Art *Hevea brasiliensis* stammt der wichtigste und berühmteste Latex, das Paragummi, dessen Geschichte hinlänglich bekannt ist: Nach der Entdeckung des Vulkanisierungsverfahrens führte der große Bedarf an luftgefüllten Reifen, der mit dem Siegeszug des Automobils einherging, gegen Ende des 19. Jahrhunderts zum Kautschukboom in Amazonien. Wer damals im Amazonasbecken wilde Bäume anzapfen ließ, wurde steinreich. Die Kaufleute gaben ihr Vermögen für feine Villen und sogar Opernhäuser in Manaus und Belém aus, während die Kautschukzapfer selbst in Verhältnissen lebten, die an echte Sklaverei erinnerten. Man brachte *Hevea*-Samen zum Königlich-Botanischen Garten nach Kew bei London und schickte von dort Sämlinge nach Singapur, wo man die Pflanzer auf den erfolglosen Kaffeeplantagen zum Anbau der neuen Gewächse überredete. Malaysia wurde wohlhabend, und das Plantagengummi stellte beinahe das Original aus Amazonien in den Schatten. Die Nachfahren der ersten Kautschukzapfer Brasiliens führten – fast unbemerkt von der Außenwelt – ihr Handwerk fort, bis in jüngster Zeit die Zerstörung der Wälder am Amazonas durch Viehzüchter in gewalttätigen Auseinandersetzungen eskalierte (siehe Seite 124).

Angesichts der schwindenden Vorräte an fossilen Brennstoffen muß die chemische Industrie das Pflanzenreich als Quelle jener komplexen organischen Moleküle, auf die sie angewiesen ist, nutzen lernen. Die größte und vielseitigste Sammlung dieser Verbindungen konzentriert sich in den Regenwäldern der Erde. Für unsere Zukunft ist es daher lebenswichtig, daß diese Wälder unter Schutz gestellt werden.

Links: **Rattan, Singapur** – Nützliche Verwendungsmöglichkeiten für Rattan gibt es reichlich, weshalb sein Handelswert in den letzten zwanzig Jahren stark gestiegen ist. Der Wertzuwachs hat jedoch seinerseits zu einer gesteigerten Ausbeutung geführt und schließlich Schutzmaßnahmen erforderlich gemacht.

Oben: **Traditionelle Methoden** – Der aus Kautschukbäumen gezapfte milchig-weiße Latexsaft wird traditionell über einem Feuer gekocht, um ihn in eine feste Form zu bringen. Hierbei wird eine Spindel immer wieder mit Latex begossen, auf der sich so Schicht um Schicht eine geronnene, feste Masse ansammelt. Der von den meisten kommerziellen Plantagen erhältliche Gummi wird inzwischen chemisch verfestigt.

Schutz für die Wälder

Der erste Nationalpark der Welt, Yellowstone in den Vereinigten Staaten, wurde 1872 eröffnet. Seit damals sind weltweit mehr als 5400 Naturschutzgebiete mit einer Gesamtfläche von über 5,5 Millionen Quadratkilometern entstanden. Die meisten Regierungen haben mit der Zeit den Wert von Schutzgebieten für die Bevölkerung erkannt; auch in den tropischen Entwicklungsländern wurden mittlerweile zweitausend solcher Biotope mit insgesamt über zwei Millionen Quadratkilometern Fläche installiert. Obwohl keine genauen Daten vorliegen, dürfte rund ein Drittel von ihnen über einen gewissen Anteil tropischen Regen- oder Monsunwalds verfügen.

Hat man genug getan, um das Überleben der biologischen Vielfalt der Erde in diesen Schutzgebieten auf lange Sicht zu sichern? Die Antwort ist ein klares Nein. Die Probleme sind dreifach: Manche Länder kennen noch immer keine Naturschutzgebiete und auch keine entsprechende Gesetzgebung; in vielen Ländern sind die ausgewiesenen Schutzzonen zu klein, und den meisten Tropenländern fehlt es an ausreichenden Mitteln, um die Naturschutzgebiete richtig zu verwalten.

Zu den maßgebenden Regenwaldländern, in denen es noch keinerlei Schutzgebiete gibt, zählen die Komoren, Äquatorialguinea, Laos und die Salomoneninseln. Zur zweiten Kategorie gehören in Asien unter anderen Birma, Papua-Neuguinea und die Philippinen; in Afrika Guinea-Bissau, Liberia und Madagaskar; in der Karibik Jamaika und in Südamerika Brasilien und Guyana. Sie alle haben deutlich weniger als zehn Prozent ihrer Landesfläche unter Naturschutz gestellt, die als das notwendige Minimum zur Erhaltung der Artenvielfalt angesehen werden.

Die Verwaltung artenreicher Zonen ist für ihre Erhaltung auf lange Sicht unerläßlich, doch sind praktisch alle Regenwaldländer außerstande, ausreichende Mittel zur Ausbildung und Beschäftigung von Personal in Nationalparks zu bewilligen. Es gibt viele verschiedene Möglichkeiten, ein Naturschutzgebiet zu verwalten. Die IUCN unterscheidet acht Kategorien: von reinen Naturreservaten, bei denen der Zutritt nur Wissenschaftlern zu Forschungszwecken gestattet ist, bis hin zu Vielzweckreservaten, wo man Wild, Holz und andere Waldprodukte in kontrolliertem Maß nutzen darf. Solch vielfältige Verwaltungsoptionen innerhalb eines nationalen Netzwerks aus Schutzgebieten sind wertvoll, da es flexible Lösungen erlaubt für die Bedürfnisse der Einheimischen, die um den Park herum und gelegentlich auch drin leben. Ausgebildete Verwalter sind ein wesentlicher Faktor, wenn die Unversehrtheit der Schutzgebiete gewahrt bleiben soll.

Die Effektivität dieser Reservate hängt auf Dauer nicht nur von ihrer sensiblen Verwaltung ab, sonder auch von ihrer Lage. Natürlich ist es wünschenswert, daß in Naturschutzgebieten sämtliche Regenwaldtypen vertreten sind, aber in etlichen Fällen wurden politische Entscheidungen realer Art getroffen, Reservate dort anzulegen, wo kein Wettbewerbskampf um Landnutzung herrscht. Einige hat man jedoch bewußt zur Erhaltung besonders abwechslungsreicher Landschaften und Ökosysteme auserwählt. So überspannt beispielsweise der Manu-Nationalpark in Peru, der an der Ostseite des Andenhauptkamms liegt, den ganzen Bereich vom Berg- zum Tieflandregenwald. Mitte der siebziger Jahre wurde vorgeschlagen, im brasilianischen Teil Amazoniens ein umfassendes Geflecht aus Naturschutzgebieten einzurichten, dem auch die bekannten Zentren der Artenvielfalt und des Endemismus, die sogenannten Pleistozän-Refugien, angehören sollten. Auch der Korup-Nationalpark in Kamerun ist ein solches Pleistozän-Refugium mit einem außergewöhnlich großen Reichtum an Pflanzenarten (siehe Seite 138).

Richtlinien für den Naturschutz

Die Größe eines Naturschutzgebiets und seine Vielfalt an Lebensräumen müssen nach vernünftigen biologischen Grundsätzen bemessen werden. Wenn ein Reservat nur eine kleine Population von einer Art ernähren kann, dann besteht das Risiko, daß sie durch Krankheit oder eine lokale Naturkatastrophe unvermittelt ausgerottet wird. Eine starke Population in einem vielseitigen Areal wird immer eine größere Artenvielfalt aufweisen, was einer Anhäufung von Mißbildungen vorbeugen und die Lebensfähigkeit der Population langzeitig sichern kann. Die Probleme mit der Reservatsgröße wirken sich noch drastischer für jene Tierarten aus, die wie die Helmhornvögel oder die Beutejäger am Ende der Nahrungskette – etwa der Königstiger – sehr große Reviere brauchen. Man hat erkannt, daß der Schutz dieser Arten nicht auf Nationalparks, sondern auch auf die angrenzenden Pufferzonen erweitert werden kann, in denen eine begrenzte Nutzung von Holz und anderen Waldprodukten gestattet ist. Selbst ein vergleichsweise starker Holzeinschlag von bis zu hundert Kubikmeter pro Hektar, der die Struktur des Waldes für viele Jahre in Unordnung bringt, verdrängt nicht zwangsläufig die Wirbeltiere aus den Wäldern und Baumkronen. Diese Erkenntnis schafft beträchtlich mehr Möglichkeiten für den Tierschutz.

Auch wenn es Erfolge zu vermelden gibt bei einigen Nationalparks, bleibt doch immer noch viel zu tun. Jene Reservate, die nur auf dem Papier bestehen, gilt es zu verwirklichen, und die bereits laufenden Projekte müssen vor Schaden durch die einheimische Bevölkerung, gierige Holzgesellschaften oder Plantagenbesitzer bewahrt werden. Die Biologen müssen ihre Studien sowohl in Kulturwäldern, aus denen der Mensch nützliche Produkte bezieht, als auch in unberührten Wäldern fortsetzen, detaillierte Artenverzeichnisse anfertigen und Populationen überwachen. Zur Erhaltung der genetischen Vielfalt könnten vielleicht in Zukunft Individuen seltener Arten von einem Reservat in ein anderes umgesiedelt werden, falls ihre bekannten Lebensräume vom Untergang bedroht wären. Die Regierungen sollten ermutigt werden, Flächennutzungsprogramme zu entwickeln, die rings um Nationalparks Baumplantagen und Nutzwälder vorsehen, was die Chancen für den Artenschutz maximieren würde. Ideal wäre es, die Parks durch Waldkorridore untereinander zu verbinden, wie Sri Lanka es plant.

Schulungs- und Bildungsmaßnahmen sind bei der Einrichtung von Nationalparks ebenfalls von großer Bedeutung, denn ohne Verwaltungspersonal und die Unterstützung seitens der einheimischen Bevölkerung wären sie langfristig doch zum Scheitern verurteilt. Wichtig ist es auch, die Eingeborenen bei der Schaffung eines Nationalparks am Naturschutz zu beteiligen, indem man ihre traditionellen Rechte berücksichtigt: So wurde beispielsweise im Mulu-Nationalpark in Sarawak der einheimischen Bevölkerung durch die Forstbehörde das Recht garantiert, im Wald jagen zu dürfen. Ebenso sollten alternative Quellen von Waldprodukten wie etwa Pufferzonen oder Plantagen zur Nutzung freigegeben werden. Viele Regenwaldgebiete ließen sich für den Tourismus erschließen, was nicht nur einen wirtschaftlichen Aufschwung für das Land, sondern auch Arbeitsplätze für die Einheimischen bedeuten würde, deren überliefertes Wissen vom Dschungel auch hierbei von Nutzen wäre.

Zu oft hatte in der Vergangenheit internationale Entwicklungshilfe in den Tropen als Nebeneffekt Abforstung zur Folge. Auf den Druck der Naturschützer hin beginnt nun der ökologische Schaden, den die von der Weltbank, der EG und anderen Organen finanzierten Projekte angerichtet haben, ins politische Bewußtsein der Weltöffentlichkeit vorzudringen. Man hofft, daß die Entwicklung anhält, und daß Hilfspakete zunehmend Mittel für den Naturschutz in den Feuchttropen enthalten.

Inzwischen liegt eine Fülle von Daten darüber vor, welche Parks wo eingerichtet werden müssen. Alles was fehlt, ist der politische Wille, sie zu realisieren. Das kommende Jahrzehnt ist von entscheidender Bedeutung: Bis zum Ende dieses Jahrhunderts müssen alle Naturschutzgebiete mit Schlüsselfunktion fertiggestellt sein. Danach wird durch Vordringen der Menschen in die Regenwaldgebiete die ökologische Tür für immer verschlossen bleiben.

Tigerreservate – Nachdem 1972 bei einer Tigerzählung auf indischem Boden nicht einmal 2000 Exemplare registriert worden waren, richtete Indien als Konsequenz aus dem »Projekt Tiger« 14 Tigerrefugien ein. Zum Schutz dieser Tiere sind heute etwa 24 700 Quadratkilometer reserviert, was zur Folge hat, daß die Zahl der Tiger nun wieder steigt.

Internationale Zusammenarbeit

Die Gründe für die rapide Abforstung in den Tropen sind vielschichtig; sie hängen jedoch alle mit der Art und Weise zusammen, wie die Regierungen das Wachstum und die Entwicklung der menschlichen Gesellschaft unter ihrer Obhut steuern. Ihre Entwicklungspolitik brachte in den meisten Fällen finanzielle und materielle Vorteile für eine Minderheit auf Kosten einer verarmten Mehrheit. Zu den typischen Auswirkungen dieser Politik zählen enormes Bevölkerungswachstum, extreme Konzentration von Grundbesitz – die Millionen Menschen leer ausgehen läßt –, eingeschränkte Arbeitsmöglichkeiten, überzogene internationale Kredite sowie ungeeignete Flächennutzungspläne, die auf schnelle Profite ausgerichtet sind anstatt auf das lokale Gemeinwohl. Viele Entwicklungsprojekte haben, direkt wie indirekt, zu Abforstung geführt – mit schlimmen Folgen für Gemeinschaften, die den Wäldern Achtung entgegenbringen. Dieses Buch nennt zahlreiche Beispiele für Entwicklungsprojekte, bei denen unerwartet Probleme auftraten. Bei der Mehrzahl von ihnen handelt es sich um Joint-ventures zwischen staatlichen Regierungen und internationalen Entwicklungsbanken oder Hilfsorganisationen der Industrieländer. Trotzdem besteht keinerlei Anlaß zu Resignation. Jeder Fehlschlag, mag er auch teuer sein im Hinblick auf ökologische Schäden und menschliches Elend, ist eine weitere Erfahrung, und in den letzten Jahrzehnten sind auch gute Lösungen gefunden worden.

Bis jetzt ist die Anwendung erfolgreicher Methoden zur Bekämpfung von Waldvernichtung und Landmißbrauch nur auf kleiner Ebene erfolgt. Um hierbei wirkliche Erfolge zu erzielen, sind konzentrierte Bemühungen auf breiter Front notwendig, und hier sind alle – im öffentlichen wie im privaten Sektor, von Staatsoberhäuptern und Ministerien bis zu lokalen Gemeindegremien – gefordert.

Die Regierungen müssen den Vorreiter machen bei der Entwicklung neuer Strategien und konzentrierte Aktionen anregen, durch die Experten ihre Erfahrungen mit dem Regenwaldproblem koordinieren können, um die erforderlichen politischen Veränderungen durchzusetzen, damit die Idee der dauerhaften Waldnutzung praktische Realität wird. Zwei maßgebliche Initiativen haben während der letzten zehn Jahre eine viel bessere Zusammenarbeit zwischen den einzelnen Ländern bewirkt und geben Anlaß zu Optimismus: der Tropenwald-Aktionsplan (Tropical Forestry Action Plan) und das Internationale Abkommen über Tropenhölzer (International Tropical Timber Agreement).

Der Tropenwald-Aktionsplan

Die Entwicklungsbanken der Industrieländer sowie ihre Hilfsorganisationen in Übersee waren in den letzten zwanzig Jahren mit dem Verlauf ihrer Projekte unzufrieden. Zunehmend von politischen Agitationsgruppen angeprangert, ist die Projekt-Tretmühle, bei der angeblich gutes Geld zum Fenster hinausgeworfen wird, in arge Schwierigkeiten geraten. Das Schlimmste ist, daß in den frühen achtziger Jahren das Scheitern einiger Regenwaldvorhaben einen Abbau der internationalen Geldmittel zugunsten der Wälder nach sich zog. 1985 traf sich die FAO mit Deligierten der IUCN, des World Resources Insitute, der Weltbank und Vertretern des Entwicklungsprogramms der Vereinten Nationen (UNDP), um eine neue Strategie für die Tropenwälder auf der Basis internationaler Zusammenarbeit und erhöhter Investitionen auszuarbeiten. Das Resultat war der Tropenwald-Aktionsplan (TFAP).

Der Kerngedanke der TFAP-Philosophie: Da in der Armut die fundamentale Ursache für die Abholzung der Tropenwälder liegt, sollten die reicheren Länder Projekte finanzieren helfen, um diese Armut zu lindern und so die Abforstung reduzieren. Es bestehen Zweifel an der Fähigkeit der Entwicklungshilfeorganisationen, Vorhaben durchzusetzen, die zu einem Rückgang der Zerstörung führen, denn die meisten haben in der Vergangenheit das Gegenteil bewirkt. Man darf aber keinesfalls außer acht lassen, daß TFAP ein *Angebot* an die Entwicklungsländer ist – und kein Generalplan, den die Mächtigen der Weltwirtschaft konsequent in die Tat umzusetzen haben. Das grundlegende Ziel des Plans beruht darin, Wälder und Waldland so zu restaurieren, zu erhalten und zu bewirtschaften, daß sie den Bauern, der Landwirtschaft und allgemein der Wirtschaft der betroffenen Länder dauerhaften Nutzen bringen; in diesem Rahmen zeigt sich das Strategiepapier sehr flexibel und anpassungsfähig. Auf fünf Schwerpunkte (siehe Seite 191) wird besonderer Wert gelegt, denn jeder von ihnen sieht einen Beitrag im Kampf um eine naturgemäße Waldnutzung und zur Verringerung der Abholzung vor.

Von der Idee zur Aktion

Der erste Schritt bei der Anwendung des Plans bestand darin, alle Tropenländer über seinen Wortlaut zu informieren und zur Teilnahme einzuladen. Seit 1986 haben von insgesamt 129 möglichen betroffenen Staaten 73 zugesagt, die nicht weniger als neunzig Prozent aller Tropenwälder repräsentieren. Dieser bemerkenswerte Erfolg ist ein Gradmesser für die breite Akzeptanz des TFAP. Als nächstes galt es, eine Übersicht über die Waldbestände in den einzelnen Ländern zu erstellen und darüber zu beraten, welche Projektformen jeweils gebraucht würden. Im allgemeinen wird solch ein Gesamtspektrum von einem Expertenteam angefertigt, dem Vertreter des betreffenden Landes sowie Forst- und Wirtschaftswissenschaftler jener Länder angehören, die an der Finanzierung von Projekten interessiert sind. Zum 31. Januar 1990 waren zwanzig Landesübersichten vollendet und weitere 42 in Arbeit.

Auch wenn diese Maßnahmen Fortschritt verheißen, ist es doch noch ein weiter Weg, bis die dringend erforderlichen Verbesserungen bei der Bewirtschaftung der Regenwaldgebiete in Angriff genommen, geschweige denn abgeschlossen werden können. Ganze neun Länder haben bislang die Phase der Projektrealisation erreicht; keins dieser Vorhaben ist bis jetzt abgeschlossen.

Fortschritt bei der Überwachung

Der Tropenwald-Aktionsplan steckt noch in den Kinderschuhen, doch die Abholzung schreitet so schnell voran, daß seine Effektivität einer eingehenden Überwachung bedarf. Die Durchführung wird von einem kleinen Team koordiniert, das seinen Sitz bei der FAO in Rom hat und durch halbjährliche Zusammenkünfte der Forstberater aus den Teilnehmerstaaten in seiner Arbeit unterstützt wird. Diese Gremien haben die Investitionen der Hilfsorganisationen sowie die technische Unterstützung statistisch ausgewertet und festgestellt, daß der Waldetat zwischen 1984 und 1988 um achtzig Prozent anstieg. Das ist ein beeindruckender Zuwachs, aber immer noch nicht ausreichend. Nach Schätzungen des TFAP-Stabs werden von 1987 bis 1991 pro Jahr 810 Millionen US-Dollar benötigt; trotzdem betrugen die Ausgaben 1988 nur 576 Millionen. In der Praxis erweist sich die Auszahlung solch großer Summen an Tropenländer als problematisch. Nur zu oft fehlt es vor Ort an Fachwissen zur Durchführung der Projekte.

Die effektive Arbeit von TFAP wird auch durch andere Schwierigkeiten gebremst. Trotz des neuen Ansatzes, Naturschutz und die auf Seite 178 umrissenen Entwicklungsziele zu integrieren und ihrer ausdrücklichen Übernahme in den TFAP sind zu viele der gegenwärtig in Planung befindlichen Projekte vom Konzept her sehr traditionell. Vielfach behandeln sie Waldnutzung, Landwirtschaft und Naturschutz als separate Maßnahmen, doch genau das sind die Barrieren, die sich in der Vergangenheit als verhängnisvoll erwiesen haben. Nur durch ein Gesamtkonzept des Planungsprozesses ist die Zukunft der Wälder zu sichern. Es besteht ein großer Bedarf an universellen Verwaltungsmaßnahmen, den Naturschutz mit Holzwirtschaft und der Nutzung von Rattan, Bambus, Früchten, Nüssen und anderen Rohstoffen des Waldes zu kombinieren. Solche Projekte sind derzeit noch rar, doch hängt von ihnen vielleicht die Zukunft der Regenwälder ab.

Der Tropenwald-Aktionsplan ist die mit Abstand größte aller Initiativen, die im Schutz und der sinnvollen Ausbeutung der Tropenwälder ihre vordergründige Aufgabe sehen. Industrie- wie Entwicklungsländer der ganzen Welt sind an dem Projekt beteiligt, und die Energie, Geldmittel und Begeisterung, die sie für den TFAP aufbringen, zeugt von großer Anteilnahme. Trotzdem ist der TFAP nur ein Rahmenwerk, das Raum für Aktivitäten läßt. Seine Auslegung und sein Erfolg liegen in den Händen der jeweiligen Regierungen und ihrer führenden Politiker. Bis zum Jahr 2000 wird der TFAP entweder entscheidend zur Rettung der Regenwälder für künftige Generationen beigetragen oder aber eine Katastrophe globalen Ausmaßes noch gefördert haben.

Die Internationale Tropenholz-Organisation (ITTO)

Auf den internationalen Märkten bestehen für eine Reihe weltweit gehandelter Waren wie Kakao, Jute und Kaffee Handelsabkommen. Diese werden meist von der Welthandelskonferenz (UNCTAD) mit dem Ziel vermittelt, den Markt zu stabilisieren und durch Quotenregelungen auf der Basis von Marktforschungsanalysen einer Überproduktion vorzubeugen. 1983 trat eine neue Handelsvereinbarung, das Internationale Tropenholzabkommen (ITTA), in Kraft – mit grundlegenden Neuerungen im Vergleich zu seinen Vorgängern.

Das ITTA ist das erste Handelsabkommen, das sich mit einem natürlich vorkommenden Rohstoff befaßt. Im Unterschied zu landwirtschaftlichen Produkten ist die Verwaltung von Tropenwäldern für eine langfristige Holzerzeugung untrennbar mit der Ergiebigkeit und Ökologie der betreffenden Böden und Arten verknüpft. Von einigen Ausnahmen abgesehen, gelangen hier auch keine Intensivierungsmaßnahmen wie Kunstdünger, Monokulturen oder künstliche Aufzucht von Keimlingen zum Einsatz. Das Abkommen sieht seine Zielsetzung darin, den Kontakt und die Zusammenarbeit zwischen holzerzeugenden und -importierenden Ländern zu fördern. So ist gewährleistet, daß sich Vertrieb und Ausbeutung des Waldes (etwa Gewässerreinhaltung und Klimakontrolle) vereinbaren lassen. Mit anderen Worten: Tropenwälder sollen wegen ihres Holzes ausgebeutet werden dürfen; andererseits müssen sie wegen ihrer segensreichen Eigenschaften und zur Sicherung ausreichender Holzvorkommen für künftige Generationen erhalten bleiben. Dies ist kein neuartiges Konzept. Schon in Kolonialzeiten galten Forstexperten als »Hüter der Wälder«, aber es ist das erste Mal, daß sich ein internationales Handelsabkommen den Naturschutz zum Ziel setzt.

Aus diesem Grund haben viele Regierungen das ITTA und die Internationale Tropenholz-Organisation (ITTO), die das Abkommen im Hinblick auf enge Zusammenarbeit zur Kontrolle der Abholzung überwacht, respektiert. Die ITTO kam zwar anfänglich nur schwer aus den Startlöchern, doch in den letzten Jahren wurde man aktiver und erzielte wertvolle Fortschritte.

Das Abkommen wurde 1984 von 36 holzerzeugenden und 33 holzimportierenden Ländern unterzeichnet. Die Zustimmung bedeutet jedoch noch keine Vollmitgliedschaft in der ITTO, die bis heute nur 18 Erzeuger- und 22 Verbraucherländer erlangt haben. Trotzdem sind ihre Resultate beeindruckend. Die Mitgliedsstaaten kontrollieren über achtzig Prozent des Bruttoinlandsprodukts und rund siebzig Prozent der Regenwaldbestände der Welt. Die angeschlossenen Verbraucherländer repräsentieren über fünfundzwanzig Prozent der weltweiten Tropenholzimporte.

Die Ziele der ITTO sind so einleuchtend, daß sowohl der Holzhandel als auch Umweltorganisationen sie unterstützten, ihren Konferenzen als Beobachter beiwohnten und ihr mit Rat und Tat zur Seite standen. Alle haben ein Interesse, unsere Ressourcen für die Zukunft zu erhalten.

Projekte der ITTO

Das ITTO-Sekretariat mit Sitz in Yokohama (Japan) hat im Namen der beratenden Versammlung und der Ausschüsse der Organisation eine Reihe sinnvoller Maßnahmen durchgeführt. In Zusammenarbeit mit der brasilianischen Regierung läuft derzeit ein Vorprojekt im Bundesstaat Acre, das einem 15-Millionen-Dollar-Vorhaben zur Förderung der Forstindustrie auf ökologischer Langzeitbasis den Weg ebnen soll. Der Bedarf für solche Projekte, die den richtigen Umgang mit Tropenwäldern veranschaulichen können, ist in der Tat sehr dringend. Nur wenige der großen industriemäßigen Holzmaßnahmen, die heute funktionieren, sind langfristig tragbar, wie ein anderes Projekt der Internationalen Tropenholz-Organisation gezeigt hat:

Als ein Team erfahrener Forstwissenschaftler im Auftrag der ITTO die derzeitigen Abholzungspraktiken in den holzerzeugenden Mitgliedsstaaten untersuchen sollte, brachte es schlechte Nachrichten mit. Von den etwa 8,3 Millionen Quadratkilometern potentiell produktiver Regen- und Monsunwälder, so die Schlußfolgerung des Teams, werden zur Zeit nicht einmal 0,1 Prozent planvoll für die Holzerzeugung genutzt.

Die künftige Rolle der ITTO

Obwohl die Projekte der ITTO mit Berichten von erfolgreichen Initiativen aufwarten können, sind die notwendigen politischen Veränderungen auf Landesebene und die zu ihrer Herbeiführung erforderliche Zusammenarbeit und Zustimmung nur allmählich zu erreichen. Allgemein herrscht die Auffassung, die ITTO sollte sich bei den Regierungen der Mitgliedsstaaten mit mehr Nachdruck für die planvolle Nutzung der Regenwälder einsetzen, Mittel und Wege zum Erreichen dieses letzten Ziels aufzeigen und realistische Stationen und Fahrpläne für deren Verwirklichung festlegen. Die holzerzeugenden Länder konkurrieren noch immer direkt miteinander und beleben dadurch den momentan niedrignotierenden Käufermarkt. Die realistische Preisfestsetzung für Hölzer ist ein wesentlicher Punkt, wenn die Kosten der naturgemäßen Waldnutzung einschließlich der ökologischen Aufwendungen in vollem Umfang von den Holzkonsumenten getragen werden sollen.

Es besteht kein Zweifel, daß zuviel Tropenholz in zu kurzer Zeit verbraucht wird. Prachtvolle, fein gemaserte Hölzer enden als Wegwerfsperrholz für Betonverschalungen – weil sie eben so billig sind. Eine Senkung der Produktion sollte einhergehen mit einer realistischeren Preisbindung, doch solche Veränderungen lassen sich nur durch internationale Zusammenarbeit auf gerechte Weise herbeiführen. Die ITTO ist in der Lage, solche Initiativen zu koordinieren und sollte sich das bald vornehmen.

Die fünf Schwerpunkte des Tropenwald-Aktionsplans

WALDNUTZUNG. Bessere Nutzung von Waldland zur Sicherung langfristiger Praktiken in Forst- und Landwirtschaft zwecks Verringerung der Bodenerosion und Steigerung der Produktivität.

AUFBAU EINER ZUKUNFTSFÄHIGEN HOLZINDUSTRIE. Verbesserung der Verwaltungsstrategien für die Tropenwälder, unter anderem durch weniger schädliche Erntemethoden, weniger Verschwendung sowie die Schaffung gerechterer und stabilerer Märkte zur Befriedigung der Bedürfnisse im In- und Ausland.

DECKUNG DES BRENNHOLZBEDARFS. Lösung der Brennholzkrise durch ein Maßnahmenpaket mit dem Ziel, die Verwendung alternativer Brennstoffe anzuregen und neue Brennholzquellen zu erschließen. (Dieses Problem trifft mehr auf Monsunwälder zu als auf Regenwälder.)

SCHUTZ VON WALDARTEN UND ÖKOSYSTEMEN. Bessere Verwaltung von Schutzgebieten in Tropenwäldern im Interesse der Erhaltung der biologischen Vielfalt, zur Stabilisierung der lokalen Klimate und Hydrologie wie auch für die Güter und Dienste des Waldes, auf die seine menschlichen Bewohner angewiesen sind.

AUFBAU VON WISSEN UND ERFAHRUNG IN DER FORSTVERWALTUNG. Unterstützung für Waldforschungs- und Waldverwaltungseinrichtungen mit dem Ziel, den Standard zu heben und eine enge Zusammenarbeit zwischen Wissenschaftlern, Planern und Entscheidungspersonen zu fördern.

Wo liegen die Probleme?

Die größte Schwierigkeit besteht darin, die durch Überabholzung geschädigten Wälder vor dem Ansturm der Siedler und Bauern zu schützen, da Rodung nach Abholzung jegliche Chancen für eine planvolle Holznutzung zunichte macht.

Die Überwachung der Waldarbeiten ist sehr schwierig. Bei sorgsamem Vorgehen brauchten nur geringe Schäden zu entstehen, aber die meisten Konzessionäre werden nur dürftig kontrolliert und fügen Gewässern, Erdreich und Sämlingen unnütz Schaden zu.

Der Holzmarkt zeigt sich derzeit unausgewogen: Anstatt geringe Mengen hochwertiger Hölzer zu favorisieren, tendiert er zu großen Mengen minderer Holzqualitäten. Zudem muß das Geschäft mit dem Holz sowohl für die Menschen lukrativ werden, die im oder in der Nähe des Waldes leben, als auch für ausländische Unternehmer.

Zur Lösung all dieser Probleme sind aktuelle Daten über den Zustand des Waldes wie die Marktlage erforderlich. Gutachten, Forschungs- und Überwachungsprogramme müssen eingebracht werden, um die Aussichten auf den dringend benötigten Erfolg zu maximieren.

Global denken, lokal aktiv werden

»Wir fordern gemeinsame Anstrengungen und neue Verhaltensnormen auf allen Ebenen und im Interesse aller Menschen. Die Veränderungen bei persönlichen Einstellungen, gesellschaftlichen Werten und Zielsetzungen lassen sich nur durch großangelegte Aufklärungskampagnen, Diskussionen und öffentliche Anteilnahme herbeiführen.

Daher richten wir unseren Appell an Bürgergruppen, nichtstaatliche Organisationen, Bildungseinrichtungen und die Gemeinschaft der Wissenschaftler. Sie alle haben in der Vergangenheit unschätzbare Dienste geleistet, indem sie öffentliches Bewußtsein geweckt und politischen Wandel bewirkt haben. Sie werden auch entscheidend dazu beitragen, die Welt auf einen naturnahen Kurs des Fortschritts bringen, indem sie die Basisarbeit für unsere gemeinsame Zukunft leisten.«

Our Common Future, herausgegeben 1987 von der World Commission of Environment and Development.

Die Regierungen haben in der Regel das letzte Wort, wenn es um das Schicksal tropischer Wälder geht, aber damit die Politik effektiv sein kann, braucht sie die Unterstützung des »Mannes von der Straße«. Allzuoft entstehen Interessenkonflikte, daher haben sich überall auf der Welt gleichgesinnte Bürger zu nichtstaatlichen Organisationen (NSOs) zusammengeschlossen, welche die Interessen der Menschen vertreten. Mittlerweile, im ausgehenden 20. Jahrhundert, gibt es Zehntausende solcher Organisationen mit Abermillionen von Mitgliedern und Sympathisanten.

Es ist nicht bekannt, wie viele NSOs weltweit sich rein auf Tropenwälder konzentrieren, doch eine Veröffentlichung des International Tree Project Clearinghouse von 1987 listet in Afrika über 200 auf, und die malaysische Abteilung von Friends of the Earth hat geschätzt, daß etwa die gleiche Anzahl im asiatisch-pazifischen Raum aktiv ist. Größenmäßig reichen sie von kleinen, lokalen Interessengruppen, die ihre unmittelbare Umwelt erhalten wollen, bis zu internationalen Organisationen wie dem World Wide Fund for Nature (WWF).

Viele sind als Interessengruppen ständig auf der Jagd nach neuen Informationen, üben auf ihre Regierungen Druck bezüglich strengerer Umweltschutznormen aus und mahnen die Bevölkerung, sich kritischer mit der Ausbeutung der Natur und der natürlichen Rohstoffquellen auseinanderzusetzen. Führend ist hierin die FOE (Friends of the Earth), die in 38 Ländern nationale Organisationen und in London ein internationales Sekretariat unterhält. Die FOE betreibt ihre Regenwaldkampagne seit 1985 und ist vielleicht am besten bekannt durch ihre Aufdeckung des Handels mit Tropenhölzern. Mit einer Analyse der Handelsstatistiken hat die FOE die Aufmerksamkeit der Öffentlichkeit auf die Hauptimporteure von Tropenhölzern in Europa, Nordamerika und Japan gelenkt. Heute sind sich die Käufer von Tropenholzprodukten in den gemäßigten Zonen viel deutlicher im klaren über ihre Verantwortung, verbunden mit der Problematik, die dahintersteckt.

Andere nichtstaatliche Organisationen kümmern sich um die Finanzierung vorrangiger Projekte in den Regenwaldländern. Oft sind diese sehr spezifisch, etwa der Schutz eines wichtigen Waldes beziehungsweise Reservats oder ein Bericht über die Situation bedrohter Tiere und Pflanzen. Auf diese Weise arbeiten Hunderte, möglicherweise Tausende von NSOs, doch schon wenige Beispiele veranschaulichen die Arbeit an vorderster Front, die momentan geleistet wird.

• **Wildlife Conservation International**, eine Abteilung der New Yorker Zoologischen Gesellschaft, betreibt Projekte in allen tropischen Ländern. Besonders erwähnenswert ist ein Forschungsbericht über die Waldelefanten im westlichen Zentralafrika, deren Populationen auf 400 000 Tiere geschätzt werden und rückläufig sind. Ähnliche Aktivitäten auf Borneo haben auf den schwindenden Lebensraum des endemischen Nasenaffen aufmerksam gemacht.

• **Die FFPS (Fauna and Flora Preservation Society)** gehört zu den ältesten nichtstaatlichen Organisationen. Sie wurde zur Jahrhundertwende gegründet, hat ihren Sitz in Großbritannien und besitzt einen ausgezeichneten Ruf für ihre Naturschutzarbeit vor Ort. Ein langfristiges Engagement zum Schutz der Berggorillas in Ruanda umfaßt grundlegende Bildungsmaßnahmen sowie die Erhaltung von Naturschutzgebieten.

• **The Nature Conservancy (TNC)** unterhält Büros überall in den USA, wo sie weitreichende Entscheidungsgewalt bei Flächennutzungsplänen hat und Umweltdatenbanken besitzt. In den letzten zehn Jahren hat die TNC lokale Büros in Lateinamerika bei der Einrichtung nationaler Datenzentren und der Verbesserung nationaler Schutzmaßnahmen unterstützt.

• **The Malayan Nature Society (MNS)**, 1940 gegründet, leistet auf der Halbinsel Malakka im Bereich Naturschutz Pionierarbeit. Die MNS hat nicht nur Schulungsprogramme initiiert und bestehende Reservate wie das Taman Negara gefördert, sondern setzt sich auch tatkräftig für die Einrichtung eines neuen Parks im Territorium von Endau-Rompin ein, einem der letzten Refugien der äußerst gefährdeten Nashörner in Malaysia (siehe Seite 161).

• **The Nigerian Conservation Foundation (NCF)** gewinnt zunehmend an Bedeutung in einem Land, dessen Regenwälder starkem Druck ausgesetzt sind. Die Stiftung engagiert sich intensiv für die Rettung des letzten unberührten Gebiets, der Oban Hills im Südosten des Landes. Ihre Bemühungen wurden kürzlich belohnt durch die Ankündigung eines neuen lokalen Nationalparks (siehe Seite 137).

• **Der World Wide Fund for Nature (WWF)** ist ohne Zweifel die bekannteste internationale nichtstaatliche Naturschutzorganisation. In den letzten 30 Jahren hat der WWF weit über 100 Millionen US-Dollar für mehr als 4000 Maßnahmen in 130 Ländern ausgegeben. Die meisten dieser Projekte hatten in den Zielländern Entsprechungen auf nationaler Ebene. Die Arbeit des WWF reicht von Gutachten zur Identifizierung von Schlüsselzonen bis zu Artenschutz, Einrichtung von Schutzgebieten und taktischer Naturschutzarbeit. Die Schulung junger Menschen und die Ausbildung von Personal in Umweltministerien sind ebenfalls vorrangige Ziele. Seit einigen Jahren arbeitet der WWF eng mit der IUCN zusammen, um Prioritäten festzulegen und die in der *World Conservation Strategy* (siehe Seite 178) genannten Ziele zu verwirklichen.

Seit 1986 ist die Erhaltung der Tropenwälder einer der drei vorrangigen Aspekte des WWF; die Regenwälder hatten jedoch schon immer Priorität. Eines der ersten Projekte des WWF war 1962 die Grenzfestlegung für ein Waldreservat auf Madagaskar. Heute konzentriert sich die Arbeit auf bedeutende Regenwaldgebiete wie Manu in Peru, wo zehn Prozent aller Vogelarten der Erde beheimatet sind, und Korup in Kamerun, eines jener Pleistozän-Refugien, die den Rückgang der Regenwälder während der letzten Eiszeit überlebt haben. Als weitere Projekte sind zu nennen: die Zusammenarbeit mit Wildlife Conservation International zum Schutz des Okapi in Zaïre; die Erhaltung des Bwindi-Walds in Uganda, des Sapo-Walds in Liberia und des Taï-Walds an der Elfenbeinküste; der grenzüberschreitende La-Amistad-Nationalpark in Panama und Costa Rica und die Aufstellung eines Führungsplans für das Xishuangbanna-Reservat, einem der letzten Regenwaldgebiete Chinas. Der WWF ist auch bei der Ausarbeitung von Naturschutzstrategien – insbesondere in den malaysischen Staaten – behilflich und hat in dieser Region auch Pionieruntersuchungen über die Auswirkungen der Abholzung auf die Tierwelt unterstützt.

• **Die World Conservation Union (IUCN)** ist insofern einzigartig, als sie sowohl eine nichtstaatliche als auch überstaatliche Organisation darstellt. Als Union von Regierungen und Initiativen in 120 Ländern besteht ihre Aufgabe in der Förderung von Natur- und Umweltschutz in der ganzen Welt. Sie ist bemüht, hierzu im theoretischen wie praktischen Bereich einen weltweiten Konsens herbeizuführen. Die IUCN hat ein von Schweden unterstütztes Tropenwaldprogramm, das sich auf strategische Naturschutzplanung konzentriert und in dem genügend Projekte involviert sind, um zu zeigen, wie sich Strategien verwirklichen lassen. Die Freilandprojekte sollen in erster Linie die Bedürfnisse des Naturschutzes mit denen der Menschen in Einklang bringen, die in Waldgebieten leben; besondere Beachtung wird hierbei der Einrichtung von Vielzweck-Pufferzonen geschenkt. Dies stellt eine der großen Herausforderungen für die IUCN dar – in der Praxis zu demonstrieren, daß die in Zusammenarbeit mit Beratern entwickelten Konzepte und Strategien in wirkliche Schutzmaßnahmen umgesetzt werden können.

In den kommenden Jahrzehnten werden sich die NSOs als immer wichtiger erweisen für den Erfolg von Naturschutz- und Aufbauprojekten. Regierungen und Entwicklungsbanken benötigen zunehmend praxisbezogene Informationen, um sicherzustellen, daß ihre Gelder gut angelegt werden. Nur wenn Projekte auf die Bedürfnisse der Einheimischen abgestimmt sind, werden die Ergebnisse dauerhaft befriedigen. Dies gilt für die Einrichtung eines Nationalparks wie für den Plan zum Bau eines neuen Wasserkraftwerks. In den letzten zehn Jahren hat die Welt erlebt, wie überall NSOs aus dem Nichts entstanden sind und über die Medien Millionen von Menschen erreicht haben. In einigen Fällen wurden ökologisch bedenkliche Entwicklungsprogramme gestoppt. In den neunziger Jahren müssen die NSOs und die Regierungen an einem Strang ziehen und von der ersten Planungsphase an Verständnis aufbauen. Dies resultiert in einer besseren Verwendung von Entwicklungsgeldern, besseren Lebensbedingungen für die Menschen in den Entwicklungsländern und besserem Schutz für die Regenwälder.

Die nichtstaatlichen Organisationen und die Weltbank

Die Weltbank ist seit Jahrzehnten der Sündenbock schlechthin für NSOs, und dies mit Recht. Der Welt größter Geldgeber für Entwicklungshilfe steht im schlechten Ruf, sie betreibe Geheimniskrämerei und sei ökologisch unsensibel. Jahrelang wurden Projekte mit Abermillionen Dollars finanziert, ohne dabei auch nur im geringsten zu bedenken, welche Folgen sie für die Umwelt zeitigen würden. Das Spießrutenlaufen für die Banken – betrieben von den NSOs, die genug hatten von Verschwendung, Umweltzerstörung und den nur zu oft vernachlässigbaren Vorteilen für die Landbevölkerung durch die von der Weltbank subventionierten Straßen, Bergwerke, Staudämme und Viehzuchtanstalten – erreichte zu Beginn der achtziger Jahre seinen Höhepunkt.

1987 richtete dann die Weltbank ihre eigene Umweltabteilung ein. Man versprach, enger mit den NSOs zusammenzuarbeiten und ihr Basiswissen und ihre Sensibilität auf kommunaler Ebene zu würdigen. So hat die Umweltabteilung die reichsten und bedrohtesten Zonen biologischer Vielfalt der Erde lokalisieren lassen; Zonen, die der Ökologe Norman Myers als die »Hot Spots« der Welt bezeichnete. 1987 lud die Weltbank zu einem Symposium zur Erhaltung der Biodiversität ein, an dem sich mehr als 15 NSOs von internationalem Rang, darunter auch die IUCN und der WWF, beteiligten.

Die Weltbank berichtete, daß zwar für den Natur- und Umweltschutz pro Jahr im allgemeinen etwa fünfzig Millionen US-Dollar durch Auslandsspenden zur Verfügung stünden; die Schwierigkeiten bei der Verteilung dieser Gelder lägen darin, gute Projekte mit zweckgebundenen Aufbau- und Naturschutzzielen vorzubereiten und Institutionen zu finden, die zur Durchführung der Maßnahmen in der Lage seien. NSOs können beiden Aspekten gerecht werden und tun dies auch seit einigen Jahren. IUCN, WWF und andere haben bei der Ausarbeitung von Projektvorschlägen geholfen und sie in Partnerschaft mit lokalen Einrichtungen verwirklicht.

Madagaskar, einer der brennendsten »Hot Spots« der Erde, steht als gutes Beispiel für eine solche Zusammenarbeit. Die IUCN hat gemeinsam mit der Weltbank Verwaltungsprogramme für das Andasibé- und das Ankarafantsika-Reservat entwickelt, während der WWF der Regierung ein kleines Expertenteam zur Seite stellte, um ihr bei der Ausweisung neuer, schutzwürdiger Gebiete behilflich zu sein und ihr die Überwachung des Zustands bestehender Parks und Reservate zu ermöglichen.

NSOs und der Tropenwald-Aktionsplan (TFAP)

Konferenzen der TFAP-Teilnehmer stehen auch Beobachtern von NSOs offen; die IUCN, das Internationale Institute for Environment and Development und das World Resources Institute haben von Anfang an teilgenommen, der WWF kam später hinzu. Ein wichtiger Beitrag dieser NSOs war die Ausarbeitung von Richtlinien für die Abfassung von Waldschutzübersichten, speziell im Hinblick auf die Beurteilung von Schutzmaßnahmen für Ökosysteme und die Rechte der menschlichen Waldbewohner.

Außerhalb dieser Versammlungen waren jedoch die Beziehungen zu NSOs des öfteren recht stürmischer Natur. Vielen fundamentalistischen Organisationen scheint der TFAP im Ansatz zu arrogant-gönnerhaft, sowohl von der Konzeption wie von der praktischen Anwendung. Ihrer Ansicht nach sollten die Architekten der Waldschutzpläne auf Landesebene mehr Rücksicht auf die Waldbewohner und lokale Gemeinschaften nehmen. Mit ihrer Politik treiben die Regierungen die Menschen zum Überleben in die Wälder und verurteilen sie dann für das, was sie dort anrichten. Doch sie bieten ihnen keine realistischen Alternativen. Zu viele nationale TFAPs scheinen wenig mehr zu bewirken als die Flammen zu schüren, sagen die NSOs.

Die im TFAP engagierten maßgeblichen Geldgeber erkennen, welche Probleme sich auftun, das Geld vernünftig und mit bestmöglichem Nutzen einzusetzen. Sie streben immer häufiger eine Partnerschaft mit NSOs an, die sie auf lokaler Ebene unterstützen.

Schuldenerlaß im Tausch gegen Natur

Bis zu Beginn der achtziger Jahre befanden sich die Entwicklungsländer in einem bescheidenen, aber stetigen wirtschaftlichen Aufschwung. Doch seitdem hat sich die Entwicklung ins Gegenteil verkehrt. Am schlimmsten traf es Schwarzafrika. 1980 betrug das Pro-Kopf-Einkommen im Durchschnitt 560 US-Dollar, 1988 waren es nur noch 450. Einer der Hauptgründe war eine fehlgeschlagene Haushaltspolitik, und die größte Fehleinschätzung lag bei der internationalen Darlehens- und Kreditpolitik.

Zwischen 1980 und 1986 verdoppelte sich die Auslandsverschuldung der Entwicklungsländer auf über eine Billion US-Dollar. Obwohl sich seitdem die Neuverschuldung verlangsamt hat, bleiben die Kosten für die Rückzahlungen eine gewaltige Belastung, insbesondere für die Länder Afrikas und Lateinamerikas. Neuere Statistiken der Weltbank belegen, wie groß das Problem ist: 1989 zahlten die Entwicklungsländer 52 Millionen US-Dollar *mehr* an die Industrienationen zurück, als sie als Entwicklungshilfe erhielten.

Diese Anomalie ist zum Teil auf fallende Warenpreise zurückzuführen: Kakao, Reis, Tee und Zucker notierten zur Mitte der siebziger Jahre Höchstwerte an den Börsen, die aber seitdem um die Hälfte gefallen sind. Wichtiger noch ist, daß die Tilgung der internationalen Schulden die Länder förmlich im Würgegriff hält. In Afrika südlich der Sahara machten 1986 die langfristigen Kreditschulden 58 Prozent des Bruttosozialprodukts der Region aus, und die Rückzahlungen fraßen 21 Prozent der Einnahmen aus dem Exportgeschäft. Ebenso hatten 1986 in Lateinamerika die Schulden einen Anteil von 46 Prozent am Bruttosozialprodukt, während die Schuldentilgung 30 Prozent der Exporterlöse verschlang.

Zu den latenten Kosten der Schuldenkrise gehören die ökologischen. Da die Schuldnerländer unter »struktureller Sanierung« leiden (etwa wirtschaftlichen Zwangsmaßnahmen, die ihnen vom Internationalen Währungsfonds auferlegt werden), bleiben die Programme für den Schutz von Tierwelt und Ökosystemen mit als erstes auf der Strecke. Auf der ganzen Welt sind viele Regenwaldparks nur auf dem Papier geschützt; für eine richtige Verwaltung fehlt einfach das Geld. In einem Artikel in der *New York Times* erläuterte 1984 Thomas E. Lovejoy, ein früherer Mitarbeiter des amerikanischen WWF, eine Idee, die dazu beigetragen hat, einige Parks aus der drohenden Vergessenheit zurückzuholen.

Während die Bankiers der Welt damit beschäftigt waren, Schuldenlasten umzuverteilen und Beihilfen für uneinbringliche Forderungen in ihren Jahresberichten zu gewähren, untersuchten Ökogruppen die Möglichkeit, gegen Zugeständnisse bei der Infrastruktur von Nationalparks selbst einen Teil der Schuldenlast zu übernehmen. Dies hat sich für einige Länder als attraktiv erwiesen, denn in den Reservaten läßt sich die Landeswährung verwenden, was wertvolle Devisen sparen hilft. Der erste Handel wurde 1987 in Bolivien abgeschlossen, wo Conservation International, eine NSO mit Sitz in Washington (USA), Schulden des Landes in Höhe von 650 000 US-Dollar, die auf 100 000 US-Dollar reduziert worden waren, von einer Schweizer Bank ablöste. Conservation International zahlte dann die Schulden ab, und im Gegenzug errichtete die Regierung Boliviens um das 1340 Quadratkilometer große Beni-Naturreservat herum eine Pufferzone von 14 000 Quadratkilometern. In Costa Rica und Ecuador übernahmen der WWF-US beziehungsweise The Nature Conservancy Schulden als Gegenleistung für langfristige Schuldverschreibungen in Landeswährung, mit denen sie Naturschutzaktivitäten finanzieren können.

Die Kristallkugel

Auf der ganzen Welt *weiß* man: Wenn die Regenwälder verschwinden, wird die Menschheit unschätzbaren Reichtum verlieren und einen ökologischen Verfall von nie gekanntem Ausmaß erleiden. Was sind die erreichbaren Ziele, und welche neuen Initiativen kann man ergreifen?

- Die Tropenländer müssen die Planung ihrer Wälder auf der politischen Tagesordnung weiter nach oben rücken und sektorübergreifende Lösungsansätze entwickeln, um Forstwirtschaft mit Industrie, Landwirtschaft, Energiegewinnung, Einwanderung und anderen Aufbauvorhaben unter einen Hut zu bekommen.
- Mindestens fünfzehn Prozent der *ursprünglichen* Regenwalddecke eines jeden Landes sollten zur Erhaltung der Kontinuität aller Waldökosysteme unter totalen Schutz gestellt werden. In dichtbevölkerten Regionen mit fruchtbaren Böden mögen vielleicht fünf bis zehn Prozent als ratsam erscheinen, doch einige größere Länder, die nur Waldökosysteme unterstützen können, müßten zwanzig Prozent mehr erreichen.
- Bei der Planung und Verwaltung von Naturschutzgebieten muß die Erhaltung der Populationen aller Regenwaldarten Vorrang haben.
- Weitere dreißig bis sechzig Prozent des Waldbestandes größerer Länder sollten auf Dauer und biologisch wie gesetzlich gesichert als Forst erhalten werden. Dies garantiert die Versorgung mit Holz für die Entwicklung des Landes, aber auch mit Waldprodukten für den Aufbau auf lokaler Ebene. Zudem sichert es die Wasserversorgung der Städte und der Landwirtschaft und ermöglicht den Waldbewohnern, ihre traditionelle Lebensweise beizubehalten.
- Zur Erzeugung von minderwertigem Nutzholz für die Bau- und Papierindustrie und zur Sanierung bereits geschädigter Regenwaldgebiete müssen Waldplantagen angelegt werden. Den Wert von Plantagen als Pufferzonen um Schutzgebiete herum gilt es umfassender zu nutzen.

Die zwei wichtigsten globalen Initiativen zur Verwirklichung dieser Ziele sind der Tropenwald-Aktionsplan und das Internationale Abkommen über Tropenhölzer, die sich beide schon in einem fortgeschrittenen Stadium befinden (siehe Seite 190f.). In den Startlöchern warten weitere Programme, die auf den bestehenden Aktivitäten basieren.

Die Kernaussage der World Conservation Strategy von 1980 (siehe Seite 178) ging davon aus, daß man eine Verbesserung der Konzepte für Bevölkerung, Energie, Nahrungsversorgung, wirtschaftliche Entwicklung und Menschenrechte ebenfalls anstreben würde. Solche Unterstützung fand nicht statt, und so nimmt die neue Strategie für die neunziger Jahre, die gegenwärtig in Kraft tritt, eine vielseitigere Haltung ein. Sie wird sich mit solchen Problemen wie der globalen Klimaerwärmung, dem sauren Regen und der Zerstörung der Ozonschicht in einer ehrgeizigen, aber realistischen Weise auseinandersetzen.

Auf dem dritten Weltkongreß für Nationalparks und Naturschutzgebiete auf Bali sprach man sich 1982 für den Ausbau des weltweiten Netzwerks von Schutzzonen und die Verbesserung ihrer Verwaltung aus. 1992 findet in Venezuela der vierte Kongreß statt. Da der Spielraum für neue Schutzgebiete zum Ende dieses Jahrhunderts allmählich ausgeschöpft ist, wird sich der Kongreß von 1992 (der der größte aller Zeiten werden soll) auf die Lösung der Konflikte, die Natur- und Umweltschutz aufwerfen, konzentrieren.

Internationale Vereinbarungen über Wildtierhandel, Feuchtgebiete und Stätten mit Welterbe-Status können respektable Erfolge verbuchen. Jetzt arbeitet der IUCN an einer neuen Konvention über die biologische Vielfalt, mit der alle Länder verpflichtet werden sollen, für die Erhaltung ihrer Arten und Lebensräume Sorge zu tragen.

Gemeinsam mit über zwanzig angeschlossenen Behörden entwickeln die IUCN, das World Resources Institute und die UNEP eine Strategie für die Erhaltung der globalen Biodiversität, um dem Problem des Artenschwunds energisch entgegenzutreten.

Höhepunkt dieser und vieler anderer Initiativen zur Rettung des biologischen Erbes der Welt wird 1992 die Umweltkonferenz der Vereinten Nationen in Brasilien sein. Zwanzig Jahre nach der Stockholmer UNO-Konferenz, die so sehr zur Stärkung des Umweltbewußtseins beitrug, muß sie diesmal die *Verantwortung* im Umgang mit der Natur an die erste Stelle politischen Handelns setzen. Dies wird nur dann Früchte zeitigen, wenn sie auf allen gesellschaftlichen Ebenen Unterstützung findet. Regierungen und Naturschutzorganisationen können nicht einseitig vorgehen und erfolgreich sein. Sie brauchen die Hilfe und die Mitarbeit aller Menschen der Erde.

Der Xingu-Nationalpark im Herzen Brasiliens, die Heimat dieser Indianer, bietet seinen Bewohnern nur begrenzt Schutz vor Störungen von außen.

Danksagungen

Dieses Buch entstand im Rahmen einer Gemeinschaftsaktion der Internationalen Union für die Erhaltung der Natur (IUCN) und des World Conservation Monitoring Centre (WCMC), mit dem man die Regenwälder der Erde kartographisch erfassen wollte. Das Projekt wurde von British Petroleum (BP) großzügig unterstützt. Unser spezieller Dank gilt Dr. Eric Cowell, einem ehemaligen Mitarbeiter im Umweltausschuß der British Petroleum, der sich mit großer Begeisterung für dieses Werk eingesetzt und uns sehr geholfen hat.

Die Datenbanken des WCMC sind Teil der Global Resources Information Database (GRID), die das Global Environment Monitoring System (GEMS) des Umweltprogramms der Vereinten Nationen (UNEP) eingerichtet hat mit dem Ziel, ökologische Daten aus aller Welt zusammenzutragen. 1988/89 erhielt GRID eine großzügige Spende von IBM in Form von Computer-Equipment. Das WCMC profitierte von dieser Spende; es erhielt einen Personal Computer IBM PS/2 Model 80, der das Herzstück seines Geographischen Informationssystems (GIS) wurde. Vor kurzem bekam das WCMC von der Firma Tektronix eine großzügige Spende in Form einer Graphik-Workstation, die eine zukünftige Erweiterung der Regenwalddatenbank ermöglicht.

Hinsichtlich der Software geht unser Dank an das Environmental Systems Research Institute (ESRI) in Kalifornien. ESRI spendete die ARC/INFO-Software, die im GIS verwendet wurde. Jack Dangermond, Präsident des ESRI, war außerordentlich hilfsbereit und sehr an den Aktivitäten des WCMC interessiert. Auch der britische Vertrieb von ARC/INFO, Doric Limited, war uns eine große Hilfe.

Eine Zusammenstellung von Daten wie die hier vorliegende wäre unmöglich gewesen ohne die Unterstützung und Aufmunterung durch die Kollegen von der IUCN und dem WCMC: Unser Dank gilt ihnen allen. In den Regenwaldländern haben uns sehr viele Mitarbeiter von Ministerien und Naturschutzorganisationen großzügig durch Kartenmaterial, veröffentlichte wie unveröffentlichte Informationen, Berichtigungen und Ratschläge unterstützt.

Den UNEP/GEMS/GRID-Büros in Nairobi und Genf gilt unser ganz besonderer Dank. Im Genfer Büro haben sich die Forscher Alan Cross, Risto Päivinen und Ron Witt mit der Analyse von Wettersatellitendaten zur Beurteilung der tropischen Walddecke befaßt. Großzügigerweise durften wir ihre unveröffentlichten Ergebnisse für Teile Westafrikas und Südamazoniens verwenden.

Wir bedanken uns bei Tony Morrison für die Erlaubnis, das Zitat auf Seite 46 verwenden zu dürfen, welches aus dem Buch *Margaret Mee In Search of Flowers of the Amazon Forests* (herausgegeben von Nonesuch Expeditions) stammt.

Dank auch an Elizabeth Kemf für das Foto von und den Artikel über Vietnam (Seite 159) und Damien Lewis für die Fotos und den Bericht über das Kilum-Projekt (Seite 31).

Illustrationen von Linden Artists und Michael Woods.

Bildnachweise

Wir bedanken uns bei Gretta Stevens, Wendy Cooper, Terue Tateyama, Michèle DePraz und Rosabianca Ligios für ihre Hilfe bei den Bildern.

1: Michael Fogden/Bruce Coleman; 2-3: Michael Fogden/Bruce Coleman; 4-5: Michael Fogden/Bruce Coleman; 6: Sue Cunningham; 8-9: Ken Preston Mafham/Premophotos; 10: Stephen Dalton/Oxford Scientific; 11: Loren McIntyre; 12-13: Tony Morrison/South American Pictures; 13: (Kasten) Diana Richards; 14: (Kasten links) Sue Cunningham, (Kasten Mitte) Michael Fogden/Bruce Coleman, (Kasten rechts) Michael Fogden/Bruce Coleman; 14-15: K. Wothe/Bruce Coleman; 16-17: Gerald Cubitt/Bruce Coleman; 18-19: Loren McIntyre; 20: Sue Cunningham; 20-21: Gary Retherford/Bruce Coleman; 21: Gerald Cubitt; 22: (Links) John Mackinnon/Bruce Coleman, (Rechts) Gerald Cubitt/Bruce Coleman; 23: C.B. und D.W. Frith/Bruce Coleman; 24-25: Gunter Ziesler/Bruce Coleman; 25: (Kasten links) Norman Owen Tomalin/Bruce Coleman, (Kasten rechts) Frieder Sauer/Bruce Coleman; 26-27: Robert Harding; 27: (Kasten links) Sue Cunningham, (Kasten rechts) J. Mackinnon/Bruce Coleman; 28-29: Robin Hanbury-Tenison/Robert Harding; 29: (Kasten) Peter Frey; 30: (Oben) L.C. Marigo/Bruce Coleman, (Unten) Jesco von Puttkamer/Hutchinson Library; 31: Stan Abbott/Deforestation Awareness; 32-33: Michael Fogden/Bruce Coleman; 33: (Kasten) Peter Addis; 34-35: Loren McIntyre; 35: Tony Morrison/South American Pictures; 36-37: Loren McIntyre; 38: Peter Frey; 39: (Oben) Peter Frey, (Unten) Steve McCurrey/Magnum; 40-41: Peter Frey; 41: (Oben) J.B. Rateliffe/WWF, (Unten) L.C. Marigo/Bruce Coleman; 42-43: Peter Frey; 44-45: Peter Frey; 45: (Oben) Abril Bre/Gamma, (Unten) Sue Cunningham; 46-47: Loren McIntyre; 47: (Oben) Christian Zuber/Bruce Coleman, (Mitte) Sue Cunningham, (Unten) Michael Fogden/Bruce Coleman; 49: (Oben) M.C. Marigo/Bruce Coleman, (Unten) Ken Preston-Mafham/Premophotos; 50: (Oben) Michael Fogden/Bruce Coleman; Unten: Brian Coates/Bruce Coleman; 51: Dieter und Mary Plage/Bruce Coleman; 52: Rod Williams; 54-55: Philip Sharpe/Oxford Scientific Films; 56-57: Michael Fogden/Bruce Coleman; 58: O. Langrand/Bruce Coleman; 59: Gerald Cubitt/Bruce Coleman; 60: Michael Fogden/Bruce Coleman; 61: Francis Halle; 62: (Links) Michael Fogden/Bruce Coleman, (Rechts) Mark Boulton/Bruce Coleman; 63: (Oben) Ghillean Prance, (Unten links) Brian Rogers/Biofotos, (Unten rechts) Carol Farneti/Oxford Scientific; 64-65: Stephen Dalton/Oxford Scientific; 65: (Oben) Heather Angel (Kasten oben) Ken Preston-Mafham/Premaphotos, (Kasten unten) Deni Brown; 66: Deni Brown; 66-67: Brian Rogers/Biofotos; 67: Alain Compost/Bruce Coleman; 68-69: Sue Cunningham; 69: (Links) Chris Leigh, (Rechts) Royal Geographic Society; 70: J. Mackinnon/Bruce Coleman; 71 (Links) G. Gottsberger, (Oben rechts) Stephen J. Krasemann/Bruce Coleman; 72-73: Ken Preston-Mafham/Premophotos; 73: (Kasten links) Mark Collins, (Kasten rechts) Ken Preston-Mafham/Premophotos; 74-75: Michael Fogden/Bruce Coleman; 76-77: Stephen Dalton/NHPA; 77: (Kasten links) Michael und Patricia Fogden, (Kasten rechts) Norman Owen Tomalin; 78: C.B. & D.W. Frith/Bruce Coleman; 78-79: Hans Reinhard/Bruce Coleman; 79: Rod Williams/ Bruce Coleman; 80-81: Michael Fogden/Bruce Coleman; 81: Stephen Dalton/NHPA; 82-83: David Houston/Bruce Coleman; 83: Alain Compost/Bruce Coleman; 84-85: Michael Fogden/Bruce Coleman; 85: (Oben) Michael Fogden/Bruce Coleman, (Unten) Gunter Ziesler/Bruce Coleman, (Unten rechts) Erwin und Peggy Bauer; 88-89: Alain Compost/Bruce Coleman; 89: (Oben) Jean-Paul Ferro/Auscape, (Unten links) Adrian Warren/Ardea, (Unten rechts) Gunter Ziesler/Bruce Coleman; 90-91: Robert Harding; 92-93: Robin Hanbury-Tenison/Robert Harding; 93: Moser, Taylor/Hutchinson Library; 94-95: Robin Hanbury-Tenison/Robert Harding; 95: Moser, Taylor/Hutchinson Picture Library; 98: Andi Spicer; 99: Telegraph Color, (Mitte links): Bruce Coleman, (Mitte rechts): Gunter Ziesler/Bruce Coleman, Sue Cunningham; 105: (Oben) Steven Kaufman/Bruce Coleman, (Unten) M. Timothy O'Keefe/Bruce Coleman; 106-107: Michael Friedel/Rex Features; 108-109: Frederick Aver/Science Photo Library; 112: Sue Cunningham; 113: Roger Jackman/Bruce Coleman; 117: Hutchinson Library; 119: L.C. Marigo/Bruce Coleman; 120-121: Ghillian Prance; 122: Sue Cunningham; 124-125: Christian Aid, 125: Loren McIntyre; 128: (Links) Leimbach/Robert Harding, (Rechts) Sue Cunningham; 129: Robin Hanbury-Tenison/Robert Harding; 131: Heather Angel; 132: (Oben) Ken Preston-Mafham/Premaphotos, (Unten) K.H. Redford; 135: L.C. Marigo/Bruce Coleman; 138: P. Parker/Hutchinson Library; 139: (Links) R. Campbell/Bruce Coleman, (Rechts) Jane Burton/Bruce Coleman; 142: Peter Davey/Bruce Coleman; 144: R. Campbell/Bruce Coleman; 147: Ken Preston-Mafham/Premaphotos; 148: Jennifer Fry/Bruce Coleman, (Kasten) O. Langrand/Bruce Coleman; 149: Rod Williams/Bruce Coleman; 151: Francisco Erize/Bruce Coleman; 152: (Oben) Dieter und Mary Plage/Bruce Coleman, (Unten) Gerald Cubitt/Bruce Coleman; 153: Paul Wilkinson; 154: Gunter Ziesler/Bruce Coleman; 157: WWF; 159: Elizabeth Kemf; 160: Rod Williams/Bruce Coleman; 162: Michael Freeman/Bruce Coleman; 164: (Oben) Gunter Ziesler/Bruce Coleman, (Unten) Heather Angel; 165: (Links) Tim Porter/Camera Press-WWF, (Rechts) Andi Spicer; 169: (Oben) Brian J. Coates/Bruce Coleman, (Unten) Alain Compost/Bruce Coleman; 173: (Links) Christian Dodwell/Hutchinson Library, (Mitte) Michael McIntyre/Hutchinson Library, (Rechts) Michael McIntyre/Hutchinson Library; 175: Jan Taylor/Bruce Coleman; 176-177: Peter Ward/Bruce Coleman; 177: (Kasten) Sue Cunningham; 179: Sue Cunningham; 180-181: Heather Angel; 182: J.A. McNeely/WWF; 183: Gerald Cubitt/Bruce Coleman; 185: Brian Rogers/Biofotos; 186-187: Duncan Poore/ICCE; 187: Peter Frey; 189: Rod Williams/Bruce Coleman; 194-195: Robert Harding.

Kartenquellen

Generalübersicht: – Campbell, D.G. & Hammond, H.D. (eds.), *Floristic Inventory of Tropical Countries: The Status of Plant Systematics, Collections, and Vegetations, plus Recommendations for the Future*, The New York Botanical Garden, New York, 1989. **Generalübersicht Afrika** – UNESCO/AETFAT/UNSO *Vegetation map of Africa* (map), (zusammengestellt von F. White) Unesco, Paris, 1981. **Generalübersicht Asien** – *1)* Whitmore, T.C., *A vegetation map of Malaysia* (map), *Journal of Biogeography 11*: 461-471, 1984. *2)* IUCN *Review of the Protected Areas System in the Indo-Malayan Realm*, (consultants J. MacKinnon & K. Mackinnon), International Union for Conservation of Nature and Natural Resources, Cambridge & Gland, 1986. **Generalübersicht Südamerika** – Whitmore, T.C. & Prance, G.T. (eds.), *Biogeography and Quaternary History in Tropical America*, Oxford Science Publication, 1987. **Das Amazonasbecken** – Malleux, J., *A Harmonized Forest Types Classification System for the Amazon Region*, (unveröffentlicht). **Australien** – *1)* Webb, L.J. & Tracey, J.G., *Australian Rainforests: patterns and change*, *Ecological Biogeography of Australia*, W. Junk, Den Haag, 1981. *2)* Department of Forestry, *North Queensland* (map), Edition 4, 1987. 3) Department of Forestry , *Far North Queensland* (map), Edition 1, 1988. **Bangladesch** – World Bank, *Bangladesh General Vegetation* (prepared by the Resource Planning Unit, Agriculture and Rural Development Department), World Bank, Washington, 1981. **Belize** – Hartshorn, *G. et al*, *Belize. Country Environmental Profile. A Field Study.*, USAID contract, JRB Associates, Virginia 1981. **Brasilien** – IBGE/IBDF, *Mapa de Vegetaçao do Brasil* (map), 1988. **Brunei** – Anderson, J.A.R. & Marsden, D., *Brunei Forest Resources and Strategic Planning Study*, unveröffentlichter Bericht für die Regierung von Negara Brunei Darussalam, 1988. **Birma** – *1)* Britto, *National forest management and inventory Burma. Report on cartographic consultancy.*, Forest Department of Burma/fao, Rangoon, 1987. *2)* Champion, H.G., *A preliminary survey of the forest types of India and Burma*, 1936. **Burundi** – AID/MAB. *Draft Environmental Profile of Burundi.* 1981. **Kambodscha** – Legris, P. & Blasco, F., *Carte Internationale du Tapis Végétal et des Conditions Ecologiques/Cambodge* (map), Institut Français, Pondicherry, 1971. **Kamerun** – Letouzey, R., *Notice de la Carte Phytogéographique du Cameroun*, Institut de la Carte Internationale de Végétation, Toulouse, 1985. **Karibik** – Beard, J.S., *The Natural Vegetation of the Windward and Leeward Islands*, Claredon Press, Oxford, 1949. **Mittelamerika** – Leonard, H.J., *Natural Resources and Economic Development in Central America. A Regional Environmental Profile.*, International Institute for Environment and Development/Earthscan, Transaction Books. New Brunswick and Oxford, 1987. **China** – Hon, H.Y. (Ed). *Vegetation Map of China* (map), Chinese Acadamy of Sciences, Beijing, 1979. **Kolumbien** – Instituto Geografico "Augustin Codazzi", *Mapa de Bodsques. Republica de Colombia* (map), Ministerio de Hacienda, 1983. **Kuba** – *1)* Morellet, J., *Problemas forestales en Cuba*, *Instituto forestal Latino-Americano. De Investigacion y capacitacion. Boletin No. 32*, Agosto-Diciembre, Venezuela, 1970. *2)* Smith, E.E., *The forests of Cuba*, Maria Moors Cabot Foundation, 1954. *3)* FAO, *Informe al Gobierna de Cuba sobre politica forestal y su ejecucion*, CUB/FO FAO/58/8/6006, FAO, Rome, 1958. **Dominikanische Republik** – *1)* FAO, *Republica Dominica. Inventaio y Fomento de los Recursos Forestales.*, FO:SF/DOMB. *Informe Terminal*, FAO, Rome, 1972. *2)* Hartshorn, G. *et al*, *The Dominican Republic. Country Environmental Profile. A Field Study.*, USAID contract, JRB Associates. Virginia. 1981. **Ostafrika** – Hawthorne, W.D., *East Africa Coastal Forests, Botanical Values. Human Threats and Conservation Profiles* (unveröffentlicht). **Grenada** – Weaver, P.L., *Forestry Development in Grenada. Technical Cooperation Programme. Technical Report: Forestry Planning and Management Activities.* FO:TCP/GRN/8851, FAO, Rome, 1989. **Guadeloupe** – *Vers un Aménagement de la Forêt Soumise de Guadeloupe. Direction des services pour la Guadeloupe*, Office National des Forêts, 1976. **Haiti** – Cobb, C.E., "Haiti: Against all odds", National Geographic 72: 645-670, 1987. **Indien** – *1) National Forest Vegetation Map* (map), Forest Survey of India, 1986. *2)* Das Gupta (ed.). *Atlas of Forest Resources of India*, National Atlas Organization, Government of India, Calcutta, 1976. *3) Forest map of South India*, Karnataka and Kerala Forest Departments and French Institute, Pondicherry, 1986. **Indonesien** – RePPProT, *National Overview of the Regional Physical Planning Programme for Transmigration* (map), Overseas Development National Resources Institute (ODNRI), Chatham, 1990. **Jamaika** – *1) Jamaica Resource Assessment*, Ministry of Agriculture. Kingston, 1982. *2)* Eyre, A.L., *Jamaika: Test Case for Tropical Deforestation, Ambio* 16 338-343, 1987. *3)* Asprey, G.F. & Robbins, R.G., *The Vegetation of Jamaica, Ecological Monographs* 23, 1953. *4)* Clarke G.G., *Jamaica in Maps*, Africana Publishing Company, New York. 1974. *5)* HED, *Jamaica. Country Environmental Profile*, Ministry of Agriculture. Kingston, 1987. **Kenia** – Doute, R., Ochanda, N. & Epp, H., *A forest inventory of Kenya using remote sensing techniques*, Kenya Rangeland Ecological Monitoring Unit, Nairobi, 1981. **Laos** – Lao PDR Forest Department, *Forest Management Map, Lao PDR* (map), Forestry Department, Vientiane, 1987. **Kleine Antillen** – ECNAMP, *Survey of Conservation Priorities in the Lesser Antilles. Preliminary Data Atlas.*, Eastern Caribbean Natural Area Management Program, Caribbean Conservation Association, the University of Michigan and the United Nations Environment Programme, 1980. **Madagaskar** – Green, G.M. & Sussman, R.W., "Deforestation history of the eastern rainforests of Madagascar with satellite images", Science, (im Druck). **Mexiko** – *1)* Estrada, A. & Coates-Estrada, R., "Rain forest in Mexico: research and conservation at Los Tuxtlas", *Orvy* 17: 201-204, 1983. *2)* Gerez, P. & Villela, O.F., *Conservacion en Mexico: Sintesis Sobre Vertebrados Terrestres, Vegetacion y uso del Suelo.*, Instituto Nacional de Investgaciones Sobre Recursos Bioticos, 1988. **Panama** – Cobb, C.E., "Panama: Ever at the crossroads", *National Geographic* 169: 466-492, 1986. **Papua-Neuguinea** – Paijmans, K., *Vegetation map of Papua New Guinea (map), esiro Land Research Series* 35: 1-25, 12975. **Malaysische Halbinsel** – *1)* Forest Department, *Peninsula Malaysia: The Forest Area* (hand-coloured map obtained from the Forest Department in Kuala Lumpur in 1989; simplified version of the published Forest of Peninsular Malaysia based on 1981-1982 data published in 1986). *2)* Wyatt-Smith, "A preliminary vegetation map of Malaya with descriptions of the vegetation types", *Journal of Tropical Geography* 18: 200-213, 1964. **Philippinen** – Forest Management Bureau, *Natural Forest Resources of the Philippines*, Department of Environment and Natural Resources, Manila, 1988. **Puerto Rico** – *1)* Birdsey, R.A. & Weaver, P.L., "Forest Area Trends in Puerto Rico". *Research Note SO-331*, United States Department of Agriculture, 1987. *2)* Englerth, G.H. & Wadsworth, F.H., *Effects of the 1956 Hurricane on Forests in Puerto Rico, Caribbean Forester* 20: 1-2, 1959. *3)* Little, E.L. Jr. & Wadsworth, F.H., *Common trees of Puerto Rico and the Virgin Islands.*, Department of Agriculture, Washington D.C., 1964. *4)* Birdsey, R.A. & Wadsworth, F.H., "A new look at the forests of Puerto Rico", *Turrialba* 35: 11-17, 1985. **Ruanda** – *1)* IUCN, *Conservation et Aménagement des Forêts Naturelles de la Crète Zaïre-Nil au Rwanda: Rapport de Mission*, 1983. *2)* AID/MAB, *Draft Environmental Profile on Rwanda*, (unveröffentlicht). **Sabah** – Sabah Forest Department, *Sabah Malaysia. Natural Plantation Forests* (map), 1984. **Sarawak** – Sarawak Forest Department, *Forest Distribution and Land Use Map* (map), 1979. **Südamerika** – *1)* Huek, K. & Siebert, D., *Vegetationskarte von Südamerika*, Fischer, Stuttgart, 1972. *2)* UNESCO, Vegetation map of South America, Unesco, Paris, 1981. **Sri Lanka** – Survey Department of Sri Lanka, *Sri Lanka: Chena Cultivation in the Dry Zone and Dense Natural Forest* (map), 1988. **Saint Lucia** – *Caribbean Conservation Association and Island Resources Foundation, St Lucia Country Environmental Profiles for the Eastern Caribbean*, Draft, 1988. **Tansania** – *1)* Lovett, J., *Development threats to the Eastern Arcs Forests of Tanzania*, WWF/IUCN, 1985. *2)* Lovett, L.C., *An overview of the moist forests of Tanzania*, Tanzania National Scientific Research Council Monographs, 1986. **Thailand** – Royal Forest Department, *Forest Types Map* (map), Royal Forest Department, Bangkok, 1985. **Trinidad** – Beard, J.S., *The natural vegetation of Trinidad*, Clarendon Press, Oxford, 1946. **Trinidad und Tobago** – Annual Report of the Forestry Division for the year 1972. **Uganda** – *1)* Struhsaker, T.T., *Forestry Issues and Conservation in Uganda. Biological Conservation* 39: 209-234, 1987. *2)* WWF, *Conservation of Tropical Forest Wildlife in Uganda*, *Annual Report March 1987. Project 3235*, 1987. **Venezuela** – *1)* Alarcon, C. & Huber, O., *Mapa de Vegetacion de Venezuela*, 1988. *2)* Ministerio del Ambiente y de los Recursos Naturales Renovables Instituto Forestal Latino Americo, *Vegetacion Mapa No. 12.* (map), 1959. **Vietnam** – *Cac Loai Thuc Vat Bi de Doa Dien hinh va Mot Vung Tap Trung* (map), Results of a forest inventory in 1987. **Westafrika** – Päivinen, R. & Witt, R. *The methodology development project for tropical forest cover assessment in West Africa*, UNEP/GEMS/GRID, (unveröffentlicht). **Westindien** – Watt, D., *The West Indies: Patterns of Development, Culture and Environmental Change since 1942*, Cambridge University Press, 1987.

Die Zukunft der Regenwälder ist weltweit zu einem der zentralen ökologischen Themen geworden. Ihre Zukunft und die unseres Planeten sind untrennbar miteinander verknüpft. Wenn wir in diesem Jahrzehnt keine Lösung für das Problem der immer schneller fortschreitenden Zerstörung finden, haben wir wohl unsere Chance für alle Zeiten verspielt. Eine der Wurzeln des Problems ist die Bevölkerungsexplosion in den tropischen Waldländern. Man schätzt, daß zur Mitte des nächsten Jahrhunderts hier acht von zehn Menschen leben werden. Die Öffentlichkeit zeigt sich heute zunehmend problembewußter, doch mit Bewußtsein allein sind die Regenwälder nicht zu retten.

Das Buch führt den Leser zu einem tieferen Verständnis, mit dem er sich eine Meinung bilden und Taten folgen lassen kann. Es ist sowohl ein einzigartiger Atlas über den Schutzstatus aller Regenwälder der Erde als auch ein Entwurf für positive Maßnahmen zu ihrer Rettung.
Der Leser erfährt, was Regenwälder sind und warum wir sie brauchen. Illustrationen erklären anschaulich die außergewöhnliche Biologie der Regenwälder. Ein Kapitel mit dem Titel „Wie Regenwälder funktionieren" beleuchtet die wechselseitigen Beziehungen zwischen Pflanzen, Tieren und der Umwelt innerhalb des komplexesten Ökosystems der Erde – ein Ökosystem, in dem mehr als die Hälfte aller lebenden Arten vorkommen.

Ein ausführlicher Kartenteil stützt sich auf Daten, welche die Internationale Union für den Schutz der Natur und der natürlichen Hilfsquellen (IUCN) durch ihre Datensammelstelle, das World Conservation Monitoring Centre (WCMC), zusammengetragen hat. Die Karten umfassen mehr als fünfzig Regenwaldländer der Welt und zeigen unter Hervorhebung der wichtigsten Schutzgebiete die Typen und gegenwärtige Ausdehnung der Wälder. In dieser Sektion werden Themen diskutiert, die von Stammesangelegenheiten und Politik bis zu bedrohten Arten und Umweltproblemen reichen, Fallstudien laufender Naturschutzprojekte aus den Ländern weisen dabei den Weg in die Zukunft.

Das Werk **„Die letzten Regenwälder"** zieht aus der Fülle der präsentierten Daten eindeutige Schlußfolgerungen und empfiehlt Strategien. Seine Philosophie ist, daß die Regenwälder dann eine Zukunft haben, wenn ihre Böden intelligent ausgebeutet und ihre Ressourcen planvoll genutzt werden. Wir müssen die Bedürfnisse der Menschen in den Regenwaldgebieten verstehen und Wege finden, diesen Bedürfnissen gerecht zu werden, ohne dabei die Wälder, die Schätze, die sie bergen oder die elementare Funktion zu zerstören, welche sie für die Existenz des Planeten Erde spielen.